西欧新城谱系

West Europe New Town Generations

张亚津 著

中国建筑工业出版社

图书在版编目（CIP）数据

西欧新城谱系 / 张亚津著.—北京：中国建筑工业出版
社，2015.7
ISBN 978-7-112-18146-9

Ⅰ.①西… Ⅱ.①张… Ⅲ.①城市规划—研究—西欧
Ⅳ.①TU984.56

中国版本图书馆CIP数据核字（2015）第107279号

责任编辑：费海玲 张幼平
责任校对：李美娜 张 颖

西欧新城谱系

张亚津 著

*

中国建筑工业出版社出版、发行（北京海淀三里河路9号）
各地新华书店、建筑书店经销
北京美光设计制版有限公司制版
北京中科印刷有限公司印刷
*
开本：787×1092毫米 1/16 印张：24¼ 字数：577千字
2017年7月第一版 2017年7月第一次印刷
定价：98.00元
ISBN 978-7-112-18146-9
　　（27305）

Vorwor

China ist vielleicht die älteste, heute noch an manchen Orten lebendige Stadtkultur der Welt. Und die chinesische Stadtidee war immer ein gebauter Spiegel der jeweils gültigen Weltanschauung. Mehr noch, der chinesische Städtebau ist bis heute eine jahrtausende Jahre alte Geschichte der New Towns, Sie entstanden nicht nur mit dem Wechsel der Dynastien, sonder auch innerhalb derselben. Sie waren Ernährer, Erzieher, Beschützer der Stadtbewohner ebenso wie Kulturträger, Vermittler der Weltanschauung und Repräsentanten der Macht. Welche Kultur hat denn mehr Erfahrung im Bau von New Towns als China? Warum dann eine Untersuchung einiger der jüngsten New Towns des europäischen Kulturkreises, wie sie hier vorgelegt wird ?

Sie ist notwendig, weil die weltweite Globalisierung heute in allen Kulturen - – der amerikanischen, der europäischen, aber auch der asiatischen Kultur -zu dem Verlust des alten Wissens geführt hat, was Stadt eigentlich ist und was sie für den Menschen bedeutet. Stadt war immer schon gleichzeitig Ort der materiellen Existenz, der seelischen Heimat und der kulturellen Entwicklung .Aber heute wird Stadt meistens nur auf Teile ihrer materiellen Seite reduziert . Die Folge : wichtige, ja lebensnotwendige, aber einseitig und temporär vorherrschende Stadtparameter wie beispielsweise Stadtökologie, Stadtmobilität, Stadtwirtschaft einerseits, gleiche Bautypologien im Massenwohnungsbau, uniforme neue Bautechniken und , als Ausgleich, spektakuläre Einzelarchitekturen andererseits dominieren.
Sie ist notwendig, weil weltweit die Städte mehr oder weniger gleich gedacht, entworfen, benutzt und gestaltet werden, da sie überall auf den gleichen wirtschaftlichen, technischen und formalen Zielen und Werten beruhen .Was unterscheidet denn noch den modernen Wohnungsbau etwa in Asien, Europa oder Amerika voneinander? Die Grundbedürfnisse der Menschen sind in allen Kulturen die gleichen; aber schon die jeweils idealen Wohnvorstellungen sind je nach Kulturbereich sehr verschieden. Wie unterschiedlich werden Städte von den Menschen in Asien, Europa oder Amerika erlebt -und gelebt – auch heute? Auch wenn wir alle moderne Menschen sind; wie verschieden sind doch die Werte, Bedürfnisse, und Fähigkeiten der Menschen, die in ihnen leben. ? Und wie uniform reagiert die heutige globale Stadtkultur darauf?

So verlieren wir Heimat, Kultur, Sicherheit, Kreativität, Individualität und erzeugen städtebauliches Chaos und gleichzeitig städtebauliche Uniformität. Wir negieren die immaterielle Bedeutung der Stadt, akzeptieren nur materielle Werte und bewirken Einsamkeit, Monotonie, Angst, Depression und Hoffnungslosigkeit. Denn was den Städten dann fehlt, ist nicht nur ein Wissen, was Stadt als Ganzes ist- materiell und immateriell - , sondern auch die Fähigkeit , städtische Identität –dh Unverwechselbarkeit gegenüber anderen Städten, anderen Kulturen - und städtebaulich funktionale ,soziale und geistige Vielfalt in ihren einzelnen Stadtbereichen miteinander zu verbinden.

Was fehlt, ist eine zeitlose Stadtidee, die in jeder Stadt ein ausgewogenes, individuelles Zusammenspiel von Ordnung und Vielfalt sieht. Eine Vorstellung von Stadt, die sich schon die weisen chinesischen Kaiser zur Aufgabe gemacht haben , die diese polaren Kräfte des Lebens im Sinne ihrer Weltanschauung im Gleichgewicht zu halten hatten. Was dafür als Grundlage fehlt, ist eine Übersicht über die wichtigsten Parameter für die Entwicklung einer New Town, wie sie in dieser Arbeit analysiert werden. Aspekte der New Town Entwicklung, wie beispielsweise der Anlass zum Bau einer New Town, das zugrunde liegende Stadtverständnis, die planerische Stadtidee oder der Kräfte, die der Realisierung einer New Town stehen. Nicht die Übernahme von global angewendeten, funktionalen und gestalterischen Lösungen kann zukünftig die Antwort auf die Probleme der globalen Urbanisierung sein, sondern nur die Kenntnis der kulturunabhängigen, zeitlosen Grundparameter der Stadt. Diese müssen von Stadt zu Stadt, von Land zu Land und von Kulturkreis zu Kulturkreis neu interpretiert werden.

In einer vergleichenden, kritischen Untersuchung werden deshalb in dieser Arbeit verschiedene europäische moderne New Towns in wissenschaftlich fundierter, aber anschaulicher, bildhafter, allgemeinverständlicher Form auf ihre Stärken und Schwächen hin untersucht und was man daraus für zukünftige neue Städte lernen kann. Hier fragt eine objektive, sachliche, aber auch kritische Analyse des Entstehungsprozesses moderner New Towns – Teil eines weit umfassenderen Forschungsprojektes in Europa und Asien – in einer vergleichenden Untersuchung nach den Gründen, Bedingungen, Zielen, Kräften, Mitteln, Entwurfsideen und Realisierungsschwerpunkten verschiedener europäischer New Towns.

Es gibt einige Untersuchungen über die unterschiedlichsten Aspekte , die Stärken und Schwächen, die Erfolge und Misserfolge von Neuen Städten, die im Kontext des weltweiten Urbanisierungsprozesses entstanden sind. Aber es sind sehr wenige bekannt, die versuchen, in einem ganzheitlichen, wissenschaftlich fundierten und praxisbegründeten Analyse- und Bewertungsprozess die wichtigsten Voraussetzungen für einen erfolgreichen Bau einer New Town zu analysieren. Eine solche Arbeit, die auf wissenschaftlichen ganzheitlichem Denken basiert und auf vielfältigen praktische Erfahrungen im Bau von New Towns beruht, ist nur unter selten gegebenen Voraussetzungen möglich.

Die wichtigste Voraussetzung für eine angewandte Forschung ist eine Persönlichkeit wie die Verfasserin dieses Buches, , die sich sowohl in der Wissenschaft wie in der Praxis weit überdurchschnittliche Erfahrungen und Fähigkeiten erworben hat. Sie hat einerseits in jahrzehnte langer wissenschaftlicher Arbeit nicht nur die vorliegende , sondern gleichzeitig auch eine ebenso umfassende Untersuchung von New Towns im asiatischen, insbesondere chinesischen Kulturbereich erarbeitet , deren Veröffentlichung diesem Buch baldmöglichst folgen sollte . Sie hat aber andererseits federführend im gleichen Zeitraum mit ihren Partnerteams sehr erfolgreich an zahlreichen konkreten kommunalen Planungsaufgaben vonEuropatochina in bewusster Koppelung von Forschung und Praxis gearbeitet und erfolgreiche Ergebnisse in den beiden Bereichen erhalten.

Diese hier vorgelegte Veröffentlichung zeigt Wege auf, wie zukünftig anstelle der wechselseitigen Kopie globaler Urbanisierungstrends eine wissenschaftlich fundierte, praktisch anwendbare Anleitung für den Bau von New Towns aussehen kann; und die enormen Veränderungen der Werteanschauung von jeder Generation könnten vielleicht auch zum Nachdenken leiten. Einen Weg, der die wichtigsten Phasen einer New Town Entwicklung auf globalem Niveau herausarbeitet, aber auch deutlich macht, wie eine New Town von Stadt zu Stadt, Land zu Land und Kulturkreis zu Kulturkreis auf unterschiedlichste Weise initiiert, geplant und gebaut werden muß. Möge deshalb diese Arbeit in Lehre, Forschung und Praxis den Stellenwert bekommen, der ihr ermöglicht, einen nachhaltigen Beitrag zu einer bewussten Steuerung des Urbanisierungsprozesses nicht nur in China, nicht nur in Asien, sondern auch auf globaler Ebene leisten.

Prof.Dr.Ing.habil.Michael Trieb
Städtebau Institut, Universität Stuttgart
Deutschland
Stuttgart , den 6.4.2017

前　言

综观全球，中国也许是古老的城市文化至今仍然生机勃勃的少数地区之一。中国的城市发展理念永远是各个时期不同世界观的物理体现。特别的是，中国的城市建设史事实上也是新城千年来的变迁史，新城不仅是朝代变迁的产物，在同一时期，新城的理念也在经历变迁。新城作为一种哲学理想，既是城市居民的供养者、教育者、保护者，同时也是文化传承者、世界观传播者和权力的代表。没有哪里有比中国更丰富的新城建设经验，那为什么还要对欧洲文化形态下的最新代系的新城进行研究呢？

欧洲文化形态下新城研究的必要性，在于全球化的发展背景下，美洲、欧洲以及亚洲等所有地区的文化积淀均不同程度地流失，在此背景下，这样的研究可以探明城市的实质是什么、城市对人类意味着什么。一直以来，城市是物质存在、灵魂家园和文化孕育三个功能的综合体。但今天，提到城市，人们往往将其缩减至物质层面的部分性理解。由此造成的结果是：一些重要的，当然确实是生活所必需的要素，但也是片面的、局部性主导的城市指标，例如城市生态、城市交通、城市经济，成为主导；抑或是公共住宅的统一性建筑类型、通行的建筑技术，以及作为某种平衡，在另一面，少数具有瑰丽奇异的建筑个体大行其道。

欧洲文化形态下新城研究的必要性的另一背景是：世界范围内，城市正在追求相同的经济、技术和形式上的目标和价值，因此其理念、规划、使用和设计或多或少雷同。今天，还有哪些特征可以区分亚洲、欧洲或美洲的现代化住宅建筑？不同文化形态下人的基本需求是相同的，但其理想的生活状态必然因为文化背景的不同而有所区分。在亚洲、欧洲或美洲生活的人，他们经历着不同的城市、创造着不同的城市生活——即使在全球化的今天，也是如此。虽然我们都生活在现代社会，但我们的价值观、需求和能力仍然各异。那么，全球化语境下的现代城市文化，对此应当作出怎样的反应？

这导致我们失去了家园归属、文化认同，以及安全感、创新性和个性，一方面造成城市建设的拼贴与混乱，另一方面又造成了城市建设的面目模糊。我们忽略了城市的非物质意义，只看到其物质价值，从而引发内心的孤独，无聊，焦虑，抑郁和绝望。城市所缺少的，首先是人们得以认知——城市作为一个整体，首先应该涵盖其物质的和非物质的共性，其次应该有能力创造其城市识别性——一种区别于其他城市、其他文化的独特性——与城市的功能效率、社会和精神多样性，在每一个单一城区中有机融合。

城市今天所缺少的，是一个永恒的愿景——在每个城市中，构建秩序和多样性之间的平衡和互动。中国文化以其世界观为出发点，将城市解读为生命两极力量的平衡。但是城市规划者在此领域，一直以来缺乏对新城发展进程中重要要素群体的分析。本次研究对西欧新城近一百年以来的相关要素群体，进行了详细分析，建设新城的动机、对城市本质的理解、城市规划的理念或城市发展推动力等各项要素，均会影响一座新城的诞生。并非采用一个全球范围内通行的城市功能和设计解决方案，就可以成就一个全球型的城市化，对此我们需要建构对于核心要素群体，结合其文化背景特征的认知体系。新城建设实践，必须依据不同城市、不同国家、不同文化背景下的实际问题，对此进行个性解读。

本书对系列欧洲现代新城进行了比较式、批判式的研究，在保证科学性的情况下，以直观、形象、通俗易懂的形式展示了系列新城的优势和问题，以及人们在未来新城建设中可以吸取的经验。研究试图对现代西欧新城发展历程中的部分新城案例全程进行客观、真实，同时深具批判性的分析，确立各代欧洲新城的要素群体——包括规划背景、发展条件、发展目标、发展推动力、发展路径、规划理念和实现难点等，并进行深入探讨和比较研究。

在全球城镇化快速发展的大背景下，已经有一些关于新城建设的优势与劣势，成功与失败的研究。但很少有人尝试，以一种整体的、以科学为依据、以实践为基础的方式对新城建设的重要要素体系进行分析和评估。这样一部基于科学性整体考虑和多样化新城建设实践的作品是在极其特殊的背景下诞生的。
这项应用性研究的重要前提，是一位有个性的研究者。本书的作者，在研究与实践领域均具有丰富的经验和能力。在过去的十年中，其对本书所列举出来的西欧新城，以及亚洲与中国的新城进行了全面详细的研究——其内容会跟随本书之后逐步出版，同时参与了系列重要的欧洲、亚洲与中国规划实践，作者借此机会，将研究和实践有机融合，形成了两个领域中丰硕的成果。

全球城市化进程，对于新城，是否仅仅是简单的国际化复制？本书向我们展示了，未来可替代的其他路径——一个有科学体系支持、切合个体需求的新城建设，其可以参考的要素体系及各个要素可能的内容空间；各代谱系中其价值观引人深思的巨大变化，或许也会为读者带来思考。本书讲述了现代主义背景下新城发展的一个重要阶段，并隐含一条道路：新城在不同城市、不同国家和不同文化背景下，应当如何以不同的方式策划、规划和建设。因此，本书在教学、研究和实践方面或许具有一个特殊意义——不仅对中国、亚洲，甚至在全球范围内，对城市化进程的有意识调控，起到重要参考作用。

Michael Trieb 教授 博士
德国斯图加特大学城市规划学院
斯图加特，2017 年 4 月 6 日

目　录
contents

05

功能主义与第二代新城·······66
Functionalism and the Second Generation of New Town

06

"缺乏目标的时代"——20 世纪 70 年代地方性、局部性的第三代新城·······110
"An Age with Lack of Goals"——The Third Generation of New Town with Locality in the 1970s

西欧新城谱系
West Europe New Town Generations

"没有什么比建立一座新城，更良好地表达了人类的这一需要——创造永恒。"

"Nothing more than the foundation of a town better expresses the human need to produce, to create something permanent." [1]

Gabriele, Tagliaventi

---

[1] Tagliaventi, Gabriele: 1992, www.avoe.org

01 新城理念缘起
Origin of New Town Concept

如果讨论在规划史上典型被滥用的那些名词，新城应当是其中之一。城市政治家、规划师、社会学者、历史研究者对这一名词的阐释方式往往莫衷一是：某一浪潮起始，它金光灿灿，每个人都热衷于讨论其可能性；大潮落去，这一名词忽然却隐含罪恶——城市政治家宁可将真实的建设目的隐藏于工业区改造更新、先锋文化项目等更加含混的名词后面，来避免公众的恐惧联想。大量学者在现代城市规划研究中不断提出这一问题：新城建设在多大程度上还可作为一种重要的发展模式为当前的城市建设服务？

无论如何，在现代主义规划与建筑史中，新城这一概念的重要意义是不言而喻，并且无法忽视的。遗憾的是在大量文献中却缺乏对这一名词的深入准确表述，以及对其模式特殊意义的分析，因此在本章节中，我们将首先回溯系列本源性问题：
首先，新城是什么？
其研究者各个定义中反复出现的衡量标准是什么？
我们为什么要选择新城？

现代主义的兴起、工业革命的发展、城市化的新浪潮，所有的边缘条件锐化后，19世纪50年代，现代新城——这一在人类城市建设历史上"自然"出现的，很少被区别、分析对待的城市类型，忽然间被推上了历史舞台的中心，并焕发出前所未有的光彩。在不断的修正中，直到今天，新城仍然是现代世界城市规划中的重要内容，甚至是皇冠上的明珠。

新城的必要性何在？在此我们给出几种分析。这不是本书撰写意图解决的核心问题，但它是之后详细分析现代城市规划全程中，与新城规划的规划哲学背景分析以及相关社会、制度、空间性解答等，息息相关的一个讨论基点（图1.1）。

图 1.1　1939 年纽约世界博览会中心巨大的中心建筑

人们借助观光塔电梯与横桥，进入巨大的封闭球形空间中。围绕环廊，参观者看到了整个博览会的高潮：田园城市的巨大模型，它被视为在世界层面上开启新文化的序幕

Overview, New York World's Fair, 1939

"Democracity" – New York World's Fair 1939, City model of Garden City Theory on the fair

1.1 什么是一座"新城"？
What Is a "New Town"?

新城规划中有一系列多样化的"新城"定义，它们在下面一系列的文献中是这样表述的：

- 最早的现代"新城"概念是受"田园城市"理论影响形成的。"新城委员会"承接了埃比尼泽·霍华德（Ebenezer Howard）的理论观念，英国政府也是以此理论为基础建立了英国"新城"发展的政策背景。它的基本原则为"疏解拥挤的都市区域"，"建立自立的与自我平衡的社区——既服务于工作又服务于生活"[①]。
  ——英国城乡规划协会（TCPA，Town and Country Planning Association）[※1]

- 奥斯本将现代新城与"二战"前的系列新人居实验理念如此区分："它们展示了一次较大尺度地进行都市化发展的现代性企图：设定城市尺度与人口容量，创造并保持一个城市之间以及城市与乡村之间功能区的适宜关联性，形成本地就业与人口之间一定程度的平衡，塑造并长期维护的发展计划——使所有的居民都能够便捷地得到服务与设施[②]。
  ——Frederic Osborn & Arnold Whittick[※2]，《新城：面对大都市的答案》

- "新城"、"卫星城"或者更加理智一点，称为"大型居住区"，其定义代表了一个内向的，从较大尺度上清晰可辨识的居住区域，它遵循一个整体的规划建设形成——其目标通常与雄心勃勃的社会与文化目标紧密联系，在"二战"后1950~1975年之间在全世界被普遍建设。
  ——Dr. Ilse Irion & Thomas Sieverts[※3]，《新城》

- "新城是对应明确宣示的发展目标之下，有意识规划形成的社区。"[③] "新城作为一个新建设或扩展的城市组团，其创造的意图在于联系都市与农业的环境。这是一个规划的社区，有明确的界定并具有集约性的建成区域，周边被保留的绿带或农业开放区域围绕，最终成为整体都市区的有机组成部分。它具有相当的独立性，有坚实的经济基础，自我控制，自我维护，自我管理（self-containment,[④] self sustainment, and self-government）。"
  ——Golany, Gideon[※4]，《新城规划：原则与实践》

"新城……意味着具有下述特征的开发模式：

——根据单一发展规划实施形成；

——在核心性的发展期内，是由单一开发主体控制形成的；

——有相当平衡的土地使用，以塑造一个新住区，或者在现有住区基础上整体性新增的部分，即使不是全部，绝大部分也都拥有与城镇匹配的基本服务与设施：

① Golany, Gideon: 1976, P. 26
② Osborn, Frederic; Whittick, Arnold: 1963, P. 8
③ Galantay, Ervin Y.: 1975, P. 1
④ Golany, Gideon: 1973, P. 25

※1. 城乡规划协会
The Town and Country Planning Association
由埃比尼泽·霍华德于1899年作为田园城市理论的协会而奠立，最初是为了推广田园城市的发展。霍华德之后的继任主席为费雷德里克·奥斯本（Frederic Osborn）爵士。
www.tcpa.org.uk/

※2. 费雷德里克·奥斯本
Frederic James Osborn,
1885~1978年
是英国田园城市运动的最早领袖之一，曾任英国城乡规划协会主席，在此期间，作为高级政府顾问，影响了英国新城规划早期整体政策制定、发展策略等重要内容。

※3. Ilse Irion & Thomas Sieverts
欧洲新城规划研究者，在20世纪90年代初对新城，尤其是西欧与北欧区域的新城进行了系统评价与再分析。

※4. 吉·格兰尼
Golany, Gideon
美国20世纪70年代新城系统性工作方法研究的重要代表人。其1976年的著作《新城规划：原则与实践》（New-Town Planning: Principles and Practice）是系统将新城作为独立体系进行研究的开创性著作，也是这一专项研究中的重要文献。

住宅，交通，基础设施，产业，商务，公共空间与娱乐设施，教育与健康设施，
文化与社会设施，但并不需要整体性的完全自我供应，提供所有的设施与服务；
在过去的五十年内发展而成。"①
——美国住房与城市发展部《规划新城——美国与苏联国家报告》

对比上述定义，"二战"后形成的"现代新城"的陈述虽然有各种差异，但以
下特征即便不是必备特征，也代表了新城规划与建设的重要特征，并暗示了其
积极性意义的来源：

——新城建设需要统一与稳定的管理与实施主体；
——新城以一个整体、全面的规划为背景，规划试图将新城作为农业与都市环
境之间一个具有独立性的功能单元进行发展，这一独立性一方面强调空间的清
晰辨识，一方面涵盖了均衡的功能结构与社会结构；
——新城有清晰的政治与社会目标，不仅仅是一个物质性的城市——单纯的住
宅建筑的拼凑，而且塑造了一个社群，它们具有能力进行自我反馈与更新。

上述三个共同点事实上代表了之前理论研究衡量新城品质意义的标准，以此为
背景，我们挑选了本次研究工作的主要分析实例，但同时也补充收集了一些由
于各种原因而不具备上述全部特征的新城发展。

1.2 为什么要建设"新城"？
Why do We Need New Town

新城发展事实上伴随整个城市建设史，尤其是在城市化的高峰期或由于其他原
因（战争、灾难、高强度的旧城改造）形成的城市补偿性建设——这也是现代
"新城"定义中有意识强化战后这一时间分水岭的原因之一。不仅仅是工业化，
"二战"时期对欧洲城市的破坏，以及同期的长期停滞与之后的人口迅速膨胀，
都加大了新城规划与建设的压力。许多历史上的大型都市，在历史上的相应时
期都面临城市建设的这一问题②。
Galantay 通过图表描述了新城建设在人类城市文明延续中的三个高发时期。在
产业发展的三次重要城市化时期，新城成为重要的解决手段。
1. 第一次工业快速提升时期，是西方历史上借助航运造成的商业发展期。殖民
宗主国家在殖民地，以建立港口等交通枢纽、拓展经济空间为目标建设了大量
殖民城市。
2. 工业化发展进入工业革命时期，第二产业就业岗位快速涌入城市，产生了工
业城市、公司城市。
3. 服务产业的发展期，都市质量以服务业与高质量人居为标杆，开始建设以都
市疏散为主题的新城③（图 1.2）。

---

① U.S.Department of Housing and Urban Development: 1981, P. 6
② Galantay, Ervin Y.: 1975, P. 5-6
③ Galantay, Ervin Y.: 1975, P. 3

图 1.2　人类社会发展背景下伴随产业发展的三次重要城市化/新城快速提高

1. 第一次工业与服务业快速提升时期，是西方历史上借助航运造成的商业发展期：产生了大量殖民城市。
2. 工业化时期，第二产业就业岗位快速增多涌入城市，产生了大量工业城市。
3. 服务产业的发展期，建设了以都市疏散为主题的新城。

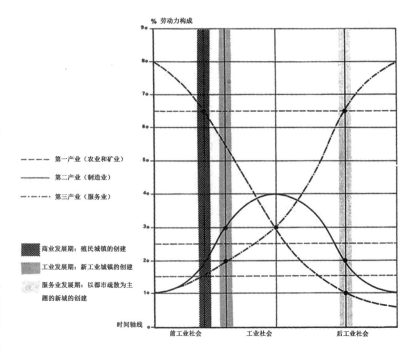

% 劳动力构成

------- 第一产业（农业和矿业）

―――― 第二产业（制造业）

—·―·― 第三产业（服务业）

商业发展期：殖民城镇的创建

工业发展期：新工业城镇的创建

服务业发展期：以都市疏散为主题的新城的创建

时间轴线

前工业社会　　工业社会　　后工业社会

※ 以韩国首府首尔为例，20 世纪50 年代朝鲜战争结束后，首尔住宅约 18.2% 被完全破坏，12.6% 被较大幅度毁坏，共计损失了 900 万平方米的住宅面积。战争中大量居民向韩国南部逃亡，村庄人口向城市迁居以寻找工作机会，韩国战后面临重建的巨大压力。战后初期首先是以修复住宅与低质量的住宅建设为主体；在国家初步恢复经济力量而住宅问题进一步尖锐化之后，60 年代，首尔启动了总体规划的制定，划定了城市发展的圈层结构，1971 年，确定了 152.8 平方公里的周边绿带面积。在边缘区域中，设定了 Yeongdong Jamsil（1967 年）、Seonhnam（1968 年）等卫星城，由于上述大都市人口的控制政策，卫星城人口得以快速增长。

图 1.3　"一战"战士回来后呼吁改善住宅的多种海报之一"英雄们的家园"，为社会住宅的推行酝酿社会助力

新城为此快速提供了巨大并相对优质的解决方案。绝大多数情况下，新城拥有廉价的土地、优良的自然环境，以及公共配置的各种设施、整体运作后更具效率的建设与管理成本，并可以在规划意图指导下，在区域发展中成为具有明确指向的经济策略与空间发展策略的有机单元。

从另一方面看，不同于自然生长的城市或边缘性的扩张，新城发展同时代表一个长期性的、巨额总量的公共投资；对一个上万人的社群而言，需要人工塑造几代人数百年间的生活与文化空间——而他们在新城规划的工作本身中，是一个尚未确定的匿名群体。这些要素造成新城同时是一个潜在的巨大经济与社会风险。

新城的发展立足点毫无疑问取决于此：国家与社会是否受到某些特殊原因的强烈推动，而最终决定必须或倾向于通过建设一个新城市，而不是简单的自然生长与边缘性扩张，以更加优化地解决特定问题。这些原因进一步决定了新城建设的决策与战略框架。这些特殊原因包括：

1. 大都市与城市的人口疏散

大量住宅的缺乏往往是新城建设最重要的原因，可能是战争、产业发展、高出生率、超规模的移民潮等原因造成了都市区城市化发展的总量性缺口。

现代新城整体的发展背景是两次人口骤增的压力：工业革命造成农业人口与移民人口的涌入，欧美大都市城市化压力大幅度增大；"二战"结束后（"一战"事实上有相似情况），军人回到家乡并进入婚育高峰期，集中需要新的住宅，而城市被战争破坏，两者之间有巨大的落差①※（图 1.3）。

---

① Minseok Lee: P. 15,17,18,37-41

在这样的压力下，无法在现有城市格局下，通过加密、边缘扩张、郊区交通改善来应对；对比城市中心区质量迅速下降、边缘区的无序蔓延、城市现有房地产市场失控等其他潜在的压力风险出口，新城规划对大都市与大城市而言，是一种更具理性与潜力的选择，在数量与质量上均具有明显的价值。一个新城可以大规模地为数万以上的住宅需求者提供居住空间，通常具有合理的较高建设密度，优良的生态环境，兼具效率与品质的基础设施与符合时代性的居住质量，以及最后由于规模效应而降低的建设成本。

整体而言，新城对于大都市发展而言，是一种长期性、大容量、优质的人口吸纳与疏解方案，结合其中政府突出的影响力，新城还往往成为政府大规模推行社会住宅政策的有力工具。模式程序如下：战后或城市化压力之下，初步建设、修缮、加密现有住区—经济力量不断提升—住宅水平不断恶化—都市中心区质量下滑而郊区无序蔓延—大都市总规制定，遏制这一趋势——城市控制绿带与新城的建设，缓解人口压力。这是伦敦、巴黎、香港大量大都市所走过的道路。

2. 新的经济发展空间

新城发展在历史上的另一重要原因是新经济空间的衍生。

1）内生资源性或外部产业移植性工业新城

在一个原有的农业经济区域，由于某一大型产业的进驻（德国沃尔夫斯堡汽车城、中国"三线"建设）、区域性交通枢纽的形成（近代中国石家庄、郑州）、区域乃至国家级矿藏的发现（欧洲鲁尔区，中国大庆、玉门等资源城市），结合其综合配套产业形成了大量的就业岗位，以及为其服务所需的城市居住与服务附属功能区，最终达到一定总量后引发新城建设的契机，如工业城、矿产城。

2）大都市工业疏散型新城

在大都市产业化的中期，也曾经有意识地将对城市社会有消极影响的产业通过新城进行疏散，新城成为超负大都市的产业疏散空间。伦敦第一代新城建设中，各个城区的产业被鼓励或间接被迫向相应方向的新城迁移。在首尔 Banweol 新城（1977 年）的早期发展中，Banweol 首要的功能是将首尔不欢迎的污染性企业，而不是居民从首尔疏散出去。整体为中小型企业规划了约 100 个园区用地，工业用地面积占比 19%[①]。在这种目标之下，距离首尔 30 公里的 Banweol 确实实现了吸纳人口的目标，大量工作人口通勤于首尔与 Banweol 之间[②]。

时至今日，包括欧洲，大量国家借助工业园区来控制工业对人居的消极影响，同时根据生活与工作紧密结合的原则，形成工业服务的复合性工业新城，如苏州工业园区。

3）高科技教育、研发与产业新城

这一模式稍后向完全不同的另一方向发展（图 1.4），高科技产业与研发产业成为

---

① R.Phillips David; G.O.Yeh Anthony: 1987, P. 120 http://www.iansan.net/english/IndustryEconomy/InforBanwol.jsp?menuId=01015001
② R.Phillips David; G.O.Yeh Anthony: 1987, P. 121

图 1.4　韩国新城从早期的单纯工业城市，逐渐转化为后期的高科技高品质新城

首尔 Banweol 新城建设始初主要是容纳首尔不愿容纳的工业以及居住功能。

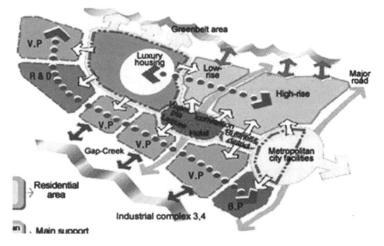

在功能与模式上与新城紧密结合的产业类型，整体而言新城的各项典型特征——较高的城市环境质量、设施水平、交通区位、特定政策扶持限定、自然环境品质等都在不同领域契合了高科技研发与产业发展的需求。

新城设定的目标是知识聚集的乘数效应，以较低成本和优质建设环境吸引大型公共研究机构、教育机构以及商业性智囊与科技机构集聚这一区域，由此成为区域级甚至国家级研究与发展中心，高科技新城同时可以提供产业中试与生产的空间，从而最大化析出科技的衍生价值，由此诞生了世界各地系列科学城（瑞典 Kista、韩国 Daedok、日本筑波等）。值得一提的是，在科学城领域，新城的空间模式在世界范围内显示了强烈的相似性。

新城本身必需的大规模投资，在科学城、产业城中，与经济力量、技术力量等要素结合，形成了高水平综合产业、人居、服务产品的复合载体，平衡了新城的经济性，在本身没有高度城市化需求的背景下，为新城提供了清晰的高素质人口来源。欧洲在人口出生率长期低迷的背景下，继续建设以产业为核心的小型科技综合城的重要原因就是把它作为区域竞争力提升的载体。

在上述类型中
——以资源、外部产业引入为动力的新城通常建设于人迹罕至、现有城市化水平往往无法支撑大型产业发展的区域，新城成为外生性发展动力，植根这一区域所必需的人居与服务平台。新城高度依存这一外部发展动力。
——大都市疏散产业，部分出于控制人居品质消极影响的考虑，部分出于鼓励产业规模化发展促进竞争力提高的考虑，选择了新城作为城市产业集群的空间所在。
——高科技新城这一选择，首先是因为对生态环境的重视，其次因为大型研究机构、科技机构、产业机构要求低密度使用的大面积土地、基础设施与公共设施的高水平提供。

就上述要素的提供而言，第一种类型是必然的选择，而对于后两种类型来说，一片原野显然比一个利益格局业已形成、城市人口压力较大的城镇更为合理。新城由此成为开发大型特定指向性资源，大型污染风险型、耗地型产业，或相反的生态环境偏好型产业集群的理想空间（图 1.5）。

3. 国土开发与外部殖民

最古老的新城类型之一就是殖民城市。在政治与军事目标之外，殖民城市成为区域聚合点——为区域内新占据或新开发土地的农业生产、产业发展等综合目标提供以商品交换为核心的服务。并借助新城进一步对待殖民的更大区域予以辐射。

这一模式持续至近代，苏联对西伯利亚的开发，以色列的国土拓展，目前蒙古、非洲等区域仍然在使用这一模式（图 1.6）。
根据具体的空间区位，新城拥有不同的功能重点。由于周边通常是一个城市化水平较低的区域，一个新城的建设作为聚合点往往是必然的选择，这一聚合点周边区域内的所有投资与基础设施建设，自动造成资金、人力、信息汇入唯一的城市聚居点，形成对殖民城市的间接支持，加速了以加工、制造与服务业为核心的就业岗位与居住人口的快速聚集。历史上大量案例印证了这一模式，形成了许多著名的世界大都市，如纽约、洛杉矶、新德里。

这一逻辑的继续拓展，进一步造就了大量的新国家首都或首府城市，其建设的背景在于借助城市的综合职能——军事、政治、经济，更有效地管辖国土区域，而不仅仅是促进该区域的城市化发展。例如明代从南京向北京的迁都，巴西利亚、堪培拉、昌迪加尔的规划建设等。

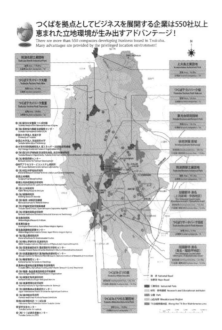

1969年日本筑波科学城确立规划，开始建设。总面积 284 平方公里

1973 年在韩国大德（Daejeon）设立的研究与发展特区"大德科学城"（Daedeok Science Town）27.8 平方公里

1979 年，台湾设立的新竹科学工业园区，共计 13.42 平方公里，包括 6 个园区

图 1.5　20 世纪 70 年代在亚洲先后建立的三个重要科学城，对相关区域的产业研发力量培育、衍生具有重要意义

图 1.6 以色列新城 Betschemesh
a.1952 年，规划 100000 人口　b.1990 年末期

巴西首府巴西
利亚，
1956 建立，
2557000
人口（2008 年）

澳大利亚首府
堪培拉，
1913 建立，
374245 人口
（2013 年）

印度旁遮普邦
首府昌迪加尔，
1951 建立，
900635 人口
（2001 年）

当然，现代国家首都选址新建，往往还涉及其他要素：政治上的中立，避免触动现有利益格局，大型开发空间的可能性，以及最后——崭新的城市形象建立：新城往往采用了强烈的形式语言，从而全新地代表国家对外的新文化认知、新社会模式与新的民族意象，而这一点借助现有城市的调整与扩张是难以达到的（图 1.7）。

图 1.7 巴西首都巴西利亚，1956 建立，2557000 人（2008 年）

4. 承载新的梦想的新城

当霍华德规划并试验"田园城市"理念的时候（图 1.8），他是在追随 16~19 世纪以来启蒙主义者的哲学与其乌托邦思想——以莫尔（Thomas More）的乌托邦模型为典范，通过一个理想新城来承载理想生活与理想社会模式，或作为其实践的出发点——无论在物质层面还是在非物质层面上[1]。

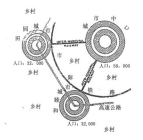

图 1.8 霍华德的"田园城市"模型，新城镇通过基础设施与中心城市紧密联系

---

① 芒福德：2005，P. 345-347

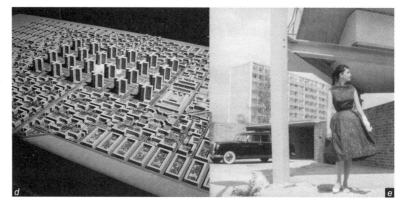

图 1.9　承载梦想的新城

a. 欧文的新协和村；b,c. 根据新城规划理论建成的新镇；d. 柯布西耶 1979 年提出的现代城市模型 (Modell der Ville Contemporaine) ;e. 国际建筑展 IBA 1957 规划建设的汉莎街区 (Hansaviertel)

在这个意义层面上，同时期出现了一系列实施案例，包括同时期大量企业为自己员工家庭设计的工业新村，欧文（Owen Robert）的新协和村（New Harmony），和 TCPA 稍后维尔温（Welwyn）新城（图 1.9）。它们均包括了一个完整的居住环境甚至产业区域、满足社区需求的公共服务设施与基础设施、内向而开放的公共空间体系，以及对外有明显识别性的城镇景观及文化。这一时期的工业新村对早期"田园城市"模型而言是重要的原型。[1]

事实上所有的新城无不对应其同时代的城市发展问题，反映了其承担主体的政治理念与社会理念——这是现代城市规划中专业技术人员具有明显缺憾的一项职责，这些新城映射了该时期城市规划哲学与愿景——塑造某种意义上的乌托邦，试图回答"什么是理想化的城市模式？"

在精英层面上的这一层讨论与实验，在"一战"与"二战"阶段，开始对普通民众造成广泛影响。奥斯本在其著作《新城——对大都市的回答》（The New

---

[1] Reinborn: 1996, P. 42-46

Towns：The Answer to Megapolis）中对此作出了如下描绘："由于战争轰炸而对城市造成的巨大伤害，引发了一个未被预料的结果——公众对于战后重建的具体形式这一问题具有莫大的兴趣。……（在政府对废墟清理后）他们惊讶地看到如此多的天空，废墟上不习惯的光明，他们原有对于城市街区建成环境的固有想象被打破。如果我们赢得战争，我们应当如何取代以往拥挤的建筑与街区？我们难道不应该获得更多的良好房屋与工作位置，同时保有阳光与空间的新感觉？"[1]

正如奥斯本的书名，在这一时期，新城是对过度拥挤的大都市进一步发展可能性的一个重要回答。伦敦总体规划以及新城规划原则，其设定来自于一个重要的自我认知：对比超负荷、污染严重的伦敦各个城区，新城应当形成新的居住模式。与城市边缘区的蔓延或旧城更新相比，田园新城所提出的理念——在自然中工作与生活，即新城规划与建设的新价值核心，有可能促成一个新的城市建设环境，甚至新的社会结构、新的文化模式，其背后隐藏的是新的城市文化认知原则乃至于价值观[2]。

新城因此往往与同时期政治理念的巨大变革以及设计理念的革新动力息息相关。在某些新城的建设中，这甚至会成为主要动机。例如今天欧洲、亚洲各国进行的系列生态新城、绿色城区，不仅仅是为了展示某项生态被动住宅技术或水体循环技术，而是展现一种新的综合城市模型、新的城市生活方式，甚至新的社会结构模式，它试图建立一个一方面不同程度上植根于地方民众与政府现实的需求，一方面代表新的城市发展哲学的联合体，一个新时代的城市文化实验[3]。

它同时也带来了潜在的风险。整体而言，"梦想"作为一种动机，具有明显的模糊性，它包括了较大总量的非物质意象需求——人们在基本需求满足之后，对文化、自我认知、自我提升等更高的要求；其具体内容需要再阐释与落实；但作为意象，不同社会阶层之间的理解差异，在理想与现实之间的差异是巨大的——最后落实的物化空间要素也因此存在必然与必需的差距。

这一背景造成部分实验作品仅仅停留在政治家、精英阶层、规划者层面，"梦想"被符号化、单纯化、形态化；而多元化组成的民众，其综合需求、个人需求、长远性需求、非物质需求等问题的考量，在现代城市规划，尤其是新城规划早期的大量研究与实践中普遍被忽视，间接性造成了部分新城的巨大社会问题。

在现代新城发展的过去 50 年实践中，上述论述的原因往往是相互交织的。

"二战"后第一阶段的新城主要以为大都市减负为核心动力，同时强调有污染性的产业向外迁移，但田园城市这一规划指导思想同时透露出了新田园生活模式：都市＋田野品质的共同引领。

---

① Frederic Osborn& Arnold Whittick: 1969, P. 89
② Collins: 1975, P. 80
③ Eggert, Silke: 2002, P. 5

第二代功能主义新城以引人入胜的新人居模式为前瞻性意象，同时试图解决战后新生人口快速增长、城市化加速所造成的城市住宅缺乏这一现实问题。

在第三代新城中，巴黎 20 世纪 70 年代的新城布局在"区域规划"理念的现实驱动下，有意识地沿区域性经济指引方向发展轴线布局，区域性的职能在规划原则中被定义为第一级别目标。与此同时，各个新城承担了不同程度的大型公共设施、科学城、娱乐城等产业发展职能。1964~1993 年巴黎业已建成的四个新城总计已经超过了百万人口，同期新设立的大学、研究设施、高科技产业基地与娱乐设施，对整体区域的城市化品质的提升产生了积极作用，并缩小了巴黎市西部与东部之间历史上形成的发展差距[1]。

第四代新城中，人口的吸引力转而强调高素质人群，产业动力愈来愈重要，结合突出的意象，新城紧紧抓住所有核心性的重要目标，强调质量而不是数量，因为它们被设计为区域竞争力的发动机。

上述新城发展目标通常也会随着时间而逐渐展开形成，并发生改变。

1932 年开始，荷兰通过三十多年围海造田逐步形成了弗莱福兰省，形成了国土扩张的重大空间，这一殖民空间同时在区域规划中也作为大都市圈"城市环兰斯台德（Randstad）"围绕"绿心（Gruenes Herz）"的人口疏散空间※。省府新城莱利斯台德（Leylstad）和阿尔默勒等新城被兴建以同时承担上述两项职责。

在 25 年之后，阿尔默勒市近邻阿姆斯特丹，人口快速增长至近 25 万，一跃成为荷兰第五大经济体，从而作为区域性的经济中心，承担了经济空间的扩张职能。1990 年阿尔默勒针对自身城市问题，提出了新的发展目标：塑造极具吸引力与革新力度的新城市形象品牌。在上述的目标体系中，新的城市形象与文化成为阿尔默勒近二十年以来最重要的新发展任务。阿尔默勒 2030 年发展计划中，阿尔默勒向阿姆斯特丹方向规划设计了大型浮岛，同时也在阿姆斯特丹当前总体规划中，作为大都市未来直接疏解人口、发展经济的重要空间。在 30 年的发展过程中，新城的发展目标具有五次重大的调整与提升（图 1.10）。

这之间还可能出现目标认定中的矛盾与反复。例如，第一代新城人口目标主要是大都市的工人阶层，它们需要伴随大都市产业共同疏散。之后，城市规划者逐渐发现，自伦敦至巴黎，就西欧而言，新城作为一种规划工具，疏解大都市人口这一目标远不如截留城市化压力这一目标来得有效。在此背景下，新城作为低收入人口社会住宅的典型空间造就了大量社会问题。第四代新城目标转而为吸引城市高素质人口。这些目标的认定是颠覆性的，对新城的设计无疑产生了巨大的影响。

新城作为一项复杂的城市发展任务，虽然在此难以给予市场经济的详细考核与支持背景的完整分析，但是在本次研究的观察中发现，越能够承担复合型目标

※ 兰斯塔德是荷兰的重要都市带区域，包括了四个最大的荷兰城市（阿姆斯特丹、鹿特丹、海牙、乌得勒支）以及周边密集城镇区，拥有 710 万人口总量（41.5% 的荷兰人口），是欧洲最大的都市区之一，总面积约 8287 平方公里（约为荷兰总国土 20%）。
Henk Ovink：Randstad 2040 http://ifou.org/conferences/2008taipei/

---

① Roullier, Jean-Eudes: 1993, P. 5

阿姆斯特丹都市区未来设定的补充发展区域涵盖了隶属弗莱福兰省阿尔默勒市的系列重要空间
来源："阿姆斯特丹结构规划的调整内容（阶段 B/C）"，1981 年 11 月

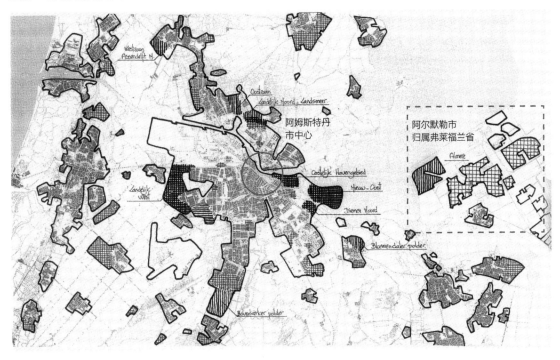

的新城，在后期的发展中越呈现出巨大的活力。优良的新城最终通常会具有相当复合的整体城市职能潜力：一方面作为大都市疏散的载体具有充足的吸引力，一方面结合了区域性文化、城市与教育设施，有效地承担了提高区域性城市化品质，提供新经济空间、新城市化扩张根据地等综合职能，其成功案例通常承担了区域性服务中心的职能。

图 1.10 阿姆斯特丹都市区未来设定的补充发展区域涵盖了隶属弗莱福兰省阿尔默勒市的系列重要空间

1.3 现代"新城"：
新城发展史中最大的机遇与风险
Modern "New Town": the Biggest Opportunity and Challenge in the New Town Development History

新城这一极具复杂性的任务，事实上担负着系列跨越性、全新性的发展诉求；这一诉求具有恒久性的意义，它们为人类城市发展历史带来了系列文化精品。

事实上，城市的历史就是"新城的历史"，新城建设伴随着整个人类城市史的发展。与"New Town"这一名词常常联合使用的另一个名词是"Planned Community"——有意识地规划与建立新社会，这一模式显然并不仅限于现代新城，它跨越了各个文化圈层，是许多今天"成熟性、复合性"城市的前身，这些城市在时间的流逝中成熟化，积极地显示出城市文化的品质与独特性，以至于已经没有人想到它曾经是一座人工培育的"新城"。

与现代新城对比，传统新城最大的差异体现于建设的时间与方式。在前工业时

※ 极少量新城例如北京建设时间较短。明永乐五年（1407年）开始营建北京宫殿、坛庙，永乐十八年（1420年）完工，永乐十九年（1421年）正月正式迁都北京。但正统四年（1439年）才修成内城九门城楼。嘉靖二十九年（1550年），俺答率鞑靼兵攻到北京城下，才于嘉靖三十二年（1553年）修筑外城——就一般中国典型城市的空间布局而言，成为完整的空间结构。但中国传统建筑语言形式决定了古城北京形式上的整体和谐性。http://www.bj24h.cn/Beijing/Detail.asp?id=15214 西欧城市建设中重要的快速作品例如巴黎的奥斯曼改造。整体改造费时20年，1852年至1872年间，超过2万栋房屋被拆，另外新建4万栋房屋，但就其空间范围而言，以沿城市主要轴线沿线拆迁和新建为主体。

代，一座新城的建设至少以50年为周期 ※，在此期间有更为丰富和复杂的主体共同参与建设。更为长期但连续的城市建设，更加多元化的委托主体、参与主体，甚至伴随同时已经开始城市更新这样的综合背景，新城更加容易获得平衡的土地与社会结构，从而以被设计的整体结构为框架，其肌理导向一个更为"常规性的、成长性的"城市发展。

此外，前工业社会的另一个特色是整体生活模式、城市与建筑文化的相对稳定，从而形成既具有特色，又可以跨越时间界限而具有和谐性的城市设计结构，街区形式、尺度与单元要素。由此这些城市在生长期内，仍然可以一方面保持创建者往往极具雄心的空间意象，一方面保持一个和谐的城市景观——有效融合创建者的文化塑造意图与多样化的综合因素后，最终形成的是一个多元化而健康的有机体——这是现代新城发展中最困难的目标。

历史形成的"新城"由于上述两个特性的结合，往往成为城市建设中的精品，包括一些最美丽的世界城市，如圣彼得堡、赫尔辛基、爱丁堡等（图1.11, 图1.12）。

本次新城研究落实在"现代新城"这一理念上，即"二战"结束后，以现代主义建筑理论支持下的"现代新城"①。

现代城市建设由于新建筑技术的使用，建造时间由50~100年缩减至10~30年。

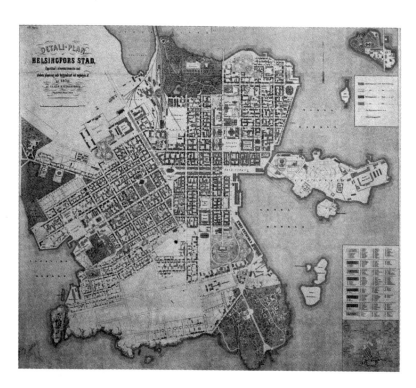

图1.11　赫尔辛基1832年规划总图。规划师：C.L.Engel

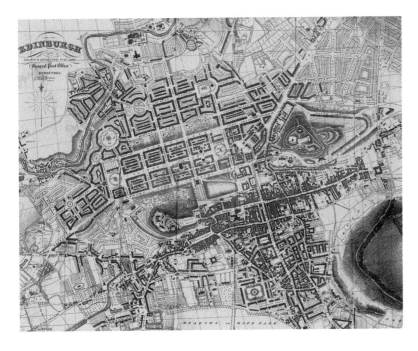

图 1.12　爱丁堡 1830 年新城区规划总图

中世纪时期的古城（南侧）与新规划的新城（北侧）。

价值体系借助一个小型专家群组来承载。城市规划师群组与新城开发公司为核心，整体负责城市的基础设施、景观体系、公共设施、商业核心与居住建筑，其工作包括规划、设计、建设与管理，同时代表涉及的公众利益、商业利益与个体诉求。城市对其的监控主要针对财务与社会领域。起初并无新城政府，在后期才逐步成立，并参与新城的部分管理，主要行使社会职能。这事实上大大缩小了新城建设中多元化要素的融入，对城市规划师群组创造城市建设质量的需求，以及切合未来使用者生活需求的能力提出了较高要求。

在现代主义建筑理论的影响下，建筑单体、街区空间甚至城市品质价值原则均发生了变化，结合社会方式的变化，文化层面的各种新理念——包括部分乌托邦性质的实验，均与社会改革伴行，成为新城建设难以稳定的基石。可以说，面对工业城市的超负荷发展，未来人居的解决方案既突破了原有的经验，又不具备新的理论与要素框架。

韦伯认为: 现代文化的发展特定是一个"祛魅"的过程，我们逐渐从精神价值脱离，对于我们与自然界关系的宇宙式（cosmic）解释产生怀疑。现代文化不断狭窄化——缺乏清晰的指导原则，手段本身逐渐转化为追求的目的 ※。现代新城建设在城市建设史上，突出地展现了这一价值观变化的影响以及最终在相当程度上回归。

※ 在现代社会中，随着科学地位的上升和宗教影响的衰退，我们正在见证世界的祛魅 (In the modern age we are witnessing the disenchantment of the world with the rise of science and the declining influence of religion. "disenchantment of the world")。(Weber 1920, Berger 1967)

02 西欧现代新城发展的理论背景

Theoretical Background of West Europe Modern New Town Development

在新城实践的发展过程中，新城理论研究集中于 20 世纪 90 年代之前。

1940~1970 间的研究工作，主要分为两类。第一类着眼于相对独立的新城实践，例如对米尔顿凯恩斯（Milton Keynes）、Cumbernauld、Tapiola 单个新城案例，由城市规划管理方主持的详尽记录[1],[2]。深入的案例研究缺乏横向对比的可能，各种重大策略均直接受当时政治、经济，甚至某一特殊个人的设计偏好的影响。横向总结案例之间的共性原则与策略显然是有意义的。

第二类试图对所有新城类型，在数量层面上设计一个发展模型。受到这一时期的理论潮流影响，在研究过程中，这一发展模型对于新城非物质层面的要求极少顾及如格兰尼的重要论著《新城规划：原则与实践》（New-Town Planning: Principles and Practice，1976）"。同时期另一著作 Galantay、Ervin Y 的《新城：古代至今天》（New Towns：Antiquity to the Present，1975）敏锐地注意到，新城规划在人类文明史上的普遍意义，以城市发展驱动力为线索进行研究，对新首府城市、殖民地新城、工业新城、大都市疏解型新城四种类型进行了历史溯源与案例介绍。

在此对两类研究中的重要工作给予介绍。事实上就新城规划这一工作的复杂性而言，这些独立性的研究令人惊讶地少。研究者们极其重视物质层面的形态，非物质需求很少作为独立的、平行的、相互关联的设计任务，更较少在现代城市规划与城市设计领域整体地应用。因此对一个质量型问题——什么是一个好的新城，并没有主动的引导性讨论。

2.1 吉·格兰尼:《新城规划：原则与实践》（1976年）
Gollany, Gideon: New Town Planning: Principles and Practice，1976

吉·格兰尼这一研究，在城市规划历史上第一次试图形成一本工作手册，在新城建立至发展的全过程中，介绍新城普遍性的规划过程与规划原则，以及在框架下需要关注的各项内容。以新城实践经验为基础，为整体的新城规划提供了第一个系统的、理论性的框架。

这一工作同时对新城定义、各种概念的界定、分析、发展目标、要素分析以及整体规划过程系统性地予以表述，在每一个步骤上提出相应的建议以及可能的替代方案。

1. 新城规划的内容

根据格兰尼的观点，新城规划包括地理层面、社会层面、经济层面、交通层面、

---

[1] Hertzen; Spreiregen: 1971
[2] Gibberd, Frederick: 1980

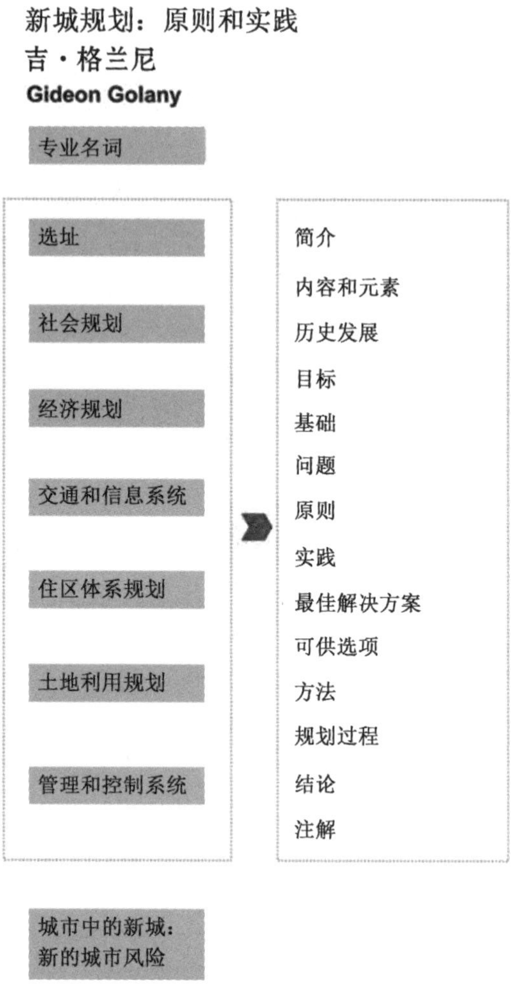

新城规划：原则和实践

吉·格兰尼

Gideon Golany

专业名词

选址	简介
社会规划	内容和元素
经济规划	历史发展
交通和信息系统	目标
	基础
	问题
	原则
住区体系规划	实践
	最佳解决方案
土地利用规划	可供选项
	方法
	规划过程
管理和控制系统	结论
	注解

城市中的新城：
新的城市风险

图 2.1　吉·格兰尼以新城规划整体
程序为线索的理论模型，以及各个
阶段的模拟性要素

功能层面与管理层面。整个工作程序被划分为如下阶段：

—用地选择 Site Selection
—总体规划 Master Plan
—社会规划 Social Planning
—经济规划 Economic Planning
—交通与信息系统 System of Transportand Communication
—住区体系设计与规划 Concept of a Neighborhood and its planning
—土地使用规划 Land-use Planning
—管理与控制体系 Government and Governance Systems
—城市中的新城：都市新创业 ※ New Town in-City: New Urban Venture
在每一个节点中，有相关任务的表述、定义、系统的讲解、要素体系的介绍、
各种解决方案以及最后的总结。这一工作试图形成一个具有实践意义的工作框
架，包括对内容、总量、时间与策略的全面控制（图 2.1）。

※ 新城在 20 世纪 70 年代普遍仍以
新区开发为主，以上的工作段落明
显是模拟新区开发中的各大重要规
划内容。但当时格兰尼即敏锐地感
觉到新城是完全可能在旧城更新中
产生的，从而在最后一项内容中提
出了"城中城"的内容。

2. 规划原则

在整体研究中，格兰尼并没有回答一个重要的问题：什么样的新城是一个"好"的新城？他的论述更关注这样一个问题：什么样的城市是一个功能可行的新城。这种功能可行性以数量级的各种指标为基础，不可量化的各种非物质需求基本不在讨论范围内的研究有强烈的谱系性，视线专注于一个城市规划者的出发点上：如何制定一个高效的、连续的、定量的、家长式的整体规划以及各项细节。其中未来新市民的需求大多数是在经济与社会层面，以一种"典型性清单"的方式被考虑。

3. 规划过程

研究的内容以新城开发为主体：规划过程、目标制定、地点选择、总体规划与管理。格兰尼的理论强调工作方法的"逻辑性"，通过量化的控制，规划应当被科学性地——极其类似一张计算机流程图的方式——贯彻到底（图 2.2）。

就这一结构而言，它显然没有考虑各个项目具体开发模式的影响。纯线性的逻辑推断模式，较少讨论其中的重要协商原则、多元化主体融入模式、地方价值代表与体现体系等一系列原则问题——而这些问题恰恰关乎这一流程是否畅通地得到贯彻。

整体而言，其逻辑呈现了比较典型的蓝图式规划，缺乏对变化问题的灵活关注，极少讨论各个重要因素面对特殊问题的灵活性尺度与界限。新城如同一件"一次性注塑产品"，许多在新城建成后，对新城而言仍然具有特殊意义的阶段性问题（如集中建设所造成的集中更新与维护阶段、第二代新城居民需求背景下的再次扩张，或者一些特殊要素：大背景下的经济衰退期或正好相反——经济繁盛期）对新城发展的影响均未曾讨论。

4. 评估

格兰尼的研究，几乎代表了 20 世纪 40~70 年代新城规划研究工作的开始与终结——新城规划实践与现代城市规划理论都达到了繁花着锦的顶峰。格兰尼的研究强烈反映了当时的现代规划理念与工作方法，他的案例大量涵盖欧洲大陆、英美和以色列的较早期新城规划与建设中的重要新城；但事实上，这一时期第一代新城初步成熟，第二代新城刚刚建成[※]，米尔顿凯恩斯等重要试验作品尚处于畅想阶段。新城规划尚未暴露大量社会问题——新城规划突出性的社会矛盾是在 70 年代末期至 80 年代后才集中涌现的。这从根本上决定了这一工作的局限性。

尽管如此，格兰尼还是唯一一个试图将新城规划作为特有规划类型总结归纳，形成系统性理论与经验框架的新城研究者。除此之外，他提出的新城类型的界定、新城重要标准（例如经济自立性）等概念，是有先见性的。在随后的时期中，格兰尼仍然继续进行了新城规划的研究，但是仅限于文献的整理等工作。新城

※ 例如 1947 年建立开发公司的英国第一代新城哈罗新城，1970 年进入整体维护更新阶段，1980 年开发公司解体，新城进入全面正常运行；伦敦的第二代新城基本在 1964~1974 年间完成；荷兰阿姆斯特丹第二代新城 Bijlmermeer 1966 年到 1975 年作为阿姆斯特丹东南新城被规划并建设，1985 年出现较高的空置率。这一实践状态决定了格兰尼 1976 年的著作涵盖性是非常有限的。

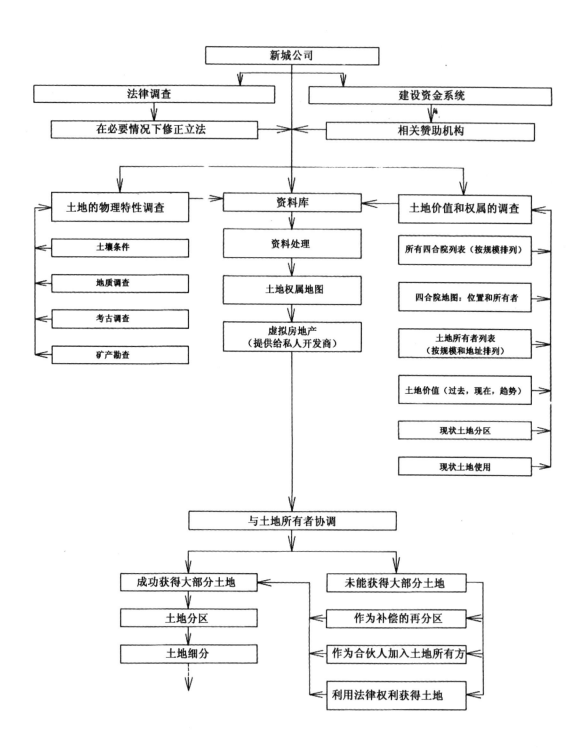

图 2.2　格兰尼就新城区位研究所提出的工作步骤

格兰尼的理论强调工作方法的"逻辑性"。通过量化的控制，规划应当被科学性地——极其类似一张计算机流程图的方式——贯彻到底。就其结构而言，至今这一模式仍然是有意义的（虽然它强烈受到各个项目具体开发模式的影响），但是较少讨论其中的重要协商原则、多元化主体融入的多种模式等具有决定性的原则问题。

规划研究和现代主义城市规划一起，在 20 世纪 80 年代都陷入一个低谷。

2.2 Irion & Sieverts: 新城——现代主义的实验田
Irion & Sieverts: New Town, Experimental Fields of the Modernism

1990 年后，第二代新城逐渐进入成熟期。Irion 与 Thomas Sievert 于 1991 年发表了《新城——现代主义的实验田》[①]，以德语刊行。这一工作对至 20 世纪 80 年代末期为止的现代新城的主题发展与案例进行了整体梳理，形成了一个多代新城的研究体系。依据对实例的深入调查研究、对三代新城进行的综合评价，指出系列优良经验和衍生问题，并归纳形成了一个相对简要的规划原则。

1. 新城规划的内容

该研究工作以翔实的案例为基础，首先对相应案例进行指标性分析，并对出发背景特征、解决途径和相关实践成果进行了介绍。尽管每一个单一要素都强烈地植根于个体的地方政治与环境特征，但是归纳的普遍化特征要素仍然显示出一些特别具有影响力的内容。下述要素被作为核心性的重点内容提出并详加讨论。

- 规划、建设与管理的组织方式
- 建筑生产的实施与工业化过程
- 人口与基础设施的发展阶段性问题
- 城市空间形态的塑造

部分由于语言问题或阶段性案例背景文献的影响，Irion & Sievert 研究新城发展案例在空间上以北欧与西欧为主，主要涉及德国、瑞典、芬兰、波兰四国新城的建设。Irion & Sievert 访问了大量各新城规划的重要设计人，部分评价观点直接来自于设计者，形成了非常有价值的补充材料。对这一实践的观察，Irion & Sievert 呈现了不同的观点：

- 其中具体要素：行为主体、控制方式、社会群体、土地使用、基础设施与城市形态均包容了物质层面与非物质层面；
- 同时结合地域背景，展示了各种多样性的政策设计与策略拟定及调整的可能性；
- 最为重要的是，受益于这一工作的研究时间节点，它清晰地评述了所有成熟新城各项规划政策的具体实践成果，从而体现了规划延续性监控这一重要科学性的态度，并具有较高的参考价值。

---

① Irion,Ilse; Sieverts, Thomas: 1991

2. 规划原则

20 世纪 90 年代本身是新城规划一个明显的停滞期。政治思潮在保守主义与自由主义市场之间动荡，旧有新城的各种问题历历在目，第三代新城的商业成功尚不明显。这一阶段对于新城的评价大多数是单面性、笼统性的整体批评。《阿尔默勒新城——荷兰围海造田区发展经验》(1979 年) 对当时的新城建设情况如此评价：在任何城镇与城市，新或旧，在英国、法国、美国、荷兰以及 60 年代东部共产主义国家仍然如此表述新城——大众产品的居住区，单一、无趣、常常毫无细节的居住地产，丑陋地、随意性地散落在全国，作为毫无节制地重复推土机、起重机经济的后果[1]，作为现代主义规划理论对未来城市生活模式的重要试验，新城的品质与价值并不被认知。

Irion & Sievert 在论著初始，即提出问题：新城规划是否还是一种具有未来性的城市规划模式？论著中并未回答这一问题。这一疑问表达了这一代规划者对新城规划以及现代城市规划立足合理性的疑问。针对旧有"新城"的更新，这一论著曾有下述策略建议，它们可以部分代表 Irion & Sievert 对新城未来发展的重要原则。

1）应当避免大型组织的权力集中，以及由上层核心组织控制的规划方式。对于官僚的、目标引导性的组织措施，首选应当将其置于专业规划者与市民组织的监督与控制之下。
2）随着社会背景条件转变而发生的各种新型建设技术——对建筑物的质量的形态层面与社会层面有良好的补充与调整作用，对此应当结合新城生活需求的变化不断进行校准。
3）"融入区域结构"，通过在区域层面上强烈交织作用下的工作与供给关系，来平衡新城的自立性。

Irion & Sieverts 在研究工作中特别指出，所有实事求是的解释与评价的尝试，对比实际的质量、问题以及解决方案思路，都有大量的品质差异在物质层面尚未得到充分解释，根据 Irion & Sieverts 的观点，原因主要在于负责的个体与其工作的方式原则[2]。事实上在很多实践案例中，因为不同的利益原则（政治利益、社会利益与经济利益，短期与长期利益，数量与质量），人们不能完全自由地作出判断，代表真正的要求和风格，最终屈服于时代的"潮流"以及权力利益。

Irion & Sieverts 同时提出了三代新城规划的划分思路，这一划分方法在新城规划的独立研究中具有方法性的重要意义。部分因为语言的影响，部分可能源于这一主题在这一时期公众舆论与规划理论中的"尴尬地位"，这一研究的重要意义未能得到广泛性的传播。各个国家在总结自身新城建设经验时，例如英国、瑞典也普遍使用了新城世代这一概念，但并未具有横向的统一性。由此新城规划史似乎形成了一种局部区域史详述的格局。

---

① Nawijn, K. E.: 1979, P. 30
② Irion, Ilse; Sieverts, Thomas: 1991, P. 291

2.3 现代新城规划的经验性案例研究
Case Study of the Modern New Town Planning

联邦德国政府界定新城（区）规划研究意义时指出："对城市重点政策实际的和精确的评估要求一个系统的现状评估。对新城（区）研究这项工作而言，如果没有完全的、准确的数量信息以及广泛而准确的案例经验研究，是没有意义的。"[①]

对比传统的城市建设，大多数现代新城都有非常详细的记录，形成了研究的重要的第一手材料，例如本次研究中特别介绍的案例哈罗、塞尔齐—蓬多、Kirchsteigfeld 新城，均拥有由城市规划部门负责人主笔撰写的翔实介绍文献。

此外，很多新城拥有独立的研究组和学院，并进行着长期的内部检验和外部评价。如由弗莱福兰省和阿尔默勒市支持建立的"国际新城学院（Internationale New Town Institut）"，巴黎塞尔奇—蓬多瓦兹（Cergy Pontoise）市的国际城市规划与设计工作坊 (International workshops of urban planning and design，Les Atliers）。TCPA（前田园城市协会，Garden Cities Association，1899 年由霍华德建立），除了第一座新城莱奇沃斯之外，对世界新城规划给予了连续性的研究，并做了大量咨询工作[②]。

新城是一个国家政策在城市发展、住宅保障领域的重要命题，各个国家普遍非常重视结合自身背景，在发展过程中对新城理论与实践经验进行总结，部分国家进行了持续而深入的案例对比研究与经验总结。例如德国联邦政府2004~2007 年两次对第四代新城（区）规划的总结、对大板装配式住宅（Platten wohnsiedlung）为代表的第二代新城规划的系列研究，法国政府公共事务部与住宅交通与运输事务部 1993 年主持出版的《法国新城 25 年》（Roullier, Jean-Eudes. Research and Innovation Representative: 25 years of French New Towns, Paris: Gie Villes Nouvelles de France, 1993），1981 年由美国住房与城市发展部门（U.S. Department of Housing and Urban Development）及苏联规划研究机构共同编著的《新城规划：美国与苏联国家报告》（Planning New Towns: National Reports of the U.S. and the U.S.S.R）等系列文献。

本次研究首先参考了各个新城的文献记载、内部检讨、调整与深化的全体过程。它们提供了详细的信息、清晰的政治背景解释、持续性的修订与成果的监督过程。在国家层面与第三方机构层面上的系列研究，同时提供了一种可能性：在有限的案例范围内进行经验与问题的对比，而不至于陷入细节的泥沼。

除了本次工作中的详细实例（重点标记），下述案例在研究中同时被引用。
第一代新城
- 哈罗（Harlow），伦敦，英国
- 莱奇沃斯（Letchworth），伦敦，英国

---

① BBR-Online-Publikation. Nr.01/2007, P. 17
② www.newtowninstitute.org；www.ateliers.org

- Stevenage，伦敦，英国
- Tapiola, 芬兰
- Vaellingby，斯德哥尔摩，瑞典
- Waldstadt（森林城市），卡尔斯鲁厄，德国
- Lerchenberg，美因茨，德国
- 米尔顿凯恩斯，伦敦，英国

第二代新城

- Bijmermeer，阿姆斯特丹，荷兰
- 巴西利亚，巴西
- 昌迪加尔，印度旁遮普邦
- Cumbernauld，格拉斯哥，英国
- 西北新城，法兰克福，德国
- Göteborg Lövgärdet，波兰
- 汉莎住区，柏林，德国
- Emmertsgrund，海德堡，德国
- Husby，斯德哥尔摩，瑞典
- Nowa Huta，波兰
- Runcorn Southgate

第三代新城

- 塞尔奇 – 蓬多瓦兹，巴黎，法国
- 阿尔默勒，弗莱福兰省，荷兰
- 莱利斯塔德，弗莱福兰省，荷兰
- Kista，斯德哥尔摩，瑞典

第四代新城

- Kirchsteigfeld, 波茨坦，德国
- Aspern 科学城，维也纳，奥地利
- Bern Brünnen，伯尔尼，瑞士
- 太阳能新城区 Rieselfeld，弗赖堡，德国
- Hafenstadt（港口新城），汉堡，德国
- Kronsberg 生态城，汉诺威，德国
- Kop Van Zuid，鹿特丹，荷兰
- Messestadt Riem（展会城市 Riem），慕尼黑，德国
- Oostelijk Havengebied，阿姆斯特丹，荷兰
- Ørestad，哥本哈根，丹麦
- Port Grimaud，法国
- Poundbury，英国
- Scharnhauser Park，Ostfildern，德国
- 蒂宾根南城（包括法国兵营片区 Französisches Viertel），蒂宾根，德国
- Wasserstadt（滨水城市 Rummelsburger Bucht 和 Spandau），柏林，德国

对于新城规划理论与案例的挑选主要来自于其贯彻效果——对大都市区的影响作用，与作为新城案例本身的影响力——它们通常在城市规划的实践中被大量

新城引为范本。

上述案例在空间上主要集中于欧洲,尤其是西欧与北欧地区,这里一直是欧洲城市规划理论与实践的核心区域,同时各个国家又针对其独特背景,有着多样化的尝试方案(图2.3)。

北欧地区受到政策倾斜的影响,也做出了大量的重要新城实施作品。这些新城的政策机制与土地所有关系受到国家福利主义体制影响较大,在本次研究中,选取了第一代新城中由独立企业机构运作的芬兰Tapiola、丹麦哥本哈根Ørestad新城——虽然这一新城中公共设施的强度同样是不同寻常的,但是其区域导向型的、集约型空间特色在这一代中是具有代表性的。

第二代新城中参照了昌迪加尔与巴西利亚——新城规划史中两个同样极其具有典型意义的案例。它们除了本身的强烈空间特色、彻底性的贯彻意义之外;也凸显了现代主义这一阶段的全球传播态势,以及与地方文化结合的尝试。

图 2.3
西欧与中欧地图

所有城市位置分
颜色标识。

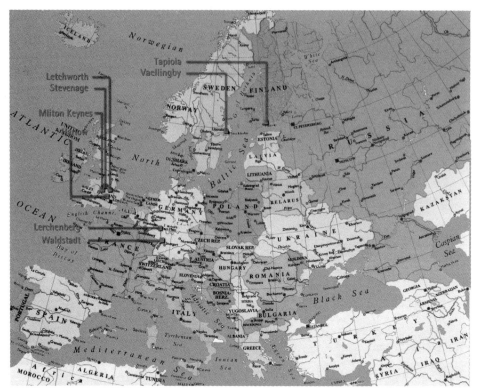

第一代新城

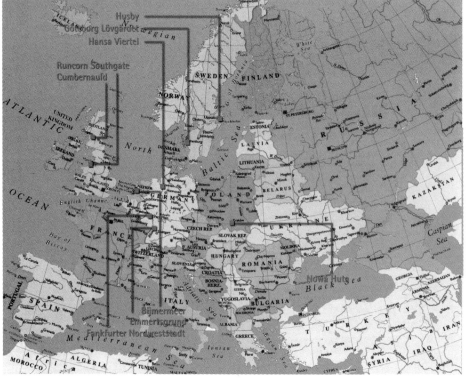

第二代新城

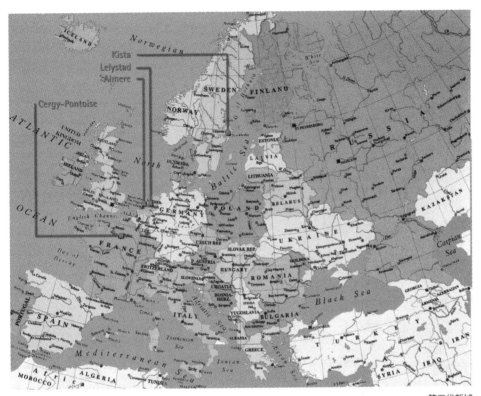

第三代新城

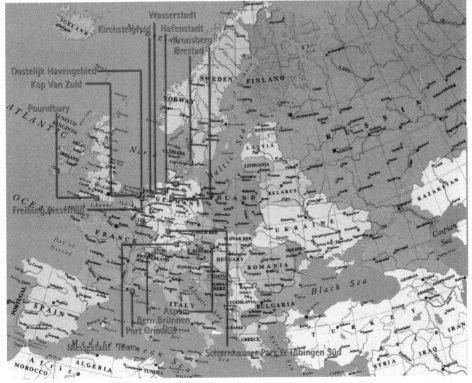

第四代新城

03 西欧新城的城市规划理论背景与实践发展轨迹

Theoretical Background
and Practical Development
of West Europe New
Town Planning

Irion & Sieverts 的研究指出,对于同时代城市规划理论以及城市建设目标设定演化的研究,新城是最适合的工作领域。现代城市规划理论发展的历史就是新城规划发展的历史[1]。两者事实上正是理论与实践之间的关系。在另外一面,作为同时期最重要的国家项目与都市项目,以实践为载体的新城规划往往是国家城市建设发展水平与相应城市规划思路的一面镜子,它们反映这一时代的"主流"思潮、国家政策、建设科技等重要信息[2]。

以 1928 年国际现代建筑协会(CIAM, International Congresses of Modern Architecture)的成立为标志,80 年前现代主义设计理论在全世界范围内开始扩张影响,城市规划师追随其后,在以新城规划为典型的规划实践中贯彻了现代城市规划理论,揭开了大规模、大尺度进行城市规划实验的序幕,并同时出现了针对新城发展的专题性独立研究。

20 世纪 70 年代,政治科学学者开始对现代城市规划理论的唯理性主义——"蓝图型规划(Blue-Print Plan)提出质疑"[3];自此,从大周期而言,对新城规划的系统性研究进入低潮,甚至停顿——事实上现代城市规划与设计理论,就此也进入一个检讨与调整阶段——尽管新城规划的实践仍然在广大范围内继续,欧洲国家在沉默中继续推行新城的治疗、讨论及进一步的尝试,亚洲范围内甚至刚刚开始。

大量的新城规划者仍然忠实地以文献记录了其实践。作为对专项研究的替代,它们具有巨大的价值,为本次新城规划研究的延续奠定了基础。

同样具有重要意义,并在本次研究中作为重点工作的是各国政府与城市规划研究者对新城发展现有状况的评估:对应当时规划理论的背景,在规划实践完成20~40 年后的今天,对其规划设计、社会文化、建设实践以一定的时间距离进行再校核,不仅对理论与规划蓝图实际实施结果进行评估,同时观察决策者在此期间对各种现实问题的处理方式与影响程度,以及通过城市更新所进行的各种改善。令人遗憾的是,在各国并不普遍性存在这一深度研究[4]※。

※ 英国议会在新城问题与未来报告(2002 年)中指出:非常令人惊讶的是,"新城实验"从未被评估过。这一评估同时应当包括对新城更多再投资需求的详细信息。而事实上,对这一评估的需求是极其急迫的,它区分了好的实践与错误的实践,在考虑任何进一步的大型建设之前首先需要这一内容。

在本次研究中,将以同期城市建设理论为线索介绍西欧新城规划,对每一代系新城的特征进行总结,对其具体实现成果的成功与失败列举与评估。在这一体系中呈现规划设计与决策群体设想、推动、反思然后改善过程中不断重复的循环;首先是对相应城市建设,当前理论情境下的理解与规划;然后是物质建设;通过对新城规划所显示出的问题进行检视,形成对下一代新城规划的理论背景的新阐述或修正,并引向下一代的新城建设。为了理解新城规划的发展过程,在这次研究中将同时对该代系城市规划理论、新城理论、规划案例、案例实际成果进行综述。

---

[1] Irion, Ilse; Sieverts, Thomas: 1991, P. 9
[2] Irion, Ilse; Sieverts, Thomas: 1991, P. 9-15
[3] Wildavsky: 1973, P. 127-153
[4] Deputy Prime Minister and the first Secretary of State (UK): 2002, P. 14

新城的代系确定参考了 Irion 与 Ilse 的研究成果，但是正如他们同时所指出的：各个代系之间在时间上并不是截然可以区分的，由于不同的地理区位背景与规划总负责人个性要素的影响，它们事实上具有时间阶段上流动的重叠部分。

本次研究沿用了这一分析方式，不试图对新城世代的时间阶段进行更为清晰的界定，而是以新城的实际特征为基础，尝试对新城理论哲学与实践原则进行段落性的总结研究，对新城规划经验与问题进行跨地域的总结与集成。借助于各国与各城市详细的文献与数据，以及案例本身深入的经验与问题总结，这一可能是存在的。

例如就第三代新城而言，Irion & Sieverts 在观察波兰 Kivenlahti 新城、Nowa Huta 新城的后期工作、瑞典新城 Kista 等案例后，十分具有先见性地指出了第三代新城很多重要的特征。本次研究将第三代新城重新进行了界定——当巴黎系列新城、荷兰弗莱福兰省系列新城与瑞典 Kista 新城案例放在一起的时候，第三代新城的整体特征可以说是呼之欲出，并且与第二代新城明显形成了政策反思与规划哲学延续调整的关系。

以同一原则，本次研究还界定了第四代新城（区）——以非常相似的原则，在欧洲各国涌现出了大量小型、中高密度、高品质、混合性功能并有明确规划理想与旗帜引导下的新城（区）。西欧城市规划领域的广泛交流或许是这种趋同性的原因之一，更深入的原因可能存在于国际化的广泛推动力量，使今天每一个城市的交流与竞争平台，在空间相关性上都无限制地放大了。

在所有的研究中，有两个重点被特别进行了讨论：

（1）新城的均衡性问题

在田园城市运动中，这一原则是重要的基础性原则。现代城市规划初期，以工作、生活、游憩、交通划分城市功能，对综合性新城要求具有自立性，但对城市边缘大型附属新区往往仅定义为居住区，这造成了第二代新城中的大量"卧城"。欧美在这一阶段均建设了大规模的郊区住宅组团。

后期，这一原则有一定的调整表述，例如美国与苏联国家新城发展报告中提出"新城不需要完全的自立性（self-sufficient）"，但是在美国整体相关发展报告中，仅针对具有综合功能新城的实施经验进行分析讨论[①]。格兰尼在"新城市聚落"（New Community）这个题目下以 10 种具体类型进行了相关分析，在"新城"（New Town）中，对其发展原则的定义是"有坚实的经济基础、自我控制、自我维护、自我管理"。独立性成为新城的重要标准。

R.Phillips & G.O.Yeh 在研究亚洲新城发展中，提出了三个层面的自立性（self-containment）："这涉及就业的自立性——涵盖工作岗位总量与类型的提供，与居民的实际技巧能力之间的平衡、住宅的自立性——能够为多样化的社区与

① U. S. Department of Housing and Urban Development: 1981, P. 6

家庭大小提供住宅的能力、服务的自立性——是否能够提供整体性的人力与社会服务及设施。在上述三个层面上的独立性意味着将达到社会平衡。"[1]这对于构建一个社会以及健康成长显然是非常重要的。

R.Phillips & G.O.Yeh 同时认为不存在绝对的自立性——即上述三个层面的全体满足。大量新城在成长中自我修正，逐渐达到了合理的平衡，例如荷兰阿尔默勒。另一方面，也存在大量实例，虽然以自立性明确作为目标，但是由于无法预知的原因（部分来自于本身设计，部分来自于外部原因），最后未能达到这一目标。典型的案例之一为 Kirchsteigfeld，位于一个经济相对下行的地区，规划的工业园区难以被市场接纳而无法贯彻。这一点在本次研究中，也并未作为新城定义的必须标准，而是作为评价内容之一。

借助本次工作中的大量案例分析可以看出，这三个层面对于形成一个均衡的新城社会而言有极大的正相关性。例如，从新城与区域之间的关系而言，公共设施不需要完全的自立性，借助良好的交通联系，仅仅依靠区域公共设施来提供新城的就业与服务供给，这毫无疑问是可行的；但是同时对新城的服务品质、公共活动氛围必然造成削弱——曾在第二代为首的新城中造成了消极影响。

事实上，达到了这三个层面的自立性的新城，普遍都形成了健康的发展结构与均衡稳定的发展动力，为新城抵御经济危机、获取发展机遇提供了显然更为优良的基础。

整体而言，塑造一个平衡社会是所有新城的首要目标，社会问题几乎是所有"问题新城"的核心症结。案例分析由此特别关注了自立性的促进手段与可能造成消极影响的途径，希望成为未来相关实践者的工作参考。

（2）高品质的城市景观

受到功能主义的影响，城市景观自"二战"结束至 20 世纪 70 年代末期，几乎在城市规划领域不占据重要意义。

田园城市理念对自然景观的强调，现代主义理论对建筑形态、切断文脉、切断个性的单一性理解与阐述都是这一问题的背景。

新城开发集团的绝对性权利，新城中未来居民（企业与个人均包括在内）在规划阶段的匿名状况，新建筑技术向标准配件预制安装技术转化的技术背景，尽快尽量为劳动力阶层提供价廉物美的住宅以及社会住宅的政治背景，从根本上阻碍了现代主义建筑运动之前，城市多元性、个体性文化在时间积淀中的缓慢释放；城市规划师与城市管理者技术官僚性的地位与态度进一步加剧了这一冲突。

20 世纪 70 年代城市设计理论思潮，在建筑与规划之间提出了对公共空间的重视、

---

① R.Phillips David; G.O.Yeh Anthony: 1987, P. 6

※ 最新一代新城区均有自己的市场品牌塑造，或者对其发展原则予以清晰的界定。例如德国 Spandau "水城"，荷兰东港地区提出的"在工作的地方，生活"，丹麦 Ørestad "哥本哈根的国际枢纽港（Copenhagen´s International Hub）"。

图 3.1　Buri 大型新区

迪拜：在沙漠中大型水体、滨水花园、超高层建筑共同塑造的商业消费游憩区阿尔默勒中心区改造，阿姆斯特丹：OMA 采用的城市设计形态，显然背离了常规城市设计理念，空间形态缺乏秩序，具有强烈的随意性。

城市景观的重视、城市个性的重视。这一思潮是具有全球影响力，例如，1970 年初期德国"现在拯救我们的城市"的全民运动，明确表述了对高质量城市景观的希冀。这一原则在 80 年代之后的研究与实践中作为重要的原则被接受。城市景观的质量，成为新城区重要的吸引力之一。

最新一代的新城（区），和过往新城世代及同时期的城市建设相比，它们最引人注目的就是丰富的城市设计要素（大量应用水体、艺术地标）以及强烈追求的地标意象，这是一个普遍的现象，不仅仅中东伊斯兰世界各个高调的新城强调城市品牌（Brand）这一特征，欧洲新城也在以强烈的文化主张、具有突破性的设计形态吸引视觉聚焦（图 3.1）。

最新一代新城的努力，还体现在通过系列手段对城市品牌的推广：国际性的设计竞赛，大型活动（Events）的融合，城市文化标志的设计，管理部门、市民参与、建筑师群体在规划早期的介入，多元化的投资与管理主体等系列手段 ※。这些活动的外向彰显同时加强了新城居民在文化的内向认同。

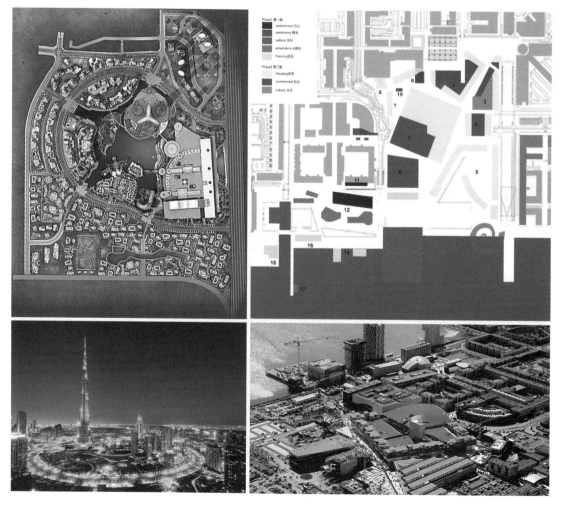

应对新城特殊的背景限定（建筑集合体的大规模制造，较短的建筑时间，文化背景的空白）以及由此所造成的各种问题，城市景观对新城品质的塑造，无疑有显著的积极性影响。

今天的新城代表的不再是物美价廉的大众产品——这曾经是新城在很多国家的典型形象，而有意识被赋予了比常规建设更高的综合品质，区域性重大意义的主题（例如慕尼黑会展城市 Riem，2000 年世博会德国生态城科隆兹堡等）。

其后隐藏的是，新城不再作为 20 世纪 60~70 年代大规模国家社会住宅的的工具——安置城市无法吸纳的低收入者（社会学已经证明这只会营造新的贫民窟），而是意图吸引一个高品质的社会结构，它的直接载体即为更高的城市建设质量与文化品牌。这一角色的转变，对于新城在理论界与城市实践界的未来发展毫无疑问是意义深远的。

04 霍华德田园城市理论与第一代现代新城

Garden City Theory of Howard and the First Generation of Modern New Town

4.1 田园城市理论
Garden City Theory

现代"新城"概念的最早定义，强烈地受到了田园城市理论的影响。田园城市理论与实践开始于 20 世纪初，雷蒙德·欧文等乌托邦理论者在这之前事实上已经进行了大量新人居模式的研究与探索，在欧洲与北美还有系列"公司城"等早期现代新城的实践活动。

与之不同的是，田园城市对现代城市规划与建设的巨大影响，以 1902 年《明日田园城市》的出版为标志，霍华德正式提出：以"田园城市""社会城市"等理念，新城镇居民自治性建立田园城镇的发展模式，并借助 TCPA（Town and Country Planning Association）的前身"田园城市协会"（Garden Cities Association，1899），以私人协会与企业为主体，小尺度地在莱奇沃斯、Hampstead 等小城镇推行。英国新城委员会 (New Town Committee) 采取了这一理论及其部分空间原型，在"二战"后，逐渐成为英国乃至国际新城发展的主导性理论之一。

在发展的过程中，"田园城市"的理念被部分削弱，霍华德原有塑造的整体模型不仅仅包括空间结构，也包括社会体系、产业结构、组织方式、所有制度等一系列的综合性因素。但是在"二战"结束后，对这一理念的延续主要强调了其空间结构，其被简化为一种由绿带所包围的松散性居住结构。田园城市的系列实验，例如共有城镇土地、共享开发收益，仅仅作为一种社会实验的理念，除了早期城市，并未得到实施。其社会理念在现代新城中不具有引领性的影响（图 4.1）。

本次研究着重于在"二战"后田园城市理论的影响下，由此所形成的一代新城的具体实施模式。原因在于：由于 TCPA 与新城协会的努力，英国政府以新城模式来拓展大都市外部空间，作为国家都市发展政策，以田园城市为模型，衍生了一代具有明确空间特征的新城，廓定了大量欧洲与美洲国家战后的整体城市建设特征，对现代城市建设甚至人类社会的生活模式，产生了深远的影响。[①]

新城规划理论内容
霍华德的田园城市理论模型既强调了物质建成环境的改变，也强调了非物质社会结构的改变[②]。

物质建成环境影响方面，霍华德强调"汇聚城市与乡村空间的优点，避免其缺点，以规划的、具有行政主权的小城市，其市民通过共同享有土地而紧密联系"。

霍华德的研究成果包括了一个广泛的城市规划要素体系，包括土地使用的分离、总体规划、居住地规划、大型集中商业中心、工业园区、道路体系、区域规划、疏散规划与绿带等要素，可以看出它们几乎奠定了现代新城的物理结构要素的基石。

图 4.1 "民主城市（Democracity）"——1939 年纽约世界博览会，展出的田园城市理论的城市模型

这一命名明确表述了其城市模型的社会性。

---

① TCPA: 1999, P. 12
② Irion, Ilse; Sieverts, Thomas: 1991, P. 13

规划基础原则

霍华德规划内容的整体体系包括：[1]

    A. 作为人居区域的疏散单元，应具有集约型与独立性特征。

    B. 居住与工作之间形成既具自立性又具平衡性的整体社会。

    C. 社会性城市：城市土地所属与收益均属于整体社会。

弗雷德里克·奥斯本——霍华德最重要的一位理论追随者，认为霍华德的田园城市运动，其目标包括下述要素：

- 规划疏散：有组织地将（大都市的）工业与居民向外迁移至合理规模的城镇，新城镇应提供设施、各种就业机会以及作为一个现代社会所必需的各个领域平衡的文化水平。
- 城镇空间尺度的限定：城镇的增长空间应当被限定，以保证居民的居住空间能够靠近工作岗位、商业设施、社会中心、邻里以及开放的乡村。
- 休闲性设施：城镇内部的肌理结构应当有足够的开放性，以允许建筑拥有私人花园，学校以及其他的功能设施有足够开放空间，愉快的公园与园路。
- 城乡关系：城镇区域应当被限制，周边一个巨大的区域将被永久保留为农业，由此允许农业人群得到一个紧邻性的产品市场与文化中心；城镇人群也可享受乡村背景环境的助益。
- 规划控制：对整体城镇网络进行前期规划，包括道路体系与功能区划，建设密度上限；对建筑质量与设计控制的同时允许个人的多样性；精巧的景观与园艺设计。
- 邻里住区：城镇被分为多个单元，每一单元都在一定程度上形成一个发展与社会的实体。
- 整体性的土地所属关系：整体用地，包括农业区域，应当具有半公共属性或信托关系，通过租赁契约保证规划意图的执行，并保证社区土地价值的社会共有属性。
- 城市直属企业与合作运营企业：在某些领域中以新社会企业的方式进行积极的实验，同时不抛弃工商业中的广泛个体自由。[2]

奥斯本在英国第一代新城的规划中影响巨大，他的诠释已经大幅度明确了田园城市的物理特性，而削弱了其社会特性。这一点 TCPA 也同样承认[3]。

事实上，在物理性的城市环境之外，"社会城市"的理念是霍华德城市建设模型的基础。彼得·霍尔（Peter Hall）指出："霍华德对于物质形式的兴趣比起社会过程要小得多。关键在于指出市民将会永久性地拥有土地。6000 英亩土地将会在公开市场上以衰退的农业土地的价格来购买：每英亩 40 磅（每公顷 100磅），或者总共 24 万磅，资金可以来自利息 4% 的贷款，这片土地可以合法地

---

① Ebenezer, Howard: 1902, P. 136-150

② Ward, Colin: 1993, P. 25

③ Saiki, Takahito; Freestone, Robert; Van Rooijen, Maurits: 2002, P. 25

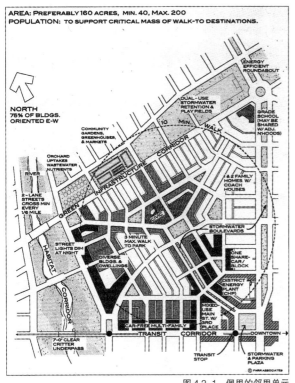

图 4.2-1 佩里的邻里单元

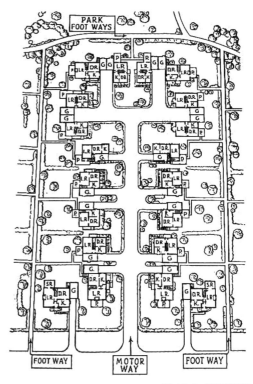

图 4.2-2 雷德朋原则

归属于 4 个董事会成员……该模式以'地主租金的消失点（the vanishing point of landlord's Rent）'为题，揭示了随着城市土地价值在田园城市中不断提高，资金将如何流回到社区中去。"[1]对比维多利亚时代的自由资本主义与中央集权的官僚社会主义，霍华德试图通过一个第三方的社会经济学模型带来更多社会福利[2]。

在霍华德规划的"自下而上"的管理体系，所有的市民共同享有并控制土地，分享由于居住地产与土地管理中形成的资产溢值。这一理想模型，虽然在 Leylstad 等早期实验中通过霍华德和田园协会的努力得以实施，但远远没有得到与田园城市理论空间模式同等程度的肯定。在 20~21 世纪转折点时期，欧洲社会极度成熟、外部扩张能力有限的基础下的一些社会居住实验项目中[3]※，这一理念仍在持续性地尝试。

※ TCPA 一直没有放弃这种可能性，1978 年其下属组织"绿色城市组织"（Green Town Group）与凯恩斯市联合进行的试验根南项目，以及 21 世纪初期德国蒂宾南城项目（Südstadt）也属于这一类型。

在霍华德之外，还有两项"二战"中出现的重要理论对这一代新城（以及后期的所有发展）影响重大：邻里社区与雷德朋原则（图 4.2）。

佩里（Clarence Perry）在 20 世纪 20 年代编制纽约地区规划的时候，把霍华

---

① Hall, Peter:1988, P. 100
② Hall, Peter: 1988, P. 94
③ Ward, Colin: 1993, P. 128

※1 瑞典在 1942 年将芒福德的《城市的文化》（The Culture of Cities）翻译出版并广泛发行。其"邻里规划理论"自此在瑞典影响重大。Markelius 等瑞典新城规划领导者，将邻里单元作为服务单元、具有文化认知性的社会基础细胞以及空间塑造单元理解并应用。

德田园城市中"区"的思想推进了一步，于 1929 年发展并提出邻里单位的思想。彼得·霍尔指出邻里单元的原理就在于社会文化意义。以家庭为单位塑造新社区，以新社区为单位塑造新城，这一思路基本贯彻了现代新城规划的住区规划层面。Sieverts 尤其指出，对于社会福利国家这一理念，邻里单元（Neighborhood unit）形成了一个典型的"社会福利国家"（Sozialstaat）各个领域的力量协调发展的单元（经济、社会、建筑法、交通、商业零售、社会活动等）。尽管国家政策没有清晰地表述，但是这一政策意味着从国家层面对邻里单元建设的支持。[①,②,※1]

雷德朋原则（Radburn Prinzip）对新城的交通分离原则形成了主要的影响，并通过可达性奠定了新城基本单元的空间尺度，从结构骨架上为这一代新城的基本功能单元、交通组织模式、公共空间形态确定了原则，也奠定了基础。

对比霍华德设计的田园城市的空间模型设想，这两项理论事实上更加明显地影响了田园城市在基础层面的物理形态。它们跨越了国别，普遍性地影响了各国新城。瑞典系列新城，明确提出是根据雷德朋的原则确定了住区设计的基本结构：这将是一个无交通的邻里单元。一组为 5~10 万居民服务的郊区居住区将提供实际上相当于中等规模城市的全套城市服务设施……以及供 8000~15000 人使用的邻里社区中心③。

4.2　理论体系指导下的相关新城发展
New Town Development under the Guidance of the Theory System

※2 根据 Booth1887 年的调查报告，伦敦东区的贫困人口达到 31.4 万人，超出总人口的 35%，（整体而言）这就意味着 100 万的伦敦人口处于贫困之中（1890 年初伦敦拥有 560 万人口）。这一数据在柏林更加糟糕。据 T.C.Horsfall1903 年的测算，如果 1891 年伦敦一座建筑中的平均居住人口是 7.6 人，在柏林就是 52.6 人。

19 世纪末，伴随工业革命，在欧美出现了城市化的快速发展，其中的大都市——伦敦、巴黎、柏林、纽约开始出现大规模的贫民窟问题④,※2。这进一步引发了社会的动荡与资本主义精英阶层的反思，对城市，尤其是大都市的怀疑厌憎成为一种新的文化趋向。德国这一时期出现了"Die Angst vor der Stadt（对城市之恐惧）"。1897 年美国社会学杂志批判说，"不得不同意，大城市是社会腐败……和堕落的巨大核心"。在英国，"1880 年代中期，所有的城市，尤其是整个伦敦到处弥漫着一种灾难性的甚至暴烈的变革氛围"，由此引发了"维多利亚议会赞成在住房问题上的市政社会主义"⑤。

※3 英国 1830~1880 年间（对原有的街区进行更新）街区清理项目动迁了大约 10 万人。从 1853 到 1901 年，铁路项目大约动迁了 76000 人。（"一战"与"二战"期间）公共住宅总量超过百万，主要形式为独户家庭的联排住宅，带有自己的花园，在城市的外围地区则表现为卫星城，其中 Becontree 在 1939 年达到了 11.6 万人。同时彼得·霍尔指出：除了少量在莱奇沃斯……它们没有一个是按照真正的田园城市模式建造的。

19 世纪末，英国政府曾经进行过小规模的旧城改造——和同时代的巴黎奥斯曼改造思路如出一辙，但目标更多地是缓解城市建设的压力。"一战"与"二战"之间为应对工业发展、战争毁坏造成的住宅紧缺，英国政府又进一步进行大规模的工人阶级住房建设⑥,※3。各大城市纷纷购买城市外围土地，进行都市扩张。

① Irion, Ilse; Sieverts, Thomas: 1991, P. 179
② Irion, Ilse; Sieverts, Thomas: 1991, P. 177
③ Hall, Peter: 1988, P. 350
④ Hall, Peter: 2009, P. 31, 33, 35
⑤ Hall, Peter: 2009, P. 25, 38
⑥ Hall, Peter: 2009, P. 20, 71, 100

同时新的住区建设——中产阶级与稳定的工人阶级也开始向城市郊区转移。

新的公共住宅产品的质量并没有获得广泛接受[※1]。"新的示范居住区也由于过度拥挤、缺少绿化、外表丑陋和呆板琐碎而被暂停。……因此它们的居民们后来如此热情地欢迎田园城市的思想。"[①] 这批公共住宅事实上呈现了都市边缘郊区城镇的特色，但当时并未被有意识地作为一个城镇进行塑造，例如它们普遍没有清晰的城镇中心与内部合理的开放性空间，其品质以及基础设施与公共设施被普遍诟病。

"二战"之后，各大城市与城市住宅受到大幅度毁坏[②,※2]，这进一步加重了住宅的普遍性缺乏问题。美国与英国的郊区蔓延在 20 世纪初期均为边缘性的城市扩张模式，这一形式在设计初始即受到欧洲城市规划者的反对。受到同时期区域规划、田园城市等理论的影响，规划界普遍认为，大都市的发展应当受到限制，缺乏区域规划引导的郊区蔓延将进一步使区域结构失控。伦敦等城市进行了大都市居住情况背景调查与研究，普遍对大都市区域进行了整体空间结构的廓定，规划强调必须将大量剩余人口安置到新的或已扩建的城镇，这些城市同时应当具有自给自足的能力[③]。瑞典新城之父 Markelius 明确提出"要独立新城区（Stadtteil），不要卫星城"。此时的卫星城在规划界，即为单一功能的郊区住宅区的同义词[④]。

借助田园城市这一理论背景，各国政府与规划者开始合力推行一种新的城市生活模式与理想——"兼顾城市与田园优点的自治性田园城市"，美国这一理念被转变为雷德朋模式的新住区（图 4.3）；在英国则确立了以国家为资金与管理主体，推行住宅发展的政策。建立在 1946 年的《新城法规》基础上，英国在 20 世纪 50~70 年代发展了 26 个新城，其中 8 个在伦敦，它们整体上是这一代新城的典型，以及最早的区域发展规划实践。首先是 50 年代，初步恢复后的第一批新城（图 4.4）。1961~1971 年英国又确立了 14 座新城，其中部分是疏解大城市目标下，传统意义上的新增城市聚落；部分是区域规划增长点所确立的新城市，人口规模部分达到了 50 万，与现有城镇紧密结合[⑤,※3]。

1935 年阿姆斯特丹制定了整体发展规划，提出新的城市扩张区。战后 1950 年官方统计有 28000 套住宅的缺口，于是 1951 年建设了西侧四个田园城区（Slotermeer，Slotervaart，Geuzenveld，Osdorp）[⑥]。瑞典依据非常相似的情况进行了大都市规划与新城规划。20 世纪 40 年代中期瑞典斯德哥尔摩市存在严重的住宅紧缺，根据同时期新的人口增长预估，25 年内将需要为 40 万人提供住宅（60 年代，瑞典政府进一步提出百万住宅计划）。此外保守党上台后，奠定了社会福利国家的政策基调，在其城市扩张政策影响下，根据 1952 年斯德

※1 1945 年英国曼彻斯特为城市改造与发展制定计划时指出：1650 年时期的市民也会享受比今天更好的居住质量……今天曼彻斯特的住宅 60% 的密度超过 24 户 / 英亩（60 户 / 公顷），12 万栋住宅中，大多数状态陈旧需要尽快修缮，其中 6 万栋被卫生署官员认为不符合人居应有水平。并将 Hulmes 等郊区地带称为"无尽行列的肮脏住宅：没有花园，没有公园，没有公共设施，没有希望。" http://manchesterhistory.net/manchester/gone/crescents.html

※2（战争中）港区的轰炸意味着伦敦东段遭到严重的破坏。在 Stepney，40 % 的住房在 1940 年 11 月遭到破坏或者严重的毁坏，在 Bermondsey，遭到破坏的比例是 75%……当人们陆续回来的时候，住房问题看起来比以前更难应付了。

※3 这些新城，初步具有第三代新城的部分特征，在本章节研究中以第一批新城建设为主。

① Hall, Peter: 2009, P. 20
② Hall, Peter: 2009, P. 245
③ Barry Cullingworth, Vincent Nadin: 2011, P. 23
④ Irion, Ilse; Sieverts, Thomas: 1991, P. 80
⑤ Barry Cullingworth, Vincent Nadin: 2011, P. 28
⑥ Juergen, Vandewalle: P. 8, www.issuu.com

图 4.3 Stein 和 赖 特 1928 年 规划设计的美国雷德朋郊区规划（Radburn，N.J.），美国第一个使用大街区（约760米）与尽端路设计的居住区

哥尔摩市总体规划，至 70 年代初，共计 27 个新城建立[1]。

德国在 20 世纪 50 年代战后重建中，同样形成了巨大的建设计划。一方面大量工业城市受到盟军轰炸，约 2000 万人无家可归（柏林的一半房舍沦为瓦砾，科隆、斯图加特等城市超过 70% 建筑变为残垣断壁）；一方面苏联驱逐德裔回到德国，约 1700 万难民需要收容。

受德国战后国家政治结构变化的影响，大都市柏林的区域经济影响在两德共同占领期间明显萎缩，由此出现了曼海姆等部分以中等城市为基础的新城建设——这是这一时期西欧新城建设的一个特殊现象。但是来源于德国区域整体化发展的一向特色，在之后仍然持久性地成为德国新城建设的重要特征。

① Irion, Ilse; Sieverts, Thomas: 1991, P. 176

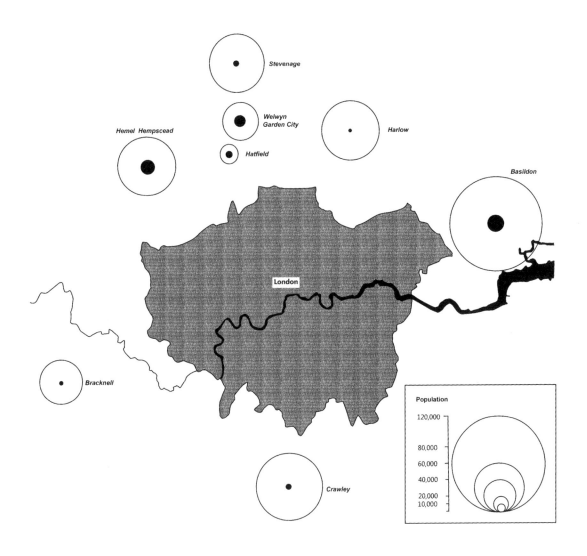

以中等城市为背景的新城规模因此相对规模较小，建设周期更长，与居住功能相比，其产业功能明显更为次要。但就规划原则与城市形态各项内容而言，与同时期的第一代新城特征仍然是吻合的[※]。

田园新城规划同样席卷了社会主义国家，包括民主德国、苏联与东欧社会主义国家。前东德地区新城区位的选择与经济发展空间的重点紧密联系，具有较为明显的工业城市的特征，但就空间特质而言，同样与这一代新城的大量特征契合。整个 20 世纪 50 年代，民主德国与联邦德国都采用了"多组团松散城市"这一城市建设模式建设新城，涌现出了高绿化率低层建筑为主的大型居住区[1]。例如 Hoyerswerda 新城作为大型煤矿的居住点，或者 Eisenhüttenstadt 新城（曾名斯大林市）作为钢铁企业的居住点。

① BBSR Fachbeträge: www.bbsr.bund.de

图 4.4 英国伦敦周边 1947 年规划的第一批新城

所有新城均位于距离核心城区之外 30 公里以上距离（距离伦敦都市区约 19 公里）Hatfield 最小新城规划人口 2.5 万人口，最大新城约 12 万人口左右。

※ 德国第一代新城，母城规模均较小，例如美因茨、卡尔斯鲁厄本身即为低于 50 万人口的城市。尽管如此，其新城普遍与母城拉开一定合理距离，并通过大型森林绿地与母城间离布局。Sieverts 指出这一布局方式显然不是偶然现象，而是受到田园城市理论影响的结果。

20 世纪 50~70 年代，英国新城一度是世界城市规划的教科书，哈罗（Harlow）、米尔顿凯恩斯（Milton Keynes）、Stevenage、Cumbernauld 均是世界著名的新城案例，同时在理论与实践中带来大量创新（图 4.5）。保守党尤其是撒切尔夫人上台后，减少政府对经济活动的干预，对大多数国营事业实行私有化，在自由市场政策影响下，开发公司退出新城建设，各种国有公共资产不是根据地方政府所需，而是按照最大价值优化方式出售，所获取的经济收益被直接划归英国国库。

1961 年，英国根据《新城法规 1959》，成立了新城委员会（Commission for the New Towns），以便在开发公司完成任务后接管新城实体。这与《新城法规 1946》发生了矛盾，后者明确提出开发公司的财产在开发结束后，应当整体转化为地方政府财产。1964 年的《购买权》(Right to Buy) 法令，要求新城政府，

图 4.5 英国自 1946 至 1991 之间的新城相关数据。所有的新城整体至 1991 年共计容纳了 2254325 人口以及 1110000 个工作岗位

英国新城的人口和就业数						
	时间段	面积（公顷）	人口		就业	
			初始	1991	初始	1991
英格兰：						
Aycliffe	1947-88	1,254	60	24,700 (1989)	9,000	12,700
Basildon	1949-85	3,165	25,000	157,700	5,740	58,000
Bracknell	1949-82	1,337	5,149	51,340	179	NA
Central Lancashire	1970-85	14,267	234,500	255,200 (1985)	123,000	NA
Corby	1950-80	1,791	15,700	47,139	9,037	23,965
Crawley	1947-62	2,369	9,100	87,200	2,140	NA
Harlow	1947-80	2,558	4,500	73,800	573	34,707
Hatfield	1948-66	947	8,500	26,000	3,100	11,900 (1989)
Hemel Hempstead	1947-62	2,391	21,000	79,040	7,700	NA
Milton Keynes	1967-92	8,900	40,000	143,100	9,980	81,650
Northampton	1968-85	8,080	133,000	184,000 (1989)	69,142	98,000 (1989)
Peterborough	1967-88	6,451	81,000	137,500 (1990)	50,300	77,358
Peterlee	1948-88	1,205	200	22,200 (1987)	10	8,888[1]
Redditch	1964-85	2,906	32,000	75,000 (1992)	18,210	32,000 (1989)
Runcorn	1964-89	2,930	28,500	64,200 (1990)	13,300	28,100[2] (1989)
Skelmersdale	1961-85	1,670	10,000	42,000	1,000	20,766 (1989)
Stevenage	1946-80	2,532	6,700	75,000	2,500	34,300 (1989)
Telford	1968-91	7,790	70,000	120,500	17,951	59,991
Warrington	1968-89	7,535	122,300	159,000	60,700	NA
Washington	1964-85	2,270	20,000	61,190 (1989)	7,500	18,877 (1987)
Weleyn Garden City	1948-66	1,747	18,500	40,500 (1986)	11,200	20,800 (1989)
英格兰合计			**885,709**	**1,926,739**	**422,262**	**c.937,000**
威尔士：						
Cwmbran	1949-88	1,420	12,000	49,286	NA	44,144[2]
Newtown	1967-77	606	5,000	11,000	1,510	8,810 (1987)
威尔士合计			**17,000**	**60,286**	**c.15,000**	**53,224**
苏格兰：						
Cumbernauld	1955-96	3,152	3,000	50,900	40	17,583
Easc kilbride	1947-94	4,150	2,400	69,800	544	32,400
Glenrothes	1948-94	2,333	1,100	38,800 (1990)	1,820	18,175
Irvine	1966-99	5,022	34,600	55,600	13,700	21,814
Livingston	1962-98	2,780	2,100	43,300	76	22,550
苏格兰合计			**43,200**	**258,100**	**16,180**	**112,522**
大不列颠英国合计			**945.909**	**2,254,325**	**453,442**	**c.1,110,000**
北爱尔兰：						
Antrim	1966-73[2]	56,254	32,600	44,264		
Ballymena	1967-73	63,661	48,000	55,916		
Craigavon	1969-73	26,880	60,800	78,541		
Londonderry	1969-73	34,610	82,000	81,000 (1989)		
北爱尔兰合计			**223,400**	**259,721**		

注：1.仅针对工业用地进行统计；2.当地行政区域——大于之前的新城规划区域

将包括住宅在内的新城政府资产（国家所有），逐步出售给租住业主或其他潜在市场购买者。而同时期，大量新城仍然在建设和培育中，这一政策造成了新城政府与投资者决策的大量困扰。《新城法规1976》最后决定，将居住房产转化提供给地方政府，但是商业、工业地产的所有权与处置权仍然留在新城委员会手中[1],[※]。

新城地方政府在法律、土地所有、资产收入与债务偿付等一系列问题上面临主体责任与收益不清的状况。新城地方政府无法依靠 English Partnerships（英国政府负责城市发展、更新项目的高层机构）直接贯彻整体更新工作，而需要依靠继续出售土地来获取收入，形成项目财政基础。新城后期的维护与更新出现了较大问题[2]。

之后将把伦敦哈罗新城作为一个典型的田园城市理论影响下的新城规划案例进行详细剖析，它是这一代新城中英国或者更大范围内成功的案例之一，同时作为早期实践，它更为突出地代表了田园城市的规划哲学。

此外在此还介绍了芬兰赫尔辛基新城 Tapiola——以企业为主体运转的中型新城，并凭靠其质量在学术界与实践界引起了积极的反响。总规划师 Heikki von Herzen 1962 年又参与研究了围绕芬兰赫尔辛基的 7 个新城，1964 年进行相关研究"Uusimaa2010"[3]。

※ 整体而言，第一代新城开发，国家政策以及其利益代表"新城委员会""新城开发公司"，而不是新城政府本身，均在较高程度上控制了各个新城的实际发展路径与重要财政收入来源。

---

① Ward, Colin: 1992, P. 43
② Deputy Prime Minister and the first Secretary of State (UK): 2002, P. 13
③ Hertzen; Spreiregen: 1971, P. 188

第一代新城：哈罗新城，英国
First Generation: Harlow New Town, England

城市建设背景：

哈罗新城 (79000 人口，2008 年)，位于伦敦西北方向 35 公里，紧邻 Stansted 机场。根据《大伦敦规划》与《新城法令（1946 年）》，为了解决战后的住宅紧缺，疏散伦敦人口，作为战后八个新城之一于 1947 年开始建设。

新城的另一核心任务是容纳伦敦的大量企业。各新城优先为产业人口——蓝领技术工人阶层提供住宅，是必然的选择。在哈罗等最早的新城建设初期，与工作岗位捆绑性提供住宅，奠定了新城未来人口的主要社会层级。此外伦敦的产业疏散是通过系列政策进行推动，新城这一新容纳空间是其中的重要部分。哈罗在空间上即对应伦敦东北方的产业与人口纾解要求。

与后期一些著名的英国新城例如米尔顿凯恩斯相比，哈罗新城受到霍华德田园城市理论的影响更为突出。相对而言，现代主义仅对其中一些公共建筑影响较大。整体建筑高度为三至四层，建筑密度极低，大面积应用地方建筑材料与色彩，形成了英国乡间型的气质。

吉伯德（Frederick Gibberd）爵士与其规划团队将其对田园城市哲学理念的理解融入城市设计理念中[1]。哈罗新城的空间结构是典型的第一代新城，有机化的结构语言，绿野里漂浮着多级邻里单元编织而成的独立居住组团、工业组团与城市中心组团，彼此之间由纯粹的交通廊道与生态绿地相互联系。

主体负责的城市规划师吉伯德爵士及其同事，将整体规划、实施程序与内容详细地进行了记载，是本次规划的重要基础。

评价：

哈罗新城的居住人口最终稳定在 8 万左右 (1999 年 80600 人)。尽管中间曾经策划过多次新城空间扩张，但是就区域而言，一方面并不存在强烈的突进型的住宅需求来支持这一新城发展，另一方面 20 世纪 80 年代工党上台后对福利国家政策的调整性态度，以及同时期开始出现广泛的高品质城乡融合，影响了包括新建 Stansted 机场在内的重大区域经济变动对哈罗新城发展的影响程度。

就经济角度而言，哈罗新城是一个成功的案例，一个"盈利项目"。就社会角度而言，哈罗新城也是可以列入"满意"的层面（图 4.6）。

哈罗新城整体较低的建筑高度，安静、舒适、优美的乡村式氛围直至今日仍然保持，并得到公众的广泛认同，成为居住者在区位选择时的积极要素。通过建筑物的更新与进一步发展，例如新世纪开始后对住宅的生态改造运动，这些乡村气质的但同时又是舒适的住宅满足了地方居民的需求，并对新居民具有吸引

---

① TCPA: 1999, P. 10

总人口	Harlow	Essex	East of England
总计	80,600	1,399,000	5,766,600
男性	39,100	685,700	2,841,400
女性	41,500	713,200	2,925,200

资料来源：ONS中年人口评估(2009)

工作人口百分比(建立在总人口统计数据基础上)	Harlow	Harlow(%)	East of England(%)	Great Britain(%)
总计	52,200	64.8	63.8	65.0
男性	25,800	65.9	64.8	66.0
女性	26,400	63.6	62.9	64.0

资料来源：ONS中年人口评估(2009)

经济活性	Harlow	East of England	Essex
经济活性比例	82.1%	78.9%	76.5%
就业人口比例	71.5%	73.5%	70.3%
工作收入（周）	£575.80	£479.10	£490.20
新企业产生比率	11.1	9.6	10.2
未就业比率	10%	6.6%	7.9%

*新企业产生比率同比于每1000个非济活动人口的增值数量。

图 4.6 哈罗市的经济与社会状况(2009年)

力。社会均衡性得到了良好的保证。

1964 年对哈罗新城的一项研究表明，对物理环境、社会发展、经济运作等多个领域的综合规划形成了对新城人居生活质量范围广泛的提升。整体而言，约 90% 的居住者对于新城是满意的[1]。在英国保守党将国有资产逐步私人化后，哈罗市在 2001 年仍然有高达 35% 的住宅公共所有，这远远高出 Essex 郡的平均水平（12%）。除此之外，私人业主还提供了 4% 的租赁比例。非私有住宅远远高于区域的平均水平[2]。

另一方面，哈罗新城同时提供了总量巨大而丰富多样的工作岗位——便捷的交通区位、多样化的住宅提供、城市级别的服务提供、生态环境对企业的吸引力也是非常明显的。就哈罗的社会经济数据（2009 年）而言，其收入水平与私营企业诞生比例远高于 Essex 郡与全国水平，并非是低收入人群的聚居地点。整体而言，这是一个区域功能结构中的健康节点。

尽管如此，仍然存在一些问题，例如过低的建设密度，对田园城市优点的过度解读造成了松散的城市结构，以及直接导致对私人汽车交通的依赖。75% 的新城家庭有 1 辆以上的汽车，58.56% 的新城居民是开车上班的，这仅仅达到了整个郡的平均水平[3]。新城规划中对公共交通的重视显然是缺乏落实的。

此外，新城居民对服务的需求被低估了，无论数量、质量还是多样性方面均是如此。城市中心区空间范围为此不断扩张，最初是由于涌向中心区不断增长的汽车交通，稍后是为了满足市民不断提升的商业与服务需求。由于原有中心区被快速道路框定，中心功能的直接扩张缺乏空间。最终南侧的水景公园被放弃，与市政厅一起重建为一个综合功能体，容纳了公共设施与购物功能。

作为当时现代主义建筑试验的体现，城市中心区的大量建筑，最初用混凝土等早期典型现代主义建筑材料建成，在此过程中与不断变化的现实需求与美学观协调，被持续地改建甚至拆除。其中包括吉伯德本人设计的市政厅——作为城市建设初期重要的标志物，也被拆除，被一座市民中心与购物街替代。

---

[1] Ward, Colin:1992, P. 13
[2] Harlow District Council: 2003, P. 20
[3] Harlow District Council: 2003, P. 18

第一代新城：米尔顿凯恩斯，英国
First Generation: Milton Keynes, England

米尔顿凯恩斯是英国新城建设历史的第三批新城。1967 年确立实施的这一规划显示出了现代主义城市规划的全面深入影响。在英国原有传统田园城市理想的背景下，米尔顿凯恩斯呈现了一个强烈的叛逆姿态，是融入第二代新城理念的田园新城。

米尔顿凯恩斯新城的选址位于伦敦、伯明翰、莱斯特、牛津和剑桥之间几乎等距的位置，距离大都市伦敦达到 72 公里，在大多数新城建设中，这是一个难以达到与大都市资源共享的距离。这是米尔顿凯恩斯新城规划的第一项突破：不仅具有经济自立性，而且意图在区域层面中形成一个强烈的经济动力。这一原则自哈罗新城第一代新城就非常明确，在米尔顿凯恩斯得到了进一步突破。

米尔顿凯恩斯同时试图修补之前两批新城缺乏活力的问题。大规模地引入车行交通被认为是重要的改造手段；在加利福尼亚都市理论研究者 Melvin M. Webber 的鼓励之下，新城总规划师 Derek Walker（1970~1976 年）在传统英国城市规划背景下推动了一个无差别的 "radical" 格状路网建设，整体路网与空间结构按照车行交通的需求进行设计——整个城市使用 1 公里密度的网格作为交通骨架，南北两侧区域快速廊道之间被织成一张交通大 "网"，沿两条交通廊道规划了大量的产业区与商务园区，成为城市经济带。中心区以无等级的矩形路网（200 米 ×450 米）加强路网的畅通，组团交通结构被大大简化。大量开放空间被作为停车空间。

第三项策略是一个全新的新城中心区使用模式。城市中心的效果图呈现出典型的工业厂房意象，每个地块达到了 450 米 ×200 米的巨大尺度，这显然超越了传统中心城区街区。原因一方面是服务于大量的停车空间，一方面是使单一地块可以容纳大型企业与商业设施，例如英国第一个大型室内商业购物中心的建设（93000 平方米），其主导设计人也是总规划师 Walker——他同时期也是皇家艺术学院建筑系主任，其设想的品质来自于购物中心内轩昂的室内空间：扶梯与巨大的落地玻璃窗，大型室内喷泉旁休憩的购物人群，室内泳池里欢笑的少年，疑似橡树的高大乔木模糊了室内与室外的品质差异；透视灭点里外部空间的形态非常模糊，但画家专心描摹了树荫下舒适的停车场[1]。

整体而言，米尔顿凯恩斯呈现出了高度扁平化的结构——一个郊区蔓延的趋势。内向的邻里理念被质疑，总规划师 Derek Walker 认为在通信如此发达的现代社会，同心型的地理模型、相对封闭的邻里已经没有意义；应当提供的是居住者最大的交通便捷，形成一个 "不邻近的邻里"（community without propinquity）[2]。1 平方公里的 "格子" 就是这样一个基础单元，被快速交通包围，原则上任何一点都可以步行达到快速交通沿线的公交站点，成为一个半自治的

---

[1] http://www.bdonline.co.uk/the-vision-for-milton-keynes/3092395.article
[2] Walker, Derek: 1982, P. 8; Clapson, Mark: 2004, P.40

社区单元，包括约 40~100 个小型邻里街坊（约 4000~10000 人口）。

哈罗新城中整体的绿色生态基底在米尔顿凯恩斯被转化为带状绿地廊道，组团绿地的规模对比以往英国新城也被大规模缩减——尽管米尔顿凯恩斯仍然拥有 1600 公顷公园、15 个湖体和 17.6 公里运河，开放中心区内包含了 22% 的绿地。变化的是其职能：带状绿地里，尤其是交通廊道两侧，融合了大量高尔夫球场、主题乐园、酒店、体育设施与文化设施，这里还有英国国家曲棍球场。绿地的娱乐功能与生态功能至少同样重要。

建设之初，米尔顿凯恩斯基本没有可以租用的公共住宅——强烈的中产阶级定位。新城区的建筑类型以联排住宅为主。无论米尔顿凯恩斯多么强调其现代主义的价值观，在规划中，都未采取高层公寓建筑，作为新城的主要建筑类型。大部分"格子"内部仍然选择了自由曲线的街区空间形态，居住者的街区感受与传统的英国乡间建筑差距微乎其微。即使是街区 Block 型住宅，也拥有大面积的街区内部绿地，这也因袭了英国大型公共住区的传统。

米尔顿凯恩斯是英国城市规划史与建筑设计的大事件，米尔顿凯恩斯的团队由一批青年建筑师形成。他们甚至每人分了方格网中的一块区域，像在白纸上进行设计。英国著名建筑师 Sir Richard MacCormac、Lord Norman Foster 等人均参加了这一工作[1]。中心区的独特模式与购物中心的室内效果图在全世界建筑杂志上传播，世界各地大批政治家、城市规划师、建筑师甚至组队前往米尔顿凯恩斯取经，同时期另一引人注目的新城是苏格兰工业城市格拉斯哥的新城 Cumbernauld，在重视汽车交通等原则上它与米尔顿凯恩斯如出一辙，中心区则更加大胆，设计了一个大型巨构综合体——这是世界最早的巨构建筑之一，赢来更加广泛的赞美。可以说，英国这一阶段的新城实验，凸显了英国届时作为"现代新城之源"在国际城市规划界的皇冠地位。

评价：

1967 年，新城规划开始时，88.7 平方公里范围内约有 4 万人口居住在三个小城镇与 7 个村庄中。新城范围内的规划与开发权力立时被转移给新城开发公司 MKDC（Milton Keynes Development Corporation）。这一高度中央化的原则与哈罗等其他新城相同。

新城开发公司设定了极高的建设标准。在 1967 年初步确立了规划后，以基础设施、公共设施先行的原则，进行了下述开发步骤：

- 1969 年即引入了开放大学（Open University）；
- 组建专业团队制定城市规划，并进行广泛的公众展览——也为新城地产进行了品牌宣传，直至 1972 年才正式贯彻这一规划；
- 同年开始建设英国最早的生态住宅 Bradville Solar House；
- 1974~1979 年即完成了最关键的商务、市政、服务设施，包括投资 1 亿英镑

---

① Ward, Colin: 1993, P.17

建设的中心区；米尔顿凯恩斯同时花费大量资金建设中心公园 Campbell Park（1976 年启用）、高尔夫球场、酒店、俱乐部等设施，从而为米尔顿凯恩斯的住宅建设水准给予支持。

- 1976 年创立"Buy Insulation Cheap Campaign（廉价保温建设基金）"，帮助现有居民提高建筑保温性能。
- 1982、1983 年火车站与汽车站分别建成。
- 1992 年，新城开发公司 MKDC 在建设 25 年后，将开发权力转移给 Commission for New Towns (CNT)，并最终转移给 English Partnerships，规划权力转移给 1974 年成立的地方政府（the Borough of Milton Keynes）。

相比第一代新城哈罗公共设施大大迟滞于居住设施建设，但获得大规模的财政盈利；Colin Ward 指出米尔顿凯恩斯是一代昂贵的新城，1982~1983 年花费了 150 万英镑（接近整体英国新城的收益）。因为在招商的过程中，重要的往往不是所谓经济状况，而是地产物理环境——高质量的房屋 / 距离机场的距离、高尔夫球场、绿地等。但就其效果而言，是理想的——在工业衰退，政府与学者对新城缺乏信任的气氛下，米尔顿凯恩斯在不到二十年时间中，形成了 83000 个工作岗位[1]。

建设超过 50 年后，米尔顿凯恩斯终于逐渐接近预计规划的人口总量，即使结合相邻的两个小型乡镇，总量也仅达到 248800 人（2011 年）98584 个家庭。这一情况在英国新城中相当普遍，事实上米尔顿凯恩斯仍然是英国 30 个新城中最大的也是人口增长最快的新城。1998 年至今，新城仍然每年保持新建 1600 栋住宅。2011 年社会出租住宅总量为 18%，私人出租住宅 17%，基本与英国同期水平 34.5% 持平。2001~2011 年，米尔顿凯恩斯是英国与威尔士人口增速最高的城市[2]。在对米尔顿凯恩斯建成环境的调研中，所有著名的建筑师的作品都不受赞赏，而传统的建筑样式被特别钟爱。

※ South East：英国最大的人口聚集区（840 万，19% 英国人口），整个英国第二大经济区（仅次于伦敦），拥有全英国 22% 的高速公路。也是英法经济区界面上的重要功能区。Peggy Causer and Neil Park：Portrait of the South East, Office for National Statistics，2010/11

米尔顿凯恩斯最大的魔力事实上在于其产业经济价值：位于英国东南经济活跃带中，伦敦 – 牛津一线的都市发展轴线上，为中产阶层量身定做的生活休憩环境，高水平的基础设施与公共设施，对汽车交通的倾斜，米尔顿凯恩斯显示出了巨大的经济活力，人均经济增加值（GVA）是英国与周边东南经济活跃区的一倍以上[3]；在东南经济区中米尔顿凯恩斯显示出明显的年轻人口特征，最高的商务企业密度以及创业企业密度※。就业岗位 2003 年共计 96000 个，失业率仅 2%。2011 年这一数字继续增长至 14.2 万。充分稳定的住宅供应，使这一区域适用性住宅的价格位于东南地区的低水平上，而工资水平与东南区域基本持平，由此形成的多元化、高总量的劳动力提供，对于企业而言，毫无疑问是具有吸引力的。2004 年，基于这种经济活力，中央政府建议米尔顿凯恩斯增建 70000 栋住宅，扩大一倍人口总量，达到 370000 人[4]。

① Ward, Colin: 1993, P. 70
② Milton Keynes Council: 2013, P. 40, 80
③ Milton Keynes Council: 2013, P. 34
④ Peter Hetherington: 2004; http://www.theguardian.com/uk/2004/jan/06/regeneration.immigrationpolicy

除了建筑师以外，居住者与拜访者都很适应方格网，并相当喜欢简单明确的交通体系所带来的空间可识别性。ColinWard认为米尔顿凯恩斯对车行交通的强烈依赖，加上人口密度的低下，使米尔顿凯恩斯难以得到有效的公共交通[1]。这与米尔顿凯恩斯现阶段向可持续发展城市转化的目标是相悖的。2010年统计表明，出行交通总量中71%为汽车（超过英国平均水平10%），火车——与大都市的常规通勤手段，仅占4%（低于平均水平3%），公交车也仅为4%，和自行车（3%）与摩托车（1%）数量等同[2]。米尔顿凯恩斯最后没有形成一个非常都市化的活跃城市，但是确实解决了交通问题。

中心区的交通效率成为对企业而言相当具有吸引力的要素，购物中心的服务能力也是极其显著的，服务人口达到47202926人，远远超过新城本身的23万人口。但随着时间流逝，这一工业化的中心区吸引力也在消退。皇家规划学院主席Francis Tibbalds将米尔顿凯恩斯的中心区描述为："苍白的，呆板的，贫瘠的，而且非常无趣"。期间米尔顿凯恩斯的中心购物区已经被进行一次改造；2003年，The Commons housing and planning select committee认为环境仍需改善，大量住宅也需要更新，米尔顿凯恩斯处于"螺旋形下降(spiral of decline)的阶段"[3]。米尔顿凯恩斯2010年计划进行可持续标准住宅的大规模改造，并为此出台了系列特殊基金与鼓励政策。中心城区更新改造中，在巨大的地块上，再次被划分为小型连续的商业建筑，借助之间的开放性公共空间进行组织。新建住宅中，建设强度也被大幅度提升，普遍为集合公寓型住宅，目前1~2房的公寓已经达到了52.5%[4]。

米尔顿凯恩斯是英国大型独立新城建设的最后一座。1972年由于地方反对，两个新城被放弃了。1973年宣布开发的格拉斯哥新城1976年宣布放弃，并将相应的费用转化为城市更新。风向在改变。从此之后，英国政府开始了在大型都市周边进行新城区建设的阶段——第二代高层低密度新城。值得注意的是，由于其在70年代末期经济实力的成功凸显，形成了第三代新城的重要楷模。米尔顿凯恩斯区域发展角度着眼的新城选址，对中产阶级爱好的强烈迎合，高等级的公共设施、娱乐设施，都透露出了第三代新城很多原则的启迪背景，事实上这一项目正是包括第三代法国新城塞尔奇—蓬多瓦兹（Cergy Pontoisse）等系列新城，规划之前前往参观、研究、讨论的重要案例[5]。

① Ward, Colin: 1993, P. 21
② Milton Keynes Council: 2010, P. 7
③ Peter Hetherington: 2004; http://www.theguardian.com/uk/2004/jan/06/regeneration.immigrationpolicy
④ Milton Keynes Council: 2013, P. 79
⑤ 对Cergy Pontoisse总规划师Betrand Wanier的访谈。

第一代新城：Tapiola,芬兰
First Generation: Tapiola, Finland

"二战"结束后，赫尔辛基都市区同样面临住宅紧缺、价格高昂的状况。芬兰政府需要为 425000 流离失所的芬兰人寻找住宅，但是由于政府需要支付巨额战争赔偿，之后无法直接提供财政资助建设大型住宅或新城。

芬兰家庭福利协会（社会公益组织）在负责人 Heikki von Herzen 鼓动下，介入了一个在没有政府资助的背景下以私人企业独立主导新城规划与建设的大胆实验（图 4.7）。

这一用地在萨里宁计划中原来是作为大赫尔辛基规划（1918 年）的用地——距离赫尔辛基 6 英里的 660 公顷林地。20 世纪 40 年代中期计划规划为一组四个居住街区，以未来的土地为抵押，请国家足球彩票机构为担保，签署了 7 笔银行短期借贷。以此为基础，1951 年，League 签署合同购买了这一土地（56.3 万美元，利率约为 7.5%）。

图 4.7 Tapiola 之 父 Heikki von Herzen 和主要建筑师与城市中心区的规划师 Aarne Ervi（1958 年）

在签约后，召集了其他五个国家性协会（三个是保守党，两个是社会党）——它们与芬兰家庭福利协会具有相似的结构，同时代表芬兰住宅消费者与政治倾向。每个协会都有能力独立作出决定，具有权威。在 1951 年 9 月共同建立了 Asuntosääetiö住宅基金会（The Housing Foundation）。

规划初始，Asuntosääetiö即确定目标：我们的理想不是建设一个居住街区，而是整个社会（community）。Tapiola 应当是所有人的城市，从穷人到富人。除此之外，在空间上也确定了以下原则：
——整体的规划理念，具有灵活性，但是坚持重要原则；
——公共空间联系各个邻里，而不是分隔各个邻里；
——步行交通与车行交通分离；
——使用最好的建筑师、工程师，一个不需要理由的理念；
——真正的社区，提供个人交往的真实基础；为此应提供多种类型的住宅；多样化服务：商业到医疗、学校；从蓝领到白领的系列工作岗位；多样化的娱乐活动——从室外空间到室内剧院[1]。

芬兰著名建筑师 Aarne Ervi、Viljo Revell、Aulis Blomstedt 和 Markus Tavio 成立了一个工作组，他们具有经验、品位、荣誉与认知。他们需要与 Asuntosääetiö 委托的技术团队与住宅团队（Housing Team）共同工作。住宅团队包括两个独立建筑师、一个建筑工程师、一个暖通工程师、一个电气工程师、一个景观园林师、一个人口科学专家及儿童福利专家、社会学者，而且还有一位实际思考的家庭主妇，评估从整体到节点的设计。和 Asuntosääetiö 一起，他们代表了所有的居住阶层。

Tapiola 的空间结构同样采取了多组团多级中心的结构，包括北、东、西三个组

① Hertzen; Spreiregen: 1971, P. 85

团，分别拥有为 5000~6000 人服务的服务中心。主中心是独立功能组团，通过林荫路与各个邻里联系。邻里 250 码（220 米为单位）内有杂货店等日常设施。Asuntosääetiö 称其为婴儿车间距（perambulator Distance）。

为了形成多元化的建筑类型，Tapiola 试图将不同的建筑类型混合布局，从而形成不同的阶层适应性。这无疑对建筑设计提出了很高的要求。为此需要委任建筑师设计成组的不同建筑与清晰的空间单元组织。建筑师团队事实上自我组织了这一项活动。但之前 Asuntosääetiö 的技术团队仍需要考虑好所有的设计条件，以达到社会和经济阶层的物理性混合。

自然与地形在设计中占据重要地位。45% 的用地永久保留为林地与绿地，建设用地中所有微坡的山地地形都被保留——Heikki von Herzen 认为这恰恰非常适合居住。建筑师要设计适合台地的建筑，感受自然和整体环境的质量，来确立总图规划。

1954 年 Asuntosääetiö 以竞赛的方式确立了城市中心区的设计团队（Aarne Ervi）与方案[1]。1958 年正式动工，至 1968 年，城市中心区逐步建成。

评价：
这一新城案例的特殊性显然在于企业运转新城的巨大经济与社会风险。相反，Heikki von Herzen 认为 Tapiola 的条件更加得天独厚，完全可以支持一个良好的设计：初始的商业资助，政治的支持，具有良好区位的充足空间，一个城市与国家特殊的发展机遇阶段，最后，还有主导新城的机构 Asuntosääetiö：优质弹性，兼具私人企业的弹性与行动的自由，以及公共机构的力量与影响力。

这一项目也确实显示出了私人企业开发新城的效率。1952 年开始制定规划，1953 年第一个居民迁入，1956 年第一个邻里建成，土地出售的收入开始能够平衡开发机构的支出。1955 年和 1958 年分别开始建设第二个西侧组团和第三个北侧组团。Tapiola 建筑的费用，还包括部分取暖设施、商业设施与公共设施的费用，总计 11.80 美元 / 英尺[2]，低于芬兰全国整体企业由次级国家贷款（相应数值是 12.15 美元 / 英尺）。这一时间与投入产出效率对比国家支持的新城，是令人瞩目的。

最终，Tapiola 的资金问题并非一帆风顺。期间有很长一个阶段，Tapiola 的建设一直依靠短期贷款轮换借贷与还贷来解决资金问题，有时甚至就是汇票轮替。期间曾经遇到巨大的信用危机，银行要求董事会成员给予个人名义担保，在紧急会议上被拒绝，代之以五个国家性协会签署保证书才渡过难关。

这一金融游戏得以维持的重要背景是 Tapiola 土地收购价格较低。Tapiola 的平均土地价格是 4.07 美元 / 平方英尺，而同时在周边地区的开放市场上的平均价格是 10.50 ~ 12.20 美元 / 平方英尺。以这一地价为基准，Asuntosääetiö 只需在自由市场上出手五分之一的土地，即可抵回地价。

※1 事实上，借此竞赛，Asuntosääetiö 观察了参赛建筑师的工作成熟度，并选定了第二期规划建筑师团队。

※2 通常而言，市政设施的费用是由无利息的公众税收资金来支付的。但是 Tapiola 一切都是新的，Asuntosääetiö 还必须规划与建设市政设施，通过土地收入平衡。

但为了达到提供合理的住宅与社会住宅总量的目标，Asuntosääetiö 出售了80% 的总量给予长期性地低息 ARAVA 国家贷款，这是个沉重的负担，因为 ARAVA 给予的地价水平很低，仅为市场的一半。为了形成一个合理的混合结构，Asuntosääetiö 作出了巨大的牺牲。但通过 ARAVA，中低收入阶层也具有可能购买住宅（同样 10000 美元的房屋，在非 ARAVA 需要付出 8566 美元，但是在 ARAVA 资助账户中，只要支付 2324 美元），达到了新城规划初期让更多阶层的居民入住 Tapiola 的意图，从而形成了完整的社会构成。

1953~1966 年，在大多数住宅已经建成的情况下，国家提供了第二阶段的低息贷款，1% 的利息，以 47 年为期归还。这笔贷款覆盖了自有住宅与公寓部分整体 30%~40% 的费用（包括土地费用），租住公寓将近 50% 的费用。其他 40%~50% 的贷款来自于开发资产市场，从储蓄银行保险公司，还能获取7.5%~8% 的贷款。购买者自己需要提供 15%~20% 的贷款。

购买者以各种产业工人为主体。Asuntosääetiö 和一些大型商业与储蓄银行建立了"Save for – housing"住房合作基金。购买者在 ARAVA 资助账户之外支付的费用，还可以通过 3~4 年参与"Save for – housing"住房合作基金来提供。

Heikki von Herzen 在介绍其工作原则时，强调了一个双方面的准则：首先受到紧凑的预算影响，在整体工作中，争取经济上的最佳处理——整体性的最廉价方案，是规划、市政与建筑设计的前提；另一方面，新城 Tapiola 是为一系列实际的目标建设，Asuntosääetiö 作为一家企业，如同其他芬兰企业一样，面临相同的竞争条件，需要提供同样具有竞争力的产品。

Heikki von Herzen 还希望 Tapiola 能够成为一个模范住区——为芬兰战后城市建设与住宅保障提供参照系。Tapiola 应当形成一个城市，含有所有的商业、都市和休闲设施。上述条件所产生的共同关键推论是：新城必须有效塑造物质环境的质量。

新城建设因此具有相当高的质量，例如：
——大量新城都较难在早期提供服务中心。Tapiola 自东北第一个街区开始建成时，即具有街区中心。尽管是一个简单的版本，但是包括了剧院、商业中心、小学、餐饮咖啡。
——也许是因为造价和实用性，道路体系采用了直线为主的几何形态和山地地形中的有机形态两者的叠加。在第二期规划中，Tapiola 邀请建筑师同时负责用地规划与建筑设计。新城居住区范围内成功地实现了建筑设计与地形的融合、建筑设计与景观视野的结合。除此之外，在开发机构的要求下，建筑师还谨慎地进行了低层建筑与高层建筑的融合、不同社会类型与公共空间的融合，以及彼此间视线私密关系的控制。今天来看，设计的敏感度仍然令人赞叹。

在建造后，调整的另一内容为城市中心区。规划师原本认为，2 万人口的城市难以支持较为大型的中心设施组群，但事实上 Tapiola 因其建设质量与交通区位，最终在区域规划中，确立作为 8 万人左右区域人口的服务中心。城市中心区因此不断扩建，包括新建停车面积。最终 20 世纪 80 年代，在原有中心区的南侧兴建了一个新的商业片区。同时临湖预留第三阶段新中心的空间。

Tapiola 在建成后，一直是赫尔辛基的重要办公与科技空间，其东侧 TKK 芬兰科技大学（Helsinki University of Technology）、VTT 芬兰技术研发中心（Technical Research Centre of Finland）等机构与 Tapiola 构成了研究与生活的铆接关联。涵盖上述区域在内的"Greater Tapiola"区域（42000 人口，40000 个就业岗位，2006 年），是赫尔辛基通信科技产业的核心，今天已经成为北欧地区科技产业的枢纽之一。其中 Tapiola 核心区（18500 人口，18600 就业岗位，2006 年）是其稳定的核心地带。

在经济发展的压力下，Tapiola 不断地在进行对现有空间结构的加密、扩张，增建道路，增建轨道站点，甚至拆除现中心区周边住宅、增设道路联系，以及重建为高密度住区——田园城市具有代表性的低密度住区原则被放弃。在建成 50 年后这一区域仍然表现出旺盛的活力；2007 年，Tapiola 核心区仍计划为 4000 人新建住宅（Greater Tapiola 区域拟为 6000 人新建住宅与 30 万平方米新办公面积）；同时借轨道交通改造之际，计划耗资 3 亿欧元，全面更新 Tapiola 购物中心，在原有 54000 平方米商业面积基础上，新增 50000 平方米商业、办公、服务面积及 3000 个停车场。

4.3 第一代新城的共同特性
Characteristics of the First Generation of New Town

Irion Sieverts 的研究初步表述了第一代新城的典型特征[1]，结合本次的案例研究，就此进行一定的深化与详细介绍。

时代
- "二战"之后 1945~1960 年

主要目标
- 为大都市减压，疏散过多的人口，以及环境污染型、耗地型的工业。[2]
- 田园城市——一种新的城市生活模式与城市景观，意图塑造明确的对外城市文化与意象，其空间模式主要是以绿色开放空间为基底，邻里组团单元围绕多级中心体系形成组团式结构，快速道路与步行道路之间相互分离。田园品质与都市品质的叠加成为第一代新城的发展目标。
- 功能自立型城市。无论是现实产业疏散的要求，还是田园城镇对经济自立性的强调，都奠定了这一代新城追求功能与产业自立的综合性要求。

组织与贯彻
- 通过新城法令，新城的土地与资金在国家层面上得到了决定性的支持。英国直接以划拨的形式提供新城土地与资金，对地方政府仅提供有限的土地补偿。国家委托"开发公司"直接代表国家利益并确保国家利益，对相关各种利益进行"权衡与决议"[3]。国家在稍后也会大规模地参与新城的收益分配。相比之下，地方政府在 20 世纪 60 年代之前很少有机会参加重要的决策[4]。其他国家以相似的形式，强化了大都市或开发主体机构的权力[5],※。
- 新城开发公司是所有开发阶段的全面决策主体。新城开发公司组织了一个稳定与高质量、专业的工作团队，决定了其空间规划的主要内容，指导、监督整体的建设与前期管理过程，直至其被转移给中期成立的新城政府。这一工作团队包括城市建设、园林、建筑、经济、管理、社会规划与机械工程等专业人士。英国新城中，这一团队常常在二十多年的建设时间中，在新城长期工作和生活，甚至在新城最终退休，从而高度理解居民的真实需求，形成对新城的紧密认识。

新城的社会平衡性
- 经济、社会与服务三个领域均以强烈的独立自主性作为目标。作为"松散的郊区住宅"的对立面，这一代新城力图形成具有独立性的，工作与生活、生活与服务之间具有平衡性的住区[6]。新城有意识地接纳了母城的

※ 斯德哥尔摩自 1930 年起，即系统性地收买土地……尽管如此，斯德哥尔摩也需要特殊立法，处理与地方政府之间的关系。"斯德哥尔摩新城需要在新城之外建设郊区的时候，郊区拒绝承受这一压力，在 50 年代中期导致深的裂痕。最终在 1959 年，通过 Lex Bollmora 法律，斯德哥尔摩市得以在边界以外建造，但是只能在受邀请时才能这么做。之后的短短几年中，在城市和 8 个郊区部门之间达成了 10 项协议，建造 31000 个新单元，70% 是由中心城市来处理。"

① Irion, Ilse; Sieverts, Thomas: 1991, P. 14
② Cullingworth: 1972, P. 231
③ Cullingworth: 1972, P.239
④ Cullingworth: 1972, P.240
⑤ Hall, Peter: 2009, P. 354
⑥ Cullingworth.1972, P. 232

企业，试图将工作岗位与居住空间紧密地结合在一起，一体化地形成居住的前提条件[1],[※1]。这一代新城中，一个内向的全就业是新城发展的目标。

- 社会稳定与社会差异人群的均衡服务是《新城规划法规》中明确要求的目标[2]。新城普遍被设计具有高比例的社会住宅总量。
- 英国新城开发集团提供了专门的资金与人员提供"社会发展计划"（Social Development）并鼓励社会市民机构的建立与最大程度地塑造社会活力。[3]

土地使用

- 选址：新城通常选址在一个高品质的自然环境中。这一代新城被有意识地与母城拉开距离，以保障对应大都市，新城能够具有"反磁力"——绝对的自立性。伦敦的 8 个新城普遍距离中心城市的距离超过 30 公里，米尔顿凯恩斯达到 60 公里。
- 规模：新城规模普遍较小，普遍在 5 万 ~10 万人。英国新城结合地区经济背景，有较为差异性的新城规模设计。瑞典新城强调人口规划总量应当超过某一底线，以达到合理的服务规模，但这一规模并不高，约为 2.5 万 ~5 万人[4],[※2]。
- 功能：功能的布局基本源于功能分离的原则，包括独立的城市居住组团与城市中心组团，以及外围的工业组团，组团之间通过绿地隔离，多组团结构嵌入流动的绿地体系。城市居住组团根据邻里规划的原则，以基本邻里为单位逐级嵌套塑造。各级服务设施通过各级服务中心在步行距离、公交距离等不同交通尺度内布局。
- 交通：强调公共交通、机动车交通与舒适的低速交通的融合。遵照雷德彭原则，步行者、自行车与汽车行驶者在同一层面的两套道路体系中分别运动，交叉点处步行与自行车下穿，没有形成过于复杂的垂直交通节点。在规划中，私人汽车主导性的快速交通体系控制了整体机动车交通与交通结构，围绕城市组团进行组织。公共交通主要由区域性铁路交通与内部公交系统组成。各国新城几乎均有意识设计了自行车道路体系作为补充。
- 密度：中低层独立与多户住宅为主代表了田园城市典型的建筑类型。英国新城建筑与居住密度平均约为 20~30 人 / 公顷，Tapiola 等新城达到了 80 人 / 公顷。就其人口而言，对土地资源的利用参照田园城镇的模式，与密集的传统中心城市或者是第二代新城相比，整体利用强度较低，但是较典型的郊区化扩张而言要更高[5]。

城市景观

- 设计理念：为了切合"田园城市"的意象，这一代新城设定村镇气质的城市景观为目标。有机形态的城市肌理与自然绿地体系紧密交融，整体形成了一个"嵌入自然"的形态效果。

---

[1] Irion, Ilse; Sieverts, Thomas: 1991, P. 183
[2] Ward: 1992, P. 19
[3] Gibberd, Frederick: 1980, P. 217
[4] Peter Hall: 2009, P. 178
[5] Ward, Colin: 1993, P. 15

※1 与哈罗起初意图与工作岗位捆绑性提供居所不同，瑞典较为宽松，新城规划提出了"ABC 城市"（Arbeite, Bostad, Centrum），A 指工作，B 指住宅，C 指中心职能。强调多种功能的混合利用，不仅仅是一个居住城市，而且还是一个就业和社区中心。Vällingby 是第一个这样的城市。

※2 英国新城人口规划规模不等，但整体约为 15 万以下。瑞典在初期新城规模经验的掌握上明显受到了邻里单元理论的影响。Marklius 虽然认为规模是与郊区发展的重要差异，但也认为具有 25000 人，即能形成一个和郊区结构形成明显差别的完善中心。这一规模后期不断增长，1950 年以后，斯德哥尔摩的邻里普遍以 5 万人为基本单位。

※1 米尔顿凯恩斯虽然在中心城区有意识使用了网格路网体系，作为一个汽车主导城市的重要标志，但是居住区仍然保留了曲线性的结构。在 Tapiola，第三个组团规划中，受到规划界对之前组团规划中过于"罗曼蒂克"的批判，建筑师 Pentti Ahola 采用了完全几何性的规划语言而中标，但建筑的位置、形态、设计仍然强烈地呼应了地形、光照、风向和视野。

※2 在哈罗新城，从住宅到城市各级中心以及公共汽车停靠站，最大的步行距离范围设定为 700~1000 米，到达幼儿园与小学约 300~500 米。Tapiola 围绕小型商业设施，最小间距设定为 220 米。

- 城市设计平面：除了城市中心更为强调几何形、都市化、对比性的空间结构（相当部分来自于现代主义建筑理念的影响），整体城市平面延续了早期乌托邦实验的城市设计语言，普遍以有机形态、大型林荫道气质的街道体系为主题[1],[※1]。传统的闭合街坊在相当大的程度上被放弃，取而代之的是围绕着公园的松散建筑单体，被宽阔的开放绿地围绕，形成开放性的绿色界面。

- 城市中心：城市中心区独立设置，与其他城市组团分离。以环路框定区域，周边布置绿地与包括火车站在内的大型公共设施（体育设施、大学等）。就内部空间结构而言，基本没有功能的混合，以商业服务功能为绝对主体，以步行商业街区为核心主导线索。城市中心展示了强烈的传统街道生活风格：线性的购物街道，延续型的低矮的小型商店，开放性的市政广场兼为假日集市。

- 邻里：一个强烈的内向型"序列体系"——从住宅邻里 (Housing Group)、住宅群体、街区到整体城市。其模式以居住建筑围绕绿化以及绿地中的小学、幼儿园与日常需求的商业设施而形成。各级住宅单元彼此间用绿化带分离。这一阶段汽车交通尚未达到高普及率，因此设计尺度非常注意与人行尺度的结合[2],[※2]。

- 建筑：在按照新城法规建设的英国新城中，现代主义建筑设计作为一种新的哲学体系在城市形态中留下了清晰的痕迹。但是在第一代的建设中，并未大规模普遍应用在居住建筑上。在哈罗新城的城市中心，建设了一座高层建筑，作为整个城市的地标建筑与"现代"新城的标志。

- 第一代新城的大部分居住建筑，使用了一种简洁的地方风格。英国新城建筑更多地使用了传统的地方材料、颜色与细节塑造方式，共同塑造了一个简朴而和谐的城市风貌。

实施情况

主体目标的实现情况：

- 整体而言英国新城所容纳的 225 万人口，大约占据了整个英国同时期新增人口的 25%，比较而言新城人口较少直接来源于大都市——1951 年以后英格兰新城居住人口中只有 7% 来自于伦敦[3]。新城更多地起到了一个在更大的区域中推动城市化的作用。

- 尽管早期新城强调了工作岗位与生活环境的紧密联系，但是大都市丧失的工作岗位，只有很少一部分到新城去。伦敦市区内丧失的工作岗位，只有 7% 到新城和扩建的城镇中，20% 到"没有规划的地方去"，大部分（近 70%）的工作岗位是自行消失。

- 田园新城的物理特性在这一代新城中得到了良好的贯彻，"居住在绿野之中"进一步成为普通中产阶级家庭的典型生活模式。尽管这一模式缺

① Hertzen; Spreiregen: 1971, P. 132
② Saiki, Takahito; Freestone, Robert; Van Rooijen, Maurits: 2002, P. 53
③ Ward, Colin: a.a.O. P.12,

乏活跃的都市性，却在全世界广泛地被市场接受[1]。

- 田园新城的经济与功能自立性在大多数新城中表现良好。

组织与贯彻：

- 一方面"新城法规"快刀斩乱麻，一劳永逸地将新城发展中的财务来源到组织权力等系列问题彻底解决。新城开发集团及其引领的技术组织就整体而言，形成了一个高效而专业性的组织形式，在公共政策、盈利回报需求、短期的新社区发展以及长期性地培养城市经济与政治自治能力方面，在国家、区域以及地方利益之间，综合代表各方并进行利益协调[2][※1]。

- 另一方面这也造成霍华德的理论核心部分：意图实现地方自我管理，社会经济与福利体系共同建设并共享的目标——这一社会理想的破灭。私人企业在新城主体开发中被基本排除（控制成本起见，开发公司普遍自行进行了相当比重的住宅建设）[3]。自上而下的规划绝对性战胜了自下而上的自发性模式。强大的国家支持固然高效，但也埋藏了在国家利益与现有的地方利益之间隐含的矛盾（开发公司之外，地方原有城市政府、原有的相关居民与新城政府各方之间）。大量新城中，新城与地方、与中央政府之间长期有矛盾，甚至诉诸公堂[4]。

- 由于其建设阶段较早，中央政府支持下所获取的低廉土地和财务成本，以及自上而下的贯彻方式所造成的较低的行政管理成本，使第一代新城普遍成为营利性项目。英国新城中，由于盈利资金收归国库，新城地方政府未能从这一状况中受益，出现了维护与更新的资金缺口。这一问题在其他国家，例如瑞典国家福利政策一以贯之的情况下，或德国自始至终将中央政府权力下放到地方，地方政府主导大型城市建设的情况下影响较小。

新城的均衡性：

- 捆绑提供工作岗位与住宅这一方式，仅在哈罗等最早的新城建设初期，伦敦市民申请新城居住资格时起到作用，在具体实施中并没有长期意义。"封闭性的自立"——完的新城居民自我就业没有达到。但在都市区域内，新城工作岗位与居住人口之比普遍大大高于区域平均值。英国第一代新城就业岗位、居住人口比例普遍在 0.4 以上。这代表新城强有力的经济活力，以及事实形成了区域就业中心的经济地位。实例证明各个新城不低于 50% 的居民在周边区域中就业，每日形成相应总量的穿梭交通。[5][※2] 考虑到英国新城距离伦敦市中心距离约 30~60 公里，这是非常大的成就。瑞典斯德哥尔摩众新城虽然也设立了相似的目标但是并未达到，其原因与新城功能的适应性和与大都市间距均相关[6][※3]（图 4.8）。

① Hall, Peter: 1988, P. 135
② Barry Cullingworth, Vincent Nadin: 2011, P. 24
③ Ward: 1992, P. 37
④ Ward, Colin: 1996, P. 112
⑤ Strategic Housing Market Assessment: 2008; Herzen, Von: 1967, P. 1; Ward: 1996, P. 76
⑥ Irion, Ilse; Sieverts, Thomas: 1991, P. 182-183; Hall, Peter: 2009, P. 353

※1 Barry Cullingworth&Vincent Nadin 指出在"二战"之前，英国规划体系对地方政府是非强制性的，中央政府没有有效地动议权或协调地方规划。这使得规划目标的复杂资源难以得到调动。至 1942 年，只有 5% 的英格兰土地和 1% 的威尔士土地有实施性规划。战后，一方面为了有效控制大城市的发展，一方面"重建英国计划"（Rebuilding British）的实施需要中央政府发挥新的更积极的作用。这一背景下，英国出台了《1947 年城乡规划法》等系列法律，全面强化对所有开发的控制，土地开发权被收归国有。

※2 哈罗新城这一指标在建设之初通过捆绑提供形成 100% 的全额就业，但在建设 20 年之后就下降并稳定在 50% 左右；vgl. Gibberd: 1980, P. 140；根据"住宅房产发展策略报告（2008）"2001 年大约 25%~30% 的哈罗工作人群前往伦敦就业，结合区域外就业，这一数字大约在 40%~45%。
芬兰新城 Tapiola（1967 年建立），在同样规划意图下，在 5 年之后即达到 50% 这一穿梭交通比率。
英国新城米尔顿凯恩斯在 20 世纪 90 年代初人口由 12 万逐渐增长到 17 万左右，工作岗位充足，1991 年工作岗位共计 81650 个，与总人口比值约为 0.6。"90 年代，每个工作日 19600 工作人口离开米尔顿凯恩斯出城工作，25000 人进城工作。"向内通勤工作人口大于向外通勤工作人口。

※3 瑞典新城 Vaellingby，其总体规划期待形成的就业岗位一半由本地的商务与服务业提供。由于各种原因，这一目标并未达到，大量人口穿梭于中心城区与就业岗位。除了知识水平较弱的就业者，所有其他的就业者都把整体城市当作就业市场。到 1965 年，Vaellingby（建成 9 年后）只有 24% 的居民在本地工作，76% 乘车出行工作。绝大多数的工作是通勤性的。Fasta 情况则更糟，15% 的居民在本地工作，85% 的人乘车出去工作。

※1 瑞典应对其新城的区位制定了不同的规划意图。斯德哥尔摩市南侧一直是工人居住区，地产价格低，市民很难接受在更南部居住。1950年 Markelius 正式规划了 Vällingby 新城，并为至少 20000 人规划了中心。政治家与商业行会做了大量工作，说服不少于 40 家 S 市最好的商店在城市中心区建成时，进驻 Vällingby 中心。前往 Vällingby 的火车在 Vällingby 正式运行 14 天以前得到了使用。人们建了临时车站。中心区成了一个巨大的成功，10 年后商业面积扩大了 50%。

※2 这一情况在英国第一代新城与德国新城例如 Mainz Lerchenberg 都非常典型。Ward 认为这也是英国最早一代新城开发经济上回报较高的重要原因。

※3 1949 年瑞典新城 Vällingby 第一个城区开放，斯德哥尔摩市南侧大量工人阶层长期缺乏良好的住宅类型，大批量进入等候名单中，随即在新城得到了住宅。（这一市民阶层背景造成）Vällingby 因此几乎没有问题家庭。

- 由于财政原因，尽管在空间上进行了周密的安排，英国相当部分新城未能达到同时地提供公共设施与服务体系[1],[※1]。城市中心区建设较晚，加上这一代新城强调田园气质，缺乏都市性与活跃性，其城市文化的乏善可陈是这一代新城最被广泛批评的内容[2],[※2]。

- 尽管租住住宅、社会住宅比例较高，由于整体的低层住宅类型，与同时代的社会住宅面对人群——熟练工人阶层，所形成的稳定城市中产阶级，仍然在整体上基本形成了一个平衡的社会结构与良性的城市生活氛围[※3]。英国新城根据 1964 年的"购买权"(Right To Buy) 法令，田园新城内的社会住宅可以毫无问题地转化为私人所有住宅。但事实上，法令之后，大量新城也仍然拥有较高的公有住宅比例。

- 社会规划在英国、芬兰、瑞典新城发展的过程中都起到了重要的作用。哈罗新城通过针对人口的"世代规划"，不同年龄与社会阶层，其对住宅与公共设施的波动性需求，在空间维度上达到了相当良好的平衡。伴随设计团队的住宅团队（Housing Team）负责该项工作。

功能：

- 英国新城有意识远离大都市的新城区位，造成了新城充分汲取区域综合资源的困难——毫无疑问，大都市本身即为区域中最大的经济体总量，在一些重大经济危机中，英国各个新城有意识加强了和伦敦之间的联系，以抵抗经济波动。

- 与大都市距离较大，功能的空间分离，松散的空间结构，以及较低的建筑密度，财政制约形成了缺乏"都市活跃性"的典型原因类型。私人汽车交通不断上升并形成主导地位。整体未能达到田园城市"集约型城市"及以公共交通作为重要交通手段的原有目标。

城市景观：

- 传统与地方性的建筑形式、材料、气质被融入新城典型意象、形态与文化之中，结合相对松散而内向化的街坊，与所谓"田园生活"（或对于英国新城而言的"英式生活"）紧密契合，从而在房地产市场上被持续性地广泛接受[3]。

- 新城中心区规模较小，后期被普遍证明需要进一步扩张。哈罗新城等受到环形交通围绕的中心区缺乏扩张的弹性。此外新城中心区的面目模糊、设计品质较低、都市活跃性较弱，是普遍性的问题。中心区组团与其他组团的分离、功能的单一都是城市中心区都市活跃性较弱的重要原因。在英国新城后期的系列更新项目中——包括米尔顿凯恩斯在当时颇具领先意义的新城中心在内，基本所有的新城中心区都需要进行一轮较大程度的改造，包括大型商业设施设置、公共空间品质提升、公共与静态交通设施增加等复合性内容。

① Irion, Ilse; Sieverts, Thomas: 1991, P. 184-185
② Irion, Ilse; Sieverts, Thomas: 1991, P. 184
③ Hall, Peter: 1988, P. 135

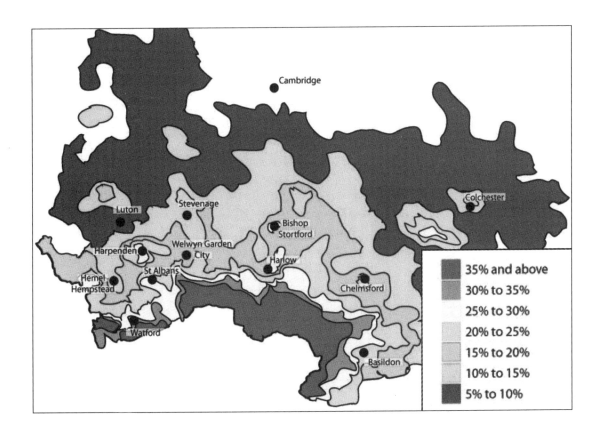

• 由于缺乏都市性，人们对新城的重要批评之一，是所谓"新城忧郁症"（New Town-Blues）的问题——媒体声称由于难以适应新城，由此大量英国新城居民出现了身体上与精神上的不适[1]。这一说法也许有些夸张，但确实代表了对新城缺乏活跃性的批评[2],[※]。这一代新城由于极度强调田园城市的理念，公共空间的活跃性大大缺失。传统城镇最重要的公共空间——混合使用的街道：两侧的街坊、商铺、广场、流动商贩，以及由此带来的步行交通、沿街购物、社交往来甚至儿童嬉戏等社会活动在这一代新城中，除了中心区域以外都消失了。

图 4.8　伦敦北部这一区域前往伦敦通勤的比例。新城镇周边由于公共交通工具的便利，与中心都市的通勤率明显有提升，普遍达到了 25%~30%

※ 英国新城研究者 Ward 指出，新城忧郁症原有定义其实恰巧是针对 Oxhey 附近居住地产——大型郊区而言。对于新城，例如 1964 年哈罗的专项调研显示：大约 90% 以上的新居住人口对环境是满意的，但是有 10% 是不满意的，他们当中大多是持续性不满意——不管在哪个城市。并没有明确的关于新城忧郁症的证明。

---

① Hall, Peter: 1988, P. 135
② Ward, Colin: a.a.O. P.12,1

4.4　第一代新城的成功与失败
Success and Failure of the First Generation of New Town

第一代新城就其设定的发展目标而言，整体是成功的，对国家与区域政策提供了良好的支持，进行了大量技术与社会的实验，并为百万新居民提供了物美价廉的住宅以及新的生活氛围———一种新的生活可能性[1]。

英国交通地方政府与区域委员会 2002 年、2008 年两次发表了关于新城规划与实践总结的专项报告，明确提出"新城，作为一个整体，是良好的工作与生活的场所，大部分而言它们是成功的"[2]。在两次报告中，指出"新城的低密度发展形成了主要的问题，造成了对汽车的绝对依赖以及低质量的公共交通服务"[3]。议会要求，与传统城市的高密度相比，新城应进一步加密，集约而高效地发展，更好地通过公共交通进行服务[4]。

密度是第一代新城重大问题。伦敦旧城在"二战"之后人口密度约为 340 人 / 公顷[5]。Remond Owen 作为田园城市理论重要实践者，曾经建议政府主持的大型住宅区的密度应当达到 30 户 / 公顷，约 90 人 / 公顷。霍华德设想田园城市是 3.2 万人生活在 1000 英亩（400 公顷）的土地上，密度 80 人 / 公顷，这是伦敦中世纪历史城区的一倍半，但它将被 1250 公顷永久性绿带所环绕[6]。

事实上，英国 22 个新城的平均密度为 24.8 人 / 公顷。这甚至低于美国郊区住宅比例（45 人 / 公顷）。Vaellingby 的三个住区密度分别为 45、54、15 人 / 公顷，呈现了和英国新城较为接近的密度。德国 Karlsuhe 市 Waldstadt 新城的人口密度为 50 人 / 公顷。这一代新城的最高密度为私人企业开发的 Tapiola（人口密度 80 人 / 公顷）与德国中等城市美因茨发展的莱尔新贝格（Lerchenberg）新城（人口密度 83 人 / 公顷）。或许是由于相对严格的投资条件，它们选择了更高的开发强度。

在《新城：问题与未来 (2002)》的政府报告中，撰写者坦承密度过低是英国新城发展的重要问题："新城的密度问题，如同其他很多城市，明显过低。与伦敦 50 户 / 公顷、格林尼治千年村（1997 年沿泰晤士河建设的生态可持续小城镇）的 80 户 / 公顷、爱丁堡的 250 户 / 公顷、巴塞罗那 400 户 / 公顷这些数据对比，是让人遗憾的。规划政策指导条例 3 号（Planning Policy Guidance Note 3）希望未来新住宅用地更为高效，并通过高密度和更好的设计来与公共交通良好衔接。"[7]

---

[1] Ward Colin: 1993, P.12
[2] Deputy Prime Minister and the first Secretary of State: 2002, P.6
[3] Deputy Prime Minister and the first Secretary of State: 2002, P.6
[4] House of Commons- Communities and Local Government Committee(UK): 2008, P. 7
[5] Hall, Peter: 1997, P. 220
[6] Hall, Peter: 2009, P. 72, 100
[7] Deputy Prime Minister and the first Secretary of State (UK):2002, P. 6

这一代以田园城市意象为导向的新城，其"都市性"的缺乏一直受到了严厉的批评——新城的城市中心，城市文化一直难以得到高识别性的塑造。20 世纪 50 年代，这一批评就大规模地涌现，英国《建筑评论》引领了 1953 年对第一代新城的攻击。J.M.Richards 撰写社论，抨击早期的新城缺少城市氛围，批评它们的密度太低，并且受到城乡规划委员会的消极影响。被评判的还有这种田园模式对真正的农业乡村区域的侵占。1956 年，《建筑评论》发表了《Outrage》——Lan Nairn 对英国城市设计质量的著名攻击，认为英国继续按照现有的趋势发展，将造成大面积的城市扩张与乡村之间交错发展区域，没有真正的城乡差别。《建筑评论》讽刺性地给这种区域一个希望它永远坚持的名字"郊区乌托邦"（Subtropia）。"一个地点如果不拥有都市性就不能称之为一个城市，这一缺陷造成了早期对（新城）的大多数批评。James Richard 爵士 1953 年认为新城邻里作为一个未来城市的居住街区还缺乏其必需的城市品质……就其理念而言，新城邻里和战前的田园式郊区地产有区别，但区别很小"[1]。其理念"封闭的自立性"被视为一个农业文化背景下的封闭性经济模式，并对城市文化形成损害。这一批判在荷兰等国家也有体现，1966 年阿姆斯特丹城市开发集团 A.de Gier 对之前西部四个田园新城进行了批判，包括糟糕的都市质量、缺乏社会的温暖与控制性、大量绿地妨碍了社会聚会的产生、建筑质量本身不足以满足 20 世纪 50 年代的需求等，并将第二代新城作为针对田园城市的反例而予以塑造[2]。

尽管如此，对比之后的新城发展，这一代新城针对的中产与中低产阶层——技术蓝领、职员、管理人员等大都市稳定的中坚力量，保障了这一代新城或许平庸，但是安全、健康的社会状况。同样具有帮助的是新城主导方在社会规划方面的意识，以及这一代新城优美的自然环境、低层低密度的建筑形态。"在瑞典被相当广泛地普遍认同：田园城市传统提供了城市与乡村生活最好的中立点，简而言之，对比高层建筑形成的卧城，或者流入低密度的城乡边缘区域，它是一个更为可持续发展的模式。"[3]其成功来自于自然品质，传统但实用的建筑类型，村庄气质的但是与传统相连的整体氛围，这在稍后的两代新城中被怀疑与摈弃，而在最新的新城（区）发展策略中事实上再次得到了应用。

可以说，准确的社会阶层定位与自然环境的品质，抵消了密度过低造成的品质缺陷，形成了这一代新城，不仅在数量级上的成功，而且在质量层面上，由市场投票所给予的积极评价。

现代城市规划理论与实践的整体历史视野中，田园城市理论长期性地影响了现代城市规划。"在霍华德的整体理念中——1898 年在《明日之城》中的论述——能够找到大量 20 世纪规划实践的核心原则，包括土地使用的分离、总体规划、居住区域规划、邻里单元、商业综合体、工业园、街道体系、区域性规划、疏散规划与绿带……这个名单很长"[4]。

① Gibberd, Frederick: 1980, P. 371
② Juergen, Vandewalle: P. 8, www.issuu.com
③ Saiki, Takahito; Freestone, Robert; Van Rooijen, Maurits: 2002, P. 37
④ Saiki, Takahito; Freestone, Robert; Van Rooijen, Maurits: 2002, P. 25

※1 Sieverts 认为瑞典整体新城政策的三个重大要素，除了土地来源的保障与瑞典社会福利国家制度的奠定之外，即为英国城市规划理论的影响。

※2 在英国各新城开发机构相继解散前夕，先后成立了两家机构(British Urban Development Services Unit, New Towns Consortium) 致力于将英国新城开发经验介绍到国外，最重要的是提供技术人员合理的后续工作岗位安排。哈罗的总规划师 Gibberd 曾前往斯里兰卡与阿尔及尔，为当地的城镇规划提供咨询。

这一理论同时也是一系列"分解城市"(Auflösung der Stadt)意图的开始。雅各布批判田园城市思想的根本立足点时提及："霍华德创立了一套强大的、摧毁城市的思想：他认为处理城市功能的方法应是分离或分类全部的简单的用途，并以相对的自我封闭的方式来安排这些用途。……他只是以郊区的环境特点和小城镇的社会特征两个方面来界定健康住宅的概念。他把商业设定为固定的、标准化的物品供应，只是为一个自我限定的市场服务。……他同时也把规划行为看成是一种本质上的家长制行为，如果不是专制性的话。对城市的那些不能被抽出来为他的乌托邦式的构想服务的方面，他一概不感兴趣。特别是，他一笔勾销了大都市复杂的、互相关联的、多方位的文化生活。"[1]

无论如何，第一代田园城市的经验大幅度地鼓舞了当时年轻的规划界，鼓舞了战后陷于各种困难的城市，鼓舞了具有强烈新国家福利主义思想的政治家与学者。它证明了：

1. 在城市规划的蓝图指引下，有可能在短期内建设一个城市。
2. 政府的集中投资与高效管理，有可能在短期内塑造一个城市。
3. 新城（较以往的社会住宅区）可以更大规模地吸引大都市人口、大都市产业，并提供更加良好的城市服务设施。整体而言，它可以提供一个更加理想的生活方式。

这一代新城的成功，还为所有的新城建设形成了一个清晰的组织模式，并基本奠定了新城的典型特征。

- 政府主导投资与开发。
- 新城开发公司代表政府，处理各项开发事务，是新城的直接建设主体；在中后期，逐渐全面移交给新成立的新城政府。
- 新城包括一定的社会住宅总量，成为均衡的社会结构。
- 新城整体作为一个市政单元加以塑造，进行整体性的管理。

盎格鲁撒克逊的规划哲学体系迅速传遍全球，影响了包括美国在内全球各个国家，尤其是欧洲地区[2],[※1]。各国政府与规划部门前往英国取经，英国新城开发公司的成员作为专家前往各个国家进行咨询，甚至主持实际规划建设[3],[※2]。新城的发展迅速开始进入高峰期（图 4.9、图 4.10 ）。

[1] Jakobs: 1992, P. 18
[2] Irion, Ilse; Sieverts, Thomas: 1991, P. 177
[3] Gibberd, Frederick: 1980, P. 367

图 4.9 哈罗与 Tapiola 1 公里空间范围的中心区

图 4.10 哈罗与 Tapiola 300 米尺度的居住区

05 功能主义与第二代新城
Functionalism and the Second Generation of New Town

5.1 功能主义与现代城市理论
Functionalism and Modern City Theory

根据 Irion 与 Sieverts 的判读，柯布西耶与 CIAM (Congrès International d'Architecture Moderne) 的现代主义建筑设计与城市规划理论，在霍华德"田园城市"之后，作为这一时期最为重要的国际城市规划理论，为第二代新城建立了发展模型[①]。

柯布西耶为城市规划赋予了强烈的文化教化意义。在昌迪加尔规划中，他描绘了一幅社会和谐的蓝图：这座城市将为它的居民提供今日城市规划的所有资源，混乱将被杜绝，阶级分化的尖锐和敌对也将被消除。所采用的规划将为一种社会关系的形成创造条件，实现人与人之间情同手足的关联[②]。

柯布西耶认为郊区城市毫无疑问是一种落后的居住模式，在其现代城市模型中的融入更多的是兼顾人们的"小农阶级思想"的需求："郊区城市纯属灾难。我们的时代中的最大浪费，造成了混乱与邻里的矛盾"。

在城市与田野之间，柯布西耶的答案事实上是新城——在柯布西耶所有的都市规划方案中，包括少量巴黎特殊地段的改造项目，他都在幻想一个对传统历史城市颠覆型的革新。在阿尔及尔、北非讷穆尔、里约热内卢、布宜诺斯艾利斯、巴黎，他试图在大都市边缘地带建设一个由高层建筑组成的新城。从本质上而言，他与霍华德的规划思想有非常大的相似，差别巨大的是建筑形态。无限延伸的巨大草坪与摩天大楼替代了田园绿地里的低矮房屋——今天而言，两者都仍然带有乌托邦时代的浪漫主义氛围。柯布西耶认为，他终其一生试图形成一个具有逻辑性，与由此形成的具有约束性的建筑形态，其品质将引向一个高技术服务水准的世界同时满足各种社会福利的需求。它的实现将彻底解决我们城市与村庄的失序，在人类家园形成平等性。[③]（图 5.1）

图 5.1 柯布西耶 1925 年"光辉城市"理念，对巴黎历史中心区改造设想；塞纳河南岸，正对巴黎圣母院等巴黎历史原点中心建筑区域，规划形成的极具对比性的现代新街区、新建筑与新城市生活

对比郊区城市和摩天大楼模式，他指出：同样 7500 块地块，每个 400 平方米的总体尺寸，可以容纳 15 个居住单元、7 栋高层建筑与所有的公共服务设施。而居住综合体"马赛公寓"只需要 3.5 公顷建设一个居住单元，最高入住程度（1600 个居民）所形成的密度约等于 500 个居民 / 公顷（图 5.2）。同时其品质又是另一种意象："这是一个绿色的城市。大自然也被包括在租金之中。"[④] 这种极端的形态，甚至覆盖工业建筑。1940 年柯布西耶所提出的"绿色工厂"与其工作人员的生活地点分离，并稳定地在垂直的田园城市中工作，每座高塔有 1500~2500 名工作人员，提供集中的工作餐饮供应[⑤]。

柯布西耶的"现代城市"（La Ville Contemporaine）与"光辉城市"（La Ville

---

① Irion, Ilse; Sieverts, Thomas: 1991, P. 13
② Le Corbusier: 1946-1952, P. 105
③ Le Corbusier: 1968, P. 14-16
④ Le Corbusier: 2005, P. 21
⑤ Le Corbusier: 1937, P. 255, 258; 1948, P. 68

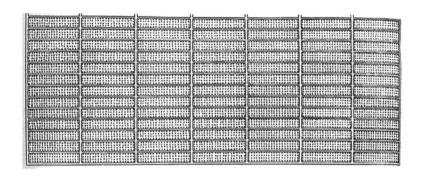

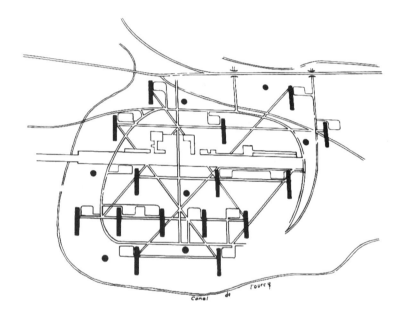

图 5.2 郊区城市模式与高层建筑的
模式对比

（上）郊区城市一共 7500 个地块，
每个 400 平方米，还不包括整体社
会设施。
（下）高层建筑：15 座居住综合体
与 7 座高层建筑，所有的社会设施
都包括在内。这是一个绿色的城市：
自然环境也被包括在租金之中。

Radieuse）两个功能主义的表述，突出地彰显了新的价值判断："我们的建设
将从头开始（We must build on a clear site!）今天的城市正在走向死亡……现有
的中心区必须拆除。为了拯救它自己，每个大城市必须重建自己的中心区"[1]——
由此旧城的价值被彻底摈弃，新城披上了"革新、光明、现代"的光辉。

城市规划师由于这样的职责，被赋予了巨大的权力。彼得·霍尔指出："在光
辉城市的时代……柯布西耶已经对资本家失去了信心……他开始相信中央性规
划的优点……通往这一目标的道路是辛迪加主义（废除国家与松散的产业工人
联盟），而不是无政府主义。这将是一种有序的等级制度……在这个系统中，
一切决定于规划，而规划由专家'客观'地形成，人民只是在由谁去执行它这
个问题上拥有发言权。"[2] 城市规划的决策权交给了这一时代的政治精英与技术
精英。

[1] Hall, Peter: 1988, P. 209
[2] Hall, Peter: 1988, P. 234

柯布西耶的规划思想，给旧城赋予了道德层面与技术层面的消极意义，反之新城代表了城市与人类生活的未来——"光辉城市"，从而形成了前所未有的道德优越性。以强烈的国家福利主义思想为背景，技术至上的专家决定论、蓝图决定论影响了这一阶段整体的规划拟定与制定过程。

规划内容

彼得·霍尔认为，"自从雅典宪章 1943 年发表，同时就产生了对城市规划的广泛性影响"[①]。但是就新城规划而言，极端地引用现代城市规划理论整体性地作为其整体结构基石，以及以 CIAM 成员作品为代表的现代城市规划实践，主要发生于 20 世纪 60 年代左右——彼得·霍尔也沿用了这一时代区分。

在这一代新城理论中，新城拥有一个清晰界定的空间结构，其空间秩序不仅仅受功能分离影响，也包含了社会阶层分离的原则[②]。根据柯布西耶的"现代城市"理论，包括下述基本要点：

1.（借助建设新城）解放中心区；

2. 增加人口密度；

3. 增加交通工具密度；

4. 增加人工植被的总量[③]。

规划原则：

- 关于居住功能的具体空间分布应当以人作为整体规划的中心。[④][※1] 个人特性需求被生物学理念"细胞"代替[⑤]，"家庭"、"家乡"的理念以及具有个性的建筑共同消失了。一个现代城市生活与多样化的居住岗位不再需要整体性的"家庭"理念为核心，不再需要居住地点周边各种服务设施、工作岗位的直接性空间联系。
- 城市被视为"居住机器"[※2]，一个功能性的单元集群[⑥]，为广大民众提供的大众型、标准型产品，实在地满足居民的物质性要求。
- 城市包括四项功能：居住，工作，娱乐和交通[⑦]，功能应当相互分离[⑧][※3]。
- 汽车交通应当作为现代城市的血脉，具有高度优先性。
- 虽然没有直接的阐释，但就柯布西耶所描述的空间模式而言，现代城市呈现出一个阶层隔离的格局[⑨][※4]。
- 都市规划——包括各种相关领域知识，共同塑造了一个绝对性的理性体系——文化、社会、经济等不同领域的知识以不同的尺度融合其中。形式并不重要。没有无秩序的美丽。形式追随功能。

※1 正是在这一领域（生产），不仅仅由于可供使用建筑要素的多样性，而是首先感谢模数体系，那些和谐的尺度单元，它们以人体尺度作为出发点，在建筑与机械领域广泛应用。它们结束了在两个计量体系之间的纷争：米的度量（数学单元）与英尺的度量（人体尺度单元）。

※2 "城市规划"的内在核心是围绕生活的一个"细胞"——一处住宅，以及以其为单元组织形成一个有效尺度的居住单元。

※3 "分区规划"（Zoning）的革新，是将核心性的主体功能融入城市的和谐之中，两者之间以自然进行联系。作为支持，规划应形成一个理性的交通网络。

※4 城市中心是中产阶级的地盘：他们在非常宁静的、距地面 600 英尺高的地方谈话、跳舞。蓝领工人和职员不会像这样生活，他们也有大量绿色空间、运动设施、运动器械以及娱乐设施，但是这些设施与中产阶级的设施是不同类型的，它们适合于那些一天辛苦工作 8 小时的人。

① Hall, Peter: 1988, P. 219-222.
② Fishman: 1977, P. 199
③ Ebd: P. 139
④ Le Corbusier: 1968, P. 22
⑤ Le Corbusier: 1929, P. 243
⑥ Le Corbusier: 1943, P. 99
⑦ Le Corbusier: 1943, P. 95
⑧ Le Corbusier: 1943, P. 98
⑨ Hall, Peter: 2009, P. 234

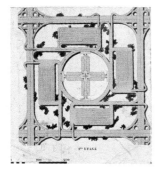

图 5.3　柯布西耶设想的新城市中心：高层建筑为核心的都市交通节点

在这一原则下，柯布西耶所描述的新城呈现了一种颠覆性的面貌（图 5.3）：城市中心不再是教堂、广场、公共建筑，而是复杂的交通节点——汽车交通服务的巨型交通垂直服务核，还囊括了火车站以及供直升机停落的平台；商务中心包括 24 栋高层建筑，作为高层阶级的办公区域，形成 40~60 万居民的工作位置；周边环以连续的绿地公园，广大连续的绿地空间通过集中性的高层建筑而得以形成，95% 的空间是开敞的——这代表了现代性的城市景观与城市生活[1]。在高层建筑周边是中层阶级的多层住宅。50 万人将居住在周边没有内院的街区中，每座建筑纵剖面上约为 5~8 个跃层单元的高度。其他 250 万人口居住在周边的绿带中，以院落住宅与街道网络体系组织。城市中心是中产阶级聚集地——都市娱乐的中心，工人住宅也可以使用绿带作为休闲区域[2]（图 5.4）。

贯穿其中的，是规模性工业生产影响下的新设计逻辑：将个人等同于生产原料，将个人需求模数化、清晰化，也同时简单化其复杂的内容，从而作为规划工作的数量性基础；所有质量性的内容——空间形式、建筑类型、交通模式、服务设施都是创新性的，缺乏验证的，或多或少地建立于规划师与建筑师想象中的"新生活"基础之上——这一由摩天大楼以及其下贯穿的绿地田野组成的"新生活"正是现代主义的终极性蓝图（图 5.5）。

图 5.4　柯布西耶所设想的光辉城市（La Ville Radieuse）功能格局与用地总量（40 公里 ×20 公里）

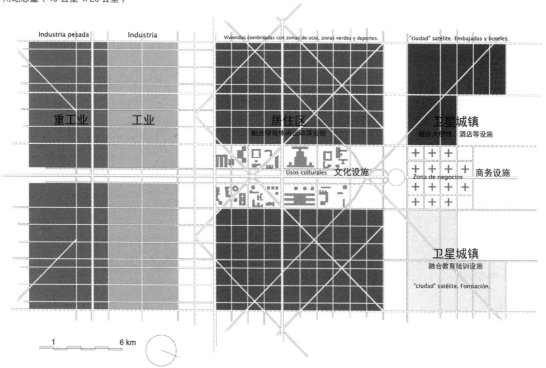

① Le Corbusier: 1929, P. 215; Fishman: 1977, P. 195
② Hall, Peter: 2009, P. 207-212

柯布西耶设想中，现代城市中典型
城市生活模式

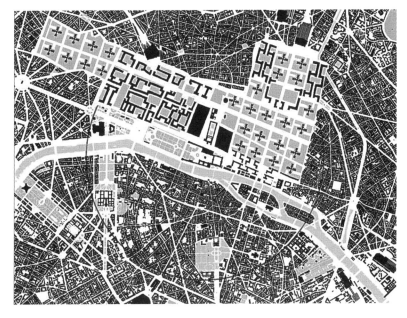

柯布西耶设想中，现代城市与历史
之间的关系

图 5.5　柯布西耶对现代城市中的各
种设想

整个 20 世纪 60 年代，柯布西耶这一非凡的规划思想，全新的新城规划实践，
如昌迪加尔、巴西利亚等国家新首都，位于西方城市研究与城市建设舞台上聚
光灯下的核心位置（图 5.6）。技术统治主义在整体理论研究、实践贯彻、政治
决策中影响巨大。城市规划精英们在整体决策过程中不仅仅排斥了居住者，也
排斥市场，独立代言政府的参与和决策。"城市的设计如此之重要，无法留给
市民们决定。"[1] "和谐的城市必须由专家进行规划，他们才能够理解城市的科
学性。他们得以有完全的自由制定规划，不受党派影响，特殊利益影响；规划
一旦被指定，就不允许有反对意见而必定得以实施。"[2]

---

[1] Fishman: 1977, P. 190
[2] Fishman: 1977, P. 198

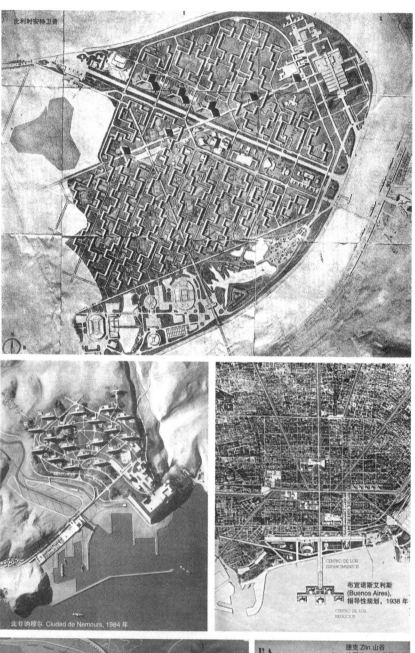

比利时安特卫普

北非讷穆尔 Ciudad de Nemours, 1984 年

布宜诺斯艾利斯
(Buenos Aires),
指导性规划, 1938 年

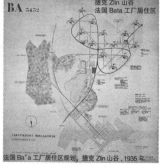

马赛南部新区规划, 1951 年

捷克 Zlin 山谷
法国 Bata 工厂居住区

法国 Ba'a 工厂居住区规划, 捷克 Zlin 山谷, 1935 年

图 5.6 柯布西耶在法国马
赛、北非讷穆尔、安特卫普、
布宜诺斯艾利斯、捷克某住
区的系列规划

5.2　20世纪60年代的新城发展
New Town Development in the 1960s

"二战"后的西欧，在马歇尔计划下，各个国家、城市政府所获取的外部资源与内部经济的复苏，成为推动整体社会与城市建设发展的重要动力，并取得了突出的成效。即使是战败国德国，在 20 世纪 50 年代经济也快速复苏，60 年代达到了高峰，所谓德国的"经济奇迹阶段"（Wirtschaftswunder），大众购买力加强，国家经济实力上升。

"二战"结束后的高出生率在 20 世纪 60 年代造成了一个高数量级的住宅需求。人均居住水平在迅速提高，平均的家庭人数不断降低。1960 年预测 20 世纪末的英国人口为 6400 万，1965 年，这一预测数大幅度增长至 7500 万[1]。阿姆斯特丹在 1931 ~ 1975 年之间，每人居住面积由 57.4 平方米升至 86 平方米，平均的住宅大小也从 50 平方米 / 人提高到 80 平方米 / 人。同时户均人数大幅度降低，1958 年平均每户 3.8 人，1968 年降低至 3 人每户[2]。

经济起飞同时造成了广泛的对新的、高质量的住宅设施的建设要求。以伦敦为例：Abercrombie 在伦敦总体规划中确定了伦敦内城密度为 136/ 英亩（340 人 / 公顷），1/3 的人应居住于独立住宅中，60% 的人口应居住在 8~10 层的公寓里，有两个孩子的家庭 50% 需要住在公寓房。按照这样的密度，1939 年在伦敦东部区域有 40% 的人是需要疏散的[3]。住宅设施水平是另一个重要问题，旧城区的住宅只有通过成本高昂的整体改造，才能提供高水平的现代化居住。复杂的产权，高人口与建设密度的旧城，让政府与开发集团对缓慢的更新望而却步，代之以大规模的整体拆除、搬迁、新建。

经济能力大幅度提高的各个国家，一方面针对中心区的贫民窟地区进行"急救"，另一方面试图通过新城建设，将旧城区内质量低下并高度重负下的社会街区予以疏散——同时提供新鲜空气、自然环境与带有卫生间与整体厨房的新公寓，为社会公众，尤其是弱势阶层在短时间内大幅度地提供具有品质的新居住环境，并大幅度提升社会教育、健康、供应等设施整体水平。由此新区与新城作为社会住宅政策推行的重要的媒介之一被实施——它们都致力于在最短时间内最大幅度提升居住新空间。与第一代新城以技术就业人口与中低层中产阶级为目标相比，新一代新城的最大差异在于社会阶层领域方面——社会人群目标阶层下移。

1955 年，英国保守党政府执政期间，由住房部长 Duncan Sandys 发起了一场历时 20 多年的大规模清除贫民窟的计划。同时也鼓励大城市的地方政府为限定城市增长而划定绿带，这为新城的建设形成了政策条件[4]。德国在这一阶段（20 世纪 50~70 年代）盛行"大范围更新"（Flächensanierung）——但事实上，

① Barry Cullingworth, Vincent Nadin: 2011, P. 27
② Physical Planning Departement, City of Amsterdam: 2003, P. 71, 78
③ Hall, Peter: 2009, P. 245
④ Hall, Peter: 1998, P. 226, 259

当时这一城市规划观念，是以雅典宪章为背景，通过大规模拆除旧建筑，然后根据"为汽车服务的城市"来重新建设新区。[1]

20 世纪 60 年代的城市建设政策与同时期欧洲各国在国家集权下的经济规划也有密切联系——马歇尔计划本身就是一个开端；政府机构同时借助新城有意识预防大规模的经济过热与城市地产投机活动。住宅工业同时可以有效地推动工业、金融业、建筑业、不同层级相关服务业等巨大的产业谱系，为城市经济能力的进一步提升贡献力量。

在德国联邦政府"20 世纪 60 年代的城市扩张"的主题研究中，BBSR 对这一时期的德国建设状况作了如下表述："大众消费能力大规模提升，并与物质消费紧密联系，大量迁入人口和整体提升的出生率导致了人口规模的大幅提升；经济的发展造成对新的工业地点与新增工业面积的需求；人口增长与整体社会的经济能力提高必然引向对居住空间、基础与社会设施的需求。住宅与城市建设的整体目标在于，一方面满足大量的住宅需求，另一方面通过住宅建设对工业发展进行支持。"[2]（图 5.7）

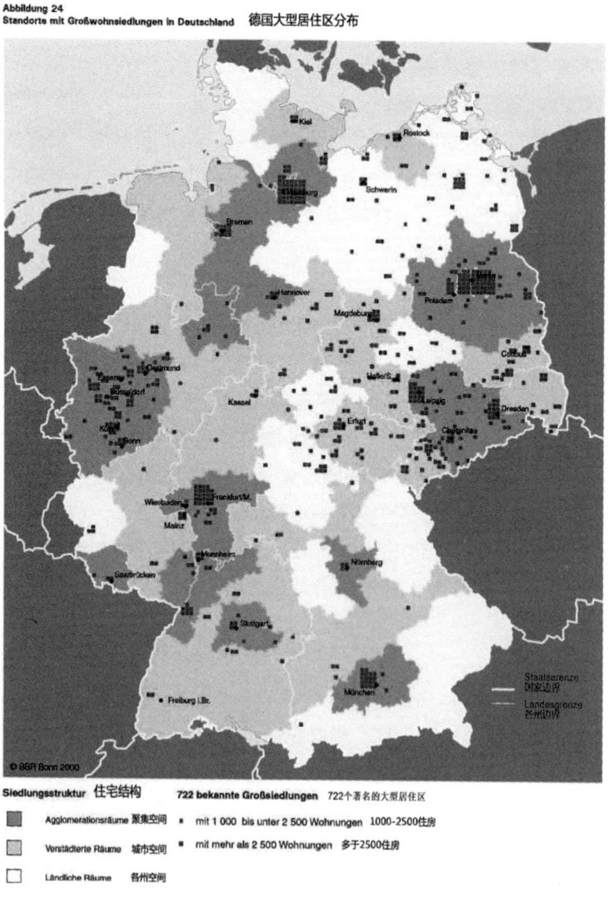

图 5.7　德国这一时期建设的 772 个大型居住区分布

空间上西德集中于大都市与活力城市区域，东德则与矿业工业布局有关，建立了大量新兴工业都市区

① http://de.academic.ru/dic.nsf/dewiki/452376
② BBSR Fachbeiträge: www.bbsr.bund.de

上述要素之下，20 世纪 60 年代，对于世界各个区域而言，都是一个新城发展的重要高潮阶段。以国家福利性最为突出的瑞典为例，以 1952 年斯德哥尔摩总体规划为基础，至 70 年代末，根据城市区域规划，围绕斯德哥尔摩共计建成了 27 个新城或新城区[①]。1956~1965 年之间瑞典建设了 65 万个住宅单元，并于 1965~1974 年启动了百万工程（Millionen Programme），共计完成了1005578 套住宅，其中 37% 是瑞典市政住房公司（MHCS）建造的，集合公寓的份额从 53% 上升到 68%[②]。在历史上任何一个阶段，这都是罕见的政府投资与城市发展。

就空间而言，它是一种"大都市的加密"。Barry Cullingworth&Vincent Nadin指出（上一代）新城规划中，大都市需要土地来满足自己膨胀的住房需求，而对于周边郡政府而言，要保留高品质的农业生产用地，两者在英国利物浦与曼彻斯特等地出现了激烈的冲突。现有城镇不愿意为伦敦新疏散出的贫困人口提供住宅——第一代英国新城人口与就业岗位是绑定提供的。伦敦、格拉斯哥、爱丁堡等城市由此开始建设"外围住宅区"[③]。

汽车工业发展、公共短途交通的扩张加速了城市周边边缘地区（近郊地区，原有的城乡交接带）的开发；拆除旧城区为基础的城市更新，在城市肌理内部，甚至历史城市核心中也楔入了大型住宅区这一现代化的异体[④][※]。BBSR 描述这一阶段德国的城市交通发展状况："交通流量迅速增长，一个以汽车为校准标准的城市发展因此得到了支持。现有街道被扩展，城市周边街道被新建，新的交通街道无顾忌地穿过历史街区。"[⑤]

对比美国，欧洲始终并未全面依赖汽车交通，大运量的轨道交通在这一代新城中仍然作为重要联系途径。对比第一代新城以城郊铁路交通向远郊甚至农业地区延伸，但最终被证明仍然难以摆脱与大城市之间的通勤交通，欧洲第二代新城通过私人交通与地铁交通的结合优先发展了原有城市近邻地带。

在阿姆斯特丹，这一阶段被称为"在城市界限之内的扩张"[⑥]。大量的新城规划位于距离城市核心 15 公里左右的位置。这些区域或者由于基础设施的欠缺，或者位于城市外部交通设施的反方向，在都市前期发展中，并未得到高强度的开发（图 5.8）。第二代新城借助近邻中心城市的区位优势，和母城之间的服务与就业岗位的全面共享而得到快速发展，相当部分的新城由此不再设置产业功能与城市级服务，而是与其他区域共享中心城区的工作岗位与公共设施。除了少量的实例，大量这一阶段的新城以"卫星城（卧城）"、"大型居住区"（GroBsiedlurg）或者法国"大型居住区"（Grand Ensembles）的方式规划并建设。

※ Barry Cullingworth&Vincent Nadin 指出新镇规划中，大都市需要土地来满足自己膨胀的住房需求，而对于周边郡政府而言，要保留高品质的农业生产用地，两者在利物浦与曼彻斯特等地出现了激烈的冲突。现有新镇不愿意为伦敦新疏散出的贫困人口提供住宅——第一代英国新镇人口与就业岗位是绑定提供的。伦敦、格拉斯哥、爱丁堡等城市由此开始建设"外围住宅区"。

① Irion, Ilse; Sieverts, Thomas: 1991, P. 177
② Hall, Peter: 2009, P. 348
③ Barry Cullingworth, Vincent Nadin:2011, P. 26
④ Barry Cullingworth, Vincent Nadin:2011, P. 26
⑤ BBSR Fachbeträge: www.bbsr.bund.de
⑥ Physical Planning Departement, City of Amsterdam: 2003, P. 156

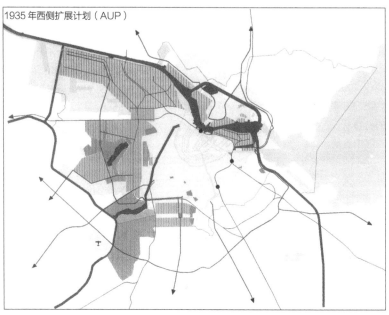

1935 年西侧扩展计划（AUP）

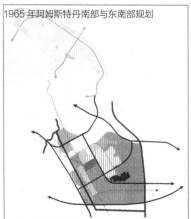

1965 年阿姆斯特丹南部与东南部规划

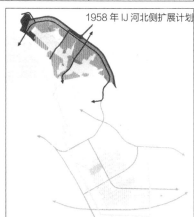

1958 年 IJ 河北侧扩展计划

阿姆斯特丹人居发展期：深色为
1950 年之前的建成期，红色为
1950~1960 年建成或建设中区域，
暖灰色为 60 年代规划建设区域

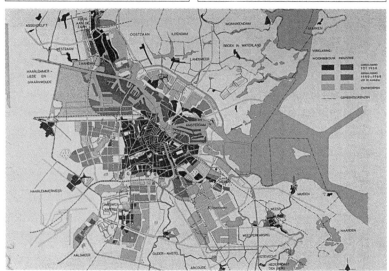

图 5.8　荷兰都市区三代重点项目

除了西侧在 35 年进行的低密度开
发，荷兰中心区在 1958~1962 年先
后启动了两次功能区规划。20 世纪
五六十年代的建成区几乎与之前的
历史阶段建成总量相等。

就形态而言，这一代新城在空间形态上主体由中高层建筑组成。在整体英国的公共住宅计划中，高层住宅与大街区的比例日益增高。五层以上的住宅街区在20世纪50年代仅占7%，这一比例在60年代中期就升高至26%[1]。通过现代建筑工业、装配施工技术，高层建筑节约土地，容量可观，更快更物美价廉地达到了城市建设目标。以瑞典为例：50年代初期，在国家层面上，直接给予建造体系的标准化大量资金支持，并通过住宅标准的强制实施而更加容易，快速发展中的大型建设企业、研究机构的指导与试验性的建设均对此有明显的支持。波兰新城 Lövgärdet 作为 Angeredvon Göteborg 的卫星城，整体建筑面积305000平方米，包括2870多套家庭住宅与280栋联排住宅，从规划开始，在五年建设时间中（1969 ~ 1974年）即完工。[2]

对现代主义建筑、CIAM、柯布西耶新城市梦想的膜拜，比温和的田园城市更加猛烈地席卷世界，鼓舞了城市管理者、规划师、建筑师的激情。曾全面推行田园新城的英国，在文化上、政策上、经济补贴上转而支持高层建筑住区的推行。"伦敦市议会建筑部门首先提出了一个模型——伟大的柯布西耶板砖（the great corbusian slabs）……并于20世纪50年代后期在 Alton West、Roehampton 等地出现了建设高潮，实现了几乎是世界上唯一一个真实的光辉城市（La Ville radieuse）。"……就此伦敦开始了"高塔的时代，更为纤细，更少压迫，当然也更加大量地进行补贴"。"伦敦所有384座（高层）建筑，均是在1964~1974年之间完成。"[3]这一模式同时还发生在苏格兰、曼彻斯特等一系列工业化发展具有一定基础的中等城市。例如之后介绍的曼彻斯特 Hulmes 新住区建设。

与此同时，"二战"后，系列获得了民族自决权的新兴国家，结合其新兴国家文化表达的需求与新国家行政中心的建设需要，涌现了一系列极具想象力与影响力的新首都规划作品，重要的实例例如昌迪加尔、巴西利亚等。

以巴西利亚为例：1955年，Juscelino Kubitschek 当选为巴西新总统，将创造新首府城市巴西利亚作为其政策标志，借助重大建设项目，同时更新整体国家的对外意象，扩张工业发展。1956年即指派委员会选择新首都的位置，并确定了执行主体[4]。之后 Juscelino Kubitschek 又提出"五年贯彻50年计划（"fifty years in five"）"，计划在其5年任期内，完成与之前50年等同的城市建设总量。为此他不惜财力与人力大规模投入该项目，租用若干波音飞机运送水泥、沙石其他材料送往新城巴西利亚工地。1960年4月20日，在不足5年内，新城建设完成并开始启用[5]。国家意志与国家资源的调动是推动巴西利亚雄伟想象力城市设计的强大后盾。

这些新城全面性地推行了 CIAM 的系列主张，从城市功能、公共空间到个体建筑。

① Hall, Peter: 1988, P. 224
② Irion, Ilse; Sieverts, Thomas: 1991, P. 179
③ Hall, Peter: 1988, P. 225
④ http://whc.unesco.org
⑤ http://www.aboutbrasilia.com/facts/history.php

极具想像力的各种空间语言，为现代主义的狂澜披上了浪漫主义的色彩，代表现代主义城市规划，成为 20 世纪 60~70 年代文化界的 Superstar。

这一风潮也同时影响了社会主义国家阵营。该时期也是苏联为首的社会主义国家阵营以恢复产业经济为核心的新城发展时期。整体华约国家国土，在苏联的领导下，重新布局产业战略空间的意图非常明显。在此阶段，工业新城成为各个社会主义国家社会化与工业化的双重载体，成为普遍性的城市规划任务。就其形象而言，最初共产主义新城将新古典主义复兴的形态作为无产阶级权利的象征，在 20 世纪 60 年代后，才开始向典型的现代主义建筑风格转化（图 5.9）[①]。工业新城肩负了以无产阶级美学战胜资产阶级腐朽美学的任务，现代主义建筑形态，被认为具有无产阶级的天然属性——对长期以来垄断建筑的权贵，其精英主义的一个重大的反动。东德主要城市扩张期自 60 年代开始，与西德相比，两个意识形态具有巨大差异的国家，在这一时期同样臣服于现代主义建筑美学，规划设计的大板住宅区（Plattenwohnsiedlung），形象如出一辙。

上述所有新城，绝大部分并没有直接追随柯布西耶"光辉城市"的功能布局以及社会阶层的布局，而是追随其建筑与公共空间形态，以及一个极具感染力的意象。各新城普遍试图通过高层建筑与广泛的绿化设施之间的强烈对比，在城市与自然两极之间赢得新的城市意象，创造性地形成了极具革新意义的新城市空间模式的同时，也暴露出了这一模式对各种现实问题的无视或粗暴——在"意象"驱使之下，其设计理念对功能主义哲学的事实背离。

巴西首都巴西利亚"被设计成一只鹰的形状，政府中心街区在头部，居住街区在两翼……巴西利亚的形态，包括了两个顶级性的尺度（平面与高度），但是小尺度空间被忽略了，这一背景被不幸地作为一项规划原则被广泛应用。"[②]昌迪加尔以同样的原则将新城设计为人形，政府中心作为头部，商务中心作为心脏等系列功能与形态的隐喻。彼得·霍尔对昌迪加尔的评判：这是一种"向视觉形式、象征主义、想象和美学优先的方向迅速转变……现实中的印度情况可能或多或少地被完全忽视了"[③]。

由于第二代新城整体的消极性实践结果，至今它仍是大量社会问题改造与研究工作中的重要题目（大板住宅改造、社会住宅改造，等等），这一代新城的极端性实例已经被彻底拆除（例如曼彻斯特 Hulmes 新区"新月 crescents"），本次研究介绍的典型实例，我们选取了被大幅度改造但仍留存历史痕迹的 Bijlmermeer——它与荷兰阿姆斯特丹另一座第三代新城阿尔默勒在空间上与时间上均近邻，形成了极为有趣的对比，德国法兰克福西北新城有社会阶层的下降，但勉力维持住了自我更新与改造的能力；柯布西耶诸多国际化新城规划的实施作品昌迪加尔。它们基本构成了第二代新城的整体谱系面貌。

---

① Katarzyna, Zechenter: 2007, P. 683; Alison, Stenning: 2002
② Gehl: 2010, P. 197
③ Hall, Peter: 2009, P. 238

Nowa Husta 新城在共产主义阵营
时期的新古典主义风格

1956 年波兰脱离苏联控制后，
Nowa Husta 开始向现代主义建筑
风格转移

图 5.9　波兰 Nowa Huta 新城是个有趣的实例，表明东欧与西欧双方如何根据不同的目标、不同的原则，在新城领域同样倾注发展资源。Nowa Huta 建设起初就代表着对前资本主义代表性的 Kraków（卡拉科夫市）一次城市形态、城市阶层、城市产业的全部换血。作为社会主义象征的新城 Nowa Huta 迁入大型钢铁企业、水泥企业，被认为是传统卡拉科夫作为"帝国中心城市"理念上的巨大进步。两者之间的对比被大量共产主义时代的文献讴歌；在 1956 年波兰恢复为自由资本主义国家之后，Nowa Huta 迅速成为坚定地反对共产主义的区域之一。新城建设的后期部分在向斯德哥尔摩新城建设学习后，风格全面向现代主义时期转移。在 20 世纪 90 年代进一步成为著名的后社会主义住区之一。这一新城因为兼备共产主义时期和反共产主义时期的两种建设风格的强烈对比而著名。

第二代新城：Bijlmermeer，阿姆斯特丹
Second Generation: Bijlmermeer, Amsterdam

城市背景

Bijlmermeer 距离阿姆斯特丹城市中心仅 7.5 公里，1966 年到 1975 年作为阿姆斯特丹东南新区（阿姆斯特丹 Zuidoost）中最大的城市新城（区）被规划并建设。这一新区原有基址基本没有建筑，是全新的都市区，与中心城市空间上隔离，通过轨道交通联系。整体而言，这是阿姆斯特丹前所未有的都市战略[1]。

1962 年荷兰规划师 Siegefried Nassuth 对其进行了整体规划。作为整体发展政策的重要部分，阿姆斯特丹东南新区同时试图促进新区中心作为城市副中心，其公共服务设施对应于更大范围内的服务效能。东南新区的中心区以及地铁站点，因此并不位于整个新区的中心，而是位于阿姆斯特丹与东侧弗莱福兰省之间的区域性交通走廊上，充分体现了现代主义城市规划的重要观点"功能分离"这一理念在土地使用规划中的影响，明确界定为居住、商业、交通、工业与休闲自然街区。商业中心区位于新区的最西侧，东侧 Bijlmermeer 即为东南新区的居住功能片区，功能极其纯粹。

两条地铁线路将东南新区与城市中心联系起来，一条与港口联系。Bijlmermeer与东侧地铁线有相对较好的联系。街区外部为快速交通环线，为安全起见，汽车交通在步行与自行车交通的上部加以组织，整体构成分离组织的交通体系。

新区规划在当时被称为"城市规划的新纪元"[2]，整体形态十分独特。10% 为低层建筑，90% 为高层建筑——包括 11 层高的 31 栋住宅建筑，长 300~500 米，达到了当时建筑单体从技术上允许的最大尺度（16 个住宅合作社分别拥有 1~3栋大型住宅建筑）[3]。以蜂巢状六角形的回廊联系成平面网络体系。规划师认为，这样的布局可以大幅度降低公寓与车库之间的间距，同时最大化获取阳光[4]。建筑之间大量的开放空间仅为步行者服务，巨型街坊中心是空旷的 Bijlmer 公园与公共设施。

Bijlmermeer 居住新城被称为一个巨大的田园城市，80% 的区域为公共开放空间，并作为高品质的空间进行设计，"蜂巢六角形的花园式的无交通大型公共空间，包括了水体、步行区域、游玩设施与自行车路径"[5]。

Bijlmermeer 公共服务包括"一个公共设施等级体系，首先是市中心，然后是社区中心以及所谓街区中心"。"市中心即为东南新城的服务中心，有最重要的商业中心、地铁站与汽车总站，与 Bijlmermeer 等各居住区之间有 1~3 公里的

① Juergen, Vandewalle: P. 14, www.issuu.com
② Physical Planning Departement, City of Amsterdam: 2003, P. 78
③ F. Wassenberg: 2013, P. 21
④ http://bijlmerdividedcities.blogspot.com/2013/04/amsterdam-zuidoost-history-and.html
⑤ Projectbureau Vernieuwing Bijlmermeer: 2008, P. 15

图 5.10　1971 年荷兰女王与皇室家族来参观 Bijlmermeer

间距。社区中心仅仅提供汽车站，要为 15000~25000 居民在 400 米范围内提供服务，包括商店、小型办公设施、教堂与其他社会文化设施。"街区中心应当为 1000~2000 人提供服务，但是其具体内容仅仅包括"孩子们放学后的照管中心，做家庭事务的地方，集会，业余爱好，临时招待客人睡觉，照相暗室"等。上述设施主要集中在高层建筑中，室外开放空间中基本没有。[1]Mentzel 1989 年的研究认为，对比欧洲历史上的个人家庭精神，这里更为强调集体主义，冀图借助具有理性秩序的公共设施来刺激社会活动的产生[2]。

以高层建筑为主的居住区域主要居住类型是 11 层高的通廊式公寓建筑，共计 12500 所住宅，所有的住宅均为社会住宅，但住宅尺寸较大（平均达到 100 平方米以上）并有整体较高的设施水平，政府方事实上是意图吸引具有平均收入的家庭（户均 3.3 人），借助住房补贴提升其居住水平[3]。每一高层建筑均在首层设有车库与日常设施。长而宽的通廊联系起住宅与住宅及车库。

这一项目可以说代表了阿姆斯特丹政府与规划界对于未来明日之城的期待。阿姆斯特丹市城市开发部（Department of City Development），直接负责这一工作——项目进展因此极其迅速[4]。1963 年土地整理完毕，1964 年公布规划。1966 年，颁布建设许可，由阿姆斯特丹市长亲自奠基。1968 年，第一户居民迁入 Bijlmermeer。1971 年，荷兰女王前来观摩新住区[5]。（图 5.10）

---

① Physical Planning Departement, City of Amsterdam: 2003, P. 80-81
② F. Wassenberg: 2013, P. 22
③ Wassenberg, Frank: 2013, P. 22
④ Juergen, Vandewalle: P.16, www.issuu.com
⑤ Physical Planning Departement, City of Amsterdam: 2003, P. 68

评价

东南新区中心区域及附属的轨道交通站点，距离大型集中住宅区 Bijlmermeer 内部交通环外缘还有 2.6 公里。加之缺乏日常层面等级的服务设施，造成东南新区中心区域对周边大型居住新城，如 Bijlmermeer，其心理感知影响与真实的服务能力均偏弱[①]。

Bijlmermeer 居住片区的内部问题在随后的阶段中大规模出现。建成 10 年后，Bijlmermeer 的空置率在 1985 年达到了 25%。虽然周边区域的工作岗位供应非常充足——东南新区 Zuidoost 本身共计形成了 50000 个工作岗位，阿姆斯特丹城市中心区还提供了更为巨大的潜在工作岗位总量[②]。而 Bijlmermeer 的就业岗位、人口总量比值为 12.6%，是阿姆斯特丹平均数值（59.5%）的 1/5（2009 年）。1995 年这一住区犯罪报案总量为 20000 起，其中包括 2000 起抢劫。如果考虑到由于非法身份而隐匿的部分，还会更高[③]。这进一步将 Bijlmermeer 变成了一个没有墙的低收入社会阶层隔离区。

Wassenburg 的研究显示，问题产生的原因为三方面。第一，大量理念与规划中的设施——商业、运动、娱乐空间受到预算的控制未能实现。公共交通提供过迟——作为一个服务设施与就业岗位都强烈依赖中心城市的卫星城，这是致命性的问题（地铁系统于 1980 年开通，商业中心 1988 年启用）。第二个原因是 Bijlmermeer 住区与住宅之间，大量的半公共区域（13000 个首层的储藏间，31 个车库，110 公里长的回廊）全部成为社区管理的盲区，严重困扰了新居民。Alice Coleman 认为这一问题来自于糟糕的设计，住区与住宅本身的系列问题压垮了这个区域[④]：

——住宅单元虽然平均达到了 100 平方米，但平面设计差，房间小，无法匹配现代化家庭设施的需求。
——高层建筑质量低下，石棉污染，隔声差，材料老化后维护困难，电梯与废弃物处理体系等建筑技术本身亦尚未成熟[⑤]。
——高层大型板式住宅"非人性化"的尺度，形态单调，漫长的回廊让居民觉得迷失方向——人们对建筑内的公共空间缺乏归属感，进一步造成缺乏清晰属性，并无法控制的外部空间。"内部的廊道，甚至绿色公共区域都让人感觉是不安全的，特别是夜间。"[⑥]
——交通分层设置，造成街道、车库与内部交通区域都成为无法管理的安全隐患。
——虽然规划初始，对应旧城，与同时期居住设施相比，新城整体配套设施水平与综合性均具有较高水平。但整体而言，上述设施对于现实生活需求来说仍然具有差距：地铁 / 新城区中心位于新城与城市之间的接驳点——事实上是新城

① Physical Planning Departement, City of Amsterdam: 2003, P. 81
② Projectbureau Vernieuwing Bijlmermeer: 2008, P. 15
③ Juergen, Vandewalle: P. 18, www.issuu.com
④ Helleman, Gerben&Wassenburg, Frank: 2003
⑤ Projectbureau Vernieuwing Bijlmermeer: 2008, P. 11
⑥ Projectbureau Vernieuwing Bijlmermeer: 2008, P. 2, 3

与居住功能的边缘，与住宅之间有较大距离，加之步行范围之内各种日常生活相关的公共设施的缺乏，而遭致较多诟病。
——公共设施与地铁建设大大迟于住宅发展。

作为阿姆斯特丹社会住宅政策的载体，大量社会弱势家庭移居 Bijlmermeer。20 世纪 70 年代，荷属殖民地苏里南（Suriname）等国家政治动荡，大批难民逃入宗主国，也结合社会住宅设施被安排至 Bijlmermeer。这里很快就形成了阿姆斯特丹都市的"黑色部分"。Bijlmermeer 仅短期吸引了高素质就业人口，在对住宅的失望所造成的迅速周转中，大量公寓开始空置。1975 年，苏里南独立，"我们几乎每天都增加一名苏里南的新邻居"[1]——失业人口、少数族裔人口等无法负担更高交通费用的底层社会阶级与大量非法人口逐渐集聚于此，很快失去了社会控制，犯罪率高企。

最后一个原因是需求与供应之间的不匹配、更高品质产品的竞争。建设起初，对 Bijlmermeer 的公寓住房登记形成了巨大的等候名单，但是随即第三代新城阿尔默勒、Leylstad 或 Purmerend 也开始进入阿姆斯特丹都市住宅市场中，对独栋家庭住宅的需求立即抬头，其低密度的城市建设成为 Bijlmermeer 高层住宅的有力竞争。

1992 年以色列航空波音 747 失事，炸毁了其中一栋建筑，在清点死亡与伤员时，发现这里有巨大总量的未登记人口，包括非法滞留的外籍人员。调查显示：12500 栋住宅最后容纳了约 10 万人口，来自于 125 个国家。政府再也不能无视这一区域问题，终于开始着手进行大规模改造更新工作。

阿姆斯特丹城市议会 1992 年决定，对 Bijlmermeer 进行大幅度的更新改造[2]。具体的改造措施包括对绝大多数高层建筑的拆除，将其改造为低层住宅与高品质公寓、产权住宅。共计拆除了 6545 栋住宅，改造并控制性出租住宅 4490 栋，出售公寓 1500 栋。改造后住宅比例为：更新后的高层住宅 5990 栋（44.9%），新建公寓 4485 栋（33.6%），新低层住宅 2850 栋（21.3%）。

除了局部保留的高层建筑之外，也对公共空间、交通设施、服务中心进行几乎整体性的改造，整个区域的气质产生了颠覆性的变化。

---

① http://bijlmerdividedcities.blogspot.com/2013/04/amsterdam-zuidoost-history-and.html
② Projectbureau Vernieuwing Bijlmermeer: 2008, P. 4

第二代新城：法兰克福西北新城，德国
Second Generation: Nordweststadt, Frankfurt

1964 年，法兰克福西北新城开始规划与建造。新城建设用地共计 170 公顷，距离法兰克福中心区仅仅 8 公里，并通过城市高速公路与地铁紧密联系。

这一区域的整体目标是：规划一个居住城市；融合四个现存的功能区域共同形成一个整体的大型城区，借助一个整体性的文化与商业中心为整个法兰克福西北区域提供基础与公共设施保障；满足扩张中的大城市居住空间的缺乏。

第二代新城法兰克福西北区域共计建设了 7578 所住宅，规划 25000 人，90%的多层公寓，10% 独栋建筑（575 栋），同时其中只有 300 栋产权住宅，其他均为租住型社会住宅。[1]

法兰克福西北新城中心区位于主要城市外部交通廊道沿线。其多功能中心包含四个交通层面：轨道交通；2300 个停车空间；公共汽车停靠处；步行者层面。[2]尽管法兰克福西北新城仅仅规划了 25000 名人口，但中心区的公共与商业设施需要为周边 50000 人提供服务[3]。这是一个单一功能的大型商业中心，也是德国第一个同类大型公共设施。

两条轨道交通联系法兰克福中心城区与西北新城。中心区距离各个居住区边界在 1~2 公里范围内，绝大多数居民不可能以步行半径达到轨道交通站点。

法兰克福西北新城规划人口密度达到了 150 人 / 公顷，建设用地 330 人 / 公顷开发强度（无车库）达到了 0.85。规划设想中，高人口密度无疑是高城市建设活力的基础。此外，法兰克福住宅区还试图形成新城—组团—居住建筑内部的公共空间体系，但就其建筑肌理与实际空间效果而言，仍然是非常散漫的空间结构。

评价

就规划目标而言，法兰克福达到了预期的规划人口总量。1991 年，法兰克福西北新城实际人口约 22573 人。

法兰克福西北新城，其高层建筑技术也曾经出现系列问题，在住宅合作社的改造更新后，重新恢复了秩序。法兰克福西北新城中心使用的超级巨构建筑零售额一度多年停滞不前，后来被转让给私人机构，并进行了重建与更新——开放性的步行区被覆顶。商业面积被扩张，并植入大型市场。

年轻家庭的同时期入住，造成了各种设施使用、维护周期的同时出现，公共设

---

① Irion, Ilse; Sieverts, Thomas: 1991, P. 103
② Irion, Ilse; Sieverts, Thomas: 1991, P. 103
③ Irion, Ilse; Sieverts, Thomas: 1991, P. 102

施起初不敷使用，随后又严重过剩。65 岁以上的居民最高峰曾达到 77% 的比例，幼儿园最终稳定的入园儿童总量，比最高峰时期低约 23%。

20 世纪 90 年代 Sievert 的研究表明，在第二代社会住宅发展被批判的最高峰，法兰克福西北新城并未呈现出严重的社会问题。新城呈现出一定的层级跌落，但远未达到英国新城的危险程度：第二代居住人口的削减，高于这一时期城市各个城区发展平均流失的人口，但尚未达到城市逃亡"Stadtflucht"的程度。53% 的第二代新城居民在成家后迁到其他城区，对比整体城市 25% 的比例而言是偏高的。在青年一代迁出之后，法兰克福西北新城的外国人口曾经一度从 0% 增高至 12%，但至 90 年代中后期始终低于全市平均比例的 22%[1]。

2009 年，在西北新城建立 45 年后，法兰克福政府对 20 世纪建成的所有社会住区的相关调研表明：
1. 1961 ～ 1972 年建设的法兰克福西北新城，人口虽然下降至 15890 人（2008 年），仍然是法兰克福 20 世纪最大的社会住宅区域，超过第二位规模一倍以上。
2. 西北新城人口年龄有两极化特征，18 岁以下人口 19.2%，65 岁以上人口占比 24.4%，均显著超过城市水平（15.7% 与 16.9%），就业人口阶层明显较低。但对比高峰，西北新城人口结构已经基本回复健康水平。
3. 西北新城外籍人口比例（25.6%）逐步提升至略高于城市（22.1%）平均水平，但主要原因是德国籍人口中有移民背景的比例（20.1%）超出了平均水平（12.7%）。可以证明对于成功融入城市的移民家庭而言，西北新城成为性价比良好的居住选择。

调研显示，法兰克福西北新城居民对于住宅是满意的，但并不比历史中心区更加满意。尽管如此，20 世纪 60 年代中期建设的法兰克福西北新城，招致长期性的公共媒体批评——关于难以忍受的水泥建筑，所谓"服务大众"但实际上傲慢冷漠的态度，以及最后沉闷的"睡城"。

这形成了一个有趣的推论，法兰克福西北新城虽然达到了城市住区应有的基本住宅品质——物质性的标准，社会性的指标，积极的反馈修正，但是仅仅由于其冷漠的外形与排他的气质——新城在情感上与思想上的立场，招致了城市民众对这一城区的反感与质疑。与住区不同，这是新城代表一个国家与政府作为，必然被期许承担的文化责任。

---

[1] Irion, Ilse; Sieverts, Thomas: 1991, P. 102

第二代新城：昌迪加尔, 印度
Second Generation: Chandigarh, India

1947 年英属印度解体，诞生了印度联邦和巴基斯坦自治领两个国家。旁遮普分裂为东西两部分，西部旁遮普归属巴基斯坦；东部旁遮普决定建立昌迪加尔作为新首府城市，同时借此容纳西部旁遮普产生的大量难民。

1948 年，在喜马拉雅山脚下，两条大河之间，旁遮普邦政府确立了 114.59 平方公里用地作为新首府用地。用地微微倾斜，利于天然排水；基本没有天然地形障碍；原有 59 个村庄，但土地全部归属政府所有。

1951 年 2 月柯布西耶和合伙人皮埃尔·让纳雷 (Pierre Jeanneret)，受印度政府的直接委托，与业已开始进行工作的英国建筑师 Maxwell Fry、Jane Drew 共同承担尼赫鲁政府为旁遮普设立的新首府昌迪加尔建设。P.N.Thapar 和 P.L.Varma 是项目主管。

柯布西耶批评英国人没有为印度培养建筑师，而是在这样的热带地区建起了英格兰、苏格兰和托斯卡纳式建筑。这与尼赫鲁政府意图创造"新印度"的态度一拍即合。"让我们来设计一个新城，象征着印度的自由，而不是被过去的传统所制约……代表着国家未来的信念。"昌迪加尔这一城市即为尼赫鲁观点的产物[①]。

规划前两阶段用地总量为 6000 公顷。这一新城原来是作为田园新城的模式进行规划，柯布西耶到来后，受到造价的影响，对这一城市形态本身并未进行根本性调整，而是结合其理念，对于规划原则、结构与功能组织进行了明确的重塑——事实上柯布西耶整个城市规划调整只花了一个月时间。

柯布西耶将整个新城形态比喻成人体，包括清晰界定的头部（首府建筑系列，1区）、心脏部分（城市商务与消费中心，17 区）、肺部（休闲谷地，开放空间与绿化）、智慧（文化与教育设施）、循环体系（V7 交通）、内脏（工业区）。城市理念由此形成：生活、工作、对身体心灵与精神的护理、交通四个部分。

首先：规划将曲线路网调整为网格道路，其基础是为汽车优化的交通体系。以交通为骨架，城市功能呈现强烈的树型组织关系。柯布西耶称其为"7V 原则"：V1 为主干道；V2（东西向）为城市主干道，联系大学、博物馆＋体育场、旅馆餐厅等来访者接待中心、商业中心；V3 起到分区的作用，尤其服务于公共交通；V2、V3 将吸纳主要的机动交通；V4 是横向的商业街，V5 自 V4 导出，将缓行车辆引入各个分区内部；V6 是循环网络的毛细末端，通达住宅的门前；V7 是绿化带中的游憩道路。

上述城市功能布局于南北向与东西向两条主要交通轴线上。政府广场引领着一条巨大的绿地与南北交通，贯穿整个城市。东西向是 V2 引领的文化与休闲设施

---

① http://chandigarh.gov.in/knowchd_gen_historical.htm

轴线。第一阶段与第二阶段之间衔接位置上设置市场与外围的工业区，是两个城区公用的设施。

在结构中另一重要的核心要素是绿地，巨大尺度的绿地（中心区南北有机形态的绿地在规划中 200~800 米不等，大型街区内部的绿地 50~100 米不等）占据了大量的城市空间。这些绿地主要服务于居民与购物者、漫游者——步行商业街也位于空间之中，部分居住组团以相当自由的结构与其融合。整体而言，大型公共绿地与公共设施并不完全紧密相连，后者更与交通干道形成紧密关系。住区绿地与公共设施结合，成为巨大住区内最主要的活动核心。

昌迪加尔的首要职责是政府首府（Punjab 与 Haryana 两邦）。因此这对这一城市的对外意象的含义体系提出了强烈的要求。在城市中心区塑造中，这一意图得到了清晰的呼应。18 个月内，激情澎湃的设计者即完成了政府广场方案和其中两栋建筑的施工图。

V2 与 V3 级道路将城市划分为 800 米 × 1200 米的标准街坊（Sector，96 公顷）——从商务区到城市边缘居住区，只有政府中心游离于这一系统之外。外部道路作为快速路全线封闭，街坊空间结构是内向的，内部包括了横贯的 V4 道路（东西向，并提供公共汽车交通）、V5 道路（南北向）、绿地与中心服务设施，原则上只有四个入口允许交通进入。街区被分割形成的四个象限，原则上以步行空间为主——柯布西耶在其工作中赞美步行道路："笔直的，走路的快乐，毫无疲倦……安静的，有尊严的，面对那些对印度的嫉妒而予以蔑视。"①

轴线焦点处的商业与市政中心街坊是唯一的大型商业设施——主体建筑仅有四层，与周边限制在 2~3 层高度的住宅建筑，共同形成了衬托政府广场的背景天际线。

规划第一阶段 15 万人口，第二阶段达到 50 万人口。政府计划安置一万名公务人员以及相应眷属，形成了 5 万名基础人口来源。昌迪加尔的任务书分配给每户家庭 110 平方米的面积，包括住宅、区域城市设施、分摊的道路与绿地，这个"低得可怕的指标"被柯布西耶提高至每户至少 110 平方米住房用地面积。750 人组成一个 140 米见方的村庄；汽车留在村外，道路成为村庄内部的走廊，净砖铺地，可以赤脚行走。最终整体政府住宅包括了 13 种类型，从部长到为最低工资雇员的两房附院落住宅，住宅用地面积从 114 平方米到 4500 平方米。形式主要为带有院落的独立居住地块。

针对旁遮普阳光和雨水的特殊气候，柯布西耶在建筑层面设定了"气候表格"，将每栋建筑设计为"一把遮阳避雨的伞"，包括系列标准性的建筑要素: 屋顶挑出，门楣尺度，门窗的尺度，形成的质量与费用的控制，此外还使用了大量的地方性建筑材料——砖、黏土。此外，通过建筑导则（building byelaws）确立了最

---

① Scheidegger, Ernst: 2010, P. 10

小的通风、采光与卫生标准，还通过分区控制导则（zoning restriction）控制每个用地单元，对建筑高度、檐口投影线予以规定。所有的正式住宅均拥有院落，形成了亚热带气候中舒适的室外空间。

评价：

1952 年新城奠基。新城建设得非常迅速，1961~1971 年昌迪加尔人口增长了 140%，70 年代已经有 15% 的人口居住在周边出现的临时房屋中[1]。1968 年开始建设第二阶段——31~47 街坊。1981 年——约 20 年后，达到了 45 万人口；2001 年人口达到了 900635，都市区面积扩张至 79.34 平方公里，城市化比率约为 89.8%[2]。昌迪加尔的第三阶段正在进行中（48~56 街坊）。昌迪加尔的用地已经饱和，两河之间的所有城市用地都被正式与非正式住区占据。为了容纳更多的人口，Punjab 和 Haryana 两邦事实上已经着手建设新的首府城市。

※ 昌迪加尔市千人床位数为 2.3，2005 年美国千人床位数为 2.7，英国 3.1。

行政中心、大学研究设施与东侧扩张后的工业区，包括 2005 年建设的高科技产业区 RGCTP（Rajiv Gandhi Chandigarh Technology Park）的发展都达到预期的效果。昌迪加尔 2001 年拥有 328989 个稳定工作岗位，占总人口的 36.5%。男性人口就业达到了 54.7%（女性为 13.2%）；就就业类型而言，农业就业、家务就业仅占 0.2% 和 1.1%，其他均为常规城市就业岗位；结合印度社会结构，这是一个相当健康的就业状况。事实上，昌迪加尔人居设施品质、人均收入、生活质量与电信化程度在印度排名第一，家庭富裕程度位居第六位，在印度位于明显较高的城市层级[3]。

在国际建筑师引导之下，印度规划师与建筑师为主体（M.N. Sharma, A. R. Prabhawalkar, U.E. Chowdhary, J.S. Dethe, B.P. Mathur, Aditya Prakash, N.S. Lanbha）承担了实施工作。尤其是 M.N. Sharma，自总建筑师与规划师 Pierre Jeanneret 1965 年回到瑞士后，他接替了整体建筑项目的负责工作（Administrative Secretary of the Department of Architecture in the Chandigarh Administration）。在有限的造价内，街区内部公共空间的多样性让人非常惊讶，体现出规划师详细设计中的关注程度。此外，就如此低密度人口而言（第一二阶段 83 人／公顷），公共设施的提供是充沛的[4],※。

整体规划被极高程度得以实现。不仅仅是各种功能中心的布局，也包括沿中心轴线的巨大绿地结构，它被适度缩小后，仍然具有轴线的意义——以今天昌迪加尔住宅的蔓延状况而言，这是奢侈的。对规划方案，地方整体的反馈是积极的；尽管如此，在第二阶段，部分规划原则进行了下述谨慎的调整——这也许最好地体现出了规划系统与城市规划实践的实际差异：

1. 人口密度的增加：即使在第三个阶段，地方规划者仍然延续了大街坊这一空

① Hall, Peter: 2009, P. 239
② http://chandigarh.gov.in/knowchd_stat_ab09.asp
③ http://chandigarh.gov.in/knowchd_redfinechd.htm
④ http://chandigarh.gov.in/knowchd_redfinechd.htm；经济合作与发展组织 2007 统计报告，Health at a Glance: OECD Indicators。

间单元模式，但适度提高了密度：

- 从主轴向两侧，绿地逐步比例减小，分离意义的绿地在尺度缩小后，作为街区内中心绿地的意义更为突出，结合周边的公共设施顺理成章地成为街区内部的中心。
- 最终每个街坊容纳3000~20000人口（街坊内密度为30~200人/公顷，人均总用地面积最低为48平方米，超出柯布西耶原有人均30平方米左右净居住用地的计划）。
- 第二阶段规划中，面对住宅的紧缺，已经开始建造更加密集的多层住宅与公寓。

2. 分离性土地使用模式的调整与商业设施的增加：原有规划中对商业需求强烈低估了，20世纪70年代期，半数商贩通过非法形式进行经营。

- 第二阶段建设中开始融入垂直混合型的商业办公建筑：Shop-cum-Office (S.C.O.) 以及市场广场——更加适合印度地方生活的商业办公模式。
- 新建设一个商业中心（34街区），有意思的是，形态设计中，设计机构减少了地方建筑材料的使用，强调使用了更多的玻璃、金属等材料，甚至高层商务建筑，来强调商业的氛围。
- 新街区内住宅地块面积降低，商业面积增加。

对外部而言，尤其是规划学术界，普遍批评的是设计中柯布西耶的系列原则——形式化、超人尺度、汽车交通过度的强调，造成对城市结构的割裂。这与现代主义的原则相悖离：解决实用功能需求和经济问题。彼得·霍尔讽刺柯布西耶是在以现代建筑的装饰为基础的城市美化做法——从一种规划风格转向一种建筑风格，向视觉主义、象征主义、想象和美学优先的方向迅速转变，而不是印度社会面对的根本问题[1]。

就城市结构与空间特性而言，主要问题存在于：

1. 快速交通对城市的割裂：

- 虽然霍尔在20世纪70年代仍然讽刺柯布西耶以马赛的快速交通道路系统来满足低于巴黎1925年的汽车拥有量，但事实上今天汽车交通拥有量在昌迪加尔并不低。但道路的宽度与封闭的道路空间造成主要道路沿线的城市活动被强烈抑制，商业设施完全缺席——作为亚洲城市文化背景非常罕见的选择[2]※。
- 由于巨大的街区尺度，内部四个象限内仍然需要车行交通的支持，造成了内部交通的混乱和对步行交通的干扰："虽然绝大多数人们都没有汽车，但方格网被斜线（快速车行）肆意穿越，这一情况最初是没有预料到的。"[3]

※ 彼得·霍尔如此评价：柯布西耶为他们制定了一套以现代建筑装饰为基础的城市美化做法，一个现代的新德里。街道和建筑之间的关系完全是欧洲式的，其布局未曾考虑过恶劣的印度北方气候，以及印度的生活方式。

---

[1] Hall, Peter: 2009, P. 237-239
[2] Hall, Peter: 1998, P. 238
[3] Scheidegger, Ernst: 2010, P. 10

2. 形态化的功能对现实城市生活贡献有限

- 位于整体城市一端的政府广场几乎漂浮在 100 平方公里城市的北侧边缘，距离东西城市主轴距离约 4 公里——尽管柯布西耶厌恶旧城，却参照了凯旋门至罗浮宫的近 4 公里长轴线长度，并由此确立了市政广场 800 米见方的尺度。这一位置与尺度有典型的控制性意义，而不是集合性意义。相对而建的政府建筑彼此间尺度达到 450 米，巨大的空间尺度由于远离城市生活，更多的是具有强烈的象征含义，这种集权主义与民主机构之间游离的态度被诟病。
- 街区单元尺度巨大，无法起到邻里单元的作用。街坊内部即使被分为四个象限，受到其巨大尺寸的影响，每个象限的宽度也达到了 400~600 米。这是一个相当巨大的步行空间范围，尤其是对街区中心服务设施而言。原设计的 140 米见方的"村庄"住区单元，在最后形成的空间结构中意义并不突出。
- 各个阶层在收入和市政服务上的差异，被由道路系统封闭的街区进一步割裂，更突出的是封闭街区与外围非正式的贫民区之间的差异[1]。

3. 在城市空间形态整体层面上"新印度"意象的阐述

- 昌迪加尔的设计任务中，包含着一个新印度形象的确立，这个问题是否得到解决，仍然在强烈的争论中。昌迪加尔政府广场与其说是新印度的意象，不如说是柯布西耶梦想中现实主义的气质与力量。

※ 城市中 2006 年共计有 13 个村庄被整体保留下来，9 个村庄在都市区控制范围内，都具有相似的问题。

- 第一期规划中唯一的商业与市政街区，尺度更加人性化，柯布西耶将其定义为"步行者天堂"，实施后，也显示出比遥远的政府广场更加良好的活力。这一尺度控制意图在街区内部模式设计中也很明显。但整体而言，商业中心空间多条廊道聚合的模式和巨大街区内十字形的开放空间模式，并未显示出与印度传统城市聚落模式的内在联系。
- 45 号街区原有村落 Burail，具有原有传统村庄的结构，被称为"柯布西耶的噩梦"——卫生状况恶劣，犯罪充斥[2]。这里在规划中被直接隔离开，默认社会阶层的空间隔离。所透露出的是所谓"新印度"与"旧印度"之间的简单对峙，而不是文化的传承[※]。

可以说就功能模式而言，昌迪加尔仅仅是第二代新城，例如 Bijmermeer 的低层版，其基本原则如出一辙。

被认同的内容是这一规划以现代主义建筑原则为背景，在地方性与城市个性领域中的多重尝试：

1. 其建筑形态以强烈的空间尺度与建筑气质至今令人印象深刻，城市识别性的塑造是成功的。

2. 面对有限的预算、苛刻的气候、不成熟的建设体系背景，Pierre Jeanneret 指出模度的作用：凭借模度，我们得以井然有序地展开了我们的工作。模数体系

---

① Hall, Peter: 2009, P. 237-239
② http://quadralectics.wordpress.com/4-representation/4-1-form/4-1-4-cities-in-the-mind/4-1-4-1-the-ideal-city/

确实在现代设计与施工体系中起到了作用。

3. 昌迪加尔适应地方背景的劳动力密集型开发，以及最终衍生的生态友好性科技是成功的。对应当地不佳的经济状况与严格的预算，城市建设材料来自于砖、石与粗混凝土——廉价的、富裕的地方材料，维护费用低下，具有现代可持续发展的态势。

彼得·霍尔也不得不承认，昌迪加尔的住房比人们以前所知道的要好很多，而且可能比他们的期望好很多——尤其是将昌迪加尔的成功与印度人口增长的需求和现实城市建设背景联系，并同时指出：在西方城市，柯布西耶的门徒碰到了不同的情况[3]。

① Hall, Peter: 2009, P. 239

5.3 第二代新城的特征
Characteristics of the Second Generation of New Town

时间阶段：
- 20 世纪 60 年代为核心的发展阶段 (约 1955~1975)[1],[※1]

主体目标：
- 解决由于婴儿潮、家庭结构变化、生活水平提升等原因造成大量欧洲国家当时期的住宅缺乏问题，同时有效提高住宅水准，并进一步现代化 (例如上下水、暖气的全面提供)。
- 欧洲大都市进行大规模内部更新，以新城 (或大型新居住区) 安置同时期各个中心都市疏散与改造旧城所涉及的人口迁移。
- 进一步的目标是形成所谓"现代城市"及其标志性的城市意象、城市文化、城市生活。

原则：
- 这一代新城不寻求功能的完全自立，与母城之间具有强烈的经济与服务联系——在区域层面进行空间分工，新城只承担居住功能，从而形成了"卧城"[2]。
- 以全面性的"现代主义生活模式"为引导的"理想城市"发展。
- 无差别连续性的绿地与紧凑的"垂直"城市邻里结构，构成了其典型性空间模式——垂直的都市性与水平的自然性。

新城的社会平衡性
- 柯布西耶一方面认为垂直社区具有强烈反社会阶层划分的重大意义，一方面在各种规划中，分区安置城市阶级——事实上是功能主义思想在社会结构的反映。对社会人群的这种工具性态度在规划中影响至深。
- 政府的集权背景下，新城变成社会福利工具，往往具有较高比例的社会住宅 (普遍超过 70%)。
- 作为大都市政策的一部分，同时也受到功能主义分区的影响，新城区作为纯粹的居住区，基本不做就业岗位的规划。大型首府新城有明确的功能分区，本身也往往呈现较为明显的行政中心单一职能。
- 部分来自于对私人汽车产业发展的支持,部分来自于对家庭生活需求的"现代化"愿景，多级别公共设施体系的提供往往建立在汽车交通主导的前提下，步行等日常活动的可达性偏低。此外，针对第一代田园新城服务总量较小这一问题，第二代新城中心片区的服务总量被设计得较高[3],[※2]，但日常需求的相关公共设施提供较弱。

贯彻与执行：
- 大规模解决住宅问题被视为政府的必然职责，政治、规划与管理精英，

※1 参考彼得·霍尔的断代时间。1972 年 Pruitt-Igoe 住宅的拆除被查尔斯认为标志了现代主义的结束。

※2 斯德哥尔摩新城根据 Markelius 的规划为新城设计了更高的服务水平："一组为 5 万 ~10 万居民服务的郊区居住区将提供实际上相当于中等规模城市的全套城市服务设施……以及供 8000~15000 人使用的邻里社区中心。"

① Hall, Peter: 1998, P. 226
② Irion, Ilse; Sieverts, Thomas: 1991, P. 103;
③ Hall, Peter: 1998, P. 353

普遍意图采用新的集体主义社会秩序来替代资本主义。居住新区中，大都市政府承担了绝对性的责任与财政支持[1],[※1]。中心政府的强烈的主导性造成了被迁移一方人群的各种实际意愿的忽略。

- 规划师与建筑设计师在整体工作中获得了巨大的权力，"和谐的城市必须由专家进行规划，他们才能够理解城市的科学性。他们得以有完全的自由制定规划，不受党派影响、特殊利益影响；规划一旦被指定，就不允许有反对意见而必定得以实施"[2]。由于较高总量的社会住宅比例，城市开发部门与规划管理部门部分控制了建筑设计的主体工作，市场的需求在这一背景，以及前者非常感兴趣的革新建筑类型面前影响极小[3],[※2]。
- 由于这一代新城更多地位于大都市周边区域，其用地相对较少遇到管理权限限制，避免了中心政府和地方政府的强烈矛盾[4],[※3]。

功能：

- 区位：以"大都市的密集化"为主题背景，新城的选择一般都位于区域大都市边缘（通常与都市几何中心不超过 15 公里范围），部分大型新城区本身即为旧城中整体拆迁后重建的结果，因此深入地嵌入城市内部结构。
- 规模：与上一代新城相比有所收缩，大约在 10 万人左右，由此形成一个巨大的居住新城（常为卧城）。大型首都新城的区位与规模不受此限制。
- 功能：这一代新城的相当部分是纯粹的居住区与附属的服务设施以满足其日常要求，即没有额外的工商业功能——"卧城"模式。大型新城以行政中心职能为主，其他职能如工业、商务、娱乐往往不占据重要比重。
- 交通：绝对性的汽车交通，辅以中心区的地铁交通。交通体系垂直分离，车行路、车库、步行区多层面分离的方式提供人行交通的安全性。对汽车交通服务能力的畅想削弱了对轨道交通支持的品质要求，大量城市居住区域往往难以在轨道交通站点周边步行距离内被覆盖[5],[※4]。整体公共设施之间，有时与居住设施之间，会通过覆顶的长廊形成便捷的联系。
- 密度：政府财务主导的背景以及新城近邻大都市的背景，使这一阶段的新城建设有明确的引导性密度要求；结合现代主义对密度的价值推崇，形成了新城垂直方向的高密度，以及用于服务设施的大型独立巨构建筑。这一代新城建设的整体强度普遍远超其他新城代际，通常就整体区域而言，达到了 100 人 / 公顷以上[6],[※5]。

城市景观：

- 设计理念：一个具有现代意义的人类"理想"城市生活。

① Hall, Peter: 2009, P. 353
② Fishman: 1977, P. 198
③ Hall, Peter: 2009, P. 256
④ Irion, Ilse; Sieverts, Thomas: 1991, P. 177
⑤ Irion, Ilse; Sieverts, Thomas: 1991, P. 182
⑥ Irion, Ilse; Sieverts, Thomas: 1991, P.103

※1 1961 年，斯德哥尔摩的 Vaellingby 和 Fasta 新城，接近 1/3 的住房是由公共住房公司建造的，大约 1/3 是由合作社和类似的非营利市场建造的，略低于 1/3 的住房是私人营造商建造的，其余 1/10 由独户住宅构成。大约 95% 的住房经济来源于公共资助。

※2 虽然伦敦的住房直接受到（现代主义设计）大师的影响，但是其中有一些被证明是设计上的灾难，其他许多住房是由地方政府购买现成的，地方政府过于懒惰或者缺乏想象力而没有聘用自己的规划师与建筑师。

※3 斯德哥尔摩新城基本建立在自购土地上："城市经常在建设某块用地之前 20 年已经购置了这一土地……20 世纪 70 年代之后，斯德哥尔摩市拥有中心区以外及新用地范围内 70% 的土地。"这为新城建设的效率与成本显然形成了良好的基础。

※4 例如 Bijlmermeer 大型居住区中的居民距离轨道交通站点均超过 800 米，大幅度降低了生活品质。瑞典新城是个特例：为了使轨道交通成为对比私人交通仍然具有竞争力的要素，新城规划要求所有的人口都生活在步行达到轨道交通的范围。大型居住区位于 400 米范围内，独栋住宅位于 800 米范围内。1950 年之后的大多数规划都满足这一要求。

※5 法兰克福西北新城达到了 150 人 / 公顷，净密度 330 人 / 公顷建设用地，170 公顷的开发强度达到（不包括停车设施）0.85。

※1 柯布西耶："昌迪加尔应当成为树木之城，花朵之城，流水之城，如同荷马时代那种简单的要素；昌迪加尔同时将拥有极端现代而精彩的建筑物，它们遵从数学的准则，数学的比例将贯彻这里的一切要素，无论穷人还是富人都将见证。"

※2 柯布西耶：每个人都将集体化，现在，每个人都生活在被称为"单元"的巨型集体公寓里。每个家庭获得公寓不是根据户主的工作，而是根据固定的面积定额，每个人都不会得到多于或少于有效生存所需的最低要求。每个人都将享受集体服务。

图 5.11 法兰克福西北新城及多功能中心

※3 昌迪加尔最初规划为 50 万人口，50 年以后城市人口达到 90 万，与周边后期建设两个其他的大型新城一起，在稍后的时间内达到了大概 200 万人口。

※4 斯德哥尔摩的新城 Tensta 与 Rinkeby，对比其前期田园气质的新城 Vaellingby，采用了集约型的带状结构。建筑技术问题几年之后才逐渐解决，文化和社会设施持续存在较大缺口，轨道交通通行时间较晚。两个新城非常早期都有较大比例的社会问题人口和非瑞典语人口。后者与本地文化有较大冲突，进一步隐形驱逐了瑞典语人群。
Irion, Sieverts: P. 187
在 1972 年进一步的新城规划 Husby 等城市，规划机构限定，总体人口中最多不得超过 10% 的最低收入人口。这对新城人口问题确实具有成效。

- 都市性与自然性：几何布局的城市建设有意识地与周边的自然环境和开放空间形成鲜明的对比。高密度和"超级尺度"被使用，以强调都市性与文化的特征。
- 开放空间体系：在公共空间中存在大量的形态设计与实验，尤其是各种强烈的几何结构模型[1],※1。人的尺度被作为一种数学符号与单位被应用，其复杂的需求被数量化和模数化。
- 城市中心：区域性基础设施作为背景支持，各新城中心区内部通常仅配备日常生活必需的服务设施。从建筑设计的角度而言城市中心区的要素除了整体的现代建筑风格，还包括巨构建筑、大量室内玻璃覆顶空间、分层的交通体系、大型 Shoppingmall 设计等系列建筑实验。这造成了对外部引进"大商业"模式的偏好，而不是由本地城市背景衍生的、本地多元化业主个体经营的商业类型（图 5.11）。
- 邻里：多层级的公共空间序列原则被放弃，取而代之的是缺乏层级的整体开放。通过提高居住密度，以及与公共设施之间的"捷径原则"，传统邻里转化为了高层建筑里的垂直社区，高层建筑之间通过巨大尺度的不被界定的公共空间彼此联系。邻里单元一方面就空间结构而言被模糊化，另一方面通过服务设施界定的居住人口总量大幅度增加，普遍形成包括 5000~10000 居民以上的大社区[2],※2。
- 建筑设计：住宅产品类型的提供非常有限[2],※2。根据对住宅建筑质量的重视，对建筑行业进行了标准化以及对建筑质量的规范化，最终融合成装配型住宅、大板式住宅的建设原则。
- 自然与景观：强调形成与城市环境鲜明的对比与垂直的混合。城市中心区的绿地被设计为较大尺度完全开放的几何形态城市绿地，居住区建筑也试图与大尺度的绿地环境相互融合。

实施情况

主体目标的实现：

- 这一代新城临近中心城市的区位，大量的居住面积总量普遍在初期吸引了大量的居住人口，特别是对中心工作岗位较为依靠且较难承担交通费用的居住人口。作为国家首府或区域中心的大型新城，对于城市化过程中的各种新移民也具有较大吸引力[3],※3。
- 社会住宅作为新城发展的重要目标，在第二代新城发展的中后期，导致了弱势人口的集中。首先，在缺乏综合研究的基础上，将最低收入人口（包括较大比例的问题家庭），而不是通常新城目标人口——熟练技术工人与新兴中产阶级引入新城，被认为是这一代新城社会规划失败的重要原因[4],※4；其次，相当部分新城区建筑与环境质量令人难以满意，一旦住房空置或原有人口迁出后，新城（区）交通成本较为低廉、近邻大量

① Scheidegger, Ernst: 2010, P. 37
② Hall, Peter: 2009, P. 235
③ Prakash: 2002, P. 15
④ Irion, Ilse; Sieverts, Thomas: 1991, P. 197

服务业就业岗位的优势，造成对弱势人口与外部移民人口的强烈吸引力，迁入住区后进一步排斥原有人口，造成社会结构连锁性的恶化[①,※1]。

主体原则的实现：

- 没有多样化的城市活动，以及与此适应的公共空间，仅仅依靠人口密度无法形成优良的城市活跃度，以及以此为基础的社会网络平台、一个具有吸引力与高价值的城市社会体系。
- 城市居民的需要远超过所谓"居住机器"的种种物质指标。新城依靠设施俱全而单一的建筑形式、巨大而无当的绿地、整体建筑与空间质量缺乏的状况，无法提供令人满意的多元化产品，因此对其发展目标——一个综合性社会阶层而言，不具备持久性的吸引力。

新城社会平衡的实现：

- 除了日常供应的设施之外，新城在工商业就业岗位以及服务设施等方面，都放弃了一个"城市的职能"。这对新城区品质的多样性、活跃性都造成了损害。
- 新城的中心服务两极化，区域中心强调服务的辐射，设计的总量超过了本身居住街区的需求，但强烈依赖车行，与街区之间距离偏大，降低了其服务效率；与此同时，低级别街区中心服务能力大幅度减弱，完全依靠上一级区域性的服务，造成对区域性交通基础设施的大量需求，以及内部生活质量的单调化。受囿于社会住宅政策造成的预算背景，相当部分新城公共服务设施配套不齐或滞后，进一步降低了新城的公共服务质量。
- 新城的社会住宅政策，在事实上往往形成一种"强迫性"的迁居政策，造成社会弱势群体对新城在心理上不具有归属感。另一方面，高层建筑本身形成的高建设与维护费用，并未真正降低弱势群体的租金负担。单一功能的新城周边工作岗位有限，与中心城区之间需要额外的交通费用，进一步制约了弱势群体及其家庭的上升可能，以及在新城弱势人口的"囤积"[②,※2]。
- 发展中国家的大型整体性新城中，巴西利亚或昌迪加尔出现了空间模式与社会阶层现实状况的不匹配与缺乏适应性——总体规划层面，对城市功能区合理的密度、开发总量、远期拓展空间等问题的简单化处理。"通过创造建筑形式来扶助社会组织和社会整合的设想是完全失败的，片区起不到邻里单元的作用。城市由于在收入和市政设施等级上的差异被严重地割裂了……导致了规划所形成的阶级隔离。"（图 5.12）[③,④,※3]

功能的实现：

- 单一化的居住功能与功能分离造成了单一化的城市生活，以及维持机构

※1 Pruitt-Igoe 是 1955 年圣路易斯市的获奖规划项目。1965 年仅有 45% 的就业率，超过 2/3 的居民是少数族裔，70% 年龄在 12 岁以下，女人是男人的两倍半，62% 的家庭户主是女性，38% 的家庭没有就业人口。1972 年被炸毁。

※2 彼得·霍尔援引 Oscar Newmann 的观点认为：允许问题家庭迁入公共住房，造成了七年内他们的高层建筑系统性的损坏……具有维持这种家庭生活所需要的支出，需要具有上层工人阶级的收入水平和稳定性。这一收入水平要比多数 Pruitt-Igoe 家庭高出 50%，甚至高出 100% 以上。1969 年，1/4 的家庭将收入的 50% 用于支付房租，于是他们罢租了……按照 1967 年的价格，Pruitt-Igoe 每套公寓 2 万美元，只比豪华公寓的建造成本稍微便宜一些。"在花费了 300 多万美金后，城市更新委员会（URA）已经成功地大大降低了美国城市低价住房的供应……富人更富，穷人更穷。"

※3 昌迪加尔 20 世纪 70 年代时，15% 的人口居住在违章或半违章的住区里。超过半数的商业以手推车或摆摊的方式经营……（在巴西利亚）一个未经规划的城市在一个规划过的城市旁边发展，而且还大得多。在建设期间，一个所谓的自由城市就形成了，不久就形成了一个新住区 Taguantinga。20 世纪 60 年代，联邦地区 1/3 人口——10 万人居住在"亚居住区"（Sub Habitaiton），不久这个数字就超过了一半……而政府对侵地的反映就是把场地和服务地块划分到最小。根据最新数据，巴西利亚中心区总人口 198~422，仅占总人口的 10% 左右。人口密度约 4.2 人 / 公顷。外部的 RA 3 Taguantinga 与 RA 10 Guará 人口密度均达到了中心区的 4 倍与 5 倍，分别为 24.3 万与 34.4 万人口，是行政中心两个最大的分区。整体城市的人口密度为 354 人 / 公顷，这一数据不仅低于第一代田园新城，甚至低于典型的郊区蔓延数据。http://www.aboutbrasilia.com/maps/satellite-cities.php

① Hall, Peter: 2009, P. 271
② Hall, Peter: 2009, P. 271
③ Hall, Peter: 2009, P. 239, 243
④ Hall, Peter: 2009, P. 238

※1 斯德哥尔摩新城是一个特例，特别重视公共通勤交通，汽车拥有量也较低。1971 年时，所有出行的 60% 是大斯德哥尔摩的通勤交通，城市交通内部的 70% 依靠公共交通。

的经济负担。新城缺乏弹性的结构，基本没机会与居住以外其他的城市功能灵活融合，无法通过额外的税收收入来资助城市更新与城市活动。

- 以汽车交通为主的新城交通体系，进一步降低了车行街道空间的逗留品质与步行公共空间的活动密度[1],[※1]。汽车交通、公共交通与公共空间之间的分离体系，使社会监督难以产生影响，降低了交通事故率，却造成了社会安全问题。

城市景观的实现：

- 这一代新城的城市景观是第一代田园新城的反面。尽管具有更大比例的

图 5.12
上：巴西利亚旁边未曾规划而形成的贫民自发住宅区 Taguantinga, 巴西
下：巴西利亚中心规划区域（右）与非规划区域局部（左）

① Hall, Peter: 2009, P. 353

绿色空间，这一代新城留给公众的是灰暗、赤裸、冰冷的建筑形态与气质，其缺乏表现力与未界定的公共空间环境界面、松散或特质较弱的中心区域、低下甚至恶化的人口活力、广受批评。城市景观的独特性没有转化为社会品质的积极意义，新城人口难以与新城彼此认知，整体而言这一新城类型难以被评价为一个宜居的城市。

- 开放空间体系：整体缺乏空间的层级与序列关系以及多样化特质，在缺乏结构的公共空间中，私人与公共空间基本不作界定。最后的结果是一个巨大的超尺度的、无界定的公共空间。[①]（图 5.13）

- 新城中心区的巨构建筑，车行引导的分层空间结构，除了安全问题之外，还造成了寥落、苍白的气氛，与欧洲传统街道广场生活相比，缺乏生活乐趣。此外商业总量仍然不足（图 5.14）[※1]。

- 新城的功能设计、建筑设计、公共空间设计与使用者的需求有突出的脱节。高层建筑本身就居住模式而言与后期市场上低层建筑相比缺乏竞争力；同时其技术尚未成熟——各种实验性的设计理念在缺乏检验、尚未成熟的前提下即开始大幅度推广[※2]；最后，广泛而单一的标准化更使其品质低下[②,※3]。这些问题不仅仅出现在高层建筑，也广泛出现在各种革新性的中低层建筑中[※4]（例如以中层建筑为主体的 North Peckham 的 southwark[③]）（图 5.15）。

- 现代主义建筑，其典型的景观意象受到水泥等建筑材料、工业预制技术的影响，整体色彩与风格均较为单调——一种简化的，可替换的居住与城市环境效果，将居住的需求理解仅仅停留在物质层面上，过于片面化、抽象化（图 5.16）。

① Irion, Ilse; Sieverts, Thomas: 1991, P. 80
② Hall, Peter: 2009, P.270
③ http://www.peckhamvision.org

※1 Cumbernauld1967 年 第 一阶段就建设了世界上第一个以汽车交通为核心组织的城市中心，首个步行空间与车行空间完全分离的城市中心，拥有英国第一个 Shoppingmall。其大胆的巨构建筑当时在建筑师、规划师与学者之间有巨大影响。2005 年在 Chanel V 被评为"英国最糟糕的建筑"，中心区域由于结构损伤，已经局部改造，被新的商业娱乐综合体替代。

※2 20 世纪 60~70 年代，英国一直在探索"天空中的街道"——以多层交通体系、廊式住宅为代表的新空间理念。曼彻斯特的 Hulme Crescents 采用的廊式住宅模式，是对此重要的实践检验。3284 套住宅仅花费一年即完工。但随后，大量设计被证明是不安全的或不符合社会情况的，包括缺乏视觉控制的公共廊道，警方难以管控的巨大复杂建筑体，水泥窗台细部设计造成儿童死亡，先进的地暖供应由于石油危机反而超出了租户的承受能力。此外建造粗糙、建筑状况极其恶劣，电梯故障频出、鼠虫害猖獗。"欧洲最糟糕的住宅区……形态狰狞的工业制造产物——廊式住宅，给了 Hulme 令人厌恶的声誉。"《建筑师杂志》如此评论这一项目。1991 年这座住宅区被彻底拆除。

※3 "Pruitt-Igoe 为了控制在成本限额之内，在建造期间进行了大量的和随意性的消减……完工的那一天 Pruitt-Igoe 几乎只是一堆钢筋混凝土陋屋。1969 年有一次长达 9 个月的租户罢租，其时 34 台电梯有 28 台不能开动。"雅各布斯认为它体现为一个建筑师的闭门造车。建筑师 1951 年特别设计的供共同嬉戏的平台，不久遭到破坏，成为所谓的不可防卫性空间，变得极为可怕。

※4 F. Wassenberg 指出荷兰战后这一阶段的住宅相当部分并非高层建筑，而是 3~4 层廊式的公寓，或者大批量的联排住宅。其普遍特征是总量巨大，规划方式自上而下；它们当中很多都来自于 20 世纪 50~60 年代的理想主义规划。

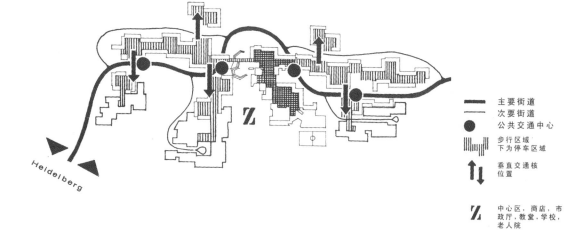

▬▬▬	主要街道
———	次要街道
●	公共交通中心
⫴⫴	步行区域 下为停车区域
⇅	垂直交通核 位置
Ζ	中心区，商店，市政厅，教堂，学校，老人院

Heidelberg

德国海德堡 Emmundstad 等案例中，为了解决这一问题，将私人与公共空间共同压缩到一个更小的尺度中，企图借此活跃城市生活，反而形成了对私人生活的干扰。

图 5.13　海德堡 Emmundstad

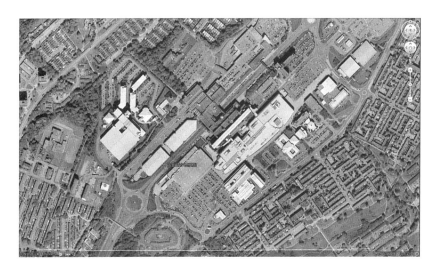

图 5.14 Cumbernauld 的 市中心与现状建筑状况

Cumbernauld1967 年 第 一 阶段就建设了世界上第一个汽车交通为核心组织的城市中心，首个步行空间与车行空间完全分离的城市中心，拥有英国第一个 Shopping mall。其大胆的巨构建筑在当时在建筑师、规划师与学者之间有巨大影响。2005 年在 Chanel V 被评为"英国最糟糕的建筑"，中心区域由于结构损伤，已经局部改造，被新的商业娱乐综合体替代。

图 5.15 Hulmes Crescents 廊式住宅拆除前走廊状况

走廊上的横向空洞被儿童攀爬，1974 年 导 致 一 名 5 岁儿童坠亡，激起已长期不满 Hulmes Crescents 住区的 643 户居民集体请愿要求迁离这一街区。曼彻斯特政府不得不同意这一请愿，从此只将这一公寓提供给青年学生与全成人家庭。

图 5.16　法兰克福西北新城全面的
色彩规划与实际形成较为单调的建
筑设计效果

5.4　第二代新城的成功与问题
Success and Failure of the Second Generation of New Town

第二代新城普遍性地在发展中造成了不同尺度的社会问题[1].[2]，几乎是覆盖性地殃及美国、荷兰、英国、瑞典所有国家——城市规划自 20 世纪 50 年代开始就逐渐接近一个全球化相互影响的体系[※1]。现代主义在城市规划界犯下的是一个传染性的错误，巨大而代价高昂的错误：70 年代以来全世界大量第二代新城不同程度地进行了造价高昂的更新，部分甚至造成了整个街区的拆除与新建。

英国大批大型新住区普遍性出现社会问题，伦敦北部 Peckham 的大型住区"Southwalk"的巨构建筑，后期成为伦敦最具问题的街区之一，迫使伦敦政府于 1995~2002 年花费 25 亿英镑更新该项目，包括大幅度拆除原有部分建筑[3]。曼彻斯特 Hulme 新城中的 Crescents 住区 1965 年规划，20 世纪 70 年代中期全面弃用，80 年代逐步拆除改造。切尔西的 Runcorn 新城中的 Southgate 被彻底拆除，尽管这曾经是建筑师斯特林爵士（James Sterlin）的代表性作品之一。它被称为英国的 Pruitt-Igoe——其拆除被认为是现代主义的丧钟[※2]。

事实上，英国城市规划在这一阶段，基本在每个大城市都制造了一个到两个这种或者丑陋或者严重导致社会问题的住区，以至于英国 2008 年有部电影叫《New Town Killers》(2008 年)。影片简介称"Two private bankers, Alistair and Jamie, who have the world at their feet get their kicks from playing a 12 hour game of hunt, hide and seek with people from the margins of society"。将"新城"称为社会的边缘，猎人的捕猎场。[4]（图 5.17）

在有良好社会住宅建设经验的瑞典，相对而言，移民问题较弱，建筑层数较低，在新城规划中更关注工作与居住职能相融合的新城 Skaerholmen、Tensta（1964~1970 年建设），也出现了隔绝性的住区、社会问题严重、对外形象低下、外国人口集聚等一系列问题[5]。富裕的南德大学城海德堡 Emmundstad 长期有较高的空置，8.7% 的低收入人群比例与 21.2% 的外国人比例，约是海德堡市平均水平的 2 倍，高层建筑中外国人比例达到 45%，被媒体强烈批评，在后期进行了多次针对建筑与公共空间的更新[6]。欧洲大陆之外，美国著名的同期实例是 Minoru Yamasaki 设计的 Pruitt-Igoe。美国新城报告（1981 年）也坦言，大量美国联邦政府资助的新城项目正在经历经济危机，正在被重新建构，同时寻找新的开发机构[7]。

这一阶段新城的核心问题在于：

① Jakobs: 1961, P. 23-25
② Hall, Peter: 1998, P. 204
③ Hall, Peter: 1998, P. 225
④ www.imdb.com/title/tt1183908/
⑤ Irion, Ilse; Sieverts, Thomas: 1991, P. 173
⑥ Irion, Ilse; Sieverts, Thomas: 1991, P. 98
⑦ U. S. Department of Housing and Urban Development: 1981, XI

※1　例如，法国新城规划之前，主动前往英国参观米尔顿凯恩斯；瑞典新城规划追随美国的区域规划理念，同时有系统地贯彻了雷德朋与邻里单元理论；东欧波兰 Nowa Husta 新城脱离共产主义阵营后，马上去瑞典取经，贯彻下一个阶段的建设调整。

※2　1977 年建成。斯特林爵士设计，包括 1500 套住宅，计划容纳 6000 名居民。同样有远离地方商业设施与公共交通设施、居民无法支付地暖、公共廊道缺乏监视、犯罪行为猖獗等问题。部分居民非常反感斯特林革新性的建筑风格。1990~1992 年这一区域被彻底拆除，取而代之的是一个传统风格的住区 Hallwood Park。
Hugh Pearman: The naked and the demolished: the scandalous tale of James Stirling's lost Utopia, Architect, 01 Dec 2010

英国伦敦 Southwark 郡的 North Peckham 大型地产（Aylesbury）
1963–1977 年建设，规划容纳 10000 个伦敦最贫穷的家庭。80 年代即成为英国最臭名昭著的贫民街区之一。2005 年市政府最终决定，斥资 3.5 亿英镑，以 20 年周期，逐步重建这一街区。

英国 Runcorn 新城中的 Southgate 住区项目
建筑师斯特林爵士的代表性作品之一，建成之后面临大量的建筑维护问题。1992 年，这一项目彻底拆除。

英国曼彻斯特 Hulme 新城中 Crescents 住区项目
1972 年开始启用，欧洲同时期最大的社会住宅区。随后，大量设计被证明是不安全的或不符合社会情况的。这一项目被称为英国历史上最糟糕的公共住宅项目之一。1994 年拆除。

图 5.17　以中层建筑为主体 的 North Peckham 的 Southwark 及 其 他 两例失败的英国大型社区

——现代主义规划与建筑的系列理论被如此广泛地接受，不仅仅是因为应对住宅严重缺乏——城市与国家因此需要一个更为快速的解决手段，也同时是由于政治精英与规划设计师对人类的需求及居住环境品质的简单理解——20世纪60年代技术乐观主义的背景下的产物[1],[※1]。各种缺乏检验的建筑、空间模型实验，超越居民水平的技术设施，汽车尺度崇拜下服务设施的布局都来自于此。

——新城通过兼顾就业与生活职能，而形成的经济自立基本被放弃。它不再是一个整体的城市功能单元，而是被割裂的特定城市功能元素的拼贴，一台为现代国家制造生产力的巨型机器[2],[※2]——居住者是这一机器的原料与产品。

——大型组织权利的高度集中（例如发展集团公司，或者进行中央控制与提供居住产品的政府）完全跨越了个人化、私人化的需求。政府为主体提供的短期住宅解决方案，作为这一时代典型的"保姆国家原则"[3]，形成了社会住宅政策的基础，并引向以工业产品模式快速建造住宅的必然道路。单一功能的强化与差异较小的居住类型加强了社会的同质性，并在失衡的状况下，滑向消极的社会阶级分离。

这一代新城虽然一时甚嚣尘上，但事实上繁荣时间很短——20世纪60年代末期开始集中性出现问题——Bijlmermeer等新城建设尚未完全结束，已经出现房屋空置，堪称昙花一现。但就其影响而言，是极其深远的。柯布西耶及其城市规划理论对于20世纪城市规划与建设的巨大影响是无法估量的，结合欧洲与美洲城市建设这一阶段的高速扩张，它塑造了世界各大都市的城市风貌[※3]。

同时其实验成果，也因民众、政府至规划建筑师群体的广泛怀疑，而受到沉重打击[4],[※4]。第二代新城是这一理论的镜子与掘墓者，对这一代新城的批判强烈地针对着现代主义规划与建筑哲学本身。对Pruitt-Igoe的拆除爆破，被查尔斯·詹克斯判定为现代主义的死亡——-新城被视为现代主义的最直接代表[5]。（图5.18）

20世纪60年代的第二代新城发展，首先是"疏解城市"这一理念的一贯体现。这一思路自从田园城市开始就出现，是柯布西耶与这一代规划管理人员同样坚

※1 彼得·霍尔指出这一阶段的工作内容："所有的这些都与那些真正的核心问题有所差别，在设计工作落实中很少顾及人性偏好、生活方式，或者直接简化其人群模型。"

※2 柯布西耶的城市规划方案明显具有苏维埃社会主义国家的影响："每个人都生活在被称为'单元'的巨型集体公寓里。每个家庭获得公寓不是根据户主的工作，而是根据固定的面积定额，每个人都不会得到多于或少于有效生存所需的最低要求。每个人都将享受集体服务。"

※3 "普遍认知的是，1933年的雅典宪章对我们这个时代而言，始终是一个基本性的纲领性文件。它们可以继续发展到一个新的境界，而不是被放弃。95项条款中的大多数直到今天还是起作用的，是现代主义多样性与连续性的证据，不仅仅在规划中，也在建筑中。"
马丘比丘宪章（CHARTA VON MACHU PICCHU）：1977

※4 荷兰2009年住宅总量约700万套，其中1/3是1945~1975年建造的。

图5.18 美国圣路易 Pruitt-Igoe 大型居住区：（左）建成后（1956年）；（右）拆除（1972年）

Minoru Yamasaki 设计，1955年的获奖规划项目。建成后数年内因为建筑质量低劣，社会家庭总量巨大，成为贫民聚居区。1972年被炸毁。

① Hall, Peter: 1998, P. 226
② Hall, Peter: 2009, P. 235
③ Ward: 1992, P. 14
④ F. Wassenberg: P. 23
⑤ Jencks, Charles: 1984, P. 9

※ 彼得·霍尔指出：柯布西耶自始
至终毫不妥协地反对田园城市的思
想……虽然其始终把该思想和田园
郊区混淆。

持的重要原则，差异仅仅是形式。雅各布斯指出："光辉城市直接来自田园城市的概念。柯布西耶接受了田园城市基本概念，至少在表面上如此，然后把它实际化，适用于人口密度高的条件。"①.②.※柯布西耶通过一种"精粹"化的理论模型，通过高层建筑这一貌似解决了"都市性"问题的建筑类型——第一代田园城市最被批判的弱点，试图一劳永逸地解决城市与人类的整体需求。

另一方面，这是一场"典型的文化反向运动"，针对的不仅仅是第一代新城的乡村特质，更针对了传统欧洲城市的基本模式与城市生活模式。新城的整体城市景观、空间体系与地方文化有突出的脱节。现代主义建筑哲学在否定历史城市的时候，也从根本上否认了这一价值的存在。所有这一代新城都强烈地相像，从整体城市、中心区到建筑——国际化潮流第一次在全球城市文化的彻底性颠覆——除了建筑工业本身与设计师的奇思妙想，其他要素都不重要。彼得·霍尔认为本质原因是规划师与建筑师的自以为是："它们只是强加给人民设计解决方法，而没有考虑到他们的喜好、生活方式或者一般特征。这些解决方法是由自己生活在精美的维多利亚别墅里的建筑师们所制定的……中产阶级设计师对于工人阶级家庭生活缺乏真实感觉。③"

最终的证明是：新城居民物质或非物质的需求，新城作为一个社会群体，其城市文化与多样性，都难以仅仅通过单一、标准的"工业产品"来满足。

彼得·霍尔评论巴西利亚时指出，它是根据 CIAM 宣言所提出的建造和规划原则实现的一个最为完整的样板。它的潜在计划是实现一个全新的建筑形式，作为一个新社会的外壳，而不去参照历史，过去的东西于是就这样被废除了……通过改造巴西人的社会来创造巴西利亚，它完美地体现了现代主义运动这一关键性的前提，即"彻底反文脉化（total decontextualization）"。在其中，一种乌托邦的未来成为衡量现在的手段，而没有任何历史脉络的意义：一个城市在一块干净的白板上创建起来，不用去参照过去。在这个新城里，严重分层的传统巴西社会将被完全平均主义的社会所替代。

仅仅追随"功能需求"与"逻辑演算"而形成的城市景观，不具有可识别性的同时传递了一个冷漠而缺乏维护的印象；对外，它造成了城市形象的损害，对内，不具有安全舒适且有积聚力量的公共空间体系——无法形成新市民对其的自信与认知，促进新市民彼此之间的融合，由此产生了冷淡疏离的氛围。Brian Hatton 批判 Runcorn 新城时，不仅指出它发生在一个错误的地点——一个并非必需的新城，而且，"没人喜爱这个新城，因为它没有提供足够的美丽来支持其高密度"（It wasn't loved because it didn't offer enough beauty to support its density）④。新城不再是一个不可替代的家园。2005 巴黎社会骚乱，集中的位置是巴黎郊区 20 世纪 60 年代建设的大型居住区 Grand Ensemble（集

① Jakobs: 1961, P. 22
② Hall, Peter: 2009, P. 235
③ Hall, Peter: 2009, P. 257
④ http://hughpearman.com/the-naked-and-the-demolished-the-scandalous-tale-of-james-stirlings-lost-utopia/

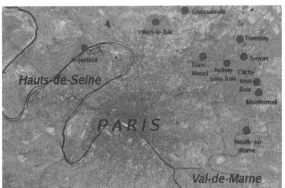

图 5.19　2006 年法国巴黎大规模的冲突骚乱，基本都位于原有的大型集中住宅区中，在长期社会环境、经济环境低下，青年人缺乏上升空间的压力下形成集中爆发。

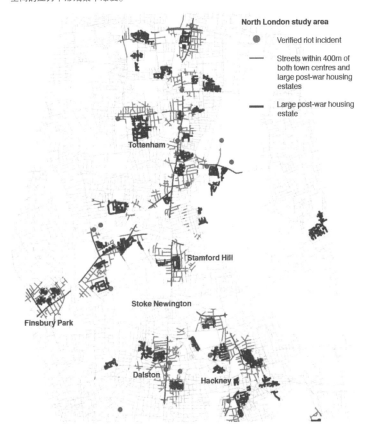

North London study area

● Verified riot incident

— Streets within 400m of both town centres and large post-war housing estates

— Large post-war housing estate

图 5.20　2011 年伦敦暴乱的发生地点在伦敦北部地区，84% 确认的骚乱发生在距离社会住宅区 400 米（即步行 5 分钟）的范围内。在伦敦南部地区，该比例高达 96%。75% 的获罪骚乱者住居在大型社会住宅区内

合住宅区），稍微夸张点可以翻译为"伟大综合体"（图 5.19)。同样的情况也包括在伦敦的社会暴乱（图 5.20）。

世界上没有任何一个社区类型，像第二代新城这样，最强烈地承受着各个方向的批评（例如来自 Alexander Mitscherlich、Heike Bahrdt、简·雅各布斯的系列讨论）。如此绝无仅有的巨大社会问题造成了公众与学术界对现代主义上述思想"疏散城市""反文脉运动"的广泛质疑；被质疑的还有专业技术人员在城市决策中的专断独行，"柯布西耶和其门徒的罪过并不在于他们的设计，而

图 5.21 1965 年建筑师 Wilson & Womersley 提出计划，以 400 万英镑将曼彻斯特的 Hulmes 改建为一个现代化新城区：13 座塔楼，低层混凝土建筑街区由空中廊道联系在一起，以及 4 座巨大体量的多层公寓"新月（crescents）"项目——这一项目所在位置曾经是一条活跃的商业街。

Hulmes 新月项目 1972 年开始启用，这是整个欧洲这一时期最大的公共住宅项目。共计完成了 5000 栋房屋，包括 3284 栋廊式住宅，容纳了 13000 名人口。

"新月"来自于半环状建筑形体的总图：强烈的形式主义作品，自豪的建筑师认为这一伟大新月的创造力将震撼伦敦等建筑界，因而将四座建筑以设计师的名字命名为：Adam、Nash、Barry 与 Kent。右侧为这一住宅体的实际空间尺度与气质。

该时期同时已经开始暴露了"新月项目"的各种巨大设计问题。两年之后即被发现具有设计缺陷。迁入三年后，96.3 % 的居民都希望尽快迁出这里。1984 年，曼彻斯特市议会放弃了这一项目的租金收入。这一规划事实上尚未完成之前，即已被放弃。1994 年这一项目被彻底拆除。这一项目被称为英国历史上最糟糕的公共住宅项目之一。

http://manchesterhistory.net/manchester/gone/crescents.html

是他们无意中强加于别人身上的那份傲慢"[1]。（图 5.21）

大规模的制造住宅，空洞无物的公共空间，尚未成熟的建筑质量，以及高层建筑类型与欧洲社会生活、文化传统本身的矛盾，形成了这一代新城的主体问题。20 世纪 70 年代，城市设计理论研究与实践的开始是对这一领域在学术层面的回答，而第三代新城，其空间形态对第二代新城的完全颠覆，是在实践层面的回答。尽管阿姆斯特丹 60 年代约有 6 万人口被登记为缺乏住宅中，但同时期最大的住宅区域 Bijlmermeer 却仍然有大量空置[2]。第三代新城，例如阿尔默勒以

① Hall, Peter: 2009, P. 272
② Physical Planning Department, City of Amsterdam: 2003, P. 142

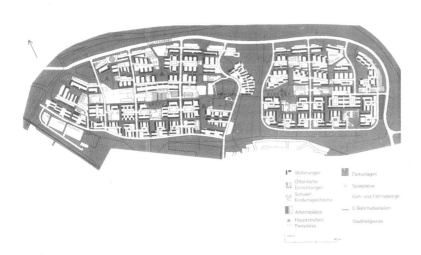

图 5.22　第二代新城瑞典新城 Tensta

都市郊区化空间扩张为主，与都市之间间距较大，但是却能提供质优价廉的住宅以及优美的绿色环境，形成对以高层建筑为主的第二代新城最强有力的竞争（图 5.22）[1].※。

※ 第三代新城阿尔默勒与 Lelystad 自 1966 年开始建设。

---

① Projectbureau Vernieuwing Bijlmermeer: 2008, P. 11

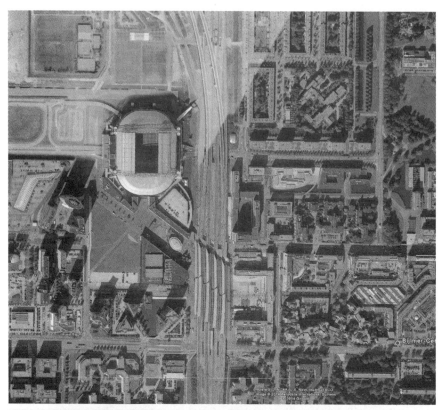

5.23 Bijlmermeer 与法兰克福西北新城 1 公里尺度中心区

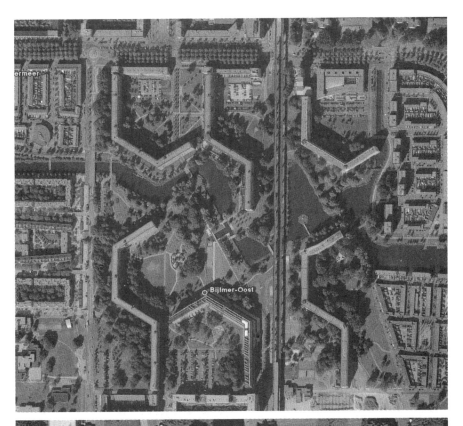

5.24 Bijlmermeer
与法兰克福西北新城
300 米尺度地块

06 "缺乏目标的时代"
——20 世纪 70 年代地方性、局部性的第三代新城

"An Age with Lack of Goals"
——The Third Generation of New Town with Locality in the 1970s

6.1 对功能主义的质疑以及纠正
Doubt and Rectification on Functionalism

"20世纪50年代的后期与60年代，看起来形成了（城市规划）理论世界与实践世界之间一个完整而满意的联姻，但是同样很快，幻梦迅速地消失。蜜月期后紧邻的就是70年代——不断的争吵与临时性的和解轮流上场，直到80年代的离婚。在这一过程中，城市规划丧失了许多刚刚建立起的合法性。"[①]

在20世纪50年代与60年代规划与决策城市失败之后，城市管理部门由于规划政策的消极作用以及对城市规划的盲目听信而被强烈批评。消除"城市规划的错误"由此形成了当时国家广泛讨论的主题。雅各布斯在《美国大城市的生与死》（1961年）中明确提出对现代城市规划各项原则的质疑："我要抨击的是那些统治现代城市规划和重建改造正统理论的原则和目的。""这个学科（如果可以这么称呼的话）的实践者和教授们却忽视了对真实生活中的成功和失败的研究，对那些意料之外的成功的原因漠不关心，相反他们只是遵循源自小城镇、郊区地带、肺结核疗养院、集市和想象中的理想城市的行为和表象的原则——除了城市本身。"[②]

政治学学者Wildavsky一方面质疑规划师的理性基础与科学性根源，一方面抨击规划权力的滥用——在广泛的城市功能领域中专权独行，以至于"规划师成为规划的牺牲品；他自己创造的东西淹没了他。规划变得如此庞大以至于规划师无法掌握，如此复杂以至于规划师已经跟不上它"[③]。社会学对于城市规划的理性质疑，与政治学者对于城市规划的科学性质疑，使城市规划的理性根基、作为法规的价值基础发生动摇。

20世纪70年代初，石油危机对城市发展模式的打击，罗马俱乐部提出的"增长的极限"（1968年），使欧洲国家政府与市民同时开始对城市发展模式提出质疑。最尖锐的矛盾之一集中于各大都市对旧有城区大规模的人口迁移、拆除、建设新住宅区。70年代初，德国爆发的"现在挽救我们的城市（Rettet unsere Staedte jetzt）"，在德国柏林Kreuzberg、汉堡市Hafenstraße都爆发了学生、民众占据即将被拆毁的旧街区、武力对抗警察队伍的街道巷战[④,※]。

以长期实施国家福利制度，始终贯彻国家掌握土地与主导住宅供应的瑞典为例：1970年前后，也相当突然地出现了一个反对现代主义城市规划的运动，新城的失败是最突出的导火索。彼得·霍尔这样描述瑞典规划界对新城的全面怀疑："首先是反对新城Skaerholmen，然后是Tensta（作者注：两者均为社会问题较为突出的新城），最终也开始反对规划系统本身。"[⑤]现代城市规划的哲学背景、

※ 由于民主德国较联邦德国经济水平的落后，20世纪70年代是民主德国致力于解决住宅紧缺的重要十年，达到了建设的最高峰，共计建设了超过210万套住宅。新住宅建设集中于城市边缘地带。

① Hall, Peter: 1988, P. 320
② Jakobs: 1961, P. 1, 5
③ Wildavsky, Aaron: 1973, P. 128
④ BBR Dokuments1436-0055, 2000, P. 49
⑤ Hall, Peter: 2009, P. 355

科学性的基础、无限制的适用范围被质疑。规划原则逐渐发生了改变，主体理念以及理论的决定性力量开始被削弱。20 世纪 70 年代不再出现强烈的、革新性的规划体系，而是开始进入一个反馈与检讨的阶段。

1977 年的马丘比丘宪章是对城市建设体系内质量后退、忽略人性尺度的一个重要反馈[1]。与 1933 年雅典宪章相比，机械性物理决定主义论调被放弃。马丘比丘宪章的主要原则如下[2]：

1. 城市规划的起点在于人。"规划的一般性目标，包括经济规划及城市与建筑的空间规划，最终是用来满足人的需要，以及在相应的框架内，给予民众提供适当的城市结构与服务设施。"[3]
2. 新宪章谴责 CIAM 的功能分离政策，以及在城市建设中技术的滥用[4]。
3. 它主张对城市质量的尊敬——所有"好城市的天然品质"，并支持高质量的城市空间与建筑。保护文化价值与历史遗产的内容，并将其视为一个城市的重要部分[5]。
4. 对城市生活空间的物质影响仅仅是一个变量，并不能起到决定性的作用。都市文化中，人类社会的彼此社交作用模式与政治结构是一个活跃的社会有机体的核心与力量。
5. 区域与城市规划是一个动态过程，不仅是在规划与贯彻期间，而且是在实施期间。这一过程应当具有能力与变化中的物质环境与文化相适应。
6. 实践应用研究是城市规划理论的重要检验标准。

在以美国为代表的系列国家，城市规划的权威有了动摇。美国城镇自 20 世纪 20 年代以来就开始面临这一矛盾（郊区化），它们通过放松并减弱早先的紧凑性城市结构来作出回应，而欧洲的城市主义者们不太愿意看到此类情况的发生——适应城市中的汽车普及时代，对大规模城市建设原则进行相应的调整[6]。自始至终，西欧与北欧国家一直不同程度上将国家福利主义作为重要政策原则，主张城市空间有序集约发展，有效保护周围的生态环境。城市规划一直是国家政策的重要管束手段，而新城规划一直是欧洲国家政策针对"郊区蔓延"的重要政策之一（图 6.1）[7]。

20 世纪 70~80 年代，城市规划与新城实践在欧洲进入一个深入检讨的阶段。这一代新城规划试图对城市建设理论进行校核，更多地按照各个区域的具体需求来进行新城建设。阿尔默勒的规划与建设者明确提出：阿尔默勒不是建设在理想的温床上，而是现实的需求上[8]。

---

① Gehl: 2010, P.175
② www. unesco.org;e-collection.library.ethz.ch/view/eth: 25860
③ Charta Von Machu Picchu: 1977, P. 1
④ Charta Von Machu Picchu: 1977, P. 3
⑤ Charta Von Machu Picchu: 1977, P. 8
⑥ Hall, Peter: 2009, P. 362
⑦ F. Wassenberg: Large Housing Estates: 2013, P. 23
⑧ Weich, John: 2006, P. 52

荷兰的住房类型及土地使用权

类型	高层公寓	%	低层公寓 (1~4层)	%	独户住宅	%	合计	%
社会租赁	295,600	58.1	999,700	59.0	1,064,000	22.2	2,359,300	33.7
商业租赁	65,700	12.9	251,400	14.8	199,600	4.2	516,800	7.4
业主自用	147,000	28.9	442,800	26.1	3,530,500	73.6	4,120,400	58.9
合计	508,300	100	169,400	100	4,794,200	100	6,996,500	100

图片来源: Source: Elsinga & Wassenberg, forthcoming; using data from the Housing Demand Survey (2009)

图6.1 荷兰住宅整体租住状况（2009年）社会住宅占据总体住宅量的33.7%，其中包括绝对总量的低层与独栋住宅类型。社会租赁住宅（87.5%），两者共同构成了住宅的绝对主体

6.2 以新城为形式的区域规划发展
Regional Planning Development with the Form of New Town

第三代新城的主体发展年代为20世纪70~80年代。两次大战后，城市化的高潮至这一节点，大都市内部与城市边缘的建设已经基本饱和，未给大型开发留下相应的空间[※1]。欧洲大都市总体规划普遍通过大型绿带对城市合理范围予以限定，不允许无限制的郊区蔓延。以阿姆斯特丹为例："在城市内部的扩张已经基本终结，重心在向都市区更新与区域发展两个方向调整。"[①] 德国在这一时期也转向旧城保护与城市更新："大型工程要么放弃，要么重新进行设计；小步骤、可转换性、弹性成为70年代后期的口号。"[②] 此外这一阶段还面临下述社会背景：

——住宅缺乏问题在这一阶段被大规模地得到遏制。结合生活整体水平的不断增长，整体住宅需求的优先次序从租住多层住宅，转向产权住宅以及独栋家庭住宅。它们具有更重要的财产价值，也代表了家庭生活的自然取向[③,※2]。

——整体国家基础设施与公共设施水平的提升，大幅度提高了乡村的基础性设施水平，结合私人交通的广泛使用，造成绝大多数人口与企业具有逐渐向区域更广大范围迁移的可能性[④]。此外，城乡一体化的整体发展思路，也是大都市政府、地方政府与国家鼓励的发展方向——为产业、城市化提供更广阔的空间，对整体人居水平与社会阶层的平衡也具有重要意义。

——部分由于上述背景，部分来自于过去一个阶段的教训。就政府而言，以公共资助为主的高比例社会住宅不再是核心任务——虽然巴黎等城市在新城建设中仍然以相当高比例融合社会住宅，但属于众多目标之一的次级目标，而且带有强烈的融合社会阶层的目标。以英国为首，各个国家、城市均有意识摆脱过

※1 大型办公商业项目——作为一种区域驱动的引擎性项目，仍然存在。例如巴黎 la Defense 也是伴随巴黎新城同时期的城市建设重点。

※2 即使瑞典在早期新城中毫无问题地推行了以公寓建筑为核心的新城形态，后期还是迅速转向了独立住宅——尽管"新郊区是单调的，使人联想起美国最差的郊区住区，但是需求量是巨大的，而且它们很容易销售出去"。"独户家庭从1970年新房建设的32%发展到1974年的55%，到20世纪70年代晚期高于70%。这反映了个人的偏好，它表明相比公寓房，多达90%的瑞典人更喜欢独户家庭住房。"

① Physical Planning Departement, City of Amsterdam: 2003, P. 156
② G. Albers: 2013, P. 209
③ Hall, Peter: 2009, P. 356, 361
④ BBSR Fachbeträge: www.bbsr.bund.de

高的福利负担和由此造成的持久性责任[1],[※]。

至 20 世纪 70 年代，区域主义规划（Regionalism）仍然是规划界的重要观点：强调大政府的绝对性控制力，强调资源的统一利用，发挥规模效应。直至 70 年代，欧洲城市规划仍然比较认同这个思路，强调大都市的影响力，给予大都市更大的资源，例如巴黎 70 年代的大区域规划。在这一世代，新城代表了兼具有效推进区域规划指导方向、较高效率地利用与组织空间与资源、兼顾市场实际需求的有效规划工具。

法国城市规划界在巴黎新城规划中提出：新城应当成为主要都市带的焦点与结构性要素，面向未来，作为整体都市区域长期战略的一部分[2]。法国新城计划在 1965 年被发起（除了 RIF 巴黎大区之外，马赛、里昂等城市也分别规划了新城，共计形成 4 座外省新城）。通过巴黎大区（SDAURP）城市发展总体规划的引入，在巴黎都市外侧，规划环绕着建设强度最高的核心区塑造两条新城的核心轴带。新的都市带与塞纳河并行，沿着东南方向与西北方向两条空间轴线展开，联系了一系列新建设的独立新城组图。

荷兰这一阶段略早，提出了非常有远见的大型区域发展战略。因为"二战"之后的快速城市化，荷兰人不是采取绿带战略，而是一个绿心战略。"集中的扩散"这一重要理念，通过 1966 年荷兰国土空间规划的第二次报告实施，形成了一个明确的发展方向：反对空间的破碎化使用，有指引地加密城市建设强度，保护整体自然与农业空间。作为相关的政策反馈，共同形成了"兰斯台德地区（Randstad）"——一个环形的经济区域以及中心的绿色生态核心。四个大型城市阿姆斯特丹、鹿特丹、海牙、乌特勒支以及大量小城市共同容纳了 750 万人口，约占荷兰总人口的一半。大量新城被建设在近邻大都市核心的区域内，包括本身与外部[3]。新城政策由此成为荷兰战后国土发展政策的重要部分："'让我们的心脏保持绿色'是整个 60 年代的主题。新城成为其相应的答案——归功于英国的经验，同时结合了荷兰的具体需求。"[4]

在这一时期系列欧洲的实例中——以法国新城规划和荷兰"城市环"内外的新城为代表，新城同时被赋予涵盖经济产业职能在内的复合型发展目标——在大都市群内（巴黎或斯德哥尔摩大都市）或者未发展区域内（荷兰围海造田新形成的弗莱福兰省）形成新经济产业中心。瑞典这一时期的典型新城 Jaervafaeltet，尤其是 Kista 科学城组团体现了非常一致的原则，产业研发园区与城市居住功能紧密围绕中心区，形成紧密而高强度的职能结合（图 6.2）。现代主义规划的基础原则——通过功能分配与各种特殊规定来控制土地使用，避免其消极后果，保证现有地产价值，开始转化成一种有意识的经济促进手段，意图为每一个潜在的开发契机提供载体与服务。

① Ward: 1992, P. 70, 170
② Roullier, Jean-Eudes: 1993, P. 6
③ Institut für Öffentliche Bauten/Städtebauliches Institut: 1999, P. 303
④ Nawijn, K. E.: 1979, P. 19

肩负这样的目标，新城必须具有更高的品质以形成区域层面的吸引力。以巴黎政府为例，巴黎新城在对比了英国新城与其他国家例如斯德哥尔摩新城之后，有意识选择了后者并进一步扩大，寻求更大规模的新城市……1960 年的巴黎需要 8 个（新）单元，每一个在 30 万～100 万之间[1]。其设定的新城规划的重要原则是：城市是提供生活品质的场所（物质、文化与社会性），规划的最首要与最重要的目标是为其生活质量提供空间上的"润滑剂"[2]。高质量、具有合理密度的新城生活模式被作为一种城市竞争力的标志。荷兰针对弗莱福兰省新城规划提出的原则是：针对新城原有的城市意象——作为大众产品的居住区，单一而无趣的、通常细节贫瘠的居住地产，作为推土机、起重机经济到处大行其道的结果，匆匆忙忙地被撒遍整个国家，阿尔默勒应具有下述品质：更好的设计、具有创意的设计，高标准，被改善的各种指标体系，最终形成更为具有差异的居住区域，具有更为良好的细节，并最终更为其居住者喜爱[3]。

整体而言，这一代新城理论与实践在两个领域具有巨大的跨越。
1. 大都市区域整体规划目标——空间上的整体一体化发展（区域网络）与区域层面上职能上的复合发展（混合性功能），是新城发展的重要原则。
2. 新城，如同所有的城市，被视为生命有机体（而不仅仅是政府挥手而就的大型社会住宅项目），其动态性与多元性因此形成其最重要的特性。

规划理论内容：
国家层面的空间发展规划（例如巴黎区域规划、荷兰绿心规划）被作为重要规划法规载体，超越地方需求来强化整体区域性管理控制，以便将各种重要的地点性要素（例如区位、区域经济与区域人口密度）归入规划中，并在城市间、工业区域之间、郊区之间与新城之间形成整体性、标准化的管理框架。

法国城市规划者对法国新城发展的重要目标作如下表述：
1. 优先权被首先给予整个都市区域长期性的开发规划，其中新城只是大量要素之中的个体要素。新城被嵌入交通与贸易体系，它应当提供每一个市民在这些领域的巨大自由选择权——包括商业关系，社会生活以及娱乐行为，通常而言这种自由只有大型城市中心才能提供。
2. 新城比一般其他国家的新城，都更近邻主要的都市区——兼顾生态间隔与有效联系，其目的在于形成整合与利用新城的自然环境、土地资源、都市资源的动态平台机制，也同时为已建成的缺乏服务的蔓延郊区与农业地带提供服务与设施。
3. 政府主导之下的公众参与政策。这一参与应覆盖整体过程：基础设施的建设、土地价格控制政策；在极为广泛的范围内迅速购置公共土地，以获取未来多样化发展可能；将土地衍生价值持续性地再投入新城建设中。

---

[1] Hall, Peter: 2009, P. 359
[2] Hall, Peter: 1972, P. 343
[3] Nawijn, K. E.: 1979, P. 30

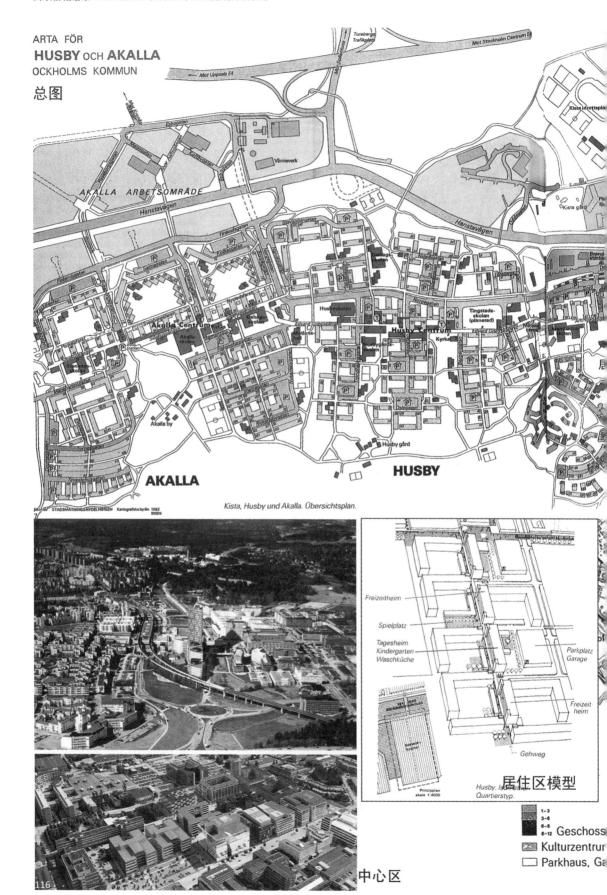

ARTA FÖR
HUSBY OCH **AKALLA**
OCKHOLMS KOMMUN

总图

AKALLA ARBETSOMRÅDE

AKALLA

HUSBY

Kista, Husby und Akalla. Übersichtsplan.

Freizeitheim

Spielplatz

Tagesheim
Kindergarten
Waschküche

Parkplatz
Garage

Freizeit
heim

Gehweg

居住区模型

Husby. Isometrie,
Quartierstyp.

中心区

1-3
3-6
6-8
8-12 Geschoss
Kulturzentrum
Parkhaus, Ga

116

图 6.2 瑞典斯德哥尔摩第三代新城 Jaervafaeltet，包括 Akalla、Husby、Kista（科学城）三个组团

4. 新城拥有稳定而高品质的城市中心——形成"吸引人而现代性的城市中心"，或者"融入大都市区域的核心性结构点"。

5. 有意识也有必要规避建立大权独揽的开发公司——"多功能主权个体"的态度，或者半私人系统的"公共开发公司"。新城开发公司的决定权仅仅限于规划、购买与开发土地、建造公共建筑，全程均需要与地方政府紧密合作[1]（图 6.3）。

此外，现代主义规划运动，其城市建设领域单一和简化、量化的现代主义的大一统格局被强烈地怀疑，传统城市景观、城市文化与城市空间的意义在学术领域以及实践中被人们再次认知、再次应用，并强调其交织后具有的复杂性与丰富性价值所在——"人们在城市中塑造一个生活空间，也塑造了由几千个要素共同形成的印象；但从另一方面这一城市印象反过来又对居民的社会特质有所影响。"[2]

现代城市设计理论在 20 世纪 70 年代开始广泛传播。戈登·卡伦、凯文·林奇，以及 C. 亚历山大的大量作品塑造了城市设计的主体学派基础，简·雅各布斯等一系列社会学者在其论著中同样对城市公共空间的重大意义以及敏感

① Roullier, Jean-Eudes: 1993, P. 7
② Mitscherlich, Alexander: 1965, P. 9

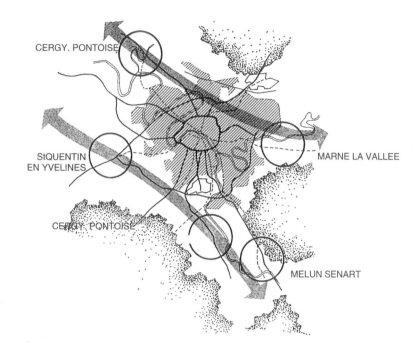

CERGY. PONTOISE

MARNE LA VALLEE

StQUENTIN
EN YVELINES

CERGY. PONTOISE

MELUN SENART

图6.3 巴黎大区内两条区域性发展
轴与沿线的五个新城

各个新城采用的组团式、轴带式发
展结构，多样性的结构骨架均强调
灵活性与分期发展可能性：Marne
La Valee、塞尔奇-蓬多瓦兹与
Evry 三个新城的空间结构

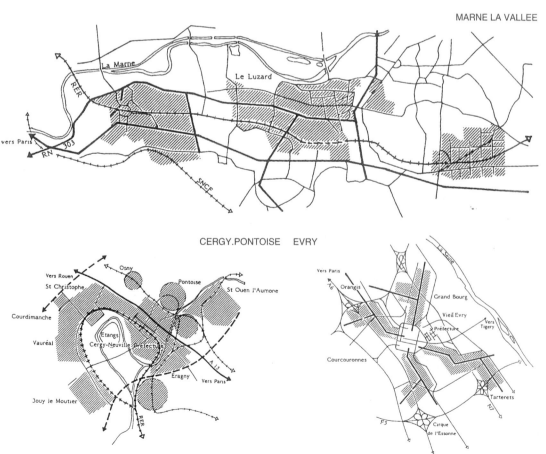

MARNE LA VALLEE

CERGY.PONTOISE   EVRY

性进行了大量的讨论[※1]（图6.4）。这对于城市公共空间本身的意义，以及如何针对行为模式、文化背景的需求进行设计给予了理论支持与方法指导，从而为城市景观质量的提升提供了很大的帮助。

新城规划原则：
第三代新城规划作为国家性、大都市空间发展规划的附属产品之一，以区域化的城市发展为背景。规划程序整体针对具体实现的可能性，并因此极其关注地方性与区域性需求的相互结合。

新城规划转化成一种开放而动态的形式，从封闭的、自立的规划转向以区域平衡为目标的区域规划的组成部分，从蓝图式的规划转化为自我控制与校核的规划，从产品导向性的政治工具转化为具有市场竞争力的经济工具。规划包含下述原则：

- 新城的位置、数量、类型与范围是在大都市甚至国家政策的范围内，结合区域政治领域与经济领域下的社会体系背景下确立。
- 人性需求的多样化与复杂性作为新城规划决策的重要背景。
- 功能不再是城市的唯一标准，质量比数量更为重要，内容上涵盖了充满吸引力的城市景观与切合地方社会需求的规划理念。城市是一个复杂的有机体，它的经济文化发展、社会塑造、公众咨询、社会人口预测及其相应规划也是原有针对物质环境规划工作的内在组成部分。
- 市民参与被鼓励，不仅仅在社会层面上，而且结合其需求，形成城市规划理念多元化的发展方向[①,※2]。

城市规划者，不再仅仅追随理念，更加关注经济利益与要求，以及居住者现实性与未来可能进一步提高的居住需求，以及在此之上，居住区以及整体新城的居住与生活品质及独特个体性。Paul Delouvrier——法国"新城之父"与主要设计者（1961年被任命作为巴黎地区总代表与巴黎地区专员，负责巴黎城市规划项目的推进与郊区铁路等相关基础设施的建设），如此具体陈述："在作出任何一项决定之前，开发控制者必须首先考虑其他人（各种利益群体与未来的市民）如何对待这项决定。这些决定应当有效地融合社会学研究、经济学分析、财务上的计算以及政治上的观点。开发者必须提交一个盈利的方案"[②]。Irion&Sieverts指出这一时期的另一特征：普遍缩短了工作时间，并且出现了半日制工作岗位，由此在近邻居住的区域设置工作岗位的意义大大被提高，这一需求在新城设施上得到了反馈[③]。整体而言，这一代新城基础设施与公共设施在数量上与质量上多元化，形成了远远超过常规理论概念层级的丰富性——后者通常关注的往往是必需性指标、最低性指标。

①Roullier, Jean-Eudes: 1993, P. 210
②Roullier, Jean-Eudes: 1993, P. 8
③Irion, Ilse; Sieverts, Thomas: 1991, P. 15

※1例如下列城市设计与城市社会学领域的重要著作：
Kevin Lynch: The Image of the City, The MIT Press, 1960; Jane Jacobs: The Death and Life of Great American Cities, Random House, 1961
Gordon Cullen: The Concise Townscape, Architectural Press, 1971
Christopher Alexander, Sara Ishikawa, Murray Silverstein and Max Jacobson: A Pattern Language: Towns, Buildings, Construction, Oxford University Press, 1977
Kevin Lynch: Good City Form, The MIT Press, 1981

※2巴黎新城规划提出了下述原则：
1. 新城是一个生命有机体，因此需要融合对其平衡发展与健康成长所需要的所有功能要素。2. 每一个功能要素都应当尽可能多样性，以容纳一个常规性的社会、专业与民主的人口结构。3. 多样性必须从建设初始即产生，并能够被大众感知到。4. 仅仅简单地并列性罗列一个城市的功能要素是不够的。为了形成城市的"动态机制"这些功能要素必须相互交织，同时需要相应决策的权利下放。

在下述的工作中，从法国与荷兰这一时期的规划实践中各选了一座新城，进行详细的研究以显示第三代新城的特征。法国巴黎系列新城之一塞尔奇—蓬多瓦兹与荷兰弗莱福兰省的系列新城之一阿尔默勒是典型的第三代新城，尽管它们来自于不同的区域背景，但这一代新城整体形成了政策与市场的联合性成功。它们的共同特征非常鲜明，但却很少作为一个新城规划的共同阶段被研究。原因在于 20 世纪 70 年代本身也是新城规划逐渐在学术界失去光环甚至被广泛怀疑的时代，自此，新城理论研究基本停滞。

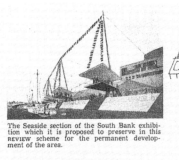

The Seaside section of the South Bank exhibition which it is proposed to preserve in this REVIEW scheme for the permanent development of the area.

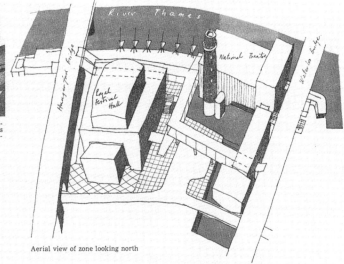

Aerial view of zone looking north

ROYAL FESTIVAL HALL AND NATIONAL THEATRE ZONE

It must be pointed out at the start that the proposals shown here are put forward on its own responsibility by the REVIEW, and are not based on official schemes.

The proposals involve the siting of the National Theatre right on the river wall. There are in fact only two possible alternative sites for the building: either on the river or set back to line up, approximately, with the façade of the Royal Festival Hall. The latter position cuts up the available open space into two pieces when it would seem desirable to increase the sense of space on a small site by making one large courtyard and utilizing the space of the river itself. It would further have the effect of establishing a linear development along the river bank which may be desirable with a continuity of building but may not be so successful with the axial monumentality already established. If, as we hope, Hungerford Bridge becomes pedestrian, then a meandering causeway linking it to Waterloo Bridge at high level would bring the pedestrian to any desirable point of the site in all weathers. (An important consideration in the attempt to popularize the South Bank after the Festival has closed.) The Thames-side restaurant would be kept, and approached as at present along the embankment, but under the overhang of the National Theatre. Also preserved is the Seaside Section, the only change being the substitution of shops for the exhibition displays. The courtyard which gives access to both the Royal Festival Hall and the National Theatre, would be treated as a water square; out of the water rises the shot-tower.

Below, left, a view looking towards the National Theatre from inside a glazed, all-weather causeway, which, it is suggested, should link Hungerford and Waterloo Bridges. Below, right, the National Theatre overhanging the river bank near Waterloo Bridge and the catwalk leading to the Thames-side restaurant.

138

图 6.4　Gordon Culle1960 年关于"城镇景观（Townscape）"的系列著作，既对历史城市平面与形态给予了优美分析与表述，同时又确定了大量基础空间要素类型，形成了新的尺度，对各代新城的城市形态研究均有影响

Gordon Culle1951 对伦敦南岸地区城市设计改造的系列设想

第三代新城：塞尔奇–蓬多瓦兹，巴黎
Third Generation: Cergy-Pontoise, Paris

城市背景

由于法国典型的第二代新城"宏伟综合体（Grands Ensembles）"所引起的社会问题，以及同时期巴黎周边几乎无法控制的郊区蔓延，巴黎试图通过第三代新城，形成一个具有合理密度与质量的新的区域发展模式。通过这一区域网络以及城市化的核心，巴黎新城应当全面满足大都市居民整体物质与非物质方面的生活需求。

1965 年法国新城计划设定的新城通过绿带与中心城区隔离发展，巴黎新城特别设立了高速公共交通廊道 RER 来支持上述两条空间轴线，对比既往第一代新城，通过郊区铁路联系新城与母城的交通方式，无疑是一种巨大的进步。

另一重大革新是巴黎新城的主导机构。新城选址所在范围，均涵盖多个本身具有自立性的地方社区，它们在新城规划中，首先需要由地方议会批准参加新城，然后以社会性的模式共同联合组建新城政府，并在较高程度上与新城开发公司共同掌控新城的发展（在之前的新城中，新城地方政府被动性较强，只有全面接管新城开发公司财产与管理后，才能进入主导位置，甚至才被建立）。私人与半公共的发展集团在与地方政府合作的前提下，大量进入城镇的规划、开发、发展与公共设施建设工作中，包括担负了社会住宅的建设——通常以特定比例混合性融入商品住宅。

塞尔奇—蓬多瓦兹新城的区位选择，受到了 Oise 河流马鞍型的水体走向的影响，环绕河谷形成"环形舞台"的形态；各个组团均面向自然舞台的中心 – 河谷与周边的森林展开视野；这一中心有约 50 公顷的水面，这里原来是废弃的沙坑，少量的农业用地，并有比较严重的垃圾问题，在新城建设开始后被改造、扩展为一个优美的人工湖，可以容纳各种水上运动，以及高尔夫球场[1]。

新城另一方面还和母城巴黎之间有意识塑造良好的功能与文化联系；其第二城市中心，向中心湖面规划了宏伟轴线（Grand Axe）与巴黎凡尔赛宫 – 凯旋门主轴线遥相对望；作为新城的对外景观形象，与巴黎的历史轴线有意识形成视觉与文脉联系。

应对上一代新城的僵化、死板格局，这一代新城重新使用了第一代新城的多组团结构，每个组团具有良好的服务中心，之间有良好的绿地分隔，成为自然的分期规划单元。组团内部以中等密度、中低层数建筑组群为主，部分组团完全以低密度住宅为主。新城同时在组团之间临近快速交通廊道布局形成了组团式的企业与工业园区。

城市中心区重新呈现了传统的室外开放街区的模式，邻近组团有意识突破快速

---

[1] Roullier, Jean-Eudes: 1993, P. 297

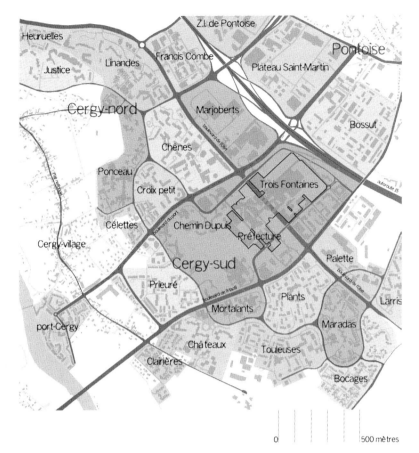

图 6.5 Cergy–Pré fecture 中 心 城
区内部空间结构

干道，与中心区联系紧密（图 6.5）。中心区部分受制于高速轨道交通的要求，仍然采用交通分离，功能混合并不明显，密度中等。以 Cergy–Pré fecture 中心城区为例，中心区域包括大学、中心公园、商业中心等，人口密度约为 50 人 / 公顷；相形之下，低密度住区 Vauréal 也具有 46 人 / 公顷的密度。

整体而言，这一代新城的设计逻辑呈现为田园城市与第二代垂直城市之间的中庸型混合体。

评价

1969 年经济危机与人口变化造成的结果，导致三个新城被取消了，其他的削减规模。建设起来的新城发展缓慢而稳定，尤其是在产业发展领域上："就项目本身的目标，仍然在不断地推进……有一些被确实证明是吸引私人建设投资的磁石。"[①]

塞尔奇一蓬多瓦兹中心的大型绿地与人工水面，与其独立的文化特色都成为城市设计的经典之作。新城规划机构前期有效控制轴线空间预留，1980 年聘请

---

① Hall, Peter: 2009, P. 361

了国际艺术家 Dani Karavan，主持了现代化大型地景设计"宏伟轴线 (grand axes)"，其效果令人印象深刻。1979 年已经有 30 万来访者，轴线项目落成后，1983 年来访者已经达到了 150 万，并持续上升[1]。

这个文化作品同时在细节上与巴黎历史轴线进行了多处呼应：其主要广场与巴黎协和广场是同样尺度；滨湖艺术中心使用罗浮宫的铺地石材进行装饰；空间轴线尽端的 12 根巨柱，尺寸上与罗浮宫旁边的凯旋门巨柱尺度相同[2]。"宏伟轴线（Grand Axe）"采取的艺术效果，使这一巨大尺度的实验品不仅成为都市空间体系中的重要因素，在公众文化中也形成了城市的识别性形象特征。

塞尔齐—蓬多瓦兹 2003 年共计 18 万人口，仍未达到预定发展目标 20 万人口。但产业发展而言，塞尔齐—蓬多瓦兹已经是巴黎西北部最重要的中心区之一，特别是就企业的多样性与国际性而言[3]——紧随另一新城 Marne La Vallée，塞尔齐—蓬多瓦兹是巴黎大区第二大新城。共计拥有 17 个工业区以及一个企业园区，分别吸引了大量的不同种类的相关企业，特别是计算机与数字科技领域、汽车与物流产业以及高品质的服务与商业机构。在区域发展的层面上，区域内的这些城市核心基本都发展成为具有吸引力的发展极，新城单元尤其如此。

这一轮新城建设同时有效地解决了巴黎大区原有东西两侧严重不均衡的问题。主要由新城群与基础设施廊道支持的两条发展轴线，直到新世纪仍然被作为法国重要的都市发展轴线[4]。尽管其间曾经有大量经济与政治变革，部分新城被取消，但整体规划结构得以继续发展，区域规划至整体新城系列项目运作的稳定与连续令人印象深刻[5]。

塞尔齐—蓬多瓦兹采用多组团结构，作为分期建设的重要保障。规划过程具有非常高的弹性：Cergy 的第一个城市中心，不属于原有的计划，而是作为城市建设早期城市的发动机而被建立，并随着最早的居民的迁入提供令人满意的服务。在五年之内这一中心本身获得巨大的商业成功，并有较高比例的办公区域；唯一的消极影响是，原有的主中心（现在变成了第二中心）由此被弱化了[6]。

每个组团针对相应的社会阶层目标群体，均设定了相应的建筑类型，空间主体模式和独立的管理体制与服务模式。塞尔奇—蓬多瓦兹有 7 个火车站，拥有 2 个强有力的城市中心以及各个组团的副中心，作为一个环形城市，在时间、空间两个维度上基本做到了及时有效地提供服务设施。

以组团来呼应不同的市场需求，通过建筑类型来划分阶层的空间布局，毫无疑问满足了中产阶级的普遍需求，但是一个城市所希冀的融合性社会结构以及有

[1] Roullier, Jean-Eudes: 1993, P.304
[2] Roullier, Jean-Eudes: 1993, P. 310;
[3] Roullier, Jean-Eudes: 1993, P. 5
[4] Roullier, Jean-Eudes: 1993, P. 328
[5] Roullier, Jean-Eudes: 1993, P. 14
[6] Collinst: 1975, P. 70

感染力的城市文化则还需观察。

塞尔奇—蓬多瓦兹公共住宅的总体比例大约为 42.6%（1998 年），和大巴黎区域的 33% 与巴黎市区的 14% 相比是较高的。虽然塞尔奇规划局要求住宅开发机构承揽 50% 的社会住宅建设，但这些社会住宅显然没有与其他商品住宅形成良好的混合，最终仍然造成特定阶级在相对较低品质住宅的空间集聚。"118 个不同的社会住宅出租管理人（social lessors）管理 7500 栋 Cergy 的公共住宅，因此进一步阻挡了（与商业住宅）整体的融合。"[1],※ 后期建立的中心片区——拥有眺望巴黎轴线的 Cergy – Saint-Christophe 有缺乏城市活力、外国移民高度集聚的现象；社会住宅集中的街区，出现了轻微的"城市暴力"问题。

塞尔奇—蓬多瓦兹另一项值得注目的建设弹性是其从单中心向双中心结构的转化。根据塞尔奇—蓬多瓦兹规划总负责人 Warnier 先生的访谈，塞尔奇—蓬多瓦兹原有规划仅在城市组团中心位置 Cergy – Saint-Christophe 设置一处中心城区，首期入住居民依托周边城镇 Préfecture 的服务设施，应当可以满足需求。但是随着城市建设的开始，对公共设施的旺盛需求，对周边城镇交通可达性的抱怨，使开发公司迅速决定，在第一期开发的组团 Cergy – Préfecture 设立主中心，为最早入住的居民与企业形成服务。稍后建设 Saint-Christophe 退居为次级中心。这是一项被证明非常具有积极性意义的规划调整。

※ 1999 年，塞尔奇中心城区以及新城中的一些城区，与公共管理部门 (official of administrative circumscription)、国家监察官、法国国铁以及公共住宅出租机构共同签订了地方安全公约。调研表明暴力活动更多地具有大量公共住宅的街区出现，那里缺乏社会混合，青年比例较高。塞尔齐在暴力方面的情况不算是灾难性的，尽管如此，市长 Dominique Lefebvre 及其工作团队要求那些公共准则缺乏的地区尽快解决——主要是公共住宅为主的小型街区。

---

① CARLO, Laurence de: 2002, P. 6, 7

第三代新城：阿尔默勒，弗莱福兰省, 荷兰
Third Generation: Almere, Flevoland, Holland

城市背景：

根据荷兰绿心规划，在兰斯台德都市区内，首先是阿姆斯特丹、鹿特丹、海牙等城市，在直接市域范围内规划与建设郊区住宅或卫星城（例如第二代新城 Bijlmermeer[①]）。其次还有大量新城在联系带的国土区域范围内被建设，尤其是弗莱福兰省 Zuidersee 区域在围海造田后新获取的大片国土，其上建设的系列新城阿尔默勒（Almere）、莱利斯塔德（Lelystad）、德龙滕（Dronten）、埃默洛尔德（Emmeloord）等。

阿尔默勒位于通过弗莱福兰省的 Zuidelijk 片区，尽管并不隶属于大都市阿姆斯特丹，但"自其建设起就作为阿姆斯特丹的田园城镇而被理解，它的主要功能是容纳阿姆斯特丹的溢出人口，形成一个经济自立的、相当程度独立发展的城区，规划最大人口总量约 25 万"[②]，它是一个由国家资助的、以区域城市化发展与大都市服务为双重导向目标的新城。

弗莱福兰省大部分是由填海造田形成的农业与城市开发空间，规划地点并没有特殊的历史与文化背景，城市文化与城市景观都是从"空白"中发展出来的。根据总体规划，新城阿尔默勒除了提供新的农耕经济区域——荷兰自始而终的重要产业经济类型，还应当为"环都市区"提供"郊区型"的居住、工作、娱乐与休闲区。

开发目标因此设定为：一个极具自立品质的新城——一方面提供非常良好的居住与休闲品质，一方面作为"荷兰绿心"——环形都市区的新经济发展极。从交通布局上来讲，阿尔默勒的机动车交通与"环形都市区"构成一个整体型网络（图 6.6）。

规划伊始，阿尔默勒就选择了一条长期发展的战略，仅制定框架，根据具体需求调整内容。根据阿尔默勒结构战略规划（Draft Structure Plan for Almere 1977），阿尔默勒确立了围绕交通核心与绿地的五个独立组团这一与分期规划相适应的空间结构。规划开发机构对此予以下述表述："阿尔默勒更像一个城市'区'（city-district），或区域型城市（city-region），包括 4~5 个甚至更多的城市功能区单元，每一个都具有足够的规模形成自我服务供给关系……它形成了极大的灵活性……每一个城市的发展速度都可以独立决定……大多数居民都能在很短的距离内接触到城区中心与广大的开放空间。在城市群与城市功能区单元群之间形成了一种具有合理逻辑性的宏观分化可能。"[③]

与同时期在中心城市的各大型居住区（包括第二代新城）相反，阿尔默勒从开始就确立了"郊区"新城这一概念：以较高密度的独立或低层住宅——典型的

---

① 见章节 5.2 实例
② Nawijn, K. E: 1979, P. 19; P. 26
③ Nawijn, K. E: 1979, P. 59

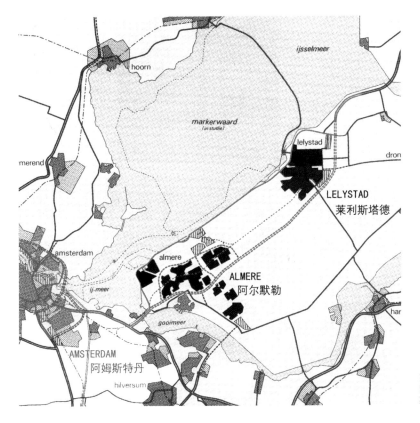

图 6.6 阿姆斯特丹的机动车网路与
阿尔默勒以及弗莱福兰省首府城市
莱利斯塔德市的紧密联系

郊区化生活方式为基本模式的新城，建设总量初期自有住宅与租赁住宅各占一半，后期自有住宅不断提升，约为租赁住宅的三倍。形态上阿尔默勒主体为平坦的低层建筑，从最早进行建设的城市组团阿尔默勒—哈芬（Almere Haven）开始，普遍拥有绿色花园与宽阔的居住街道。各组团中只有中心城区具有较高总量的中层公寓式住宅。其他组团除了中心区适度调高人口密度外，均为较大比例的独立住宅与联排住宅。低层住宅降低了开发新城的造价，对建设初期的开发公司而言颇具意义。

最初建设时，自有住宅总量略低于出租住宅；随着时间发展，这一关系被扭转，2004 年阿尔默勒住宅总量中，出租性住宅占据 39%，自有性住宅为 61%；此外独立家庭住宅占总量 78%、公寓 22%（图 6.7）[1]。

与常规郊区蔓延发展明显的不同在于：
——阿尔默勒仍然具有为都市区提供社会住宅的任务（每年约有 40% 的住宅提供系列不同程度的社会补贴），目标阶层为包括中下层社会阶级的中产阶级；
——其扁平化的空间结构由于对开放空间、住宅单元用地的有效控制，仍然具有相对较高的人口与开发密度※；
——中心城区通过包括铁路在内的区域型交通廊道，对新城的产业经济、商务

※ 阿尔默勒—斯塔德作为核心组团，人口总量为 105261（2007 年），对应人口密度约为 37 人 / 公顷。1985 年开始建设的阿尔默勒—博尔滕同期人口为 51751，人口密度有所提升，约为 50 人 / 公顷。两者均较大程度以联排与独立住宅为主。但其密度与部分第一代田园新城，例如瑞典 Vaellingbys 组团密度 54 人 / 公顷（核心组团密度也仅有 45 人 / 公顷），是较为接近的。

① Gemeente Almere: 2005, P. 27

图 6.7 阿尔默勒的人口、社会与城市建设状况

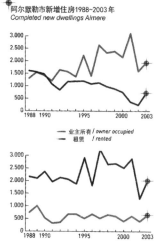

阿尔默勒市新增住房1988~2003年
Completed new dwellings Almere

业主所有 / owner occupied
租赁 / rented

独户住宅 / single family dwelling
公寓 / appartment

阿尔默勒住宅供应情况：
在初期自有住宅与租赁住宅供应总量接近，后期自有住宅供应不断提升，租赁住宅总量下降至前者的三分之一左右。但从住宅的类型而言，独立住宅始终是公寓住宅的三倍以上总量。

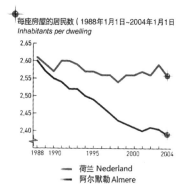

每座房屋的居民数（1988年1月1日~2004年1月1日
Inhabitants per dwelling

荷兰 Nederland
阿尔默勒 Almere

阿尔默勒户均人口增长情况：
荷兰总体户均人口少量下降的背景下，阿尔默勒户均人口不断降低

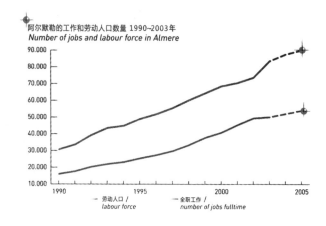

阿尔默勒的工作和劳动人口数量 1990~2003 年
Number of jobs and labour force in Almere

劳动人口 /
labour force

全职工作 /
number of jobs fulltime

阿尔默勒人口及劳动力增长情况：
尽管经历了一系列的经济危机、国家政策变化，阿尔默勒人口与住宅、工作人口与工作岗位均稳定伴行增长，劳动力逐步稳定在人口总量的 40% ～ 60% 之间

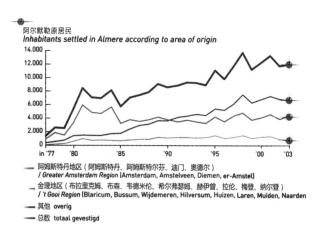

阿尔默勒原居民
Inhabitants settled in Almere according to area of origin

阿姆斯特丹地区（阿姆斯特丹、阿姆斯特尔芬、迪门、奥德尔）
/ Greater Amsterdam Region (Amsterdam, Amstelveen, Diemen, er-Amstel)
金理地区（布拉里克姆、布森、韦德米伦、希尔弗瑟姆、赫尔曾、拉伦、梅登、纳尔登）
/ 't Gooi Region (Blaricum, Bussum, Wijdemeren, Hilversum, Huizen, Laren, Muiden, Naarden
其他 overig
总数 totaal gevestigd

阿尔默勒人口来源：
初期有大量人口从临近的金理地区迁入（本地城市化的动力），自阿姆斯特丹迁入的人口在 20 世纪 90 年代超出上述区域，并持续增长，成为阿尔默勒最主要的人口来源

办公活动、公共设施服务圈层形成了明确的支持。

——中心城区自始而终设定了一系列"城市"为目标的形象、文化、生活的塑造意图。

在阿尔默勒—哈芬（阿尔默勒的第一个城区），原有的渔村被作为新城区的文化意象，被现代化地融合在城市景观的塑造与中心区广场的塑造中，包括小型运河体系的空间组织，意图形成一个现代水乡。对阿姆斯特丹进入的新移民而言，这是阿姆斯特丹最具代表性的水城文化。

整体而言，阿尔默勒仍然是国家所支持的集约型新城开发，尽管冠以"郊区"新城之名，但并不是缺乏控制的无序蔓延。

评价：

阿尔默勒是发展最快的欧洲新城，同时就面积而言也是欧洲最大的新城[1]。作为荷兰最年轻的城市（1976 年建市），阿尔默勒于 1984 年成为独立城市，2000年之后，阿尔默勒是全荷兰供应住宅总量第六大城市，阿姆斯特丹 2002 年仅供应 2384 套新住宅，鹿特丹供应 2464 套住宅，而阿尔默勒提供 1901 套住宅[2]。

2004 年作为弗莱福兰省最大的社区，拥有 170725 人口，并成为荷兰第八大城市[3]。这一吸引力仍然没有衰减，目前稳定在每年 2000 套独立家庭住宅（包括联排与独栋）、500 套公寓左右。阿尔默勒 80% 的住宅是独栋住宅，但70%~80% 的居民属于中等与低收入家庭。[4]这一社会结构在地产市场上仍然表现良好。最新的低密度居住功能为主的城市组团阿尔默勒—博尔滕（Almere Buiten）自 1985 年开始建设，2007 年已经达到 51751 人口，年人口增速稳定在 4%~6%[5]。

阿尔默勒"属于阿姆斯特丹住宅与就业市场，但同时它又是典型的港口城市，其新鲜的空气、广阔的绿野明显地对建成环境有所影响"[6]。这形成了阿尔默勒直接针对大都市区的吸引力。64% 的阿尔默勒新市民的原有居住地点是阿姆斯特丹，在最开始的 5 年一度高达 69.6%，从荷兰其他区域大约有 20%(起初 5年 21.2%)。早期的企业基本来自于阿姆斯特丹。[7]可以说，疏解大都市的目标与经济发展中心的目标基本都已实现。

在区域范围内，由于其优越的区位、可支配的巨大发展空间，吸引企业落户的多样化鼓励政策，阿尔默勒也取得了巨大的经济成功。新城共计提供 50044 个就业岗位，包括各组团中心区在内的 12 个办公园区共计拥有 45.5 万平方米办

① Nawijn, K. E.: 1979, P. 33
② Gemeente Almere: 2005, P.28
③ Gemeente Almere: 2005
④ Weich, John: 2003, P. 54
⑤ http://www.zorgatlas.nl/beinvloedende-factoren/demografie/etniciteit/niet-westerse-allochtonen-per-gemeente-2011/
⑥ Nawijn, K. E.: 1979, P. 32
⑦ Nawijn, K. E.: 1979, P. 81,82

公面积（2004 年）①。阿尔默勒的失业率（5%）在国家平均水平线之下，外籍人口百分比是国家平均值的30%。年度家庭可支配收入总值占荷兰全境第五位（26900 欧元）②。

整体而言，阿尔默勒新城针对城市人口成功的吸纳，以及对国家经济空间秩序的支持，使新城职能逐渐转化成了"环形都市区"边缘的一个重要功能增长极，其劳动力总量在绿心都市区兰斯台德圈层北部范围内仅仅低于乌得勒支（图6.8）。

阿尔默勒的农业发展就荷兰背景而言总量并不太突出（弗莱福兰省围海造田的重要目的之一在于增加农业用地），但这里拥有全荷兰最大面积的水体总量（11715 公顷）与面积第五位的林地（2792 公顷）③。阿尔默勒市政府认为，阿尔默勒还承担了这一地区区域层面上的休闲中心的功能，每年接待大量的休闲游客，例如 2003 年有 278000 拜访者，并成就了 5% 的整体就业岗位④。

就社会情况而言，阿尔默勒也是令人满意的，"在阿尔默勒，每年新增 3000 名居民，其中大约 60% 是没有政府资助的产权住宅"——阿尔默勒在房地产市场上体现了一个较高的质量声誉。"房屋空置率非常之低，大约是 1.5%。除此之外，这些住宅还允许一定的差异性，例如滨水住宅，公园旁侧的住宅，森林边缘的住宅。国家资助的社会住宅平均等候时间约为三年。"⑤在小规模的社会调研中，大多数居民认为现有的社会结构没有引发社会问题，但是没有愿望进一步增加社会阶层多样性；对于人口密度而言，居民们也持同样的态度。⑥

"对于那些居住在拥挤都市区里的居民，阿尔默勒是一个低层建筑的天堂，他们渴望在此获取反对大都市的布尔乔亚式的牧歌：一个迷你尺寸的花园 。"阿尔默勒最初被作为一个以田园风光为胜的"郊区新城"，建成之后最大的问题是面临着缺乏都市性的问题。此外这也带来了服务与交通的问题，多组团中心削弱了主中心的潜在购买力与高端销售总量，因此被评价为"这些城市核心之间的巨大土地与长距离，更接近美国城市而不是荷兰城市"⑦（图 6.9）。

公共设施的发展在现实中明显迟滞于快速的城市发展与进一步的需求预估⑧。事实上，"第一代青少年，最早迁居者的子女们，深觉这个新城无聊，27 年的发展后，阿尔默勒仍然只有一家夜总会和屈指可数的酒吧与咖啡馆。缺乏娱乐是如此令人沮丧，很多人都不认为阿尔默勒完全是一个城市，而仅仅是一个广阔的农业区和生态区的延伸中的大社区"⑨。批判者认为："阿尔默勒既非在此，也非在

---

① Gemeente Almere: 2005
② Gemeente Almere: 2005
③ Gemeente Almere: 2005
④ Gemeente Almere: 2001
⑤ Institut für Öffentliche Bauten/Städtebauliches Institut: 1999, P. 307
⑥ Zhou, Commandeur: 2009, P. 309
⑦ Weich, John: 2003, P. 53
⑧ Gemeente Almere: 2001
⑨ Weich, John: 2003, P. 54

阿尔默勒市及其周边地区劳动力数量
Labour force in and around Almere

劳动力数量（x1000）
Labour force (x1000)

Lelystad
26
莱利斯塔德

Dronten
21
德龙滕

阿姆斯特丹
Amsterdam
376

Almere
86
阿尔默勒

Amstelveen
49
阿姆斯特尔芬

Zeewolde
7
泽沃德

Naarden
7 纳尔登

Bussum
布森16

Huizen
22
赫伊曾

Hilversum
36
希尔弗瑟姆

Utrecht
129
乌得勒支

Soest
21
索埃斯特

Amersfoort
47
阿默斯福特

图片来源 / *Source*: CBS

绿心都市区各城市劳动力总量：阿尔默勒劳动力总量在绿心都市区北部范围内仅次于乌得勒支

阿尔默勒市就业平衡情况(2003年4月1日)
Employment balance Almere 1-4-2003

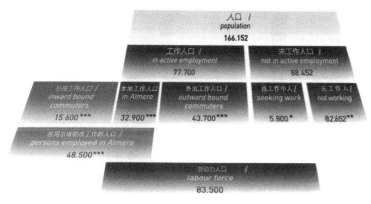

* Is niet werkzame beroepsbevolking 未就业的劳动力人口
** Is inclusief niet werkende werkzoekenden,die nog niet aan het arbeidsproces hebben deelgenomen zoals 'schoolverlaters' 失业人口，包括未就业的毕业生
*** 2002

来源 / Source：弗莱福兰省 Provincie Flevoland / CBS

阿尔默勒就业岗位情况：
2003 年，阿尔默勒总人口中（166152 人），劳动力 83500 人。失业率 3.5%（5800 人），积极就业人口约占总人口 46.8%（77700 人），其中在阿尔默勒就业人口为 32900 人，向外通勤人口为 43700 人，外向通勤率约为 56.2%。加上外部进入的通勤人口 15600 人，阿尔默勒共计提供就业岗位 48500 个。就业岗位与人口比约为 0.29。

图 6.8 阿尔默勒区域与内部产业发展状况

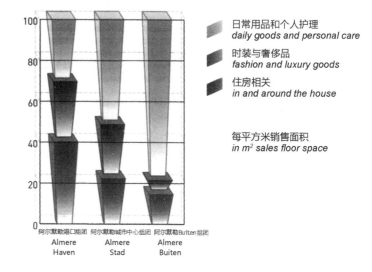

阿尔默勒零售业情况，2003年1月4日
Retail trade, 1-4-2003

日常用品和个人护理
daily goods and personal care

时装与奢侈品
fashion and luxury goods

住房相关
in and around the house

每平方米销售面积
in m² sales floor space

阿尔默勒港口组团　阿尔默勒城市中心组团　阿尔默勒Buiten组团
Almere　　Almere　　Almere
Haven　　Stad　　Buiten

图 6.9　就零售结构而言，阿尔默勒中心区组团并未显示出特殊的优势。阿尔默勒—哈芬的家居用品、奢侈品在零售中的占比，均超过了阿尔默勒—史塔特。

来源 / Source：阿尔默勒市 Gemeente Almere

彼，既非城市，也非郊区，可以称为小型城镇的替代品，也可以称为低密度中产阶级住宅的集合。"[1]（图 6.10）

1990 年阿尔默勒开始了一个针对城市中心区的城市更新计划。城市中心在原有面积上扩张一倍，扩展其办公园区与中心服务设施总量，并明显提高了中心区城市设计质量。OMA 为中心区域设计了极具地标性的滨水中心城市意象。这一项目同时为阿尔默勒赢得了巨大的国际反响与地方居民的积极反馈。

阿尔默勒新城的革新特性非常突出。阿尔默勒成立了新城规划研究机构 The International New Town Institute (INTI)，在新城规划与运营领域进行国际性的学术实践联合活动。城市主办了大量建筑竞赛、文化展览，鼓励突破性的设计；可以说阿尔默勒是荷兰建筑师在 21 世纪初始系列革新性国际设计作品的集中地，它反向又造就了新城的先锋声誉。从另一个角度，这也被城市设计界质疑：阿尔默勒每一个城市街区都有自己的品质，同时也是那一时代的产物。这形成了巨大的多样性。另一方面也造成了这样的危险：城市过多地关注各种短期利益。在一个整体性时间维度上形成一个高质量的规划，有一定的困难。[2]

2007 年 10 月，阿尔默勒城市扩张计划 2030 被批准。阿尔默勒并不急于建设至今仍然空白的东部组团，而是选择了西侧围海造田，与阿姆斯特丹都市对接这

---

[1] Weich, John: 2003, P. 54
[2] IOB（UNI Stutttgart）: 1999, P. 309

图 6.10 阿尔默勒城市中心区商业
形态的不断调整

图 6.11 阿尔默勒 2030

阿尔默勒再次改变原有组团逐步实
现的战略，将阿尔默勒与西侧阿姆
斯特丹都市区直接对接作为首要战
略，构成新城区域地位的层面提升
图中 Zandbelt & VandenBerg 为其
设定的发展模式之一：水城

一大胆的思路——多组团发展的灵活弹性再次体现。至 2030 年，规划意图实现
现有住宅总量的翻倍（约为 35 万人口），并结合都市区原有城市功能共同提升
其区域职能，平均每年还需增加 5000 个工作岗位与 3000 栋住宅，最终形成兰
斯台德北部的重要职能中心[1]（图 6.11）。

---

① Jessen, Johann; Meyer, Ute; Schneider, Jochem; Wolf, Thomas: 2008, P. 66

6.3 第三代新城的特征
Characteristics of the Third Generation of New Town

第三代新城的特征在于：

时间阶段：
- 20 世纪 70 年代开始建设至今

主体目标：
- 区域规划结构作为新城发展的框架：都市区的城市化推进，区域空间结构的平衡，形成区域的新经济副中心等。
- 通过高质量的居住设施与工作岗位进行大都市整体区域的城市功能疏解。

新城的社会平衡性：
- 经济自立是新城功能计划的核心目标。母城与区域试图借此不仅仅形成平衡的工作岗位关系，而且应当形成在区域范围内有竞争力的新经济功能，各种新兴产业类型、研究园区等[1]。
- 以更为广大的区域作为公共服务的辐射范围，高层级公共设施以区域服务尺度为标准。许多新城拥有大型高品质公共设施或者区域娱乐设施，例如塞尔奇一蓬多瓦兹大学与 Marne-la-Vallée 设立的迪斯尼乐园。
- 社会混合是一个潜在的目标，都市化的城市区域通常要求有一定比例的社会住宅，但整体而言新城是服务于中产阶级与中低阶级[2],[※1]。

贯彻与执行：
- 新城开发公司所谓"神圣的万能集团"的原有形象被拒绝，与此相反，竭力形成不同层面的共同参与者，特别是中央与地方各级政府之间[3]。巴黎新城中，小型独立地方政府共同组成新城政府，在较高层面上参与了新城开发公司就新城发展方面的各项重要决策[4],[※2]。在中央政策制定层面上，规划决策核心之外其他官僚机器和党派领袖等常见的干扰性力量被有效地排除[5]。私人与半私人的开发机构在规划、开发新城与公共设施建设中被引入，和地方政府共同合作[6],[※3]。
- 新城规划政策将开放性作为一种原则：对必要的规划修订，持整体上开放的态度，包括一些重大的决策，例如阿尔默勒组团的灵活建设，塞尔奇突破原有规划，从一个城市中心转变为两个城市中心。
- 就财政分配而言，更加多元化。以巴黎新城为例，中央政府、省以及城市分担新城的公共投资部分，由私人开发机构建设普通住宅后，将其中一定比例作为社会住宅使用，降低了政府的直接支出[※4]。

※1 以阿尔默勒为例：80% 的住宅是独栋住宅，但 64% 的居民属于中等与低收入家庭。

※2 荷兰弗莱福兰省相关新城项目是一个例外，受到土地来源的影响，阿尔默勒主要是一个国家资助的项目。

※3 法国新城管理者对其评价为："政府管理与私人企业的融合，以及中央政府与政府内部非中心性的管理，造就了其性格。"

※4 巴黎新城在长期的投资中，开发集团受到国家管理组织的直接监管。

① Levin, P.H.: 1976, P. 20
② Weich, John: 2003, P. 54
③ Eggert, Silke: 2002, P. 9
④ Nawijn, K. E.: P. 15
⑤ Hall, Peter: 2009, P.361
⑥ Roullier, Jean-Eudes: 1993, P. 6

功能：

- 新城选择的区位品质非常优良，通常距离都市核心区 20~40 公里，拥有优良的自然环境质量[1],[※1]。新城非常关注与母城之间的有效联系。包括地铁交通，高速轨道交通（塞尔奇—蓬多瓦兹），直接与轨道交通接驳的郊区铁路（阿尔默勒）。

- 城市规模按照区域的经济力量而决定，但是整体而言超过了以往新城，从而具有更好的规模基础。其发展目标是一个成熟的自立性城市，空间独立的城市而不是附属城区。

- 新城普遍采用多组团的空间结构。各组团有相对明显的功能定位，包括低层居住区、多层住宅区、中心组团，并有独立的组团级别中心（图 6.12）。

- 工业产业园区位于各组团之间，靠近交通廊道，以独立产业园区形式存在（图 6.13）。商务研发园区开始成为城市中心区的重要建设计划，它们在空间位置上近邻绿地、轨道交通、城市服务中心与居住功能区，不但区位优势突出，而且往往占据中心城区 40% 以上的用地总量（图 6.14）。

- 绝大多数城区形成了一个相对松散的建设结构。平均而言，以低等与中等程度的建设密度为主（组团约 50 人 / 公顷为典型标准），包括少量仅有低层居住区的组团，作为对中心大都市高密度与都市化背景下就业者对居住产品的需求回应[2],[※2]。

- 新城与母城之间有多元化的交通廊道，包括私人机动车交通、公共近程与远程公共交通[3],[※3]。尽管私

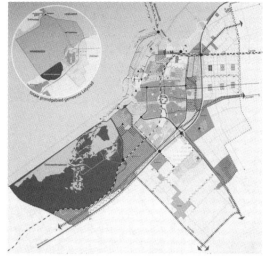

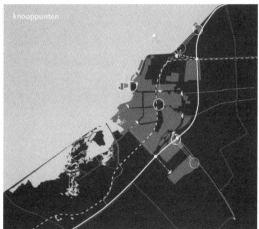

※1（阿尔默勒）"属于阿姆斯特丹住宅与就业市场，但同时它又是典型的港口城市，其新鲜的空气、广阔的绿野明显地对建成环境有所影响。"

※2 在阿尔默勒，"对于那些居住在拥挤都市区里的居民，阿尔默勒是一个低层建筑的天堂，他们渴望在此获取反对大都市的布尔乔亚式的牧歌：一个迷你尺寸的花园"。

※3 巴黎新城建设的重要原则进一步提出：新城中，密集的中心城区与各组团的服务核心应通过轨道交通相互联系。这一原则由于造价较高，人口密度低，在塞尔奇等其他新城先期已预留其空间，但至今尚未得到实现。目前城市使用巴士公共交通连接各个组团。阿尔默勒同样重视公交线路对新城交通形式的重要补充作用："根据阿尔默勒交通规划，90% 的居民与 75% 的工作岗位位于公交车站周边 400 米范围内（有先行路权的公共汽车交通）。"

---

① Nawijn, K. E.: 1979, P. 32
② Weich, John; Almere: 2003, P. 53-59
③ IOB（UNI Stutttgart）: 1999, P. 307

图 6.12　荷兰同一时期另一新城莱利斯塔德多组团结构理念下的总体规划（上）、双交通廊道支持功能（中）和绿化结构（下）。

图 6.13 在组团之间多处企业园区（红点处），具有多样化的大小与位置，空间位置上集聚在区域轨道交通与快速道路之间，通过组团之间的道路联系成为区域内的重要工作岗位来源。

人车行交通在 20 世纪 60~70 年代已经呈现明显的上升趋势，但是为充分利用母城资源，各个新城普遍致力于提供良好的快速轨道交通，同时避免在大都市与新城之间私人车行交通负担过大[1],[※1]。

- 传统的前现代主义时期，欧洲城市的特色——时间与空间连续分配的活跃性街道功能——而不是点状的功能点，再次被重视。在城市中心，由于轨道交通两侧的用地均被使用，所产生的绝对性步行交通总量，仍然通过多层面的交通节点加上空间上的外环车行交通线来塑造，以保障步行优先[2]。

城市景观：

- 1966 年以后法国新城有三个共同的目标：建立都市化气质的中心，融合各种都市性要素，具有高品质的建筑质量[3]。这反映了这一代新城对"城市"这一概念，以及由此对都市化质量的重视。
- 自然景观的品质仍然是新城的核心价值，尤其是城市中心区，代表性的对外形象，都会以大型自然形态要素为核心，有意识地融合各种室外休闲活动品质加以塑造设计[4],[※2]。低层中等密度的建设模式容许居住单元与

① Irion, Ilse; Sieverts, Thomas: 1991, P. 178
② Roullier, Jean-Eudes: 1993, P. 248
③ Roullier, Jean-Eudes: 1993, P. 10
④ Roullier, Jean-Eudes: 1993, P. 297

小型绿地、带状绿廊、外部自然绿地有良好的可达范围。

- 在巴黎区域城市规划发展规划(1965 年)中，纯粹的空间形式主义——"非理性地预设一个象征性的建筑或空间形态容器，要求社会与经济内容必须尽可能地与之适应"——被要求规避[1]。新城普遍试图在城市风貌与空间形态中都形成一个契合地方特征的新形象。例如通过区域性的地理元素(例如塞尔奇—蓬多瓦兹的大型区域轴线[2],[※1])，或地方性的地域文化(例如阿尔默勒—哈芬的港口城市风貌)。

- 住宅设计从大型居住空间单元，转化为结构活跃而多样的小型居住组群[3],[※2]。在中心区有意识重新运用了"街坊（ Block ）"的简化单元，形成了建筑单

※1 （塞尔奇—蓬多瓦兹）"宏伟轴线"（ Grand Axe ）采取了一种新的艺术效果，这一巨大尺度的未完成实验品未来必然不同凡响，这已经是都市体系中的重要因素，在公众思想中形成了城市的重要形象特征。

※2 在巴黎，起初新城规划以 4000~6000 套住宅的规模进行投标竞赛。随后，开发集团试图将形象方面的差异缩小，借此形成邻里之间的整体形态。20 世纪 70 年代末期，主要的设计尺度由 150~200 栋住宅，缩小到 30~50 栋住宅，有意识利用不同的建筑风貌效果，以界定街区的范围与形态。

图 6.14 第三代新城瑞典 Jaervafaeltet，阿尔默勒与塞尔奇—圣克里斯托弗中心组团，围绕轨道交通站点（ 红色 ）的新城发展模式，以及工商业区（ 灰色 ）的布局变化：
——工商业区优质的地理环境
——工商业区与轨道交通站点的紧密联系
——工商业区与城市居住功能的紧密结合

① Roullier, Jean-Eudes: 1993, P. 7
② Roullier, Jean-Eudes: 1993, P. 311
③ Roullier, Jean-Eudes: 1993, P. 248~249

※1 巴黎新城规划全面试用了城市规划导则,处理"重要区域(城市中心,战略性重要的街坊,和现有村庄的接触点等等位置)"的形态特征要求。"它们包括的信息有都市发展目标,各种约束与权力,附近的建成区(如有),与公共设施的联系关系,建筑形态草稿以及(或)模型照片,地面形态与形式,法规、规范,以及与相关当局签署同意的协议副本。"

※2 塞尔奇—蓬多瓦兹的"宏伟轴线(grand axes)",其主要广场与巴黎协和广场是同样尺度。滨湖艺术中心使用罗浮宫的铺地石材进行装饰。空间轴线尽端的 12 根巨柱,尺寸上与罗浮宫旁边的凯旋门巨柱尺度相同。

在阿尔默勒—哈芬(阿尔默勒的第一个城区),原有的渔村被作为新城区的文化意象,被现代化地融合在城市景观的塑造与中心区广场的塑造中,包括小型运河体系的空间组织,意图形成一个现代水乡。对阿姆斯特丹进入的新移民而言,这是阿姆斯特丹最具代表性的水城文化。

体与城市结构之间的缓冲空间层次。对多层公寓,有意识加强了城市形态的塑造。例如阿尔默勒—哈芬围合性内院的设计,阿尔默勒—史塔特中心城区公寓正面与背面公共空间形态的差异。

- 应对第二代新城的苍白,这一代的新城景观通过多样化的半开放街坊形态以及色彩丰富的建筑设计而形成变化。在塞尔奇—蓬多瓦兹新城规划中,有意识地通过招标单元规模,控制单一模式内有限的建筑数量,提高多样性。

- 提高城市空间质量的需求转化为城市设计。在法规上,"城市设计导则",作为一项重要的工具,以整体化的城市意象、有控制的、高质量的空间形态作为基本目标,控制核心区或整体区域的建筑与城市空间质量[1],[※1]。

- 城市中心重新恢复开放的露天公共空间体系这一传统,鼓励多功能的融入,居住与商业功能被谨慎地混合,但由于建设强度不高,混合程度不足,城市中心区的居住人口仍然不足以呈现活跃的气质,在组团结构上呈现与居住功能分区设置的格局。

- 开始重视公共空间的含义体系,强调来自于地域、文化的强烈表现力,有效地拓展城市设计的含义层面[2],[※2]。在建筑设计中强调使用不同种类而具地方特色的建筑材料。在 20 世纪 70 年代末,整体外部空间风格已经全面向传统城市转化,包括活跃的街道形态、林荫大道、覆顶玻璃走廊、汽车与行人的交通混行等各种在传统城市中更为普遍的空间使用模式。

图 6.15 Ile-de-France-Region (RIF) 法兰西岛大区的四个新城:一般性发展数据 1987

	面积(公顷)	发展公司成立时间(EPA)	购买土地(公顷)	1987年总人口	住宅建设(累计)	预计工作岗位	公司数量	工业用地(公顷)	办公用地(公顷)	1987年工薪人员数量	以100为基数的就业增长指数统计(1968年)	新城就业率
Cergy-Pontoise	8000	1969	5195	140000	40275	65000	1000	374	52.8	65,000	433	1.36
Evry	4100	1969	2038	65000	21870**	37000	500	231.7	47.1	37,000	2,467	1.48
Marne la Vallèe	15000	1972	5941	193800	36683	58800	796	352	67.7	58,800	231	1.09
Melun Sènart	11800	1973	4842	72000	13811	16000	100	184.5	46.7	16,000		
St-Quentine	6300	1970	4125	117600	38500	45500	700	380.6	72.2	45,000	643	0.57
Total RIF	45200		22141	588400	151139	222300	3096	1522.8	244.5	221,800	3774	

① Roullier, Jean-Eudes: 1993, P. 259
② Roullier, Jean-Eudes: 1993, P. 310;

实现情况

主体目标的实现：

- 区域发展战略普遍以较大尺度被实现，是这一代新城最明显的成功。对比那些无法控制的"都市蔓延"与低品质的居住区项目，例如巴黎大区的"大型集合住区（Grands Ensembles）"，这是城市规划的良好成果。
- 整体而言，新城属于具有吸引力的居住场所。新城较大的人口与大型中心设施规模、合理的布局、完整的土地功能配置与其理性的区域间联系通道对其均有帮助[※1]，一方面造就了针对大都市核心的"反磁力"，另一方面全面地利用了现有的资源（土地、生态、区域腹地）。和上一代的新城相比，新城无论从区域空间，还是从大都市都吸引了大量的居民，尤其是大都市居民，这是第一代田园新城未曾达到的[①,※2]。但部分由于整体国家人口增长趋势衰减，部分由于大都市仍然具有的特殊服务品质，一些新城仍未达到规划的人口总量。
- 新城的吸引力在工作岗位方面得到了良好的印证，所有的新城都基本达到或超出了预期的工作岗位计划（图 6.15）。

社会平衡性的实现：

- 城市居民主要属于中产阶级与下中阶级，由于社会中心区多层住宅以及相应社会住宅的较高聚集程度，在城市中心区的犯罪率略高，但未造成严重的社会分离与社会问题[②,※3]。
- 开发集团较为关注：城市中心伴随着居民的迁入同时进行开发[③,※4,④,※5]，对城市生活质量有较大帮助。新城城市中心同时涵盖了更大区域的服务职责，包括区域性的服务设施，例如大型商务园区、大学，整体提高了中心区的服务水平与总量。
- 整体而言，在功能与社会双重意义上，存在一个以大型城市组团为单元的隔离。每个城市组团具有接近同质化的社会组成（整体的低密度或整体的中等密度），向内形成紧密的社会联系与混合的邻里，保障了财产价值的稳定；向外被组团间的生态绿地隔离，组团间快速公共交通受制于人口密度未能实施，加上整体松散的空间结构，阻碍了多社会阶级的深入融合[⑤]。

贯彻与执行：

- 普遍证明新城的多组团开发，是针对分期发展、根据变化中的的功能要求调整规划内容的良好规划手段。
- 这一代新城虽然尺度巨大，但发展速度非常迅速[⑥,※6]。组团式的发展使各个新城较早具有对外服务的能力。

※1 塞尔奇—蓬多瓦兹有 7 个火车站，拥有两个强有力的城市中心以及各个组团的副中心，作为一个环形城市，在时间、空间两个维度上基本做到了及时有效地提供服务设施。

※2 64% 阿尔默勒新市民的原有居住地点是阿姆斯特丹，在最开始的 5 年一度高达 69.6%，从荷兰其他区域大约有 20%（起初 5 年 21.2%）。早期的企业基本来自于阿姆斯特丹。

※3 荷兰与瑞典这一代新城中社会问题不突出。在塞尔奇—蓬多瓦兹较高密度的城市区域内出现了集中的"城市暴力"，市政管理方认为除了建设环境外，有一定的偶然性。"城市暴力的原因被普遍认为一方面与建筑物的物理状况有关，一方面来源于大量的个人行为，尤其是不文明行为"。

※4 巴黎新城极其清晰地确定了城市中心区伴随早期居住区同时建成的原则。"城市规划研究者必须认识到一个事实：新城需要 30 年进行建设。但是不可能如此长期地等待城市形成稳定形态。最早的居住者不能定居于一个沙漠或沼泽中，相信居民早期的不满可以通过一个漫长的许诺得到解决。"

※5 塞尔奇—蓬多瓦兹的第一个城市中心，不属于原有的计划，而是作为城市建设早期城市的发动机而被建立，并随着最早的居民的迁入提供令人满意的服务。在五年之内这一中心本身获得巨大的商业成功，并有较高比例的办公区域；唯一的消极影响是，原有的主中心（现在变成了第二中心）由此被大大弱化了。

※6 法国新城之父 Paul Delouvrier 宣称，奥斯曼花费 17 年改造巴黎，而他只花了 7 年时间。阿尔默勒在 25 年内，达到 25 万人口，是欧洲发展最快的新城。

---

① Nawijn, K. E.: 1979, P. 81,82
② Carlo, Laurence de: 2002, P.6
③ Roullier, Jean-Eudes: 1993, P. 241
④ Collinst: 1975, P. 70
⑤ Weich, John: 2003, P. 53
⑥ Hall, Peter: 2009, P. 358

- 新城发展中允许对各项规划内容进行调整变化，其中部分内容具有相当大尺度的变化。对比第一代田园新城以组团结构模式组织——但事实上基本按序完成了这一蓝图，第三代新城组团规划的贯彻是相当结合现实性需求与市场背景的，具有非常大的灵活性。

功能上的实现：

- 作为新城最重要的城市文化载体与心理标识，开发公司特别重视中心区的及时服务与服务品质，例如塞尔奇—蓬多瓦兹第二个中心区的建设。每个组团均有相对独立的服务体系，固然为相应的社会群体提供了便捷的服务，但也分化了部分城市中心的职责，彼此之间通过公交而形成的联系较弱，削弱了中心城区的服务总量与品质，使分级别的商业体系未能形成——由于便捷的交通，城市各组团事实上可以前往大都市购物[※1]
- 新城与大都市之间的轨道交通廊道被证明大幅度地分担了机动车通勤交通。各个新城都有接近 50% 的通勤交通由快速轨道交通承担。
- 由于松散的结构，机动车交通在城市交通体系中始终具有重要意义[①,※2]。它阻碍了巴黎各个新城最初计划以轨道交通联系城市组团的计划——快速公交不能保证达到合理的经济性人群规模。
- 大型工业区独立设置为城市组团，安置于各个居住组团边缘或绿地内这一模式，内部同时融合商务企业功能，给了工业发展较大的空间与明显的灵活性。
- 与城市中心区结合的工商园区，容纳了大学等研究开发机构，周边自然环境优美，人居环境与服务设施齐全——个在大都市范围内具有明显竞争能力、培养新兴高科技与服务产业的良好基地。

城市景观的实现：

- 作为与第二代混凝土森林高密度建设印象的对比，新一代城市更加强调一个强烈的"绿色意象"——也是地理意义上的城市中心。开放空间内的各种休闲运动成为新城重要的吸引力以及城市意象[②,※3,③,※4]。除了中心区，城市各个组团仍然缺乏活跃性的城市生活，原因在于较为有限的人口总量以及同时较低的建设密度。
- 城市中心事实上是其中最大的组团，而不是绝对意义上的都市活力中心。在初期规划中，都市中心内部普遍涵盖着巨大的开放空间（图 6.16）。中心区人口总量与密度较低、社会住宅的聚集都对中心区吸引力有一定的影响。
- 两个城市的巨大绿色中心与都市中心之间未能形成强烈的互动以及价值的整体提升。20 世纪 90 年代对阿尔默勒的改造正试图解决这一问题——将滨水区域同时塑造为最富于活力的空间。对于塞尔奇—蓬多瓦兹而言，"宏伟轴线"过于纯粹而仅仅强化其代表性的文化与美学价值，由于其尽端化的位置，以及缺乏商业休闲文化功能支撑，并未进一步形成城市

※1 阿尔默勒因此在 20 世纪 90 年代的改造中大规模增加商业娱乐面积，即冀图以此形成与大都市商业中心相抗衡的"反磁力极"。

※2 瑞典新城在私人汽车交通影响下，地铁站点周边的商业设施最终被缩小，分散到各个大型社区的邻里中心当中。每个中心周围都包括大量的停车场与停车楼。

※3 塞尔奇—蓬多瓦兹中心的大型景观公园，其公共空间的利用，以及"宏伟轴线"为塞尔奇—蓬多瓦兹赢得了非常良好的声名。1979 年已经有 30 万人来参观，1983 年达到 150 万，并持续上升。

※4 在针对阿尔默勒的所有赞誉与诟病中，"休闲城市"是最具美化色彩的，最常用也是最适宜的。无论阿姆斯特丹的文化沙皇们如何肆意批判阿尔默勒是一个没有文化的城市，一个没有历史的城市，都不能对阿尔默勒著名安详宁静的风景有分毫损害。——WEICH, JOHN

① Irion, Ilse; Sieverts, Thomas: 1991, P. 178
② Roullier, Jean-Eudes: 1993, P.304
③ Weich, John: 2003, P. 59

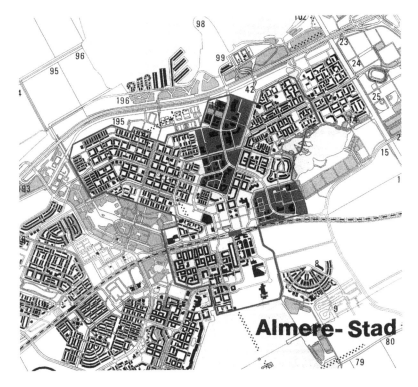

图 6.16 阿尔默勒 – 斯塔德未改造前中心区肌理图

中心组团以火车站（红色）为中心，两侧不平衡的空间状况，一侧为紧密的商业街坊，一侧为开放的大型绿地，指向商务园区。

生活的交点，而仅仅停留在一个巨大尺度上规划与文化版图的空间焦点。

• 每一个住宅区域与邻里，其多样化的建筑式样由于大量的设计竞赛而拥有极为强烈的个性，但遗憾的是，这种多样性是以整体和谐的城市景观为代价的（有趣的是两国新城均特别倾向通过建筑设计竞赛来提供这种效果）——"一种'点彩派'的城市结构类型表现，给予新城外观形态令人瞩目的连续性的多样变化，而整体却缺乏统一性[1]。"

---

① Roullier, Jean-Eudes: 1993, P. 15

6.4 第三代新城的成功与问题
Success and Failure of the Third Generation of New Town

这一代新城，整体而言，既是经济上的也是政治上的成功；区域性发展政策同时在空间层面、社会与经济层面上得到了广泛的贯彻[1]。

法国政府1964年颁布的新城发展计划案包括9个城市（5个在巴黎周边，4个在外省）。就人口的规模而言，相当部分新城低于20万人口，并未达到巴黎新城预设30~100万人口的计划。"两个最小的新城，没有达到理想的尺度与达常规的法律地位，因此失去了'新城'的称号。在克服经济衰退危机以及各种偶然性的政治波动后，其他7个新城进入了进一步的发展过程中，吸收大学、研究中心、高科技公司与娱乐活动，它们成为法国大型城市活力中引人瞩目的要素。"[2]（图6.17）产业发展显然较人口吸纳更好地达到了预期的目标。巴黎工商产业最为成功的新城 Marne-la-Vallée 和目前已经成为荷兰全国第八大经济体的阿尔默勒，最终有效达到了规划人口与更进一步区域经济引擎的作用，这两个案例透露出这样的信息：产业发展状况，而不仅仅是规划意图与基础设施建设水平，最终会强烈地影响人口的最终规模。

巴黎这一代新城中，最成功的案例为 Marne-la-Vallée。根据2013年官方数据，城市总人口约30万，就业岗位达到13万。15000家公司中包括了迪士尼、雀巢、法兰西银行、安盛集团（AXA）等重要国际企业。Marne-la-Vallée大学有15000名学生与1300名研究者。目前已经成为大区第三产业重要的就业中心。2009年被法国宣布为大巴黎项目中的卓越地点序列（cluster of excellence within the Greater Paris project）[3]。

Marne-la-Vallee 新城就空间结构而言，同样采取了带状组团式结构模式，在建设中同样呈现了良好的弹性。最初规划中，Marne-la-Vallee 沿快速轨道交通、快速交通的双廊道规划形成了三个大型组团，在实际实施中，重要的生态廊道均被保留，城市功能增加了新组团：欧洲谷。最终共分为四大功能分区，各分区分别建于不同历史时期，其产业发展侧重点也有明显差异。

——第一组团巴黎之门毗邻巴黎，承担地区城市中心的职能，第三产业发达，既有巴黎地区商业交易活动最为活跃的购物中心之一，也有以IBM为代表的世界著名企业的办公机构，是巴黎和德芳斯之后巴黎地区的第三大城市中心。
——第二组团莫比埃谷自然环境优势突出，住区环境优美舒适，1983年在此成立了迪斯卡特科学城，至今已经吸引了十多所欧洲著名高校和科研机构以及近200家企业的研发部门在此集聚，主要从事电子信息技术等方面的科学研究，已成为巴黎地区新兴的科技研发中心。

---

① Nawijn, K. E.:1979. P. 79
② Roullier, Jean-Eudes: 1993, P. 5
③ http://investir.epa-marnelavallee.fr/pro_eng

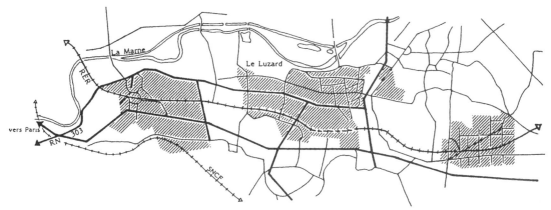

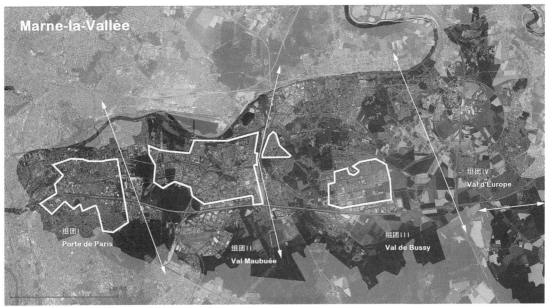

图 6.17 Marne-la-Vallée 规划结构图

——第三组团比西谷是最大的一个城市组团，主要发展以知识经济生产为特征的新兴产业，目前已形成住宅、商务办公和产业开发等几大功能分区。

——第四组团欧洲谷以巴黎迪斯尼主题公园的建设为契机，积极发展配套的餐饮住宿、娱乐休闲、教育培训等服务业，每年接待游客数百万，提供直接就业岗位近一万个。另外，古斯塔夫埃菲尔商务园区也吸引了众多从巴黎市区和近郊迁入的商务服务业企业。①

法国城市规划者对这一代新城不无自矜地声称："法国新城，在世界范围内也是极少数的个例：最初并不是为了解决住宅或工业地产等传统问题，而是为了结合人口布局规划，提高服务设施的再分配，并鼓励大型区域都市带的具有前

① 陆韬，宁越敏：2013. P. 37

途性的各种内部活力。"①新城被作为区域空间要素，植根于高效的、友好的、多元化的交通体系之中，提供具有区域性意义的公共设施，提高整体区域的工商业、人居竞争力，以及子区域的都市文化——大都市向外部推进高品质城市化的战略。

这一代新城同时放弃了蓝图式规划，其发展弹性也让人印象深刻。以阿尔默勒这样快速发展的城市，在 20 年后仍然有三个大型功能组团处于规划与建设中，其发展详细计划在具体建设前才被最后确定；随着阿姆斯特丹总规的意图调整，放弃土地条件更为优良、开发便易的规划组团，通过围海造田向阿姆斯特丹都市区进一步靠拢；新城管理者在规划贯彻中显示出了极大的机动性。

一个城市规划项目必须在一定程度上预计今后 30 年的发展，但在设计的时候，界定新城未来发展的最终状态，又是一件几乎不可能完成的使命——一个动态的有机体的魅力部分来自于此。技术上的进步、社会与文化视野的改变、国际化的整体背景动荡，会形成模型无法预期的各种变化，新城必须有能力与之协调发展②。

但综合对比新城的历史与未来，这一代新城中，很多重要的城市规划原则，例如活跃的功能混合或者城市密度的重要性，都已开始初步被认识，但还处于实验阶段③。其城市规划的结构仍然是田园城市时代与功能分离时代之间一个困难的中庸方案。Gabriele Tagliaventi 强烈批评法国新城呈现的低密度特征。塞尔奇 – 蓬多瓦兹的人口目标密度约为巴黎都市中心区的 1/11，实际密度约为 1/16，人口密度最低的新城 Melun-Senart，50% 的人口生活在独立住宅中，其密度仅为中心区密度的 1/30[*1]。"它们清晰地表达了一个城市建设区域的蔓延现象，浪费自然与能源……人为降低居住密度，提高交通距离，造成了完全依赖汽车交通，无法使用有效的公共交通系统。"④ 欧洲城市规划界对第三代新城密度降低并不完全赞同。

它们功能上也更多的是一个妥协阶段，例如中心区半封闭街坊式的邻里 vs 松散的整体城市结构，每个城市组团的多元化结构 vs 城市范围缺乏组团间的相互融合。各个新城的单体建筑与街区设计具有活力，但整体缺乏共同秩序而且不具有整体城市意象；中心城市组团开始强调街道作为主体生活空间，而在组团街区之间则以纯粹的林荫道与交通功能联系。

如果以一个较为严格的尺度——在 30 年的发展时间中，可以说各个新城尽管具有巨大的尺度与人口总量，并且具有高效的管理能力，但是仍然尚未具有整体性和具有强烈识别性的积极城市意象以及由此凝聚形成的社会活力[*2]。

※1 这一观点有所偏颇，巴黎中心城区的人口密度在世界范围内也具有代表性，以平均人口密度而言，塞尔奇—蓬多瓦兹 2.292 人 / 公顷约为巴黎市区密度 3.541 人 / 公顷的 65%。

※2 在阿尔默勒城市发展整体成功的情况下，在正在进行的网络调查中，简单地面对两种选择"我爱阿尔默勒"和"我恨阿尔默勒"，65% 的人口声称"我恨阿尔默勒"。amplicate.com/love/almere

① Roullier, Jean-Eudes: 1993, P. 8
② Roullier, Jean-Eudes: 1993, P. 211
③ BBSR Fachbeträge: www.bbsr.bund.de
④ Tagliaventi, Gabriele: 2011

"今天挽救我们的城市"[①]是德国各个城市议会在 20 世纪 70 年代末期至 80 年代面临的一场重要城市文化变革议题。"1971 年慕尼黑爆发群众骚动，提出'今天挽救我们的城市'这一口号。至 1973 年……又先后在汉堡、汉诺威、法兰克福发生青年人占据即将拆除的空置房屋、拒绝建设新建筑的情况。联邦德国范围内，大量市民组织抗议工业化住宅、城市快速干道以绿地、树木、宁静、品质人居为名破坏旧城。……大城市里到处都酝酿着不满。"[②]市民们明确提出他们希望获得传统的但也是活泼的城市形态，而不是现代的但单调无趣的建筑形态。

彼得·霍尔将巴黎新城称为"奥斯曼的回归"，并指出："马克思主义者可以将其视为一种大型资本根据自己的利益来操纵国家的极端案例，特别是提供必要的社会投资以保证劳动力的再生产。……另一方面，对于政府理论家而言，这是一个中央官僚系统保卫他的独立权力的一个经典案例"[③]。从城市规划而言，城市规划的手段似乎已经得到了淋漓尽致的发挥——自上而下的规划已经达到了尽端，塞尔奇新城的城市设计导则、中心广场极具想象力的设计至今仍然在设计领域具有极高的水准——但新城的品质仍然不够尽如人意，这是因为什么呢？

这是欧洲新城规划大规模发展的最后一波，欧洲城市发展的重点在 20 世纪 70 年代中后期逐步转化成为城市更新[④]。在这一节点，新城在当代欧洲城市民众印象中，绝大多数情况代表着一种单调而无趣的城市景象，以及社会问题酝酿的温床。新城发展普遍被认为是一个具有强迫性的"自上而下的政策产品"，和过度自信的城市规划者一起在公众与学者层面受到质疑。反对党的政治家们质疑其占据的大量资源造成了对大都市内城地区发展的忽视[⑤],[※1]。由于新城的规模与质量，整体涉及的公共投资是巨大的[⑥],[※2]，公众与在野党共同质询如此巨大的投资的程序性是否合理，新城规划貌似已经走到了尽头。

※1 伦敦市议会反对党曾指控新城规划，造成了伦敦中心城区应有的投资外逃，以及大面积的衰败。

※2 巴黎 1965 年制定的 12 年规划对公路要求的总费用为 290 亿法郎，公共交通 90 亿法郎……彼得·霍尔评价说：只有一个由对自己的使命充满救世主般的信念的任务所领导的国家，一个历史上经济空前繁荣的国家，一个有着几百年自上而下公共干预传统的国家，才能想出这样的计划，也许以后再也不会有了。

① BBSR Fachbeträge: www.bbsr.bund.de
② VON HORST BIEBER: http://www.zeit.de（04.May.1973）
③ Peter Hall, 2009, P. 360
④ BBSR Fachbeträge: www.bbsr.bund.de
⑤ Ward, Colin: 1993, P. 20
⑥ Hall, Peter: 2009, P. 360

图 6.18　塞尔奇与阿
尔默勒 1 公里尺度中
心区

图 6.19　塞尔奇与阿尔默勒 300 米尺度地块

07 欧洲当代新城规划
（1990 年以后）
——第四代新城发展

European Modern New Town
Planning (after 1990)
– Development of the Fourth
Generation of New Town

7.1　以新城为形式进行城市质量的提升
Improvment of City Quality in the Form of New Town

欧洲在 20 世纪 70 年代中后期至 80 年代以后人口增长大幅度放缓，1990~1995 年之间欧洲人口增长速度约为 0.15%[①]。各大都市城市管理与规划官员对人口增长的估计基本不符合现实情况。

以阿姆斯特丹为例，根据其 1965 年的结构规划内容，2000 年将达到 110 万的预测人口总量，因此规划了巨大的居住区与区域性的发展。但是"欧洲的出生率 1965 年以后就开始急速下降，1970 年尚为 1.83%，在 1974 年降至 1.38%。由此，如同其他大多数欧洲国家，荷兰政治家不得不在调高其人口发展的官方预测总量几年后，再次调低"[②]。"1960 年达到了 869000 人，这已经是大都市人口的顶峰。1960 年以后人口迅速下降，至 1984 年降至 676000。这一数目在 2002 年一度提高至 735300。与此对比，住宅的提供则继续稳步提升，在 1984 年达到 310800 所住宅"[③]。

在欧洲大多数国家，城市更新逐渐放在城市发展的首位（功能转换、经济门类调整、工业的疏解等），单纯的大型新区建设逐渐不再是重心内容。以德国为例，即使是新加入联邦政府的原有东德各州也并不以扩张为要务（原东德地区人均住宅水平远低于西德地区）："新联邦德国各州的城市建设重心是：保障和改善大型板式住宅区的居住水平以及复兴中心城市。"[④] 在 1994 年联邦德国关于大型居住区的报告中，提出了以质量为导向的城市更新[⑤]。

城市建设所面临的任务不再是住宅紧缺。房地产市场出现了大幅度的调整，从一个供应为导向的市场，转向需求为导向的市场，质量而不是数量被特别重视。新城的历史性特色之一：更为廉价而短期性地提供大量的住宅——由此也往往造成建筑质量必然难以提升，在一个住宅不再紧缺的时代，这样的建筑类型已经无法满足日益提高的市场需求。

此外，30 年的大规模城市发展规划阶段之后，大多数欧洲城市都不可能再提供一个 10 万~20 万人口需要的新城用地[⑥]。之前的典型新城开发模式——以完整的大型地块面积，或者理想性地联系小型地块，最终获取大型尺度的开发区域，用于新城项目用地收购与建设，在今天的可能性已经非常有限。从另一方面，为了避免财政过度负担或者金融风险，并高质量完成项目，新城（区）也往往规避作为单一项目被界定。例如阿姆斯特丹滨水区，在 20 世纪 70 年代陷入低潮后，在 90 年代初期，曾经雄心勃勃地策划将整体北部港口区域作为一个整体片区进行开发，但投资方的否定造成了计划的失败[⑦,※]。

※ 阿姆斯特丹滨水公司阿姆斯特丹（Waterfront,AWF）公私合营机构，1993 年制定了阿姆斯特丹中心滨水区域（IJBank）发展规划，这一片区原有工业与港口随着经济发展逐步迁出了中心城区；这一规划的蓝本基于库哈斯 1992 设计的概念性规划——"他们意图将这里设计成 IJ 河沿线的曼哈顿"。但在这一规划进入程序审批的前夕，参加方之一，也是规划的投资方之一——荷兰国际集团银行（ING），宣布这一项目投资无法平衡，并退出 AWF。整体规划宣告破产。"规划建立在对阿姆斯特丹的国际投资状况过度的乐观预估上，对于城市而言，这一项目过于巨大。目前 IJ 滨水区域沿线的发展项目的总量基本只是 AWF 当时规划的'影子'。"

① Städtebau Institut, Universität Stuttgart: 2006, P. 37
② Hall, Peter: 1977, P. 93
③ Physical Planning Departement, City of Amsterdam: 2003, P. 71
④ BBSR Fachbeträge: www.bbsr.bund.de
⑤ BBR-Online-Publikation. Nr.01/2007, P. 27
⑥ Aminde, Hans-Joachim; Jessen, Johann: 1999, P.12
⑦ Amsterdam Noord.tmp, P. 55

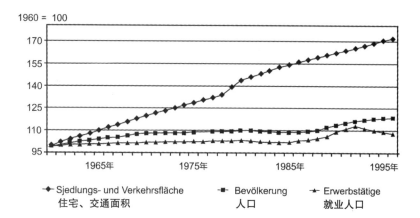

1960 = 100

图 7.1　1960~1997 年间西德联邦
各州人口与就业岗位增速虽然近于
停止（1990 年前后由于两德统一，
曾出现了一个小型高潮），但其居
住区面积的发展趋势是持续的高
增长

但另一方面，城市建设并未停止。联邦德国的城市建设实践中，人口增长自 20
世纪 70 年代以后明显停滞，但是与人口增长放缓相比，城市居住区与交通区域
的增长相对而言仍然迅速，拉开了巨大的差距（图 7.1）。虽然城市边缘的大型建
筑区在 80 年代逐渐停止[1]，但是城市扩张及其模式，仍然是一个很具现实性的
题目。

新的发展用地部分来自于城市原有工业、港口用地、机场设施、军事用地的迁
离所产生的大型空洞；同时，城市郊区化扩张在欧洲也成为城市发展重要的趋势。
对于欧洲大多数城市，这是一场整体性的结构疏解。首先是城市中心区地产市
场自 20 世纪 90 年代以来价格走低（BBR2007），之后核心地带大量的更新项目，
潜在性地提升了中心区位的商务与生活成本，推动了企业、中产阶级与中下阶
级家庭，以及部分边界性人口向城市边缘区域推移（图 7.2）。
在另一个方向，随着社会整体富裕程度的提升，获得更优质、更绿色、更适合
家庭生活需求的住宅——人类生活具有典型性的需求，对于基本满足生活要素
需求的欧洲城市居民，同样具有莫大吸引力，这是郊区化扩张的基本动力，尽
管这与欧洲各国城市对于集约型发展、土地有效管控政策原则具有矛盾。

BBSR 对联邦城镇间迁居的研究表明 20 世纪 90 年代中期与 2000 年之后的新十
年，都是郊区化的高峰期，相比之下，后者较前者更为强烈："其迁居的诱因
在于财产的购置以及个人性的原因（例如个人生活的变化，例如婴儿诞生），
以及与住宅相关的原因（首先是过小的居住环境）在多项选择中，上述每一项
均占 30% 左右的原因；第四项是居住环境的原因（25%），它包括一系列单独
的动机例如'噪声与其他环境影响''缺乏绿地'等原因。而经济原因在这一
决策中往往是次要的要素"[2]。

在上述城市建设背景下，新城的另一特色——高效率、准确地反映政策制定者

---

[1] BBSR Fachbeträge: www.bbsr.bund.de
[2] Brigitte Adam; Kathrin Driessen; Angelika Münter: BBSR Fachbeträge: www.bbsr.bund.de,
P. 1

的城市建设重心、原则、内容，以及产业经济引领这一方面显示出特殊的价值。

广泛的全球贸易突破了地域的限制，信息技术产业的飞速发展，以及物流业等其他相关产业的发展，使产品与服务具有突破距离限制的可能，这一模式对于个体企业而言也是更为经济的模式。这意味着今天的企业倾向于，不在区域或者国家范围内，而是在全球范围内进行采购与市场输送。一方面它带来了更为巨大的市场机遇，但同时也是将企业以及其背景主体——城市，置于更为广泛的市场竞争中。新自由主义（Neoliberalism）在20世纪80年代以来在国际经济政策中的角色越来越重要，即使在强调福利主义的欧洲国家，也越来越面临着国际层自由市场、自由贸易和不受限制的资本流动的现代性合作需求与竞争的威胁。

竞争较少存在于中心城市与周边的市镇之间——两者的资源分配机制与合作机制已经臻于成熟，而是更多地存在与同级别城市之间、都市圈之间甚至国际层面上。在"生长中的哥本哈根：ØRESTAD新城的故事"（COPENHAGENGROWING：THE STORY OF ØRESTAD）一文中，哥本哈根在阐释这一新城建设原因时指出：20世纪80年代末期，哥本哈根担负着严重的问题：经济增长缓慢，失业率高企，城市债负增长等系列需要担忧的问题。到处都不乐观，整体而言，哥本哈根对企业与家庭而言都不具有吸引力。在1989年针对ØRESTAD区域的前期咨询报告"我们如何发展我们的首都"（What do we want with our capital?）一文中，直言不讳地描述ØRESTAD区域的开发目标为："在国境内塑造一个具有竞争力的中心，这是国家利益的需求，它能有效截流那些本来可能流出，转向投入德国北部地区的发展项目"（图7.3）。

由此形成了新城建设的新契机：对母城而言，这样一个大型的"发展项目"，一方面形成对某一特殊人群、企业类型的明确的吸引力——新产业与经济类型发展的实际空间载体；一方面暗示这一都市区域整体更高的发展潜力、竞争力，

图 7.2 阿姆斯特丹 1985 年以前（左）与之后（右）的非法居住区域（squatted location）分布图

中心区的贫民区在此过程中部分向外扩散，部分消亡。

并形成具体而具有感染力的文化识别性载体。这样一个整体的符号同时拥有对内的认知可能，以及对外的宣传性意义——甚至加强一个国家综合竞争力在国际层面的整体认知度，例如科隆兹堡生态城在 2000 世博会中对德国可持续发展技术展示所扮演的角色。

David Harvey（2000 年）在对巴尔的摩港改造项目的分析中指出：自由市场在空间上的重要表达，即为物质人工环境的建设，这一环境的核心功能是商业活动能够依靠的资源复合体[1]。此外，物质空间的建设提供了大量服务业岗位，在数字上替代了城市失去的制造业就业岗位（但是就业类型人群而言，具有较大的差异）[2]。新城空间环境本身即成为商业投资的重要目标，在单纯的商业地产之外，新城作为一个综合功能结构空间，还有可能在资源与政策支持下，承载大量科技产业、教育与培训、生产服务业与生活服务等综合就业岗位，这代表了大都市发展的典型产业结构调整方向——欧洲各大都市所面临的另一重要挑战[3],※1,[4],※2。

同时，新城是一个新技术、新经济、新地产模式的实验田，对内而言它也是兼顾全面检验新技术暨广泛地推广优秀经验的先锋性作品——和一个居住区比较，一个小型城区显然可以更加充分、全面并长期性地对一个技术或社会试验做出检验，并实地展现其优良或可疑的效果[5],※3。

在 20 世纪 80 年代之后，欧洲国家普遍在城市建设领域继续进行以小型城区为单元的扩张，其中大量项目是欧洲各大都市发展的先锋项目。联邦德国建设与空间规 划 部（Bundesamt für Bauwesen and

图 7.3　1989 年针对 ØRESTAD 区域的前期咨询报告"我们如何发展我们的首都"（What do we want with our capital?）这一报告激起了对哥本哈根未来发展的大范围公众讨论

※1 德国一直以工业作为国家经济命脉，在 20 世纪 80 年代面对一场重大的经济结构转型：工业自动化与国际化带来的制造业岗位大规模消减，服务业必须提供新的就业岗位与经济领域，以及由此带来的经济、工作岗位、居住与休闲生活的根本性改变。

※2 1939 年工业提供了阿姆斯特丹市 30%～35% 的工作岗位。这一比例到 2003 年下降到了 6%，工业产业基本消失；作为替代，服务产业工作岗位提升至 91%。

※3 新城（区）"展览城市 Riem"是"慕尼黑愿景"（Munich Version）这一发展目标下的重要项目，是州首府城市慕尼黑推行可持续发展准则的重要品牌项目，本身也作为其各项内容的具体推行空间。

① Harvey, David: 2006, P. 175
② Harvey, David: 2006, P. 145
③ BBR Dokuments1436-0055, 2000, P. 50
④ Physical Planning Departement, City of Amsterdam: 2003, P. 71
⑤ Landeshauptstadt München: 2005

Raumordnung）2007 年进行的研究工作"新城区 – 现状及其城市建设质量（Neue Stadt-Quartiere – Bestand und städtebauliche Qualitäten）"（BBR-Online-Publikation. Nr.01/2007）指出："到处仍然在进行新建筑项目与居住区的发展，尽管在其旁边的邻里可能就是正在进行规划收缩与拆毁的建筑。由此形成了大量的新城区，它们在各自的城市结构中形成了非常高的局部性区位价值。更多的新街区还在策划中、建设中，特别是那些经济活力强烈的地区。"[1].※ BBR（Nr. 01/2007）对 1990~2007 年德国新城（区）发展成果的总量研究表明：1990 年以波茨坦 Kirchsteigfeld 为启端，开始了这一阶段新城发展，1990~1998 年共计产生了 25 个新城区；20 世纪初期，这一现象越来越引起国家关注；2004 年 BBR – Referat I 2 "Stadtentwick lung" 将其确立为新兴一代的新城区类型，开始启动研究计划，至 2006 年 12 月 31 日已达到 180 个新城区，用地总量达到 96 平方公里[2]。2011 年，新城区总量已经达到了 304 个，总面积 125 平方公里，接近于大城市例如 Kiel 的大小；其建设的 27 万处住宅，是德国 2010 年全年建设总量的两倍，就其经济职能而言，创造了 36 万个就业岗位（图 7.4）[3]。

阿姆斯特丹滨水区区域最终并未作为整体功能区域被一次性改造开发，而是被分为三个地区——北岸、东岸与其他地区，每一地区又被拆分为多个空间节点，进行独立规划（图 7.5）。AWF 确定了三项目标：将被忽略的城市区域改变部分城市功能，加强经济结构，按照国际标准发展区域环境[4]。这一原则充分表达了这一旧城更新的综合性产业发展目标，以及质量层面上，即在国际层面上获得竞争力。

英国 2002 年名为"新城：未来与问题"（New Towns：Future and Problem）的报告中，伦敦议会一边对现有新城面临的问题提出各种改善建议，一边同时指出"内政部（The Home Office）将继续提供副首相府（ODPM）关于发展'千年社区'（Millennium Communities) 的项目工作，这一计划案致力于未来在提供更好的、更可持续性发展，这一方向积极地影响市场"。这一报告同时明确指出：英国在 2005 年、2006 年将提供 47 亿英镑用来提供住宅建设与规划经费："在伦敦与英国东南部，重点将集中于解决住宅缺乏的问题，为核心劳力（Key Workers）与那些最紧需住宅的人群提供更多的住宅"[5]——目标明确地锁定为对城市而言最可能创造价值的人群所需住宅与社会住宅两种典型类型。伦敦在 20 世纪最后一个十年中，还先后进行了伦敦奥林匹克地区、白色城市等项目，它们对现有用地有全新的调整，目标设定为功能复合性的完整城市新区，事实上是典型的第四代新城区发展项目。

由于这些项目对于城市发展的特殊价值与更高的复杂度，政府继续担负着这一类新城（区）项目主体。David Harvey（2000 年）在对巴尔的摩的评价中尖锐地指出，这类项目需要：大规模的资源倾斜，国家的补贴与垄断，最终为一个

※ 联邦德国可持续发展战略明确提出：居住性用途的建设面积，在新增城市建设项目中应予以比例性地降低。

---

[1] BBR-Online-Publikation. Nr.01/2007, P. 6
[2] BBR-Online-Publikation. Nr.01/2007, P. 43
[3] BBR-Online-Publikation. Nr.01/2007, 2011
[4] BBSR 2012 KOMPKA, 08/2012
[5] Deputy Prime Minister and the first Secretary of State (UK): 2002, P. 9

图 7.4 德国 1990 年之后的新城区
项目：
慕尼黑、汉堡、柏林与法兰克福等
大都市均具有超过 10 个以上的新城
（区）。但另一方面在经济活跃的
其他区域，也出现了大量依附于中
等城市甚至小型城市的新城（区）。

※ 1996 年阿姆斯特丹北区政府（阿
姆斯特丹 Noord）为 NDSM 收购
了整体用地，遭到了以艺术与小企
业主等租客群体的抗议，1998 年
成立了最早的 NDSM 的私人协会
Pensioning Party，并稍后建立了系
列协会机构。

自由市场经模式运行提供支持，必然需要国家权力的政治经济资源作为后盾[1]。
大量新城（区）是由都市政府予以直接支持——尽管这一模式在今天的政治制
衡机制与复杂的资金监管体系中毫无疑问地困难重重。例如，阿姆斯特丹市以
整体收购 – 建立开发公司 – 整体规划与建设的模式，为滨水系列个体片区设定
开发主体[2],※。同样使用这一模式的还有德国汉堡新城、慕尼黑 Riem 会展城等
大量案例。

囿于高品质项目所需要的巨大费用，同时为了使其更具有市场活力与社会活力，

① David Harvey: 2006, P. 173, 176
② Amsterdam Noord, P. 21

在部分城市新城（区）中，多样性的主体——大型城市建设企业、住宅合作社甚至个人业主也起到了重要的作用，例如 Kirchsteigfeld 的开发机构 (GROTH GRUPPE) 所承担的主体开发责任，蒂宾根南城项目中的业主前期全程积极参与，他们在政府规划机构的有效控制下，形成了对新城（区）发展的主要推动力量。

灵活的背景下造就了多样的产品。这一阶段的新城强调其活力区位，而不是完全是大都市的区域背景，规模也更具有弹性。这造成在欧洲范围内，部分中等城市范围内的新城（区）发展（图 7.6）。对于中小型城市的新城而言，提供高品质的居住与合理的服务业岗位，从而带动这一区域的整体市场价值是重要目标。德国新城区研究认为：事实上新城区规模与母城规模大小并不完全正相关，相当部分的城镇建设了 6000~7000 人的大型新城（区），而且对于小型城市，新城（区）的个体意义愈加重大[1]。柏林波茨坦的新城 Kirchsteigfeld 的发展目标是提升周边以大型板式居住区为核心主体产品的居住质量。蒂宾根的南部城区在历史上社会阶层就较弱，外国人比例最高，经常置于社会焦点中心。南部新城致力于借助具有内城品质的高质量居住区，来强化塑造这个新城区。这两项目标在实践中都业已达到[2]。

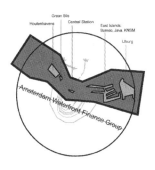

图 7.5　AWF1993 规划范围（红色）与最终实施上被分解成的多个小型项目（灰色）

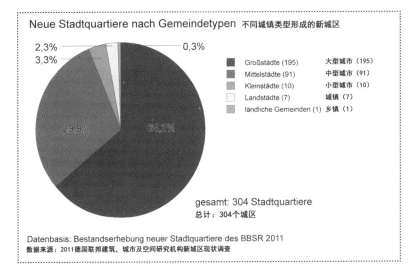

图 7.6　2011 年 德 国 304 个 新 城（区），归属大型城市的为 196 个，中等城市 91 个，小型城市 10 个，乡村城镇 7 个，农村社区 1 个

---

① BBSR 2012 KOMPAKT, 08/2012
② IOB（UNI Stutttgart）: 1999, P. 142

7.2 第四代新城（区）与既往新城世代的衔接关系

Cohesive Relations between the New Town (District) of the Fourth Generation and the Former Generations

对于城市管理者与居住者而言，甚至包括专业规划者，上述新城区较少被称为小型"新城"。其原因除了回避在公众中普遍较为消极的"新城"意象，还有下述背景：这些区域有相当一部分有明确的现有功能，在新的改造中通常被置换；它们的大量重要历史背景、部分社会结构、城市景观方面的要素往往较高程度被保留下来——受到后现代主义之后新设计逻辑的影响，对地方性、文脉背景普遍更为关注。

此外这些项目通常规模较过往新城更小，渐进主义成为当今流行的做法，曾经规划过芝加哥、马尼拉、华盛顿中心城区的美国规划师伯纳姆（Burnham）的名言是：不要做小规划（make no little plan），现在已经变成了不要做大规划[1]。通常而言，它们低于 5 万人口，平均面积约在 50 公顷以下。在公共视野中，其中某些项目往往被归于"城市更新"的项目范围内，尤其是在都市区范围内的大型"城中城"项目。但事实上，就其各项特性，它们与新城建设有更为强烈的共性。

下面逐一介绍"城中城"类项目——将原有城市建设用地整体更新，涵盖在这一新城世代进行研究的各项原因：

1. "城中城"类型项目仍然代表着整体区域城市功能的转换——大都市的内向性发展单元

格兰尼在 1974 年就明确描述了这种新城的类型："新的'城中城'模式是新城规划模式与原则在大城市内部的应用"[2]。同期已经具有早期这种大型城市更新项目的尝试[3]。例如 Harvey Perloff 的研究工作"向新城学习的内城实践"（Lessons from New Town Intown Experience），并将洛杉矶 1973 年的发展规划纳入这一理论的实践范围中。阿姆斯特丹"阿姆斯特丹北部 IJ 都市地区结构规划"（Structure Plan for the urban area to the north of the IJ, 1958）试图将历史沿河工业区域转化成为一个新的城市区域，并赋予其所有的城市功能，尤其是居住功能[4]。1974 年阿姆斯特丹结构规划命名为"居住在阿姆斯特丹的旧街区中"（Het Wohnen in de oude wijken van Amsterdam），将规划重心全面向城市更新转移，将巨大的港口工业区整体转化为商务就业区（图 7.7）。

---

① Barry Cullingworth&Vincent Nadin, 2011, P. 36
② Golany, G.: 1976, P. 51
③ Golany, Gideon: 1976, P. 265
④ Physical Planning Department, City of Amsterdam: 2003, P. 21

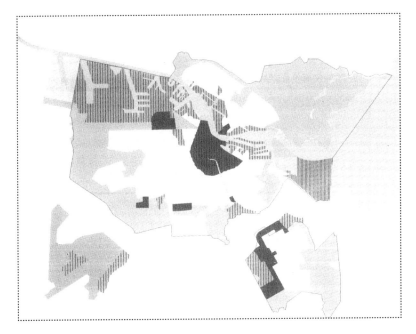

图7.7 1974年阿姆斯特丹结构规划命名为"居住在阿姆斯特丹的旧街区中"（Het Wohnen in de oude wijken van Amsterdam），将规划重心全面向城市更新转移

根据这一版规划，阿姆斯特丹中心区北侧所有港口暨工业区将整体调整为商务与就业岗位（紫色区域），其面积远远超过了现有中心城区（红色区域）。这一纯粹的商务职能，在20世纪90年代之后的实际实施中融合了合理的居住功能比例。

自20世纪80年代以来，工业、信息产业、服务业等系列经济体的发展趋势，使这一现象逐渐成为普遍。一方面工业、企业、机场、兵营、港口功能从城市中的迁离留下了巨大的荒废面积，从而孕育了潜在的新的发展方向，包括城市中心区的珍贵区位；另一方面扩张性的服务业、高科技产业、研究机构需要新的空间，它们对用地区位选择有特定的需求，其中高端服务业、都市娱乐休闲、高品质的居住对城市中心区的区位有强烈的偏好[①],[※1]（图7.8）。

※1 德国媒体港2012年入驻821家企业，雇佣总人数8600人。企业类型中媒体与设计（42.8%）及生产服务业（31.4%）占据了绝对总量。其中76%的企业为总部，这代表了其内生型的动力背景。

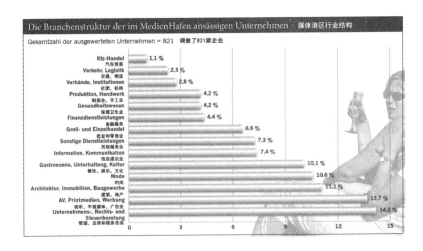

图7.8 杜塞尔多夫媒体港2012年区域内800多家企业，大约1/4的相关企业属于媒体、信息、通信以及广告业

①程大林，张京祥：2014，P. 72；www.duesseldorf.de/ medienhafen

在现有城市内部的新城区，尤其是城市中心区域，拥有成熟的建成环境，形成了一个新城成长的整体良好氛围。以港口为代表，为城市中心区留下的空间是巨大的，它们甚至经常超过现有中心区的空间总量，例如阿姆斯特丹的东港地区，伦敦前 Dockland 地区，都出现了总量超过 5 平方公里以上的新发展空间 ※。加上前港口区滨水的特性，新城区的品质站在一个更高的平台上。其中工业设施的背景在新城（区）未来发展——通常以服务业、居住功能、商务办公园区为目标的土地使用中，显然代表着一个历史性的要素。

格兰尼在 1976 年的新城研究中为其专门界定了一种特殊的新城类型与任务，但同时指出，这一类型仍然具有新城的大多数共同特征（图 7.9）。在 BBR 对新城（区）的研究工作中，将汉堡"港口新城"（与城市中心紧密结合，前功能为港口与物流工业）、"Spandau See/Oberhavel"（位于城市郊区地带湖体边缘，没有特定的前功能）、波茨坦 Kirchsteigfeld（位于城市郊区，前功能为农业）同样列入新城区（2007 年）的名单。

城市中心区位的新城（区）对于大都市的意义是不言而喻的。格兰尼认为"新'城中城'的目标是根据一项总体规划，将大尺度项目划定分期予以实施，最终达到一个大城市物理环境的复兴，以及社会问题的治愈。这事实上是一个内向的城市建设与发展——城市更新与城市扩张的相互结合"①。

※ 德国汉堡 20 世纪 90 年代至今，已经整理出用地，进行更新的两个港口新城规划总量共计 320 公顷。（Hafenstadt 面积 155 公顷，HarburgHafen 165 公顷）；伦敦前 Dockland 地区，总涉及范围 22 平方公里，改造项目为 203 公顷，其中核心区 28.2 公顷，规划办公、会展、酒店、零售及娱乐建筑总计 112 万平方米。

特征	新城	新社区	新市区	公司城镇	区域发展	发展城镇	独立的社区	快速发展的中心	水平城市	垂直城市	卫星城	地铁城	土地划分	规划单元开发	市中心的新城
1. 公共或半公共的土地所	●	—	◐	—	●	◐	—	—	—	◐	●	◐	—	—	●
2. 绿带限制	●	●	●	●	●	●	●	●	◐	●	●	●	—	●	●
3. 连接城镇和乡村	●	●	●	●	●	●	●	◐	◐	●	◐	●	●	●	●
4. 插入绿色公共空	●	●	◐	●	●	●	●	—	◐	●	●	—	◐	●	●
5. 清晰紧凑的区域空间	●	●	◐	●	●	●	◐	◐	●	●	●	◐	●	●	●
6. 限制人口规模	●	◐	◐	●	●	●	●	●	●	●	●	◐	—	●	●
7. 平衡的社区	●	◐	◐	●	●	●	●	●	●	●	●	●	—	●	●
8. 邻里单元	●	●	●	●	●	●	●	●	●	●	●	●	—	●	●
9. 良好的经济基础	●	●	●	●	●	●	◐	●	●	●	◐	●	—	●	●
10. 邻近居住和工作	●	●	—	●	●	●	●	●	●	●	◐	—	—	●	●
11. 当地提供基础设	●	●	◐	●	●	●	●	●	●	●	◐	●	—	◐	◐
12. 支持分散工业	●	●	◐	●	●	●	●	●	●	●	◐	●	—	●	●
13. 公众为主体的企	●	●	●	●	●	●	●	●	●	●	◐	●	—	●	●
14. 有力的规划控制	●	●	—	●	●	●	●	●	●	●	●	●	●	●	●

KEY
— 不适用
◐ 部分适用
● 适用

图 7.9　城中城模式

---

① Golany, Gideon: 1976, P. 51

2. 小型新城（区）项目中新城原则的广泛应用

新城这一城市发展模式，不是由规划面积确定的，而是根据其规划内容与程序的特点来确认的。

– 新城（区）在空间上有明确的限定，并建立在一个整体性的城市建设理念上。在德国 2007 年新城区项目名录中，超过 60% 的项目是对军事设施、矿山、港口、火车站设施、展览用地、工业用地、屠宰用地的再利用，其他为新用地的扩张[1]。这些项目仍然满足上述要求：涉及用地调整的新城（区）通常建立在绝大总量整体拆迁的基础上，在总体空间规划的基础上，规划形成一个具有绝对性总量的新建设。新城（区）原有的功能以及城市面貌都被较大程度地改变。

– 新城（区）在形态上意图塑造全新的物理意象与文化品牌，对内对外强烈的新形象是重要的价值。现有的物理环境与文化被分析后，可能会分级分析其文保性价值体系并被保护。但是在未来的项目中并非作为主导性的城市形态载体，而是形成各种次要层级的要素，它们对于主导气质有凸出的影响，但是远不是全部。蒂宾根南城的军营设施、Kop Van Zuid 的工业遗产、汉堡港口新城的港口设施，都成为其重要的文化要素背景，但其核心形象仍然是具有强烈多元化特征的自建住区、具有明显工业气质的现代滨水工商企业中心、具有汉堡典型历史建筑风格影响的现代滨水商务文化娱乐新城。

– 新城重视形成一个平衡的功能结构、社会结构与服务结构。近三分之二的德国新城（区），在住宅与工作岗位之间能够做到合理的总量匹配[2]，部分案例中就业岗位甚至超过人口总量。这来自于这些项目强有力的区位以及由此产生的对办公、购物、服务产业的吸引力，这一现象在案例总量中事实上相当具有代表性意义。这些新城区项目，均意图形成强有力的结合功能体。

– 新城建设中，政府主体所起到的责任是核心性的。尽管这一代新城非常关注投资的平衡，强调公共投资结合私人资金来进行开发，但新城（区）作为城市重要的先锋项目，需要运作巨大总量的土地，涉及政府重要的基础设施（机场、港口、军营），通常仍然以政府管理机构为核心进行控制，通过严格的程序、城市规划法规，以及公共管理给予各个领域的框定。在建设项目出现问题的情况下，政府必须担负重大的责任进行修复，而不能像常规地产项目那样任由市场自行调整[3],[※]。

※ 伦敦泰晤士河沿岸 Dockland 区域改造项目，在 1992 年第一期工程完成后，办公用房的出租率仅为 60%，开发商 Olympia & York 公司申请破产。为增强 Dockland 的吸引力，英国政府批准扩建地铁线并将之延伸到码头区，推进新中心整体开发条件的成熟，目前办公用房的空置率下降到 20% 以下。

综上所述，以整体更新为特点的"城中城"项目，其历史性的土地使用背景的影响并不起到核心作用，对比城市更新——更多地延续现有城区的功能、形态、文化，其各项原则与新城发展模式更为相似。

[1] BBR-Online-Publikation. Nr.01/2007, P. 38-44
[2] BBR-Online-Publikation. Nr.01/2007,P. 24
[3] 程大林，张京祥：2004，P. 72

"城市扩张型"新城区				"城市更新型"新城区				
地点	新城（区）	面积（ha）	住宅总量	工作岗位总量	地点	新城（区）	面积（ha）	住宅总量	工作岗位总量
Berlin	Karow-Nord	99	5200	100	Berlin	Adlershof	420	5500	20000
Falkensee	Falkenhoh	35	1400	—	Dortmund	Phoenix	206	1800	10000
Frankfurt	Riedberg	265	6000	2900	Frankfurt	Europaviertel	145	3500	32000
Freiburg	Rieselfeld	70	4500	1000	Freiburg	Vauban	42	2000	600
Hamburg	Allermohe West	163	5600	400	Hamburg	Hafen-City	160	5500	20000
Hannover	Kronsberg	70	6000	2000	Leipzig	Schonau	50	1000	—
Neubrandenburg	Lindenberg-Sud	53	1000	1200	Munchen	Riem	250	6000	13000
Potsadm	Kirchsteigfeld	59	2800	300	Neu-Ulm	Willey	76	1500	1800
Viernheim	Bahnhof zgraben	51	1000	800	Stade	Ottenbeck	85	2000	1000
Wiesbaden	Sauerland	40	1300	—	Tubingen	Sudstadt	60	2500	2000

图 7.10 德国各大城市系列重要新城区，根据类型分为"城市扩张型""城市更新型"两类，面积后者甚至普遍较高

因此联邦德国政府建设与空间规划部（BBSR）将这一类型项目同样纳入 Neu Stadtquartier："研究的中心针对这类新城区：它具有一定的最小尺度（500 栋住宅，1000 个居民或者 10 公顷面积），必须包括居住功能，以整体性的城市规划理念为背景。小型修补性或转换型的城市建设过程不在研究范围。"[1] 其中相当部分新城事实上规模仍然较大，例如全德国 50 公顷以上的新城共有 59 处，10000 人口以上的新城 11 处，因此这里将其统称为新城（区）（图 7.10）。

在其后的研究中，符合下述概念的新城（区）被作为第四代新城进行研究。本次研究在其中甄选了欧洲各国具有重要特色，同时较为突出地更接近新城特质的项目：

- 在面积上超过 50 公顷[※]。
- 在区域与城市结构中是独立性组团元素；城市建设中作为完整的独立性项目运作。
- 原有功能要素、基础设施、人口背景在新发展项目中作为次要要素。
- 通过独立的总体规划确定的新空间结构，内容上涵盖了明确的空间与功能结构、中心区，在居住之外致力于形成平衡的功能结构与社会结构。
- 具有明确可识别的总体城市形象设计与文化引导性，在原有的文化之外，更拥有强烈的个体性、当代性的整体对外意象。

※ 其中 Freiburg 的 Vauban 新城（区）面积为 42 公顷，由于其作为太阳能城区的特殊重要意义而列入本次规划案例中。

Irion 和 Sieverts 在 20 世纪 90 年代初的研究中，通过对三代新城各个领域实践的检验，对已建的新城与新城规划理论进行了评价。以此为基础，他们对新城这一城市发展模型的判断是：在联邦德国以及其他前工业国家，这种尺度的新城，在可预估的未来不可能再被建立[2]。

现实情况和这一预计出现了偏差。不是新城的规模价值，而是其由政府主导塑造的高品质特性——除了依靠大规模廉价的土地与自然环境，还通过整体强烈的对外形象，更高的、更多元、更可持续性的城市建设品质来塑造这一代新城发展的关键性价值获胜。由此在区域、国际性领域，商务、工业与房地产发展的竞争中取得优势。

[1] BBR-Online-Publikation. Nr.01/2007
[2] Irion, Ilse; Sieverts, Thomas: 1991, P. 9

7.3　一个可持续发展的新城作为整体发展目标
Sustainable New Town as Overall Development Goals

新城作为研究主题，在 1990 年后事实上几乎停滞[※1]，遭到同样待遇的还有关于"理想城市"的讨论。城市规划讨论的主题，逐渐转化成一个针对可持续发展的目标的发展模型——城市的新理想，不再是一个蓝图式的愿景，而是一种健康的机制。

新城，受到其与生俱来的机制束缚，可持续发展这一原则对其而言，具有更加关键性的意义，从而最终形成一个动态的、健康的有机体，具有自我纠正与提升机制，超越短期利益，形成长期性、超越世代的、生态友好的城市生命体。

1992 年在里约热内卢举行的联合国会议将"可持续发展（Nachhaltige Entwicklung）作为一个生态、经济、社会政策的全球化引领目标。自此以后，欧洲在内的各国政府均全力支持这一目标的具体实现。

可持续发展的相关总量研究是巨量的，在此不再大规模引述。德国国家建筑 – 城市 – 区域研究院 BBSR（Bundesinstitut für Bau-, Stadt- und Raumforschung）将可持续发展的整体目标概括为：①

- 建立可持续发展的综合体系观念；
- 根据可持续发展的内在规律，对管理行为重新校准；
- 所有相关主体的充分融入，优化其参与模式；
- 减低环境负担。

同时具有重要意义的还有 20 世纪 90 年代以来新区域主义（New Regionalism）的兴起，就区域规划与管理而言，它强调：

- 由区域内地方政府、非营利组织和市场主体共同协调组织。鼓励多元化力量的均衡格局；
- 多方参与的协调合作机制；
- 多重价值目标的综合平衡；
- 重视区域经济发展和竞争力。②,[※2]

上述目标的调整代表一种重要的新价值观的形成。对于新城而言，毫无疑问尤其具有特殊性的意义。一直以来，新城作为一个必然性的"速成品"，以少数人群决定的"蓝图性方案"为框架，作为当前城市需求、当前城市政策的贯彻成果。而新的世界观，要求城市政府、规划机构以一种跨越世代、跨越时间、跨区域的观点去重新衡量新城的价值所在，包括对大量固有观点的重新观察：

——是否新城达到了自给自足的自立性就是最高标准？

——是否新城的建设期限就是新城开发的全部周期？

——是否新城的未来使用者确实无法参加新城规划与设计？

① Eggert, Silke: 2002, P. 5
② Barry Cullingworth, Vincent Nadin: 2011, P. 30,31,34

※1 同时期 Irion, Sieverts（1991 年）《新城》这一著作更关注于将新城发展的成功与失败经验进行总结，较少进行整体经验的综合对比与深入研究，同时也未建立一个完整的新城发展模型。

※2 Barry Cullingworth&Vincent Nadin 指出，1979 年保守党上台，已经提出为企业松绑，规划体系被适度简化，引入简化规则功能区（simlified planning zones）。但是在具体实施中，中央政府权力仍然突出，伦敦码头区开发公司早期一直试图将政府管理替代市场管理。这一情况逐步成熟和转变。直至随着 1997 年布莱尔政府当选，区域政策被推上政治中心舞台：1. 强化地方政府和其他"区域利益分享者"（regional stakeholders）自下而上的介入，使区域规划指引获得新生。空间战略涵盖了重建和交通等更广泛的事务；公众审查（EIPs）成为发展战略必备内容。2. 成立区域发展机构，编制区域经济发展战略。

——是否新城的历史要素仅仅是历史？

——是否绿色是新城的核心价值？高绿化率是否是生态城市的核心标准？

——是否新城规划与建设这一职责仅能由政府为核心的小型团体承担？

新城规划开始转化为短期利益与长期利益兼备的发展目标：可持续性作为其整体立足点。在此基础上，有以下兼具矛盾与统一的发展细则。

1. 生态、社会可持续性与高品质生活兼备的新城

20 世纪 90 年代绝对性的引导目标就是可持续性的城市发展[①,※]。这里并不仅仅是新的技术条件起到了决定性作用，更多的是一种新的哲学观，尝试将城市（即新城）作为一个生活的有机体整体观察、对待，以及相应地将其在三个可持续发展的领域——社会可持续性、环境可持续性与经济可持续性的深入贯彻。其背后的价值体系与 80 年代全面席卷欧洲的绿色环保运动密不可分。

※ 德国慕尼黑会展城市 Riem 整体遵照两个城市发展指导文件：《生态基石原则》与《形态指导原则》。

与之相应，欧洲伴随着生活水平的提高，对生态环境有明显影响的"郊区化蔓延"已经形成一个新的趋势，这与可持续发展原则存在明显的冲突，但又代表了人民对于高品质生活与自然环境的需求。在这一情况下，新城这一城市发展形式，一方面覆盖了优良的生态环境，中低密度、大量联排与独立住宅为主的建筑类型的要素；另一方面强调可持续发展的城市与建筑设计，以及传统城市中大量的重要特质，例如"被动生态建筑""集约城市""捷径城市""公共空间的活跃性""步行者优先"或其深具特色的居住品质。借助集约性与规模性，借助有意识的规划引入新的城市建设原则这两种品质，同时在新城中得以实现。新城在"郊区化生活品质"与"可持续发展"这两种具有一定矛盾的需求之间形成了一个市场与理念之间的平衡。

联邦德国政府关于新城区的研究指明，新城区的可持续发展主要应当鼓励在下述领域实施[②]：

– 经济性的土地资源管理

– 城市可承受的交通控制

– 环境污染的预防

– 对社会环境负责地提供居住空间

– 与区位背景吻合的经济促进

– 整体而具有融合性的实施过程

目前而言，全面的实施显然尚未达到，但是这种尝试的努力是显而易见的，以生态城科隆兹堡为例，"Kronsberg 的环境与生态目标是住区领域最革新性的目标：1. 降低二氧化碳排放与家庭能源消耗 60%~80%。2. 将自然林地环境与乡村环境、娱乐与休闲目标紧密地和社区融合在一起。3. 降低家庭垃圾约50%。绝大多数在 Kronsberg 使用的技术都是被政策资助的"[③]。

① Landeshauptstadt München: 2004,P. 15
② BBR-Online-Publikation. Nr.01/2007, P.13
③ Tsenkova, Sasha: 2006, P. 32,34

城市社会实验的另一重要内容是多样化的公众参与形式与内容。不仅仅是物质性的可持续发展，同时是社会的可持续发展──以一个社会的培育，而不仅仅是一个城市的物质外壳的建设作为目标，是这一代新城的重要态度。为了形成强烈的生命力，市民参与、艺术团体的培育、原有租户协会建立──自下而上的合作方式被鼓励。在欧洲公众参与的意义已经成为一个基本共识[1],[※]。

※ 英国新城规划的问题与未来 Planning Policy Guidance Note 17 (PPG17) 要求地方政府承担其社区现有与未来对于开放空间、运动与娱乐设施需求的初步评估，并要求地方机构"在考虑新增时，应当考虑增加、加强现有设施的范围与质量。我们相信这些地方资源的提供与使用，应当由地方民众与政府共同讨论决定"。

在新城规划领域两个人群的引入成为重要的新族群：未来新城的所有者，城市开发过程中的临时使用者。

公众参与的重要方向之一包括提供变革性的手段解决大众产品与私人个体性之间的矛盾问题。──例如蒂宾根南城中的私人建设组织（Private Baugemeinschaften）在蒂宾根的南城项目中，"南城居民自治体和南城工会组织，持续性地和城市的各种规划意图进行论辩，只有所有参与的团体都同意的内容才会最后进入规划程序中"[2]。这一项目的另一重要贡献：以"另一种居住–另一种生活"为题实施的参与性住宅设计，甚至部分解决了新城的核心问题：如何通过让新城的未来居民──一个通常的匿名群体，在规划的早期阶段，介入新城的设计过程，将个人的意愿在一个城市的塑造的合适阶段融入。通过城市的帮助，居民事实上自己设计并委托建造了私人产权住宅，传统的、原生性的城市建设过程得到了再生（图 7.11）。

阿姆斯特丹负责港口开发文化职责的 NDSM 机构甚至提出"培养无政府主义带来都市活力（CULTIVATED ANARCHYBRINGS URBAN VITALITY）"：灵活性，适应性，多样性，充满能量，耐久性被作为需要的品质，因此政府机构寻找具有多样化选择意义的各种群体，而不是强势的市场方，作为都市发展的合作伙伴。他们同时非常重视"临时使用者"的巨大潜力，因为他们对于空间的需求与内容的需求的持久变化──一种正常的波动，具有重要意义。整体目标"并不是建设高端的设计风格建筑，而是引入那些具有计划的人群，开创者，拥有能量，并有良好的耐力"[3]（图 7.12）。

Ørestad 同样提出了临时空间的使用。由于大量土地的空置，造成社会活动活力的受限。新城开发公司 Ørestadsselskabet 提出了形成"精神层面上的基础设施（Mental Infrastructure）"，致力于组织各种事件活动以及临时性的都市生活介质，鼓励各种临时性的土地使用，吸引不同背景的人群，包括城市外部人群，产生对新城区的积极印象。2003 年临近地铁站点的 BKO（Areas Ready to Movement）用地，建立了专项的室外训练与健身建筑、篮球场、撞球场等设施。2006 年，这块用地开始建设的时候，这一运动场地被迁移到规划的公园中[4]。

与此同时，也有令人瞩目的反例。斯图加特 21 世纪项目，是围绕斯图加特火车站以及周边地区的一个大型城市建设项目。1994 年公布，建设工作自 2010 年

---

① Deputy Prime Minister and the first Secretary of State (UK): 2002, P. 9
② IIOB（UNI Stutttgart）:1999, P. 146
③ Amsterdam Noord, P. 79
④ By&Havn, P. 35

图 7.11 蒂宾根南部城区项目（60 公顷，规划容纳 6500 新居民，2500 个工作岗位对应约 125000 平方米建筑面积）

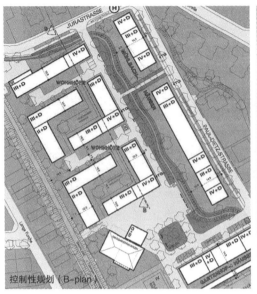

控制性规划（B-plan）

实际形成的地块划分

蒂宾根南城项目在规划前期引入了未来潜在的新城居住者，共同成立了私人建设委员会这一机构，全程参与各个阶段，最终转化为业主委员会

规划师根据根据规划委员会确立的规划要求，形成建筑外形的初步设计（城市设计层面的成果），通过业主自我选择地块，并提出具体要求，而形成最终的总图方案。业主可以委托代建，或单独邀请建筑师在规划设计的框架内进行个性化设计。

私人建设委员会

– 理念设定

– 具有兴趣的群体的聚集

– 规划委员会

– 建设委员会

– 业主委员会

开始招商

提出开发地块要求

购买个体地块

建造建筑

图 7.12　阿姆斯特丹 NDSM 机构，对滨水区域的开发，提出在三个维度的配合

1. 组织系统在自上而下与自下而上两个极端方向之间的调节。
2. 经济尺度在"大"与"小"之间，拥有弹性，具有革新性的要素的能力。
3. 政治立场在"左派"与"右派"之间，这不是首要的利益点，但是作为一个背景，反映主流的决定路线

Pe _1
111

top-down *adj.*
1_ Of or relating to a hierarchical structure or process that progresses from a large, basic unit to smaller, detailed subunits: *a top-down description of the department's function.*
2_ Commanded by or originating from ones having the highest rank.

small (relating to scale of economy) *adj.*
small·er, small·est

1. Being below the average in size or magnitude.
2. Lacking position, influence, or status; minor.
3. Not fully grown; very young.
4. Lacking force or volume.

left [1] *adj.*

1. often *left* of or belonging to the political or intellectual left.
2. often *left*
a. The people and groups who advocate liberal, often radical measures to effect change in the established order, especially in politics, usually to achieve the equality, freedom, and well-being of the common citizens of a state. Also called *left wing.*
b. The opinion of those advocating such measures.

top-down

small

left - **right**

big

right *adj.*
right·er, right·est

1. often *right*
a. The people and groups who advocate the adoption of conservative or reactionary measures, especially in government and politics. Also called *right wing.*
b. The opinion of those advocating such measures.

big (relating to scale of economy) *adj.*
big·ger, big·gest

1. Of considerable size, number, quantity, magnitude, or extent; large.
2.
a. Of great force; strong
b. *Obsolete.* Of great strength.
3. Mature
4. Having or exercising considerable authority, control, or influence
5. Conspicuous in position, wealth, or importance; prominent: *a big figure in the peace movement.*

bottom-up

bottom-up *adj.*

Progressing from small or subordinate units to a larger or more important unit, as in an organization.

power agenda_X

social agenda_X

scale of economy_X

开始。1995 年预算是 24.6 亿欧元，在建设开始时，这一预算提高至 40.88 亿欧元；2013 年联邦铁路预估 59.87 亿欧元，媒体认为应当高达 63 亿欧元。预算的不断提升，对现有生态环境的改变，对这一项目的价值所在等一系列问题影响之下，自 2009 年开始，斯图加特市多次爆发了上万人的游行反对这一项目本身与项目的执行方式。2010 年 10 月份最大的一次游行中据称有 15 万人上街游行。期间曾出台多个协调方案，最终通过斯图加特市全民公选（2011 年 11 月），以 58.9%∶41.1% 的接近票数，确立了这一项目将继续实施，但执政党 CDU 就此下台[1]。即使在公共参与共识与手段极大丰富的今天，新城（区）这样的重大城市建设项目，仍然可能由于民众与政府缺乏共识，公众未能对发展规划必要性、意图、途径、代价全面接受的情况下，形成项目计划的巨大挫败。

2. 质量与数量兼备的新城

当前的新城世代，其市场能力成为一个重要的评判标准以及指导性指标——代表了更为良好的经济可持续性[2]。就其具体途径而言，不仅仅提供所谓的数量特征品质，例如较低的建筑密度或者非常高的绿地比例，而且通过其综合的品质特征赢得居民（多样化的自然休闲环境，远超过必需层面的公共服务文化设施、便利的区域交通联系、多样化的居住产品等要素），为此甚至放弃了历史上新城建设的一些重要指标，或大众对新区开发的某些心理预期。

1）绿地率、开放空间比例、人均绿地总量不再是最重要的指标。不仅对于中心区，整个新城区内都更为强调人行尺度的外部公共空间，新城区外部仍然强调大尺度自然环境的围绕，形成都市性的内外环境对比。蒂宾根南城街区内部没有任何一处堪称中心公园的绿地；展览城 Riem 中心东西向展览绿地为 50 米宽，把大型对外公共绿地置于结构外侧；Scharnhousepark 中心的带状绿地约为 25 米宽（图 7.13）。柏林城市新街区发展中，对于郊区性的项目，针对传统松散的边缘型自然空间，提出了"城市化的绿色景观"作为对应的策略模型[3]。柏林水城 Spandau 等滨水项目，尽管其最重要的资源是自然—水体—植被，却更强调有效利用滨水岸线进行都市化气质塑造，自然与都市的特色在这里高强度地混合塑造成公共空间中心。这一项目也没有大型绿地，结合局部小型边角、街头绿地，林荫道路同样获得了高品质自然生态的城市景观意象（图 7.14）。

2）密度不再是最重要的指标。各个新城区均大幅度提高了建设密度，非常接近小城镇的传统中心城区。建设强度与人口密度两项指标都大幅度提升。雅各布斯曾经旗帜鲜明地拥护密度的提高，她认为高密度没有什么不对："只要它没有造成建筑内部的人口过度拥挤……一个好的社区需要 100 户 / 英亩（250 户 / 公顷，250~750 人 / 公顷）。这一指标即使对比纽约也是高密度，比 1945 年以后的伦敦任何地方都高，但是它可以通过限定开敞空间来得以实现"[4]。

---

[1] http://www.spiegel.de/wirtschaft/soziales/umstrittener-bahnhof-stuttgart-21-kostet-6-8-milliarden-a-872440.html
[2] BBSR Fachbeträge: 2007,http://www.bbsr.bund.de, P.8
[3] IOB（UNi Stutttgart）:1999, P. 92
[4] Hall, Peter: 2009, P. 266

图 7.13　汉堡港口新城核心广场
（上）、蒂宾根南城项目中心开放
空间（下）

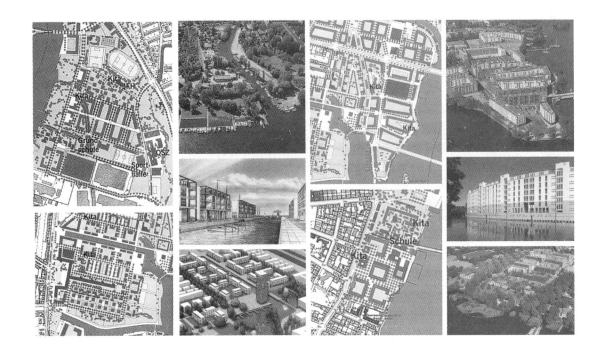

图 7.14 柏林水城 Spandau 及其多元化的滨水界面，局部平面以及景观效果

柏林水城 Spandau 等滨水项目，尽管其最重要的资源是自然—水体—植被，却更强调有效利用滨水岸线进行都市化气质塑造，自然与都市的特色在这里高强度地混合塑造成公共空间中心。
这一项目没有大型绿地，结合局部小型边角、街头绿地，林荫道路同样获得了高品质自然生态城市景观意象。

对比过往的新城，除了第二代新城（例如法兰克福西北新城建设用地人口密度达到 330 人／公顷），这一代新城街区是最小也几乎是最密集的。对比第一代田园新城哈罗新城（15.5 人／公顷），第三代两座示例新城塞尔奇—蓬多瓦兹：（22.9 人／公顷）、阿尔默勒（17.85 人／公顷），城市组团为单位密度约 50 人／公顷；第四代示例新城 Kirchsteigfeld 居住密度约为 121 人／公顷。蒂宾根 Sued-Stadt 项目达到了 108 人／公顷（整体面积范围内的容积率为 1.6）；Rummelburger Bucht 作为有较高郊区气质的新城，人口密度也达到了 91 人／公顷（建设用地范围容积率 0.9）[1]。荷兰新城（区）这一指标更高。以阿姆斯特丹港口区的系列改造为例，Nieuw Sloten、东港（Ost Hafen）强度虽然总体定位 60~65 户／公顷，但下属项目 KNSM-Eiland、Java-Eiland、Borneo Sporenburg 强度均定位为 100 户住宅／公顷[2]，约合 150 人／公顷。

这一代新城区的密度已经接近欧洲历史中心城区。德国历史城市波茨坦的中心区域人口密度约为 48 人／公顷。阿姆斯特丹中心城区（Amsterdam-Centrum）行政区人口密度为 103 人／公顷。巴黎作为西方大都市人口顶峰之一，城区（105400 公顷）密度为 204 人／公顷[3]。

3）建筑形态不以低层独栋住宅为最佳选择。
绝对总量的新城区强调联排住宅与低层多户公寓为代表的中低层高密度居住类型，少量混合低密度独栋住宅与高层住宅。

① www.neues-wohnen-nds.de
② IOB（UNI Stutttgart）:1999, P. 289-299
③ http://cassini.ehess.fr/cassini/fr/html/fiche.php?select_resultat=26207

柏林议会管理机构规定；所有的新城区，所有住宅至少 80% 应为多层多户住宅，具有独立土地所属的独栋住宅不能超过 20%[①]。本次研究介绍的三处德国案例汉诺威 Kronsberg、波茨坦 Kirchsteigfeld 与蒂宾根南城三处项目虽然位于中等城市边缘或郊区区位，但出于强调物质与社会综合生态性的理念，均以三到五层的公寓与联排住宅建筑为主体。奥地利 Aspern 科学城的地块开发强度，除了工业区低于 1，居住区基本以 1.6~3.0 为主，中心位置、轨道站点周边的商务区开发强度自 3.6 至 5 以上，建筑层数需达到 8-12 层。

部分作为对综合性工作岗位的支持，部分延续欧洲国家一以贯之的国家福利主义倾向，新城（区）仍然非常注重社会阶层的混合。尽管这一代新城注重质量，甚至堪称昂贵，但几乎所有的欧洲新城（区）案例都提供了超过 30% 的社会住宅，并为其提供了同等质量的设施水平。柏林议会管理机构就柏林区域内新城（区）中住宅部分的发展要求是：住宅总量被涵盖于不同的资助计划与建设结构中；鼓励形成模式为：1/3 住宅为社会住宅，1/3 的自有住宅，1/3 其他的资助项目住宅。……Spandau 水城的 12500~14800 处住宅中，40% 为社会住宅，30% 为第二资助级别申请——租金限制在 18 马克 / 平方米以下；1/3 为自有资金[②]。此外住宅内部，强调户型的多元性功能等方式，鼓励对多样化家庭需求的适应。

由此所造成的结果是：绝大多数新城区仍然有较高的社会住宅比例，但首先受惠于等同甚至超出市场水准的环境与居住质量，其次是周边充足的就业岗位，这一高比例社会住宅在地产市场上基本保持了良好的价值认同，没有造成低收入人群的聚集以及由此引发的社会问题。前东德地区波茨坦市 Kirchsteigfeld 和南德斯图加特市（富裕的制造业中心）的新城区 Scharnhause Park，位处两个差别较大的经济区，均达到 80% 左右的社会住宅比例，同时在两者的地产市场上均保持了健康的状况[③],[※1]。

荷兰等欧洲国家有相似的情况。阿姆斯特丹 Nieuw Sloten 项目中设定了不同程度与类型的社会住宅资助比例，总量高达 90%，而没有出现明显的社会问题。这一比例随着分阶段建设在逐级下降中，但即使在 Borneo Sporenburg 这样以个人住宅、商业住宅为主体的项目中也保证了 30% 的社会住宅比例[④]。

对于这一代新城而言，质量性的意义重大[⑤],[※2]——不仅仅在物质层面，而且在非物质层面，一起构成对居民的吸引力，从而达到经济与社会可持续性发展。

4）此外其设计成果隐含性地提出，城市空间的前提性质量在于都市性。城市设计——城市外部公共空间的质量控制成为前所未有的重要因素。在英国建设部主导的研究报告《新城：未来与问题》（New Towns：Future and Problem）

※1 Riem 推行了慕尼黑两种住宅补贴模式。低于特定收入总量的慕尼黑家庭购买首套房屋时给予 München Modell-Eigentum 补贴。最高可以达到每平方米低 500 欧元。为租户也提供具有相似性的 München Modell-Miete 补贴。同时，通过仔细地选择开发机构，城市可以保证不仅提供了物美价廉的住宅，而且是具有高居住品质的环境友好住宅。除此之外，联邦州与国家还提供 Bayerischen Landesbodenkreditanstalt 等低息贷款。

※2 在 TCPA2002 年举行的大会上鲜明地提出：（就当前的新城而言）我们必须提供高质量的设计和可持续发展的居住环境。我们需要时尚的文化和健康的社会，以及民主治理。我们必须尊重以及鲜明鼓励利用特定的地方特色。

---

① IOB（UNI Stutttgart）:1999, P. 103
② IOB（UNI Stutttgart）:1999, P. 88, 103
③ http://www.messestadt-riem.com, 2005.01
④ Unternehmensgruppe Groth+Graalfs: 1993, P. 12, Institut für Öffentliche Bauten/ Städtebauliches Institut（UNI Stutttgart）P. 289-299
⑤ Saiki, Reeestone; van Rooijen: 2002, P. 22

中明确提出：政府相信高品质城市设计是一个新开发区域的中心特征，应当采取一个整体的解决方案来满足地方新住区的全部需要，包括提供社区公共服务与娱乐设施。政府与"建筑及建成环境委员会"共同制定了两本导则，命名为《通过设计》（By Design）与《更好的生活场所》（Better Places to Live）——就如何提供良好的设计提供了可靠的、实际的引导[1]。

5）整体而言，城市规划者不仅仅试图建设一个新城的物质体，而是培育一个综合性的社会，并形成一个对社会与生活具有日常吸引力，而不是仅仅具有文化含义和纪念碑性的城市景观以及城市空间。

与之前的新城世代的宏大主题相比，相当部分这一代新城的主题更为生活化与地方性：水城、港口之城、生态之城。就新城或新城区而言，这些主题，更易于形成一个整体性的对外意象与面貌，以及对内一个切实带来高生活品质并可以得到自我文化识别的空间形态。

3. 内部自治与区域竞争能力兼备的新城

一个活跃的新城不仅仅以高质量的居住空间，更以高质量的工作岗位为经济源泉，从国家角度而言，这也是对新城（区）投资的重要原因之一。如专项产业城市展览城市 Riem、汉堡港口新城 Hafenstadt、Kop van Zoid 等商务办公中心区，维也纳科学城 Aspern 等大量高科技园区项目成为第三类新城发展的主题。

1）全面性的功能混合是应对这一投资风险的有效缓冲，它带来了良好的弹性与同时伴生的活跃性品质。这造成这一代新城的重要特征——一个全面的混合结构，涵盖了居住、服务、工业与工作岗位的各种功能形式（图 7.15）。

荷兰东港地区 1985 年开发时提出的口号"在工作地点，生活！(Wohnen, wo man arbeitet)"代表了这一主张[2]。根据联邦德国政府进行的相关研究，德国新城区中"将工作岗位与住宅显著性地并联考虑并予以布局的新城区项目，在总数中约占 2/3"[3]。柏林议会管理机构规定；所有的新城区，总面积至少有 20% 应用于提供工作位置。……以相对位于大都市边缘地区，并较为分散的 Spandau 水城为例，建设总量中住宅为 55%，商务、服务业 45%，10% 为社会基础设施[4]。

在东港初期，商务区为主体职能的计划案被投资方否决后，AWF 最终为荷兰东港地区所设定的经济结构，其功能类型与强度与原有策划的"曼哈顿"商务中心区有了较大差异——更加强调大量住宅功能的融入，最终形成中低层高密度的花园型商务区与居住区的空间模式[5]。

---

[1] House of commons: 2002.
[2] IOB（UNI Stutttgart）:1999, P. 294
[3] BBR-Online-Publikation. Nr.01/2007
[4] IOB（UNI Stutttgart）:1999, P. 103
[5] Gemeente Amsterdam, Dienst Ruimtelijke Ordening: P. 2, 3

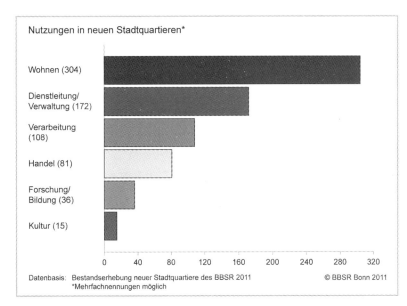

Nutzungen in neuen Stadtquartieren*

Wohnen (304)
Dienstleitung/ Verwaltung (172)
Verarbeitung (108)
Handel (81)
Forschung/ Bildung (36)
Kultur (15)

0　40　80　120　160　200　240　280　320

Datenbasis: Bestandserhebung neuer Stadtquartiere des BBSR 2011　　© BBSR Bonn 2011
*Mehrfachnennungen möglich

图 7.15　至 2011 年 为 止，德 国 304 个规划新城（区），全部具有居住功能，172 个具有服务与管理功能，108 个具有加工产业功能，81 个具有商务功能，36 个具有研究功能，15 个具有文化功能

在初期贯彻中，由于新城的规模普遍较小，贯彻思路单一，这一计划的实施在经济背景相对较弱的区域并不理想，例如 Kirchsteigfeld──为未来的工商业机构仅提供成熟的土地与规划框架，对于中小企业而言这仍然是较高的门槛，对于大型企业新城而言，其提供的服务与空间又较为有限，一个新城（区）也难以为特定产业特别设计复杂的发展平台，造成了相关用地的长期闲置。

2）在后期的一些新城区中，经济功能支持力度较高的区域内，整体功能配合中往往预先策划清晰的经济分支，将新城（区）的城市功能与其紧密结合设计。内容包括：
──科学城、大学城
大量新城借助大学校园的扩展，德国出现了多处高校城。奥地利 Aspern 作为科学城，预设了系列的科学研究、产业生产功能区。
──地区重要企业的扩展。例如德国斯图加特经济区 Böblingen 市机场片区改造项目，包括奔驰工厂与供应商前期植入。
──大型会展设施的衍生。法兰克福 Europaviertel 新区借助会展设施与交通设施，在城市边缘规划的新商务中心。慕尼黑 Riem 新城涵盖了慕尼黑国际会展中心、相关服务产业，以及联邦德国园林展。
──行业领军机构的迁入：
杜塞尔多夫的媒体港项目媒体港，在前鲁尔区工业发展背景下，借助西德区域电视台 WDR-Studio 迁入吸引了超过 25％的媒体企业入住。
──大型事件活动：
Kronsberg 所依托的世博会 2000，与 Riem 的联邦德国园林展均属于这一类型[1],*。
此外还有高质量、特定类型的房地产项目（滨水住宅、自建产权住宅、生态住宅等）和文化设施（博物馆、图书馆、档案馆、剧院、私人画廊、舞蹈学校等）。德国新城区研究认为文化设施与公共设施在新城（区）的集中布局，是非常引

※ 慕尼黑会展城市其核心区域的规划理念是将居住、工作与自然功能高强度地相互渗透，内部包括一个景观公园、工业功能（会展城市科技园区与小块的工商业用地）、新国际慕尼黑会展中心、居住区、各项完善的公共设施，包括学校、幼儿园、年轻人休闲中心、绿色工房、休闲与运动设施等。
尽管整体区域在建设中仍然形成了清晰的空间分区，建设中也分为不同的阶段部分，但是所有的功能在步行范围之内是彼此联系的。

① Landeshauptstadt München: 2005, P. 6

人注目的新现象①。丹麦 Ørestad 作为区域副中心，和德国北部与瑞典经济圈对接的平台，其涵盖的项目包括国家广播电视台、哥本哈根大学新校园、哥本哈根音乐厅、丹麦最大的购物中心 Field's、斯堪的纳维亚最大的展览与会议中心 Bella Center 与酒店。这些设施与产品的层级远远超过了常规新城的内部服务 + 区域城市化的定位。它们基本代表了大都市圈对外的整体竞争力。德国重要大都市汉堡（23 处，900 公顷）、慕尼黑（22 处，1000 公顷）、柏林（21 处，1300 公顷）、法兰克福（15 处，700 公顷）、科隆（7 处，200 公顷）分别拥有大量新城区，总面积约占都市区总面积约 3%②。

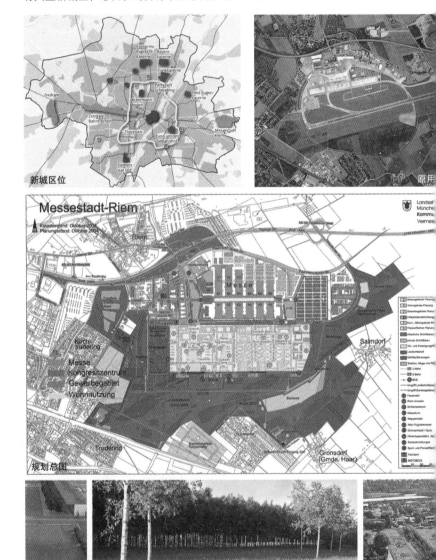

新城区位

原用

规划总图

① BBSR-Analysen KOMPAKT 08/2012 P. 11
② BBSR-Analysen KOMPAKT 08/2012 P. 5

3）借助设计提升的功能混合：

与此同时，以住宅为主体功能，同时位于城市边缘地带的大量新城区，例如柏林 Spandau 水城、蒂宾根南城等项目中，受制于经济区位、新城（区）等主导型功能，城市较难有明确的大型产业前期引入新城（区），但同时又需要结合城市活力、健康的经济结构与城市政策需要，积极鼓励就业岗位的形成。

新城规划普遍选择了小型商业和办公空间这些更具弹性的功能，与中心区必需的公共设施混合设置，而不再独立形成商务区——秉承欧洲传统城市的典型模

图 7.16　慕尼黑会展城市 Riem(560 公顷，16000 名新居民，13000 名工作岗位，共计 125000 平方米建筑面积以及 200 公顷景观公园）分为多个分离的功能区域，工作者与居住者都可以在一个步行可及的范围接触到混合性的城市生活

Nutzung 用地功能	Nutzungkategorie 用地类别							
	W1	W2	W3	M2	M1	P	F&E 1	F&E 2
Wohnen im EG 一层居住	+	o	o	o	-	-	-	-
Wohnen ab 1. OG 二层以上居住	+	+	+	+	-	-	o	-
öffentliche, soziale und kulturelle Funktionen 公共、社会、文化	o	+	++	++	+	-	+	+
Handel, Dienstleistung, Gastronomie, Unterhaltung, Kultur 贸易、服务、餐饮、休闲、文化	o	++	++	++	+	o	o	o
Büro 办公	o	+	+	+	++	-	-	o
integrierbares Gewerbe (mehrgeschoßig, keine Emissionen, kein Güterverkehr) 混合企业（多层、无污染、无货物交通）	-	o	+	+	o	+	-	o
Sachgüterproduktion 物品生产	-	-	-	-	-	+	-	o
Lager, Großhandel 仓库、大型贸易	-	-	-	-	-	+	-	-

LEGENDE 图例
M1 Alle Nutzungen außer Gewerbe und Wohnen
M1 企业和居住以外的用地
M2 Alle Nutzungen außer Gewerbe
M2 企业以外的用地
F&E 1 Wissenschaftsquartier (alle Nutzungen im Zusammenhang mit Bildung und Forschung)
F&E 科学中心（教育科研相关用地）
F&E 2 Forschung und Entwicklung
F&E 研究与开发
S/KG Schulen und Kindergärten in eigenen Gebäuden
S/KG 小学和幼儿园
P Gewerbe (Produktion, Lager, Großhandel)
P 企业（生产、仓库、大型商贸）

W1 Ausschließlich Wohnen
W1 居住
W2 Wohnen, flexible Nutzung in Erdgeschoß
W2 居住，一层灵活用地
W3 Vorwiegend Wohnen, flexible Nutzung in allen Geschoßen
W3 居住为主，所有层的灵活用地
SO Sonderfunktionen in eigenen Gebäuden
SO 特殊用地
K Kulturelle Einrichtungen in eigenen Gebäuden
K 文化设施
Park and Ride
公园和停车道路

总体规划 MASTERPLAN FLUGFELD ASPERN
TOVATT ARCHITECTS & PLANNERS AB
in Zusammenarbeit mit N+ Objektmanagement GmbH

MASTERPLAN

PLANSTAND 2006.12.21
PLAN NUMMER. 07.001
1:4000@A1 1:8000@A3

建设用地 BEBAUUNG - NUTZUNGEN

图 7.17 Aspern 科学城土地使用的分类方式与融合性指示

式，也与欧洲目前商业服务业机构小型化的趋势有很大契合[1]。整体而言，中心区就是最主要的混合功能区。在 Riem 会展城中，这一部分区域在土地使用中只标明为核心区、混合功能。在居住区内强调垂直混合，结合半地下车库与内院车库，达到具有弹性的净空（图 7.16）。奥地利 Aspern 科学城中，土地使用的划定强调了主体功能，同时列表，具体说明其首层特性，与办公服务、公共设施、工业生产、物流交通的相容性等弹性空间（图 7.17）。

通过上述途径，面对中心城市与区域市场甚至更高级别的竞争层面，新城普遍致力于形成充足的工作岗位与经济上的自立，以及本地的就业岗位与居住之间的嵌套配置———一方面提供了居住与工作之间联系的"快捷路径"，一方面大幅缩减新城区与中心城市之间的通勤交通，进一步赢得了生活质量，由此具备了一个可持续性发展的健康城市的重要因素。功能的混合同时也自然引入一个社会阶层混合的格局，这是非常具有价值的规划原则。

4. 历史与现代兼备的新城：历史信息与当代建筑文化的拼贴

相当部分的新城区，来自于对原有用地功能的整体调整。德国建设部新城区的研究工作"城市新区——现状与城市建设质量"指出："在城市新区建设中，主要涉及的是土地再次使用，形成以居住为核心的新土地用途（城市功能转换），这适用于几乎 2/3 的重要著名实例。"[2]

致力于保护记忆，以及与新城建设的融合形成了当前新城规划理论的最新趋势。"新"是发展框架，但是"城"是发展目标，建立在整体新城（区）空间框架上得以实现，包括现有已存在的重要识别性、原有区域的相应功能、区域城市文化的相关载体的全面融合。

---

① 以 mediahafen 为例，参看图纸 7.21
② BBR-Online-Publikation. 01/2007, P. 24

1）在新城的"植入"过程中，所有历史性的、值得保护的要素被谨慎地加以修葺与再利用，包括针对这一场所原有的重要代表性建筑、景观与其他信息载体（机场库房、港口设施、大型工厂以及景观结构、居住建筑等），通过现代化措施与功能，与新城（区）的现代城市生活相结合。

其表现不仅仅作为单纯的文物保护背景，而是从最开始，就试图将原有的文化特征结合入新城中，作为代表新城（区）历史维度，以及生长基因的重要结构要素与对外意象塑造基础。例如鹿特丹等系列城市的港口新城 Kop van Zuid，历史船坞、泊位与工业设施这些工业要素不仅仅作为重要价值加以融入，并且以其为背景塑造相应的以历史工业新区为主题的强烈氛围（图7.18）。

2）伴随这一观点，新城（区）城市设计理念就整体结构与肌理而言，全面向传统城市公共空间体系倾斜。David Harvey 对此批判为"劝诱解脱"——培养怀旧情怀、产生净化的集体记忆、培植不加批判的审美感性以及把将来可能性吸

图7.18 a–f. 鹿特丹 Kop Van Zuid 新区（5300栋住宅，40万平方米居住面积，3.5万平方米商业面积，3万平方米教育设施与3万平方米休闲及其他设施）
a. 鹿特丹 Kop Van Zuid 新区历史介绍宣传册；b–d. 保留的工业遗迹；e. 整体规划；f. 深具工业化风格的现代建筑

收进永远在场的非冲突性舞台中作为自己的目标[1]。G.Albers 也认为：其中存在着一种模糊的视觉幻想的倾向。自 20 世纪 70 年代起，模仿或者建造（这就更要深思了）早已随历史而去的建筑，自愿为过去效劳，以至于一眼望去，难以分辨它们是历史的记载还是我们这个时代的化妆舞会。这在从前是无法接受的[2]。

图 7.19　奥地利 Aspern 科学城的肌理尺度与奥地利历史中心区、城区边缘、乡村地带的对比

传统街坊以及其都市化的特性广泛地替代了住宅区成为新城的邻里结构。克里尔（Rob Krier）在《构筑都市空间》（Composition of Urban Spaces）中提出

① Harvey, David: 2006, P. 163
② G.Albers: 2013, P. 208

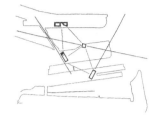  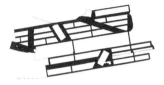

的原则包括："街坊被作为城市的基本单元，以及社会的单元，作为具有人性尺度的建筑形式被理解；都市秩序被作为建筑、公共空间与城市景观的等级性序列；塑造具有历史与地方背景的建筑语言。"[1]传统城市肌理与尺度成为基本模数，传统城市的气质成为塑造目标，传统城市建造方式成为公众参与的重要媒介。奥地利 Aspern 科学城的 250 公顷用地，具有明确的都市化边界、传统城镇空间格局（图 7.19）。

其具体要素包括：
– 公共空间的尺度、类型与形态强烈地回溯 Block 街区建筑的传统风格与要素；
– 私人与公共空间设定清晰、连续的"界面"——连续性的城市规划界面允许个体建筑师仍然拥有设计的自由；
– 公共空间中形成了清晰可读而具有级别关系的体系序列。按照这一传统的城市景观原则形成了灵活性、多样性与共同的和谐性。

3）有趣的是，新区的表皮，却呈现出另一种意象。新区将革新性的建筑设计、环境与景观设计、识别性设计作为品牌意象（Brand image）的重要组成内容加以塑造。这一整体对外品牌塑造中，还包括超级明星建筑师的介入，具有争议性的公共空间设计，现代艺术作品在公共空间的融入，具有区域与国家意义的大事件的结合。展会新城 Riem 与联邦德国景观展之间的联合展示，OMA 主持的阿尔默勒中心区改造、Borneo/Sporenburg 岛公共空间形态对传统城市设计理念的颠覆，均代表了新城（区）在文化上同样占据公众媒体文化的野心（图 7.20）。

杜塞尔多夫的媒体港（Mediahafen），结合媒体业对创意产业、时尚产业的敏感性，发展目标被确立为：近邻核心城区，最时尚的办公街区，彩色的、创意性的功能混合区与活跃的娱乐休闲业场景。邀请了包括 Frank Gehry、David Clippfield、Murphy/Jahn 在内一众新兴建筑师，将这一区域设计成一个某种意义上的"建筑旅游区"——自称"建筑一英里（Architekturmeile）"。纽约时代发表专栏文章自问：为什么（Gehry 的）斜塔没有发生在我们这里？这一面貌被企业认为是对外营销品牌的良好代表，76% 的企业均将这里作为总部所在[2]。（图 7.21）

图 7.20　Borneo/Sporenburg 岛 公共空间的形态植根于系列传统公共空间体系，但同时又将其打碎、楔入超尺度的传统建筑要素，异体化布局，有效打破了传统 Grachten 住宅街区地布景效果。West 8 宣称空间理念来自于系列大型设施之间视轴的确立，考虑大量地标点是 West8 本身设计所确立，这一理念有牵强处。

---

① Krier, Rob: 2007, P. 12-17
② Der Düsseldorfer MedienHafenKunst, P. 2-4

图 7.21　杜塞尔多夫媒体港总体布局及部分建筑形态：
—颇具幽默感的建筑与景观设计，强烈的色彩设计
—现代建筑与文保建筑之间的强烈对照与动态穿插，
整体所形成现代性、时尚性的个人趣味表达

城市设计层面的回归传统与当代建筑文化的拼贴与平衡，构成了这一代新城令人瞩目的重要识别性之一。一方面即使是 OMA 最具革新性的设计，也同样在尺度上有意识与人性尺度吻合；West8 在东港项目中 Borneo ／ Sporenburg 岛以颇具随意性的视轴，"切破"了规整的格局，但在人行尺度上，这种干扰几乎觉察不到。另一方面在正统的商务区、居住区、滨水街区，有意识通过具有趣味的建筑与景观设计，形成现代性、时尚性的个体趣味表达。

5. 涵盖各种实验项目的整体观察

新城自始而终是城市规划经验研究的"最佳实验田"。其中所有的试验要素网状交织，包罗了技术、社会、经济与城市形态各个层面，在一个现实但更为小尺度的社区中得到切实检验，其经济模式、社会模式、技术模式均以住区居住者整体利益、对外市场认知、人居长远性利益、可持续性发展价值为校准。在过往的世代中，这一检验是被动的；这一代新城，则以新城本身作为更大城市发展的主动性检验样本。

当代城市规划复杂性超过历史的任何一个时期，它汇集了居民社会需求、环境利益、产业发展与城市功能完善四个领域共同面临的挑战——在过往的世代里，第一项与第二项一直是由规划师代为进行模糊界定的。第三项常被认为是城市发展、住宅建设的副产品。在这一世代中，所有的目标均是需要有共识的，所有的程序都是公开透明的，除此之外，公众以市场为代言，要求更好的生活环境、工作环境与游憩环境。新城成为这一焦点诉求下，小而精的实验性作品、样板型范例。

这一代新城与过往的世代——独立性地由规划部门贯彻的空间试验相比，它更关注跨学科的、网络化的研究工作总体观察的意义所在。
首先，大量的技术、美学、社会、制度型实验共同构成了大量新城的重要主题方向：生态城市（英国千年社区，德国科隆兹堡生态城）、太阳能城市（德国弗莱堡太阳能城）、社会参与（蒂宾根南城中的私人建设组织）、公私合作与传统城市设计美学（德国 Kirchsteigfeld 新城）。

这些新城（区）同样在城市管理层面面临复杂的任务：如何在成熟的政治经济体系中，设计新城区重大项目的组织机构、土地来源、资金来源；解决经济、生态、社会方面的目标冲突；相互联系，建立具有未来导向性的生存战略（例如伊斯坦布尔会议、人居议程、"21 世纪议程"、里约会议所提出的系统内容）。这本身也是一种试验，Sabine Hafner&Manfred Miosga 甚至认为，这是欧洲城市规划机构试图突破成熟的规划机制，抵抗"城市规划的末日论(Endeder Planbarkeit der Städte)"，在高速发展的经济与社会转折点中，对城市公共环境控制危机的一个回答。借助大型项目，相对清晰的背景条件，特定的战略需求，城市规划管理机构突破了现有成熟社会背景的桎梏，高效率地形成了满足私人市场需求，符合企业运作模式的与大型城市发展成果[①]。

---

① Sabine Hafner&Manfred Miosga：2007, P. 26

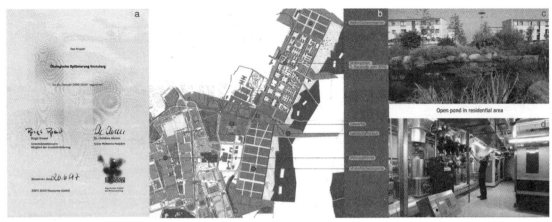

Kronsberg Registration Certification

Open pond in residential area

Decentral cogeneration plant in residential block basement

图 7.22　a–c 世界博览会 2000，汉诺威示范性城区科隆兹堡的生态规划理念
a. 世博证书：生态最佳化的 Krongsberg；b. 城区整体结构；c. 居住区内的开放水塘作为雨水收集渗透区域；d. 以居住街区为单位的分散性采暖体系位于建筑的地下室

※1 科隆兹堡意图形成一个强烈的均衡关系，既具有（社会阶层）的多样化，同时具备良好的社会基础设施发展（City of Hannover, 2004a）。科隆兹堡具体内容包括：1. 通过特定的住宅设计吸引年轻的家庭，并设定一个价格上限。2. 通过科隆兹堡艺术和社区中心提供公共论坛与聚会地点，包括公共图书馆，青年机构，会议室，社区会堂，研讨会/工作室（城市汉诺威，2004a）。3. 帮助少数群体完全融入社会：A. 为残疾人士提供特别设计的公寓，分布在普通住房中或与中心照料点紧密相连。B. 为了德国和外国居民之间实现社会和谐的目的，创建一个国际住房项目。

※2 Scharnhauser Park 整体开发项目总量为 480,700 平方米，耗费 15 亿欧元。平均每平方米高达 3120 欧元。这一巨大投资由 Ostfildern 市，土地所有方 Hofkammer Württemberg 共同支付。同时参加了欧盟的节能项目 European Concerto programmePOLYCITY，获取了借助生物能源作为制冷体系的资金支持。http://www.ostfildern.de/

※3 Landeshauptstadt München: 2005, P. 8
在会展城市 Riem，城市建设原则包括两项"生态基石原则"与"城市形态原则"，为此并成立了专业咨询组织"城市形态与生态"，其负责人是城市建设咨询人 Thalgott 教授，与其他著名建筑师，景观建筑师，城市议会，区议会，城市管理部门的成员共同提供咨询。

上述内容之间的网络性实施与维护体系——只有通过一个整体性的、跨学科的综合性规划，才具有可能性予以领导与组织。在任何一个单独概念中，例如生态城市理念，都会同时广泛顾及综合性要素的结合利用——一方面关注集约城市与密集的城市建设、"捷径城市"、无汽车交通的城市以及水循环或微气候等复杂原则体系在各个工作层面的贯彻，一方面关注这些要素如何在远期维护上现实可行、美学上优美可读、社会文化上予以广泛宣传。例如汉诺威 2000 年世博会的新城区科隆兹堡（Kronsberg）（图 7.22），如汉堡港口新城的项目组织方式（图 7.23）[1]。

可以说，这一阶段，大量城市规划实验工作本身即继续成为新城（区）的重要目的。新城高效率的组织与贯彻、公共资金的切实支持，予以这些实验项目一个非常优越的平台，以及形成了对示范性主题意义的国家态度彰显。

这一代新城试验迄今成功率很高，通常是城市建设的精品，塑造了相关技术、美学、价值观对外的品牌旗帜。例如著名的生态城市科隆兹堡同时包括一系列努力进行革新性与可持续的社会规划[2],[1]。欧盟与各国也对这些项目予以经济上的支持，成为实验性项目的特殊财政来源[2]。慕尼黑展览新城 Riem，作为"慕尼黑新视野"的重点展示项目，将慕尼黑城市发展两项目标（可持续性/都市性）以例证的方式，进行了全面的展示[3],[3]。大量第四代新城案例实践的全记录文献在欧盟与德国作为重要的研究源泉被使用，通过研究、评价、对比分析，这些实验性的主题形成对广大欧洲或德国社区发展具有重要借鉴意义的新思路[4]。

① http://www.hafencity.com
② Tsenkova, Sasha: 2006, P. 33
③ Landeshauptstadt München: 2007
④ BBR-Online-Publikation. Nr.01/2007 BBSR-Analysen KOMPAKT 08/2012

7.4 德国新城（区）规划与发展原则 (1990年之后)

Planning and Development Principles of the German
New Town (District) (after 1990)

2007 年由德国建设与空间规划部（Bundesamtes für Bauwesen and Raumordnung）所编写的研究著作"新城区——现状与城市建设品质（Neuer Stadt-Quartiere – Bestand und städtebauliche Qualitäten）"（BBR-Online-Publikation. Nr.01/2007），提出了一个人性化的、城市与环境友好的新城区发展原则。这一原则较为综合地提出了这一代新（区）发展所面临的复杂性目标与引领性质量：

1. 尽管存在各种城市建设事实上的萎缩——新城（区）的建设从长远而言对联邦德国城市发展具有举足轻重的意义。

2. 新城（区）发展空间的重点位于经济活跃区域。

3. 越来越多的新城区属于在居住功能区范围内的废弃地的再利用项目。

4. 新城（区）未来仍有可能以城市扩张的方式被实现，侵占部分未建设的自然空间，由此满足新居住区的要求。

5. 居住功能与产业功能在空间上的联动在新城(区)规划与实施中具有重要意义。

6. 新城（区）中，多种能源的进步性利用将被实现。

7. 对比原有西德的城市发展阶段，目前的新城（区）越来越经常地、更持续性地以环境友好性交通工具校准其规划原则。

8. 自然元素，如水与绿地，在新城（区）中具有更大的意义。

9. 在最新一代的许多新城（区）中，有效地提供了土地与原材料消费控制对环境友好这一原则的各种贡献。

10. 新城（区）普遍拥有城市设计质量。它们呈现了巨大的功能、社会的和建筑的多样性。建筑形式和空间结构经常更小尺度地、更差异化地予以设计。

11. 在新城（区）的规划、实施与利用的时候，整体过程中的质量均具有意义[1]。

依据上述准则，在 1990 年以来，德国进行了大量新城区的建设与发展，为城市建设发展注入了各种新兴活力。

---

[1] BBR-Online-Publikation. Nr.01/2007, P. 3-8

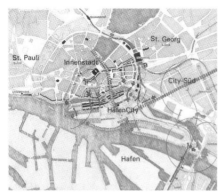

Stadtentwicklungskonzept 城市发展规划（1996）

Hafencity 被作为都市区功能提升的系列计划之一"（城市珠链）City and Perlenkette"在易北河北侧形成轴带型的发展。

Hafenstadt 结构规划（2000）

Hafencity 结构规划中清晰地体现了下述要素：与中心城区的复合联系，与南侧港区的顺畅联系；重要视觉焦点位置未来的特殊设计要求（黄色标记）。

图 7.23　汉堡港口新城的项目组织方式

1881 年汉堡港口需要在税务系统上与德国紧密联系，划定了港口免税区。20000 居民迁出这一区域。汉堡中心城市从此失去了与易北河的直接联系。

60 年代末期，集装箱码头货运向易北河南侧转移。港口功能重要性的减退削弱了保税区的意义。

1989 年 Bau Forum 即已开始进行了这一区域的发展考虑，Michael Graves、Kees Christiaansen、Volkwin Marg 都参加了这一讨论，初步确立了与城市中心区紧密联系的发展计划。

90 年代中期，政府就开始有计划地收购土地，为这里的企业机构提供了其他的可选择地点。这一迁址工作是逐步进行的。汉堡市政府逐步将这一区域用地收归城市所有。在 1997 年宣布建设港口新城的决议时，80% 的土地已经属于汉堡市，其他用地属于德国铁路集团与私人第三方。

Hafencity 作为城市中心地带，属于汉堡市开发强度一级城区。在基础设施占据整体用地约 40% 的背景下，60 公顷建设用地共计将形成 150 万建筑平方米，开发强度达到 2.5。
整体项目涉及公共投资 24 亿欧元，其中 15 亿欧元由土地出售折抵。加上私人投资 85 亿欧元构成了复杂的任务和管理需求，GHS（Gesellschaft für Hafen- und Standortentwicklung mbH）作为 100% 城市投资公司，代表城市的长远与公共利益，负责这一任务。

1999年城市设计竞赛中，评委对获奖者Hamburgplan、kees Christiaanse的方案的重要赞许包括：
整体方案包括8个大型街区，每个单元包含着发展主题与同时巨大的功能多样性，在今后10~20年内逐步形成发展规模。

Hafenstadt分期开发计划与8个大型街区划分两者高度吻合

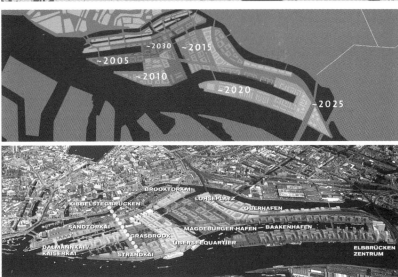

第四代新城: Kirchsteigfeld, 德国波茨坦
Fourth Generation: Kirchsteigfeld, Potsdam

城市背景:

德国 1989 年、1990 年统一之后，前东德地区布兰登堡州首府城市波茨坦市出现了一个经济上的繁荣期。意厦 ISA Stadtbauatelier 为其制定了总体规划，城市规划的重要目标之一是将前东部与西部之间不同的居住水平拉齐，提供多样化、高水平的服务体系，并规划了布兰登堡州四个新居住区。其中 Kirchsteigfeld 由 Groth Gruppe 公司总负责，实施建成了同时期东德区域最大一处城市建设项目（7000 名居民）。

Kirchsteigfeld 的发展理念"在波茨坦居住、工作与生活——一个真正的城市，同时又在绿地当中"（Wohnen, Arbeiten, Leben in Potsdam – in einer richtigen Stadt und doch im Grünen）直接将新区的品质等同于波茨坦城市的品质，暗示了这一标杆项目对世界文化遗产城市波茨坦现代人居质量的提升意义。建筑师罗伯·克里尔（Rob Krier）在这一项目中强调历史意识，向传统欧洲城市模型致敬，并通过详细的城市景观设计导则加以实施。

这个项目同时是欧洲最早的整体性生态城市建设项目；私人企业与建筑师 Krier 及波茨坦市政府通力合作进行大型城市建设，也是欧洲世纪转折点极其重要的城市建设试验。

评价:

Kirchsteigfeld 城区的建设整体而言是非常成功的[1]，公私两方均认为开发合同的执行很成功，包括政府对规划建设的引导，以及私人企业从设计、建设到维护长期性职责的执行情况[2]。

其独一无二的城市空间，室外开放空间的各种活跃变化，同时又形成一个兼具活跃的色彩效果以及整体和谐效果的单元，民众与居民普遍认为 Kirchsteigfeld 是一个吸引人的新居住区[3]。Kirchsteigfeld 规划试图形成的多社会阶层混合与多年龄阶层混合基本达到。在波茨坦市南部区域人口整体大规模疏离的背景下，Kirchsteigfeld 并未受到过多影响——虽然其社会住宅的比例较高（81%），但人口始终保持在一个相当稳定的水平增长，社会状况较周边环境明显更为积极（图 7.24）[※]。

学术界将其与 Poundbury 等新城镇，归于根植于地方性与传统性的代表作品——重新认识居住的尺度，适宜的设计形式，形成效率与愉悦……再现了卡米洛·希特（Camillo Sitte）19 世纪表述的欧洲城镇形态中的艺术原则，并以一个中等密度的优质住区有效地为郊区化的泛滥提供了反例。Joan Busquets、Felipe

※ 外国人比率3.8%，失业率为4.4%（2011 年），在周边城区 Drewitz 相应数值为 7.67% 与 15.5% 的背景下明显呈现了更为良好的状况。http://www.potsdam.de/cms/beitrag/10088596/513412/

① BBR-Online-Publikation. Nr.01/2007,P.33
② 根据波茨坦前城市规划局长，项目城市方负责人 Roehbein 先生的访谈与历史文献，2005。
③ Bundesamt für Bauwesen und Raumordnung: 2000,P. 120

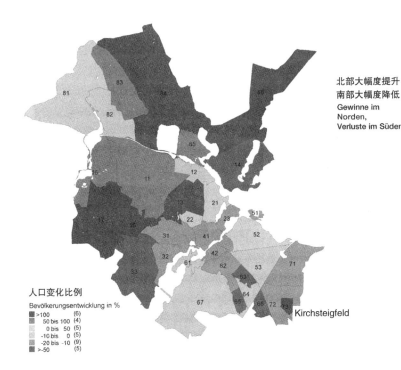

北部大幅度提升
南部大幅度降低
Gewinne im
Norden,
Verluste im Süder

人口变化比例
Bevölkerungsentwicklung in %
■ >100　　　 (6)
■ 50 bis 100 (4)
　 0 bis　50 (5)
　 -10 bis　 0 (5)
　 -20 bis -10 (9)
■ >-50　　　 (5)

Kirchsteigfeld

图 7.24　波茨坦西北侧靠近柏林都市区人口仍然增长中；东南侧则整体呈现衰减趋势，局部地区达到 50% 以上（1991~2005 年）。Kirchsteigfeld（73 号）是东南经济区域内唯一呈现人口增长趋势的区域

Correa 认为：欧洲密集性的区域空间特征为这种"新都市主义"的主张提供了良好的温床[1]。

Kirchsteigfeld 的城市中心在时间上是伴随住宅建筑而发展起来的，但其规模更接近于日常商业中心，和旁边大型综合居住区的商业中心相比缺乏足够的竞争力。高速公路入口建设迟缓也被强烈批评（建设 5 年后）[※]。这两者被认为对商务功能的培植造成了消极影响。

德国新城（区）研究机构对其的评价是"Kirchsteigfeld 是一个具有吸引力的居住区，但是工作位置有限"[2]，规划的独立工商园区至今仍然空置。其原因在于：
——在柏林都市范围内大量新建的新办公区，造成区域办公类项目的强烈竞争，波茨坦市本身对办公空间需求积弱；
——新城（区）空间上仍然使用功能分区原则，将东侧临近道路的用地划定为一个完整的工商园区，居住与非干扰的商业之间分区并置；
——开发模式采取了预留基地等待使用者自行建设的方式。

这些措施貌似减低一次性开发的成本，并为专业化开发预留空间，但大幅度加大了商务机构进驻使用的难度[3]，对于一个经济活力较弱的区域而言，这种问题是极其难以解决的。

※ 相反慕尼黑会展城市 Riem，第一阶段是公共设施与小型住区的联合建设，直到建成了地铁、会展中心、企业区与购物中心，才开始建设最大的居住区。
Bundesamt für Bauwesen und Raumordnung: 2000, P. 120

① Joan Busquets, Felipe Correa: P. 181, 203, 206
② BBR: 2000, P. 120
③ BBR: 2000, P. 120

第四代新城: 东港地区, 阿姆斯特丹, 荷兰
Fourth Generation: Oostelijk Havengebied, Amsterdam

城市背景:

阿姆斯特丹东港地区原为阿姆斯特丹 1876~1927 年之间的历史主港, "二战"后其重要意义逐步被西部更为良好的深水港取代。1978 年阿姆斯特丹议会决定对破败的东港地区进行再开发,并重新制定了阿姆斯特丹北侧重要河流(IJ-Ufer Plan) IJ 河流发展规划。

1985 年根据"在工作的地方生活"这一理念,确定了东港地区的未来发展原则: 强调混合性的功能。第一阶段对 8000 套住宅先进行可行性研究。1989 年荷兰国家政府确定了对这一项目的直接支持。因此该项目未由区政府,而是由阿姆斯特丹市政府进行主导发展——由 15 人组成的专项机构负责相关领导工作。社会住宅承担先锋性工作——50% 的高资助度社会住宅,在早期首先实施。其他50% 获取较少社会资助或无资助。

1990 年确定规划设计方案,原则包括:
——保存现有的岛状结构;整体空间结构如同手掌,各个半岛为手指,强调其独立开发阶段、有识别性的景观特色与差异性的设计。
——规划形成核心城市型的高开发强度;混合居住、工作与休闲活动,尤其是滨水活动的利用。
在此基础上并未试图形成整体区域的功能规划与城市设计模型,而是分别委托规划师、建筑师独立设计,由城市设计专家委员(Dijkstra 教授等人)进行协调[1]。

各个岛屿的城市设计与建筑设计在此过程中均呈现了强烈的设计个性与创新精神。这是一次传统与现代城市空间语汇融合的创新。阿姆斯特丹传统运河住宅 Grachten 的居住与开发模式成为隐含的线索。Java、Borneo、Sporenburg 岛进行了多样化的现代阐释,但共同点十分清晰——没有前后花园,空间紧密相邻,一侧滨水或观水的三层联排街坊 Patioblock,大量单体建筑单元 4~5 米宽,30~40 米深度的尺度,这些都是传统运河住宅的模式特征。

最突出的是 Planquadrat 与 west 8 对 Borneo/Sporenburg 的设计创新。West8明确指出:整体计划感来自于前 Zuiderzee 的村庄,那里小而舒适的住宅依伴着水面,以这一模型为基础,以每公顷 100 单元的高密度,在 Borneo、Sporenburg 岛上共提供 2500 单元低层住宅。将高层社会住宅与周边绿地作为中心,结合周边重要的公共建筑、保留工业建筑连线联系的空间轴线,与水体、规整的联排住宅之间形成了强烈的对比。

整体而言,它们贯彻了一系列的共同目标:
——延续了阿姆斯特丹中心区的典型城市结构,平均高度为 15~25 米的建筑单元,占据 80% 的总量,高层建筑与低层建筑各 10%;
——极其多样化的住宅类型,为多样化的社会群体提供了不同的大小、价格与

---

① IOB(UNI Stutttgart):1999, P. 294

居住形式；

——共计规划 20 万平方米商务办公面积。Rietlanden（中心区域）规划为商业中心，每个岛上有混合性服务设施；

——现有工业建筑部分结合了商务办公功能，部分结合了城市服务功能（会议中心、酒店、剧院），在岛上不同位置被局部保留；

——用各种建筑要素强化水与陆地的对比性；

——对公共空间的塑造成为特殊性的视觉焦点；

——小尺度带状绿地贯穿所有的功能，作为独立的轴线与林荫道等视觉联系，并提供观景点。

评价：

2000 年东港地区共计容纳了 17000 人，这一地区代表了荷兰新兴住区中最高的人口密度，也是阿姆斯特丹市"二战"以后城市最大的项目[1]。

Borneo、Sporenburg 两岛虽然有 90% 的低层住宅，但住宅密度却达到了 100 套 / 公顷，并有 30% 的社会住宅——空间上集中位于高层建筑。Java 岛有 45% 的社会住宅，KNSM 岛有 50% 的社会住宅。就各方面的反馈而言，东港区域的城市功能就目前而言是健康而有活力的。

Borneo 岛部分地区划分地块后，出让了 60 处标准地块，由业主自行设计与建筑，再演了历史上城市中心街坊的开发模式，虽然其总量并不大，其多样性的趣味却成为整个东港项目最吸引拜访者的地点。同样吸引人的，还有借此展现出的这一代荷兰建筑师、景观师各种富有创意的、技术成熟的设计细节。

东港地区吸引了年轻家庭，他们带着幼儿居住在城市中，而没有选择阿尔默勒这样的郊区低密度田园生活，证明了这个区域以"潮流"与都市化生活的品质具有对特定人群的吸引力，以及全面地对阿姆斯特丹滨水居住传统的继承所产生的魅力。东港项目的区位，以及多样化、革新性的建筑如同"建筑大观"，也吸引了时尚的新媒体、通信专业的进驻，成为中心城市旅游活动的新焦点。

东港项目将传统居住模式的继承，与各种前所未有的设计创新、开发模式创新、建筑类型的创新予以有效叠合。其基础来自于一方面高水平的现代建筑设计对特定场所的处理能力——滨水建筑、特殊的面宽与进深 / 私人游船停泊岸都对建筑与公共空间提出了非常规的要求；另一方面也来自于对现代城市家庭生活的深入理解与制度创新——紧密狭长的联排住宅与家庭生活模式的匹配、滨水生活的现代价值、业主参与建造设计，等等。

Joan Busquets 与 Felipe Correa 在《Cities: X Lines》中盛赞这种模式为"Piecemal aggregation（零碎的聚落）"——借助中小尺度的城市设计在城市内部重塑住区聚落等功能结构单元，并指出在欧洲的背景下，这一模式逐步形成了极其多样的成果，成功地被证明其有效性[2]。

① Szita, Jane: 2002, P. 62-69.
② Joan Busquets,Felipe Correa: 2006, P. 172.

第四代新城：Ørestad, 哥本哈根
Fourth Generation:Ørestad, Copenhagen

城市背景：

1991 丹麦政府决定加强哥本哈根作为国家和国际经济中心的角色，希望它能吸引更多新型、知识密集型产业，并以此带动整个国家的经济发展。在此背景下，开始筹备 Ørestad 新城与哥本哈根新国际机场。

Ørestad 对于哥本哈根而言，意味着指向巴尔的海的大门。与瑞典政府协商共建的跨海大桥，将瑞典第二大城市马尔默和哥本哈根联系在一起，为哥本哈根拓展了新的区域性市场，而 Ørestad——位于哥本哈根中心区与机场、跨海大桥之间的快速通道沿线，就是为这一市场设计的具有高端竞争力的承载平台。

不同于以往所有新区，310 公顷用地上，Ørestad 规划了 2 万名居民，却设立了 8 万个工作岗位；310 万平方米建筑面积中，商务办公、文化建筑、居住建筑分别为 60%、20%、20%。Ørestad 新城的职责是哥本哈根未来城市副中心，甚至是哥本哈根特别设立的区域性新中心。这从 Ørestad 已迁入或待迁入的公共设施也可看出：丹麦国家广播公司 DR，哥本哈根音乐厅，哥本哈根大学，丹麦最大的购物中心 Field's，斯堪的纳维亚最大的展览与会议中心 Bella Center，目前还在策划其扩展项目 Bella Center——同样是斯堪的纳维亚地区最大的酒店。Ørestad 从公共设施配置级别而言，承担了哥本哈根最新国家级建设项目的绝对性总量，事实上超越了现有中心城区，成为哥本哈根都市的副中心；就其辐射性而言，是以北欧区域为背景的，哥本哈根—瑞典之间的新经济与公共设施走廊，代表了哥本哈根都市圈与全球经济衔接的最高层级。

开发模式也反映出了这一意图。Ørestad 开发公司 (Ørestadsselskabet I/S，现在转为 CPH City & Port Development) 于 1993 年 3 月建立，负责开发这一新城（区）。公司 55% 由哥本哈根市出资，45% 由丹麦财政部出资。计划用 20~30 年，投资 1.75 亿美元建设这一区域。

这一用地原为未建的军事区，一侧为大型自然保留地，另一侧是城市建成区。用地长 5 公里，进深则仅为 500 米左右。ARKKI 的规划方案非常简洁而集约——以轨道交通站点引领的六个组团，几乎可以说是这个地点发展的最小空间方案，其中还包括巨大的生态绿地片区 Amager Fælled。高速廊道的线性交通与轨道交通站点的点状公交核心，是这一区域的土地利用模式的基础。各个组团同时是分期规划的基础。

各组团围绕轨道交通节点规划服务中心与外部的城市功能。由于组团基本位于高速路的一侧，城市内部街区的空间基本以低速交通为主。街区模式再次向传统欧洲街区尺度与形态回归——Liebskind 在 Vestamager 所做的有机形态母题，在空间尺度上与断面形态中仍然贯彻这一原则。

城市设计的独特特征还在于绿地结构与水体结构的深入渗透。各个组团规模约

为 500 米 x1000 米的尺度内，仍然融入了横纵两个方向的绿地与水体。自北向南，一个活水体系贯穿所有组团，除了成为新城的生态系统贡献、公共生活特色，还是新城景观识别性的主要载体。

评价：

项目的实施在商业层面上是成功的。极小数量的土地在巨大的公共资源强烈倾斜下，吸引了市场经济主体的投入。2008 年，53% 的土地被售出，2012 年形成的工作岗位已经达到 12000 人。对国际型机构而言，Ørestad 提供了在"老"哥本哈根和新国际机场之间的吸引力区域——近邻交通资源，生态资源、高等级公共设施资源的国际投资平台载体。

相比之下，居住人口增速相对偏慢。2004~2012 年之间仅吸引了约 8000 人。这与新城规划中，组团规模小、人口总量低有密切关系。Bella Center 组团主要依托拜访性外部人口，完全没有居住功能。城市中心区人口总量也基本依靠复合性用地提供。

考虑到 Ørestad 直接腹地极其有限（一侧为绿地，一侧被高速公路廊道隔绝），这样的模式很容易造成城市中心区的活力仅限于白天，在夜晚与假日出现安全问题。开发公司已经在年度报告中指出部分街区出现了缺少人气的状况：缺乏都市生活，建筑物太高，间距太大。"Øre"在丹麦语中与"沙漠 Øde"只差一个单词，批评者讽刺 Ørestad 是一个"荒漠城市"[1]。

开发公司认为：城市的创造需要时间，在进一步的发展中，这些空间将被填充，从而创造出都市生活与亲密性关系。多样性将逐步增加。重要的是：哥本哈根是整个国家经济发展的生长动力核心，而 Ørestad 是其作为首都城市与其他大都市区域竞争的重要资产。哥本哈根政府在《COPENHAGEN GROWING ：THE STORY OF ØRESTAD》一文中自述：今天回顾历史，（哥本哈根经济下滑）这一趋势已被扭转，新的成长动力来自于机场地区的扩建，重要联系通道与地铁线路，以及 ØRESTAD 新城（区）的开发[2]。

---

① By&Hanvn: P. 5
② By&Hanvn: P. 43

7.5 第四代新城的特征
Characteristics of the Fourth Generation of New Town

时代：

※1 这一时间节点参照了德国建设部新城区的研究工作"城市新区现状与城市建设质量"。

- 20 世纪 70 年代后期开始出现了城市中心地带小型城区的整体改造与重新利用，并由于其中心区区位强调更高的质量品质；但欧洲大规模进行这一模式特征的城市建设，主要开始自 1990 年[①,※1]。

重要目标

- 新城（区）的产生重点位于都市区域中具有旺盛经济活力，允许空间进一步加密的区域——普遍仍然发生在大都市，或活跃经济区域的中等城市[②]。
- 相当部分新城（区）用地来自于城市内部与边缘的各种原有功能区域的职能置换，也有约 1/3 为原有农耕区域与生态空间中的新扩展用地。
- 新城（区）建设的背景不是住宅缺乏，而是为了城市片区、大都市以及区域的竞争力提升，因此普遍包括新的经济分支如办公园区、高科技园区、会展中心、高质量的特殊房地产项目。
- 这一代新城（区）的实施，在城市建设中有清晰的引导性意义。它们在城市发展中均承担了城市当前明确的建设与文化主题，例如生态城市、居住试验、滨水城市等。

基本原则：

※2 例如罗伯·克里尔在设计 Kirchsteigfeld 时所显示的强烈历史意识，保留文化景观与历史轴线的努力。
Scharnhauserpark 中心绿地缓缓下斜的地形可以遥望阿尔卑斯山，成为这个居住区重要的景观特征。和历史性景观结构大型古典花园 Herzogliche Fohlengarten 的中心轴线基本指向一致。

- 城市建设的品质本身即为新城区最重要的"意义与力量"所在。
- "一个开放的小世界"——一个在空间与功能上，均强调外向性、多元化、动态化的发展模型，而不是一个内向封闭的单元。即使是一个较小的数量级单元，也可以通过区域层面甚或国际层面上的紧密联系弥补其活跃性与品质，同时向内具有强烈的城市意象与城市文化特征。
- 新城（区）致力于和历史文化信息与载体高程度的紧密结合——在部分案例中被视为城市公共空间的重要氛围背景[③,※2]（图 7.25）。

贯彻与执行：

※3 为了建设柏林新城区 Rummelburger Bucht，柏林市政府于 1992 年 6 月建立了发展集团 Rummelburger Bucht mbH (ERB) 作为受托公司。并要求 ERB 应当主要使用私人金融体系，尽可能使用少量的公共资源来发展该项目。

- 作为母城最重要的新动力之一，母城普遍投入大量的资本与技术组织来实施项目，但其重心主要集中在基础设施与公共设施领域。以政府为主导的专断独行的独立开发集团被有意识避免——缩小政府承担的各种风险，尤其是经济风险，同时吸引更综合的资源来支持新城（区）项目[④,※3]。
- 市场的力量被认为是非常具有效率的，能够更好地切合公共需求。多元

① BBR–Online–Publikation, Nr.01/2007, P. 24
② BBR–Online–Publikation. Nr.01/2007, P. 21
③ IOB（UNI Stutttgart）:1999, P. 53,54
④ IOB（UNI Stutttgart）:1999, P. 91

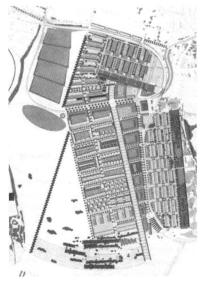

图7.25 Scharnhauserpark 中 心绿地仅30米宽，位于Herzogliche Fohlengarten 的历史位置，缓缓下斜的地形可以遥望阿尔卑斯山

化的主体以不同方式参与整体项目过程中。在 Kirchsteigfeld 等案例中，私人开发集团可以作为主体承包商，对建设和管理项目，甚至长期性的分配收益担任主要责任；城市规划与管理者负责制定规划框架和建设公共设施，并担任管理者与咨询者的角色[※1]。

- 居民是城市发展的重要目标群体，而不是"牺牲品"。在早期新城代系中匿名的未来居住者，在一些新实验项目中成为共同决策方。私人民众或小型住宅合作机构作为购买者与新城区开发主导者联合起来，在部分项目中甚至参与建造，带来了一系列的优点：（从起初就按照支付能力设计与建设的）经济合理性，（紧密参与甚至主导设计与建造全程所带来）高度的认知性，（由于每个人的多样化意愿而）造成结构的多样性，（符合市场需求的）社会与功能的合理融合。

新城的社会平衡性：

- 新城（区）意图深入全面地形成区域性的社会、就业、服务平衡，新城区或者紧邻工作岗位集中区域（例如中心城区），或者有意识混合设置商务区——近途原则的应用。其塑造的工作岗位和公共设施常常超过了本地居民的需求[1][※2]。作为一个活跃的城市的发展基础，在绝大多数项目中，普遍试图达到一个最低量的就业岗位，例如 1/3~1/4 的居民人口总量。即使小型新城受限于一些要素无法做到这一点，通常也会有意识在区域层面上关注其解决方案[2][※3]。
- 功能的混合，通常包括商务、购物、教育、研究等对居住不具有外部性

※1 Kirchsteigfeld 中规划局与开发商 Groth Gruppe 之间的紧密合作是一个良好的范例。

※2 德国58个超过50公顷用地的大型新城区项目，有9个工作岗位/居住人口比值均大于1。慕尼黑会展住城 Riem 规划了16000名居民以及13000个工作岗位，工作岗位达到居住人口的81%。

※3 生态新城（区）"科隆兹堡的商业与服务设施提供了本地的就业岗位，同时近旁的银行与数据中心提供了大约3000个工作岗位。"(City of Hannover, 2004a).

① Landeshauptstadt München: 2007
② Tsenkova, Sasha: 2006, P. 33

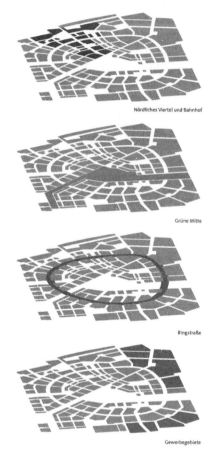

Nördliches Viertel und Bahnhof

Grüne Mitte

Ringstraße

Gewerbegebiete

Wissenschafts- und Bildungsquartier

Superblocks

※1 德国新城区发展研究肯定了这一结论：虽然整体新城（区）中约有1/5，是作为国家复兴政策，在经济低迷、社会环境下滑的区域进行规划的，但人口密度对这一代新城（区）发展仍然具有重要影响。新城区普遍具有嵌入或紧邻中心城区的区位特征。研究者认为，其原因在于新城区普遍关注，对于区域内工作岗位、人口总量和服务设施而言，能够有良好的可达性。

※2 德国新城区（中），扩张性模式约为20%，用途转换性（包括农业用地的转换）为80%。在用途转换的232个新城区中，原为军事用地的占33.2%，原为交通面积的为21.5%，原为工业用地为20.7%，占据农业用地的为20.3%，基础设施用地4.3%。

图7.26 Aspern 的功能分区：轨道站点与周边商务区、中心绿地、交通环、工商园区、科研教育区、中心商务街区

① BBSR-Analysen KOMPAKT 08/2012, P. 6
② BBSR-Analysen KOMPAKT 08/2012, P. 10

影响的功能。由于欧洲目前对产业清洁度的有效控制，部分新城中出现了分区但不隔离的工业片区（图7.26）。

- 新城区目标总体而言，是将较高收入的人口吸引在优质的新城区中，而不是任其流向缺乏控制的郊区甚至其他城市——城市竞争力需求的体现。与此同时，欧洲新城（区）仍然普遍肩负不同比例的社会住宅总量。

- 在此背景下，新城区首先强调一个谨慎的、理性的社会混合，以不产生潜在的下滑趋势为前提；其次以多元化的方式提供社会保障，提供均质的新城（区）内质量，避免住宅建设由于社会阶层的质量差异性在空间上隔离。最后，市场取向性的原则保证了良好的建设质量、长期性的维护保障。

功能：

- 新城区的区位与可支配的开发用地更具有直接性的关系。此外高人口密度与活跃的经济功能是重要的辅助因素。虽然新城（区）不是大城市的专属，但德国96%的新城（区）都位于中心城区内或紧靠中心城区①,※1。中心城区的港口与仓储用地，以及城区边缘地带的工业、机场、兵营，是功能转化型新城（区）用地的主要来源。此外，仍有部分新城占据城市边缘自然区域，形成了新城（区）区位的两种特征：功能转化型嵌入结构与城市扩张型新生结构②,※2。

- 土地使用整体指标的确定，在用地的种类、大小与强度方面，

兼顾了区域与本地的双重需求，非常个体化；部分负担区域战略意义的重要新城区，商务办公等其他功能比例会大幅度超越居住功能[1],[※1]。但时序上，居住功能的服务品质是重要的标准，尤其是日常需求作为前提性重点，通常力争与住宅建设同时段性地提供[2],[※2]。

- 以形成都市性与灵活性为目标，鼓励混合用地与商务用地的融合。纯居住用地约占据总建设用地的 35% ~55% 之间[3]。功能混合的方式包括用地的分区混合，沿街道的界面性混合，建筑垂直混合，宽泛性设定用地标准等方式，是规划界重点研究的主题[4],[※3]。

- 对比上一代新城，整体规模明显降低。规划居民多数在 10000 人范围内，可以形成以轨道交通站点为核心的大型组团规模（3000~10000 人）。强调提升居住人口强度，大量新城具有超过 100 人 / 公顷的建设强度——有意识地呼应集约城市的理念。

- 新城普遍强化公共交通 + 步行半径的交通模式，经常在建设初期即配备良好的轨道交通站点[5],[※4]。Ørestd 新城区结构完全按照轨道交通展开，形成约 600 米纵宽的链状城市组团格局（图 7.27）。

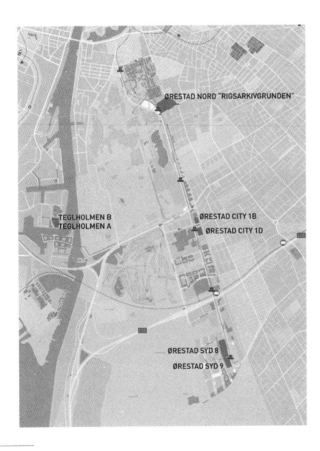

※1 丹麦哥本哈根新城区 Øerestad，虽然居住人口总量与密度均不高，但就整体建设总量而言，在 310 公顷用地中建设 310 万建筑平方米总量，这一开发强度，主要是由大量的商务办公面积支持的。

※2 作为一个万人左右的新城区，汉诺威 EXPO2000 的生态新城 "科隆兹堡提供一个住区组团应当具有的完整的社会服务，包括日托中心，学校，医疗设施，商店与工作岗位，以缩小各种出外活动的需求"。

※3 以两个居住为主体功能的新城（区）为例，Kirchsteigfeld 居住功能占总用地 34%（包括混合性的居住），商务占 25%，公共服务设施 16%，开放性休闲空间 19%，公共绿地 6%。
蒂宾根南城项目中，居住用地具有明显更高的倾向，占据 50%，混合性功能 29%（其中商务功能约 1/3），公共设施 14%，商务和服务业 6%。

※4 新城区研究表明：42% 的新城区用地在 1000 米范围内有轨道交通站点，40% 有火车站站点，60% 在 300 米范围内有公共汽车站点。
BBSR-Analysen KOMPAKT 08/2012, P. 13
汉诺威 EXPO2000 的生态新城 Kronsberg 范围内具有三个轨道站点，以轨道交通将整体科隆兹堡覆盖在 600 米的步行半径范围内。

图 7.27 哥本哈根 Øerestad 新城，沿轨道交通布局为 0.6 公里 × 5 公里（310 公顷）的带状用地各个站点（深红色）即为大型城市服务设施与公共设施（红色）的集中区域。

① Danish Ministry of the Environment: P. 1
② Tsenkova, Sasha: 2006, P. 31
③ IOB（UNI Stutttgart）:1999, P.144
④ IOB（UNI Stutttgart）:1999, P. 144
⑤ Tsenkova, Sasha: 2006, P.31

※2 Freiburg 的 Vauban 新城区曾经试验过无车行的纯步行区。但这属于前无仅有的实验项目。混合性交通是更典型的模式。Kirchsteigfeld 的交通级别和公共空间层级完全重叠，城区中心与分区中心都是街道体系的汇聚点。
新城规划实践，P. 70;
蒂宾根南城项目规划要求：街道空间应当重新成为日常生活的地点，作为居民逗留的空间。……停车场被置于周边的位置，前往公共交通站点的道路明显比前往停车场更为便利。

※3 由 OMA 主持的阿尔默勒中心区改造设计，其公交总站与停车设施为了达到最为良好的可达性，作为城市新中心的核心性公共交通设施融入中心广场的地下空间。借助上部大量商业设施提高了交通综合体内的人行密度。

※4 蒂宾根南城项目所获各个奖项评论中，小型都市地块的划分一再被称为其成功的关键。

※5 柏林水城 Spandau 平均地块容积率达到 2.4，中心区以 6~8 层的公寓性建筑为主，开发强度达到了 2.5~3.0。IOB 101

※6 荷兰东港滨水区域所有组团均拥有 10%~30% 的高层建筑，往往位于入口、地标性特殊节点（例如岛尖），中心区等城市设计的核心位置。并有意识控制了视轴。

图 7.28 Scharnhauser 极其多样化的地块大小与建筑类型

- 与快速干道良好的接驳与密集的路网提供了良好的个人交通感受①,※1。
- 城区内部并不过度强调纯粹的步行空间，主要以混合交通为主，步行交通在公共区域中具有高优先权②,※2。
- 多层的交通体系并不被特别鼓励，往往是由于复杂轨道交通站点而引出的必要选择，其交通设施会有意识与商业设施联合设置，增强其人行活动强度与空间品质，从而塑造具有吸引力的商业与公共活动场所※3。

● 放弃了佩里"邻里规划"中的嵌套结构，应用更具开放性的均质城市化的空间结构。传统街坊以及其都市化的特性广泛地替代了内向化的住宅区成为新城的邻里典型单元。蒂宾根南城以及阿姆斯特丹东港项目中有意识使用了传统的狭长城市地块（Building Plot）划分方式，既具有灵活性与形态的多样性，又符合个体家庭对"传统自有住宅"感受的认知，由此自然形成了开放性都市界面③,※4。遗憾的是，由于以小型地块划分为基础的参与设计涉及市场拓展、项目控制、财政监督的巨大费用，尚难以得到广泛的实践应用④。Scharnhauser 公园等项目虽然未达到允许每个体家庭进行独立的形态塑造，但是也同样采用了类似的小型地块与住宅单元划分方式（图 7.28、图 7.29）⑤。

● 新城的两种典型区位，在建筑形态上均体现为集约型高密度的低层与中高层建筑混合布局，2~3 层的低层建筑仅在少数郊区地区案例中成为主体建筑类型，大量其他案例包括 70% 以上为 3~5 层的中层建筑，甚至高层建筑※5——一方面增加都市性、强化人口密度，另一方面塑造可识别的城市中心或天际线⑥,※6。原因既在于珍贵的空间价值，也在于对可持续发展中"集约城市""短途城市"理念的实施结果。地块开发强度在大量案例中超过了 1。

① BBSR-Analysen KOMPAKT 08/2012, P.12
② IOB（UNI Stutttgart）:1999, P. 142
③ IOB（UNI Stutttgart）:1999, P. 142
④ IOB（UNI Stutttgart）:1999, P. 60
⑤ IOB（UNI Stutttgart）:1999, P. 147
⑥ IOB（UNI Stutttgart）:1999, P. 295

图 7.29 蒂宾根 Sued 新片区（阴影部分）紧密的结构肌理与这一城区原有的疏松肌理结构形成了鲜明的对比，但是街区的尺度极其相似，和原有街区空间的衔接性非常良好。

城市景观：

- 城市空间形态不仅仅来自于景观美学的要求本身，而且也来自于系列不同的城市发展理念[※1]，包括"自建住区"、"零能源房屋"、"多代住宅"等理念。同时生态性的考虑已经达到一个全新的水准，成为必备性要素，这些都对城市空间品质形成了直接的影响[①,※2]。

- 这一代新城同时特别重视一个具有吸引力的城市面貌，一个独一无二的、不可混淆的意象与文化识别性。它们通常形成了区域甚至更大范围内城市设计领域的一个"地标"性城市景观。历史要素的保护对此形成了重要贡献。

- 这一代新城（区），既具有内向的街坊内部院落，也同时有明确界定的公共空间，城市中心识别性清晰，开放与私密空间领地都非常明确，且紧密依存。与低速汽车交通 (beruhigte Autoverkehr) 伴随的步行交通体系被作为城市生活感受的途径——在居住、社会、商务设施以及工作岗位之间被塑造。通过街区内公共空间的紧密联系，社会联络与生活交融被大大促进。

- 规划师与设计师认识到，在新城景观中——"红色（都市性）品质"而不是"绿色（自然性）品质"，是不可放弃的。基于自然景观有可能造成城市空间的破碎，甚至被有意识地控制。追随"集约城市"的理念，这一世代新城的绿化元素尺度较小，更多地是作为林荫廊道、街道绿化、与小尺度的绿化设施，贯穿各个公共空间，强调的是绿色的意象，而不是绿地数量本身[②,※3]；与较高的建设密度，外部的开放绿化空间形成了城市街区与自然空间之间的强烈对比。

- 在另一方面生态型的发展理念被作为一个广泛性的规划原则被认知，并以不同形式在城市规划、自然景观、建筑设计等各个领域被贯彻。

※1 Kirchsteigfeld 初期曾经以城市设计工作坊（Workshop）的形式，邀请设计机构进行初步设计的同时，阐述并公开讨论各种理念的实现可能性，最终确定了罗伯·克里尔的设计哲学与方案。

※2 Scharnhauser Park 作为居住区类项目，规划之初即确定要形成一个独特的生态城区，其中制冷系统由欧盟 POLYCITY 资助。整体用水采用了可持续排水体系。私人与公共用地的雨水体系均可以进一步利用。建筑耗能低于国家标准 25%。整体较国家能源保准低 30%~38%，80% 的能源消耗为可再生能源。

※3 慕尼黑展会城市 Riem 的公共空间导则提出：城区被多样化的公共与私人空间广场所影响。院落与开放空间有意识包括穿行廊道与视觉廊道，形成了变化非常丰富的、活跃的公共空间。公园、阶梯性的住宅，阳台、前廊甚至住宅本身都容纳了自然要素。

① http://www.ostfildern.de/
② Landhauptstadt München: 2007, P. 5

- 迥然不同的建筑类型——高层建筑与低层建筑，多层住宅与独栋住宅，以更加多样化的形式被设计。20世纪90年代后普遍性开始使用垂直混合，例如 "Scharnhauser Park" 住宅首层与办公、商业与作坊结合，形成一个简单但是活跃的日常生活组织[1]。相当数量的区域通过引入简单清晰的传统地块形式以及较小的尺寸，形成个体家庭参与设计与建造的基础，突破了自上而下的集中供给模式，对地方城市建设特色的传承与城市文化的多样性影响巨大。

※ 例如：Kirchsteigfeld 发展周期约为 10 年（1990~1999 年），蒂宾根南城项目周期为 4 年（1993-1997 年），科隆兹堡生态城约为 10 年（1991~2000 年）基本均在这一期间完成效果。

部分第四代新城整体规模较小，在近期即可观察其实施成果※；其他部分大型案例，还需要更长周期进行监测，在此仅讨论其背景与规划原则。不再专章撰述其实施情况。

7.6 第四代新城的成功与问题
Success and Failure of the Fourth Generation of New Town

今天的欧洲，就其整体需求市场而言，已经拥有充足的住宅总量。最后一代新城或新城区的发展目标，不再是一个数量型的，而是一个质量型的产品——提供超越平均水平的住宅、产业、办公、服务设施。

新城（区）被视为经济的新引擎、都市的新标识而被规划和建设，几乎所有欧洲大都市在 20 世纪 90 年代均进行了该类典型项目的建设，以新城（区）承载大都市核心性职能。例如伦敦 70 年代进行的金丝雀码头（Canary Wharf）为核心的 Isle of Dogs 项目成为伦敦新一代国际金融中心；德国 90 年代进行的波茨坦广场项目，是两德统一后，柏林树立新国际中心形象的宣言；丹麦哥本哈根的 Ørestad 就其设施而言，意图在北欧地区形成具有竞争力的国际商务中心。

丹麦哥本哈根政府如此总结 Ørestad：Ørestad 为国际型的公司提供了一个具有吸引力的区域，一侧是哥本哈根机场，另一侧是拥有快速列车、地铁站枢纽与高速公路的"老"哥本哈根。哥本哈根是整个国家经济发展的增长引擎。Ørestad 是这一首都城市与其他大都市区域竞争的重要财富。

在最近的几十年内，哥本哈根已经成长并转化为一个在海外有影响的城市。促成这一发展的有各种原因，但是最重要的要素是抓住机遇的愿望。Ørestad 就是这个愿望的结果，希望将哥本哈根变成一个对于居住者、公司与拜访者而言更好的地方。

——生长中的哥本哈根：Ørestad 的故事[2]

对比过往世代新城与中心城市，这一代新城的特殊品质在于：

1. 这一代新城具有高品质的综合环境水准。城市空间与建筑设计既具备和谐的统一，又具有良好的多样性。功能使用的混合在发展后期基本达到既定目标，从而将区域整体的生活品质较大幅度地予以提升，此外它们还结合良好识别性的城市意象，以及尽可能强有力的城市文化。由于其建设品质与高调

---

① IOB（UNI Stuttgart）:1999, P. 62
② By&Havn: P. 43

的品牌取向，新城（区）往往代表区域内最具有竞争力的商务、研究机构选址、高阶层人群定居区域，从而帮助区域与新城（区）共同提升经济竞争力与城市活跃性。

2. 新城不再是以一种接力棒式的方式轮流入手——中央政府制定政策，大都市规划，开发公司接盘建设，然后一手交给居民新房钥匙，一手交给新城政府公共设施。历史新城规划均是类似于这一模式：在第一代模型中，中央政府制定政策，大都市政府负责规划，地方政府与未来居住者均无可置喙。直至第三代规划仍然以政府制定规划，地产商接受规划以及详细的城市设计导则。在这最后一代规划中，得益于项目的规模、重要性与管理技术的提升，私人地产机构与居住者不同程度地进入规划的各期阶段，使政府、市场、个人、技术人员的价值观更好地融合。这与之前的"全面权力型""自上而下"速成型的第二代新城规划形成截然对比。

3. 这同时是传统居住文化的一次大幅度回归，新城区的成功也成为地方性文化的胜利。规划师与设计师全面回溯地方城市文化、物理特征、生活模式，为新城区的设计提供支持。街区地块建筑模式、垂直混合功能、混合交通、都市化公共空间，传统公共空间序列塑造要素——系列传统城市建设的常用手段被重新启用，背后隐藏的是价值观的变化——传统城市价值得到了肯定，人的尺度得到了肯定，被作为设计的原点。城市居民对新城区的认同，也凝聚着甚至放大了城市的文化品牌，并予以现代化的表达。

4. 代表这个时代特征的还有可持续性城市设计、建筑设计原则的应用（传统的回归事实上是其趋势之一）。欧洲普遍性全面利用生态技术加强新城区的自然品质，改善城区与建筑的物理特性，并成为兼具实验性、示范性、旗帜性的重要"宣言"与"实证"。

通过良好的区位与上述品质，新城通常属于相关区域内最具竞争力的地产项目，新城区具有突出的品牌价值，并释放出区域性甚至超越区域的吸引力。它们的居民对人性化的物质环境具有良好的认同，由丁其整体高品质的生活质量与社会发展机遇（例如良好的工作岗位，工作、生活空间的灵活转变）而对这个新家园具有积极的态度。作为一个外向型、富于竞争力、令人印象深刻的"磁铁"项目，它们广泛地为其区域吸引了投资，吸引中产阶级入驻，或者避免这些积极要素向周边区域与郊区转移。

美国经济地理学者 David Harvey 对于这一代新城的成功表示质疑：首先是这一乌托邦型空间模式本身的封闭性。雅各布斯在批评霍华德、柯布西耶等人强迫性施加的"理想城市"时提出了以传统社区生活的模式利用空间，将其作为理想城市的模型——事实显示，有机邻里观念潜藏着具有独裁主义含义的监视与控制系统，最终导致了"'私人化'设计风格的门控社区和排他性社群主义运动"[1]。

---

[1] Harvey, David: 2006, P. 159

※ 当地部分民众并不喜欢Poundbury，认为它像舞台布景。但 Poundbury 的房屋价格在英国西南地区整体收入较低的水平下（年收入约 £25000），呈现较高的售卖价格（£100000 to £500000）。尽管只有 200 名居民，但是却有 136 家企业，创造了 1600 个工作位置。

其次，在早期 Poundbury 城镇实验中，"全盘塑造田园城镇梦想，被学术界批评为虚假、无情、专制和冷酷的可爱。……消毒过度的中产阶级隔离区，气氛颓败，没有任何积极的东西值得生活，因此我们必须退回过去。"[1]在当代新城区城市设计理念与传统的融合日渐多样化、个体化、地方化之后，这种批判逐渐不再成为主流；以荷兰东港项目、图宾根南城项目为例，它们有效地融入了使用者个人对生活的理解，成为创意、多样性的真正来源。对于这些项目，市民的欢迎态度是更重要的支持，使政府机构作出了明确的抉择[2],※（图 7.30）。

David Harvey 质疑的另一观点是：20 世纪 70 年代后期新自由主义经济是一种过程化的乌托邦现象——通过国家法律、权威、武力来保证市场自由，甚至在极端的情况下由暴力来保证。通过物质人工环境的建设实现自由市场的乌托邦理想，意味着将原有属于大众的主要公共资源在空间上集中，这些资源保障了自由市场的运行，间接受益于国家权力的政治经济资源，会造成螺旋式上升的地理不平等[3]。巴尔的摩内港的繁荣仅仅对于富人具有意义，新增的廉价服务性岗位难以弥补制造业岗位的流失[4]。

就这一问题而言，欧洲的情况并不相同。受国家福利主义的背景影响，收入和财富的两极分化并未成为城市的重大问题；空间上并未被自由市场解体，资源

图 7.30　（右）Leon Krier 规划的 Poundbury 城镇图。黑色为实现区域。（左）整体鸟瞰，建设中的城镇内部，城镇边缘形态。

① Rybczynski, Witold: 2013
② Rybczynski, Witold: 2013
③ Harvey, David, 2006, P. 175-176
④ Harvey, David, 2006, P. 149

始终向中心区倾斜。以德国为例，公共资源分配严格执行中心地体系理论，城市中心区并未受到中小规模郊区蔓延的削弱。最大的消极影响来自于这些城市本身，在 20 世纪 60~70 年代，快速形成的平庸而无趣的城市环境曾一度阻碍了其进一步扩展商务办公、消费零售产业。

欧洲城市建设 20 世纪 70 年代之后已经没有明显的短板，服务水平强烈拉平，而竞争则趋于国际化，更加激烈，造成项目必须在更高层级上形成先锋性的影响力。最终质量而不是数量，成为竞争力所在，这一代新城区建设通常以 20 公顷至 1 平方公里为典型规模，高密度集中投资，从而形成产业与物业的绝对性高度。最终意图达到：在区域内形成竞争力高地，整体带动经济发展的目标。

这一代新城确实来自于城市、国家资源的大量倾斜。某种意义上讲，在今天的欧洲，成熟地倾向于保守的管理体系。

如此巨大的城市投资，广泛地在中等与大型城市中出现，本身不啻于一种奇迹，城市发展界前所未有的新现象。它们是每个城市的明星项目，但作为一个整体，它们是低调的，在学术界甚至是匿名的。大型城市投资必然产生合理的风险，城市规划研究界、管理界谨慎地观察着、研究着这一代新城（区），期待着它推动城市规划的进一步成熟，启动进一步革新。

图 7.31 Kirchsteigfeld 与 Ørestad 1 公里尺度中心区

图 7.32　Kirchsteigfeld
与 Ørestad 300 米 尺
度地块

08 欧洲历史"新城"的更新与扩张

Renewal and Expansion of the "Old" European New Town

在建设 20 年之后，所有的新城，由于明确可以感知的城市建设老化，通常需要一次物质性的更新。TCPA 指出所有新城在基础设施方面都有三个典型"问题领域"：交通设施、城市中心、公共设施①。一些实验建筑，例如第二代的大板集合住宅，更有可能面临早于这一周期的各种难以预知的建筑修缮与改造问题。此外随着时间的演变，社会结构的改变与需求的改变都会引发各种城市功能改变的需求。例如所有第一代新城基本都面临了商业中心难以满足购物需求，需要进一步更新的问题。

新城建设伊始，都意图高效率、相对低价、大规模地提供住宅建筑、产业建筑、服务建筑产品。这一优势现在变成了弱势。它们易于面临短时间内各种建筑与设施的集体老化，以及由此造成的集中性巨大更新需求与费用②,※1。英国众议院评价英国新城发展状况时指出："尽管大量新城本身在经济上是成功的，但大多数目前正在经历巨大的问题。它们的设计并不适用于实际。它们的基础设施以同一速率老化，许多具有社会与经济问题。"③ 遭遇这一问题的新城，对于已经转变为需求为导向的市场而言，极易被整体否定，被评价为"低质"和"非人性的"的大众性居住产品。这是相当大量的"旧"新城往往需要较大规模，甚至"声势煊赫"的城市更新项目的原因——作为消极印象的反信号。

部分城市糟糕的社会形象已经变成了城市乃至区域发展的阻碍，这一问题如果没有良好的解决方式，往往显示出不断恶化的趋向。有效的更新可以阻止这一机会成本的付出，反而提升整体区域的内部健康机制与外部竞争力。特别困难的是，这既需要在物质层面，也需要在非物质层面上，持续性地、灵活性地实施与调整。同时，试图纠正这一错误的更新工作本身是另一个巨大的阵痛，需要漫长的时间，以及非常规的巨大财政投入（除了常规费用外，还包括大量居民的临时迁居、规划参与社会工作等）。这是中央与地方政府均必须考虑的一项难以预估的近期与远期风险。其典型问题包括：

* 由于基础设施与建筑设计改造项目而产生的巨额更新费用；
* 大量社会住宅住户、租住者（难以负担更高租金）需要的缓慢而稳妥的过渡期（同时也需要精细的管理与费用支出）；
* 更新后部分问题家庭必要的疏散，与留居家庭谈判可以接受的租金；
* 不符合常规期待的价值回报——整体项目往往以社会目标为校准点而不要求产生自身经济平衡。
* 修正一个如此尺度的问题还需要耐心、长期性的社会工作与文化培育——被修正的不仅仅是若干房屋，而是一个社会体系④,※2。

上述要素决定：新城的更新必然在整体上仍是公众性社会任务，而且是一项昂贵的任务。

---

① House of Commons & Communities and Local Government Committee(UK): 2008, P.7
② Hallwood Park, Hugh Pearman: 2010
③ Transport, Local Government and the Regions Committee: 2002, P. 2
④ http://www.skyscrapercity.com/showthread.php?t=859444

※1 Runcorn 新城中的 Southgate 项目建成之后面临大量的建筑维护问题。1989 年根据开发公司的研究，仍然需要在之后的 15 年内，耗费 400 万英镑修理和维护这一建筑群体。Warrington and Runcorn Development Corporation 在 1989 年最终结束运营之前，决定放弃改造 Southgate 项目的企图。1992 年，这一项目彻底被拆除，代之以低密度砖瓦建造的传统住宅——虽然居民集会要求拯救更新这一建筑。续建的建筑师们也认为，至少应当保护的部分内容斯特林爵士这一重要的设计作品。

※2 英国大型住区项目 Southwark 第一次整体改造项目耗资 2.9 亿英镑，计划时间为 1995~2002 年；2000 年年仅 10 岁的居民 Damilola Taylor 被杀害，使整体更新项目蒙上阴影。
2005 年 Southwark 郡最终决定以 25 年为周期，花费 3.5 亿英镑，以 20 年时间，分多个阶段，逐步拆除原有 2700 栋房屋，建设 4900 栋具有优良品质新房屋。其中 2288 栋房屋将仍然作为社会住宅，供原有居民入住，其他将作为商业住宅出售。

这显然难以覆盖所有新城。通常而言，在欧洲新城中获得大规模资金扶持的一般是两种类型：1. 问题已经糟糕到必须予以遏制程度的新城；2. 区域活力明显，进行财政补助具有较高回报可能性的新城。在评论英国首相布莱尔建设 5 个生态新城、每个新城拥有 10 万人口的计划时，伦敦经济学院社会政策系 Anne Power 教授指出："大量的新城还未运转良好，它们尚未具有（充分的）公共基础设施与交通基础设施，（合理的）社会混合与工作岗位混合，而且提供所有的这一切如此昂贵以至于并不现实"[1]。Cumbernauld，一座曾堪称典范的苏格兰新城，2001 年获选被称为"苏格兰最让人沮丧的城市"。评委表述是："其获奖，并非因为 60 年代所犯下的错误，而是因为政治家们对治疗这些错误毫无作为"。"这不是一个衰败中的经济区域，也并非严重缺乏投资渠道，缺乏的是政治愿望与谨慎的规划。"[2]

※1 改造后形成了约 50000 平方米零售面积 + 10000 平方米覆顶商业走廊，车库有 3500 车位，以及公共汽车和轨道交通车站。

英国众议会就英国新城的更新专项报告，整体勾勒出新城更新费用的巨大与不明确的来源社会。报告指出：为新城的管理与维护提供的资金是不充分的，考虑到新城镇中大量非传统的建筑设计、基础设施以及广泛的景观设计，这些由开发公司贯彻的要素，其维持是非常昂贵的，目前非常需要整体的更新（图 8.1）[※1]。核心的问题集中于：

* 标准的支出评估不能反映新城的实际特殊状况。
* 为新城提供一个"全面平衡"的经济投入，目前是不可能形成充分的回报的，一些所谓"资产"需要被检讨，它们事实上已经成为负债。
* 由中央政府制定的"弥补性收入"（Clawback requirement）政策意味着：大量从政府出售新城资产过程（right-to-buy）中所形成的收入，被收入中央政府的财政体系，均衡供应整体区域。这对新城本身反而是一个（竞争性）的威胁。因此"弥补性收入"这一政策必须放弃，新城地方政府才能位于一个和其他地方政府可竞争的位置上[3][※2]。

※2 弥补性收入（Clawback requirement）：由于英国中央政府财政部投资建设了所有新城，因此在英国政府执行即时出让政策（Right to buy）之后，所有收益均纳入国库，而不是用于新城本身的维护与更新费用。新城政府原则上应自行筹集资金进行城市的维护更新。

1998 年，荷兰公共健康福利与运动部推出了"住区共同计划"（All the Neighbourhood programme）。这一计划致力于对所有住区项目提供更加整体的服务并加强住区间的凝聚力。这一项目于 2001 年由"这是我们住区的转折点"（It's Our Neighbourhood's Turn whereby）替代，正式提出结合社区参与，对住区进行三年期的问题评估。2003 年，确立了 56 个"下滑社区"（depressed Neighbourhoods）作为首期资助计划。这些住区均有集中的物理环境与社会经济问题。它们被要求制定社区发展计划来解决这一问题。在这一领域中 60%~100% 的住宅均属于住宅合作组织[4]。因此荷兰国家更多地承担了住宅更新的任务。2007 年荷兰住宅、邻里与融合部部长 Ella Vogelaar 发布了 40 个问题住区清单，作为特别关注。

对新城而言，这也是一次机遇，借此重新创造一个新的城市形象与城市的竞争力。

---

① Stamp, Gavin: 2007
② http://news.bbc.co.uk/2/hi/uk_news/scotland/1667935.stm
③ Deputy Prime Minister and the first Secretary of State (UK): 2002, P. 12
④ Diamond,John; Liddle, Joyce; Southern, Alan; Osei, Philip: 2010, P. 136

图 8.1 德国法兰克福西北新城中心巨构体改造。

1968 年开业时是法兰克福第一个购物中心，开放时法兰克福上万民众拥入参观；70 年代末期需要大规模维修时遇到严重资金问题，甚至考虑过整体拆除；1986 年最后决定按照美式 Shoppingmall 的形式进行改建，取得了成功，2001 年进行了进一步扩张，形成新购物中心的今天的全貌。

新城大多数中心区域仍然有较高的公共所有比例，更强烈的公共特性，赋予了新城更大的运作空间，新城也往往拥有更大的物理拓展空间，新城中心区的财产结构从绝对性总量上是公有的[1],[※1]。因此新城具有比传统城区更大的可能性贯彻城市更新[2],[※2]。

※1 2001 年，出售新城资产后，哈罗仍有 35% 的公共住宅比例，比 Essex 郡的平均比例（12%）明显更高。加上私人的 4% 租住住宅，形成政府主导更新政策的基础与必要。

上述两种典型的新城类型中，具有一定经济实力的新城（如阿尔默勒）往往选择了在现有中心基础上延续建设一个新中心；原有形象已经与恶劣的社会声誉联系在一起的那些新城则选择了拆毁旧中心，建设新面目（例如 Runcorn Southgate）。就任务本身，它们再次选择新城的典型价值模式塑造一个与现实问题具有明显反差的新中心。

※2 这是一个较为概括的表述。涉及巨大的投资总量，大多数新城都会努力分解为多个小型项目，逐步争取资金，分步骤予以解决。包括上述两种极端性解决方法，也需要以这一模式继续 "医治"。例如伦敦 Southwark 街区的 12 个改造更新项目，分享 100 万欧元住区更新资金。

此外，尽管绝大多数新城在 20~30 年的发展期之后，新城开发公司通常会退入幕后或者解体，但这不意味着新城开发已经全面结束，相当总量第三代的新城仍然有部分组团尚未建设完成，例如塞尔奇—蓬多瓦兹至今仍然有两个组团在建设中，阿尔默勒在 25 年后还有近一半规划面积尚未建成。部分更早的新城也由于各种契机继续寻求扩张的机遇。在各个新城的更新工作中，往往同时也对其尚在规划阶段的组团进行了深具当代性要求的调整。

整体而言，新城更新工作主要集中于两个方面：新城物质性提升与形象性提升。在具体原则上，它们的工作思路与秉承可持续性发展原则的第四代新城是相近的。政府投资是起步的助燃剂，最终目标仍然是逐步将城区推入市场运行的轨道，使自由市场经济对这一区域再次产生兴趣，从而进入独立发展的正常道路。这里仅讨论其与改造更新密切相关的原则。

1. 面对变化的需求，社会经济领域方面的适应

新城 "回复" 到相应区域范围内，健康的社会性、经济性、社区政治与管理的体系框架中——既具有合理的公共利益取向，又具有合理的社会结构多样性——是核心性的任务。

– 新功能单元的 "楔入"
通过功能重置，在单一结构中插入高密度的企业园区或者都市性的工业园区，

---

① Harlow District Council: 2003, P. 20
② www.southwark.gov.uk

图8.2　Almere中心区改造项目中，
多处工商园区与建筑群体的设计

或者通过与区域性的服务设施中心紧密的联系，大幅度地提供新工作岗位与区域对外吸引力，例如阿尔默勒在铁路交通节点规划建设的新商务园区（图8.2 World Trade Center 的设计）。对大型居住区 Bijlmermeer 而言，区域核心 Zuidoost 改造后提供的良好中心区与整体形成的 50000 个工作位置，具有相似的意义[①]。

– 居住类型的转换、财产所有关系的改变
所有的新城在更新中无一例外地试图增加对高收入人群与企业（即 Key

----

① Projectbureau Vernieuwing Bijlmermeer: 2008, P. 15

Worker）的吸引力，而高建筑密度与单一性的住宅需求形成了对社会平衡这一目标而言特别困难的障碍。住宅类型的改变是一种费用较高但是可以迅速作用的机制。

市场需求已经明确地转向了融合个人性、财产投资性的私人住宅，集约而高质量的商务园区等。它们应当与新城的位置与基础设施相互结合，成为更新规划的基础。由此形成了一系列的更新措施：
– 拆除、加密、重建问题突出的住宅、办公、服务建筑群。
– 对建筑个体的现代化质量改造。
– 租住住宅、商业设施与其他公共物业向个人与企业的市场出让，而进行空间布局与所有比重的重构，将其调整至更为健康与市场化的比例[1]。
– 问题家庭的外部迁移，避免空间上的过度集中[2],[※]。

– 管理结构与决定体制的非中心化
为了形成平衡的社会结构以及加强居民的责任感这样的目标，在新城更新中普遍推进了管理结构与决定体制的非中心化。一方面是市场化趋势——吸引市场性机构的进入。引入私人开发商介入城市中心区的改造与更新是非常典型的模式，这一区域也具有更合理的投资回报可能性；一方面是社会化的趋势——通过活跃性社会组织的帮助，越来越多的多文化背景的居民组织与他们的参加被鼓励，这种鼓励包括社会的与经济的，不仅仅在管理中，也包括规划中的深入参与。

2. 以积极的城市意象为目标的高品质城市环境改造

新城改造中重要的核心和前提工作是公共环境的改造。事实上如果没有这一背景，上述社会经济领域的各项改造是没有意义的。城市形象的积极与否是一个现代城市的重要竞争力所在。就此，改造目标非常清晰：对于市场竞争力而言最直接的外部形象塑造与价值提升。

– 城市意象的品质
城市中心区是最可代表城市意象的地点，这往往是新城更新的旗舰性项目。哈罗和阿尔默勒的中心区改造经验证明，新城中心区不仅仅需要满足日常的服务需求，而且需要满足各种更高的、特殊性的、丰富的需求——哈罗的早期中心区建筑在其达到设计使用年限之前，大量被重建和拆除。英国众议会指出，Harlow、Stevenage、Peterborough、Hatfield 与 Crawley 等新城均在与 English Partnerships 合作进行城市中心区更新项目，作为催化剂，加快更为广泛的城市品质提升策略，包括对关键劳动力住宅与公共设施品质的提升[3]。

新城最典型的批判点是缺乏都市性这一问题，也往往通过城市中心区来进行代表性的改造，尤其是调整公共空间尺度与气质。具体内容包括：

※ 第三代新城中的瑞典新城 Husby/Akalla 建成后，对同隶属于斯德哥尔摩市的第二代问题新城 Tensta/Rinkeby 造成了巨大压力，部分经济收入良好的民众与教师等公务员纷纷寻求前往新区居住工作，从而造成了第二代新城社会阶层的进一步分化。当局不得不制定计划，逐批将问题家庭迁入其他地区更好的住宅，从而降低本地的问题家庭比重，尽管其中大量外国移民家庭并不情愿迁离已经形成的同乡性文化与生活网络。

① Ward, Colin: 1993, P. 102
② Irion, Ilse; Sieverts, Thomas: 1991, P.199
③ Deputy Prime Minister and the first Secretary of State (UK): 2002, P. 7

图 8.3　Stevenage 中心区改造意象

- 一方面尽可能吸引消费者进入区域（轨道站点与公交枢纽舒适度的改造，大型地下车库，交通设施与商业设施的紧密联系），另一方面，缩小超尺度的交通与开放空间。以公共生活品质为前提，限制地面交通速度，与日常生活合理混合（图 8.3）。
- 以提升质量为前提，同时具有创造性地塑造公共空间的新特色。自然背景的特色、旧有的文化甚至原有衰败的街区被保留，作为新城可识别性的最可靠来源，与公共波普艺术、时尚文化等现代要素特性形成多元性的拼贴。South Peckham 的改造中将其形容为保留与艺术导向的更新（Conservation&designled regeneration）[1]。
- 中心区对外具有典型的文化品牌、形态的可识别性，对城市的文化标识性、社会凝聚性出贡献。例如 Almere 时尚革新化的新设计。

－基础设施与公共设施的质量

完备的公共设施、基础设施一直是居住环境物质性质量的重要基础。在新城建设之初，基础设施常常与城市生活的品质产生矛盾，形成具有安全问题的死角、冰冷的气质。公共设施受制于相关服务人数、有限的人群总量，经常难以形成丰富有趣的活动质量——这是大量新城缺乏文化与都市特征出现社会问题的重要原因。

普遍使用的措施包括：

- 将公共设施服务范围向区域层面扩展，包括区域性的大型基础设施、展览中心、商贸中心、健身疗养中心等。从而扩大服务能级与多样性城市中心争取承担区域性的副中心，以及联系城市与区域、城市组团之间、各种重要的项目之间彼此联系的媒介[※]。
- 安全性是最重要的前提，所有难以被控制的公共空间角落必须放弃。除此之外，相关问题还有清洁、垃圾处理、公共空间监视体系、警报与照明体系的改善。
- 大型基础设施与公共设施的混合使用，强化其全时段的吸引力。例如 Bijlmermeer 中心区，Arena 体育馆改造中和商业设施的融合。
- 增加青少年活动的公共设施、图书馆、儿童游乐区、公园、体育馆等（图 8.4）。
- 以生态建设原则来重塑基础设施与公共设施。在耗能严重、设备老化的基础设施更新中，贯彻系列生态技术。新城整体而言具有松散的建筑方式，向一个生态而可持续性的城市形象进行转化这是较为良好的导向。哈罗城市发展政策 2004 即指出这一城市形象塑造方向。

在实践中，上述的不同策略，会根据地方的具体资源与需求，多样化地被交织使用。部分新城僵化的设计理念与特殊的建筑类型，例如巨构建筑、快速路对

---

① www.southwark.gov.uk

图 8.4　伦敦 North Peckham 社会住宅集中区域：改造前状况，改造后城市环境与增加的系列设施

城市中心的包围、较为复杂的交通综合体，都造成了改造代价的上升。哈罗中心区改造时，不得不牺牲了大型绿地公园，并拆除部分重要历史建筑，进行商业设施与公共设施的补充。

新城更新具有巨大的设计空间，进行如此规模的项目必然需要相应规模的耗资，考验着城市管理者与规划师进行组织的综合能力；此外也强烈地要求城市规划者具有勇气，对现有问题进行创造性的解决，并带来一个突破性的价值：具有识别性的、令人印象深刻的新城市景观，从而赋予新城难以混淆的个性。革新性始终是新城本身，以及进一步发展的重要母题。

历史"新城"的更新与扩张：
Bijlmermeer整体改造，阿姆斯特丹
Old "New Town": Bijlmermeer, Amsterdam

阿姆斯特丹城市议会 1992 年决定，对有严重社会问题的 Bijlmermeer 的主体部分进行更新[①]，以对抗其衰退与社会分化。具体的建设措施包括：

- 拆除部分高层建筑（总计 6545 所住宅单元）。
- 新规划建设 7335 套新住宅，其中近 40% 是低层住宅。根据阿姆斯特丹的平均水平，新建住宅 30% 作为城市公共住宅，70% 作为市场私人住宅或租用住宅。[②]
- 对交通设施进行整体改造，整体放弃了分层交通，不同的交通种类作为社会安全监督的手段被并置使用，9 个建筑内停车库被拆除，代之以街道停车位，汽车也可以直接停在住宅前面。[③]
- 区域内部设计新的服务设施，与住宅混合布局。
- 公共空间被重新组织——新街区公共空间比例从 80% 下降到 40%。40 公顷的中心公园改造成"城市体育公园"和一个自然公园，并通过独栋建筑界定其边界，加强城市生活活跃性。通过生态改造，地面渗透面积从 40% 提高到 50%，并形成了一个 14 公顷面积的新雨水蓄积区域。[④]

对于市中心区：

- 围绕轨道交通站点，新建中心区"林荫大街片区"，作为促进整体新城服务水平与地方性工作岗位的重要引擎[⑤]。
- 中心区兴建大量办公建筑，吸引工商企业进入区域，意图与居住区改造提供的新底层服务设施共同吸引新就业岗位与居民。
- 将体育馆 Arena 底部改造为商业服务设施，避免安全死角出现的同时，增加沿街商业活力[⑥]。

直接相关的 3 万名居民迁居或逗留的意见被通过广泛的市民参与而综合给予考虑。大约三分之二的原有居民希望在新城中继续生活。

在城市更新过程中"共计投入了 330 万欧元，以保障生活品质在更新期间不会进一步恶化。……作为 Nieuw Amsterdam Housing Corporation 的部分财政重组措施，阿姆斯特丹市政府、中央住宅基金（Central Housing Fund）、Rochdale 住房组织、Zomers Buiten(工人住宅相关组织) 作为一个群体，共计贡献了 4500 万欧元，来覆盖无收益的整体投资——包括现有建筑的摧毁与重建过程，以及维护的额外费用。在此之外仍然有一个大约 920 万欧元的赤字（2007 年价格水平），这个赤字是由项目支出和收入的不平衡造成，由阿姆斯特丹政府来承担。"[⑦]

---

① Projectbureau Vernieuwing Bijlmermeer: 2008, P.4
② Projectbureau Vernieuwing Bijlmermeer: 2008, P. 11
③ Projectbureau Vernieuwing Bijlmermeer: 2008, P.19
④ Projectbureau Vernieuwing Bijlmermeer: 2008, P. 15
⑤ Gemeente Amsterdam, Stadsdeel Zuidoost: 2001; Gemeente Amsterdam, Stadsdeel Zuidoost: 1994; Vernieuwing Bijlmermeer, Arena Boulevard: 2002
⑥ Bijlmermeer Government: www.olympischstadion.nl/
⑦ Projectbureau Vernieuwing Bijlmermeer: 2008, P. 18, 24

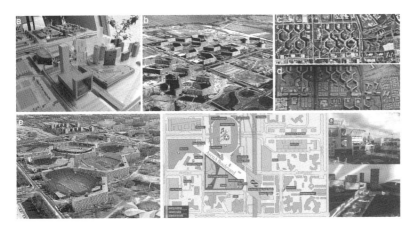

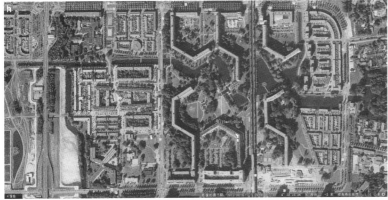

图 8.5 阿姆斯特丹 Bijlmermeer 的更新。a. 中心区模型照片；b. 原有城市景观；c. 新旧 Bijlmermeer 之间的对比；d. 大型板式住宅改造为奥林匹克体育场的奇思；d~g. 城市中心区改造项目"林荫大街片区"；改造后住宅片区与城市中心区的卫星图；h. 大型板式住宅与连搓住宅混合的新居住空间模式；i. 地铁站点西侧"林荫大街片区"的新城市商业区与高层公寓

"拆除计划"结束于 2008 年，但修缮项目在进一步进行中。2008 年，Bijlmermeer 的 10 万居民仍然来自于一百多个不同的国家，但 Bijlmermeer 与阿姆斯特丹市之间的社会差异，通过这次更新被大幅度降低。2007 年初，整个城市失业率在 7.4% 的背景下，阿姆斯特丹东南区失业率为 10%。这一年这一城区也第一次被评价为阿姆斯特丹最清洁的城区，并比城市整体水平有更高的安全性[①]（图 8.5）。

① Projectbureau Vernieuwing Bijlmermeer: 2008, P. 6,18

历史"新城"的更新与扩张：
阿尔默勒中心区改造，弗莱福兰省, 荷兰
Old "New Town": Almere, Flevoland, Netherlands

1990 年阿尔默勒开始了一个城市更新计划，整体涉及 450 万欧元投资，在空间上集聚于城市中心区，该项目共计拆除了 220 栋建筑，包括早期国家开发公司的服务建筑以及地铁站。为此项目，1997 年，阿尔默勒市与阿尔默勒 Hart C.V. 公司（由 MAB 和 Blauwhoed、Eurowoningen 等大型发展集团组成）共同投资成立"市中心开发公司"(City Centre Development Corporation)[①]。阿尔默勒第二阶段中心区设计，就设计理念而言属于第四代城市新区规划，与既往第三代城市中心区具有一定的对比性。

主要措施包括：
- 城市中心在面积上扩张一倍[②]，扩展其服务总量并提高质量。
- 向混合性功能的转化，同时强化其都市气质与品质。OMA 明确提出"城市生活、购物与娱乐混合起来是发展目标"。有意识设计了水平与垂直方向的综合功能混合[③]。
- 以高品质的中心公共商业空间以及高效率的交通为目标，对交通与基础设施进行全面改造。OMA 将中心区核心地带设计为大型交通综合体，旧有的街道进行了花岗石的重新铺装，新步行街区设计了巨大的倾斜性公共空间作为"都市阳台"，可以眺望湖面。纯步行的中心广场下部是一个公共停车库，包括 6500 个停车位与公共汽车站。整个城市中心区域同时包括一个地下的废物收集与运输体系[④]。
- 向滨水景观形态的转化，向强烈广告型建筑形象的转化。现有的城市生活被规划师多样化地进行审核，并通过一系列独一无二的地产项目以及醒目的建筑形态激活。大量新住宅建筑（与公寓）滨水而立，被引入改造项目当中，作为实验性的住宅类型与新的生活基础。

中心区改造共建立了 900 栋新建筑，新商务中心提供了 170000 平方米办公面积（并冠以世界贸易中心的称号），87618 平方米商业与餐厅面积——几乎是现有商业面积的翻倍，以及 50408 平方米其他功能，新医院、酒店、音乐厅、图书馆尤其是新影院（新中心最广泛最重要的吸引力原因之一）[⑤]。

尽管 Weerwater 湖体早已被规划，但是在这次规划中被更为充分地得到了利用。主要的功能轴线的尽端指向湖体，文化设施、娱乐设施集中位于滨水区域，这里是纯粹的步行区。高层地标建筑的基地直接嵌入湖中，形成了极具感染力的新天际线与公共空间界面。

---

① Gemeente Almere: 2005
② Gemeente Almere: 2005
③ Gemeente Almere: 2004
④ Gemeente Almere: 2004
⑤ Gemeente Almere: 2005; Gemeente Almere: 2004

借助高层建筑，整体中心区形象在有意识向"大都市意象"进行转换，2005 年在火车站出口建成的世界贸易中心高度约为 75~120 米，滨水区也有意识建设了高层公寓与酒店——在各个城市典型天际线表现区域加强了其都市形象的塑造，与原有的郊区化的田园城市形成了鲜明的对比①。

根据 OMA (Office for Metropolitan Architecture) 的《阿尔默勒总体规划》(NAI 出版社，1999)，规划师们宣称"这个规划在相当程度上是对阿尔默勒现状的整体颠覆，阿尔默勒低矮，规划高耸；阿尔默勒是网格化体系，规划完全是跳跃的有机形态；阿尔默勒是低密度，规划是高密度；在所有的原则之上，这个规划首先希望与现有的阿尔默勒完全不同"。"……新的城市中心以'都市化的城市街区'与原有阿尔默勒'郊区性的形态'形成了对比，以获取一个具有最大程度的公共交流的场所。"②

相当明显，这仍然是一个外来的规划、时尚性强烈的规划，这不是"长出来的规划"，而是一个"飞来的规划"，也是一个蓝图性的规划；这一更新计划再次出现了分层交通；再次使用高层公寓——但是借助区位的选择和优质的设计，它成为中心区最佳的观景点与景观点。借助更高的设计质量，更多中心区新增人口，OMA 在大胆地重新尝试柯布西耶描绘的大都市品质，对比低矮的花园平房，这样的意象无疑具有都市性的魅力。特色突出的还有建筑在公共空间中极其随意的布局，显然是在突破 20 世纪 70 年底至今城市设计的模式化语言。

今天阿尔默勒整体的新城市面貌，从城市中心到居住社区都是革新性的。新建成的城市中心区在年轻人中间广受欢迎。"现在当谈到城市（阿尔默勒）时，人们倾向于将新城看作一个整体的形象。这种特殊的开发方式得到了成功，从白地上平地而起，其空间组织的方式已经成为整个城市的商业品牌。所有对新城的认知意象在空间上通过新的中心被连贯起来。"③,※

问题在于，革新本身如何能够长期性地作为识别性与都市性的源泉？"库哈斯的气场到目前为止，已经证明其强大的公共关系意义，并且当新中心在 2005 年完成时，将毫无疑问进一步增强城市的可识别性（虽然并不保证使居民更快乐）。但是人们也会质疑，是否这就是不朽的阿尔默勒市的发展起点，或已经是其不朽性之所在？"④

问题很清晰：这样一种具有强烈时尚特征城市形象，是否在时间的流逝中具有持续性的价值，形成阿尔默勒自有城市文化（而不是 OMA 文化）的载体，而不仅仅是昙花一现的 20 世纪 60 年代浪漫主义悲剧的重演。

※ 中年的访谈者认为这一中心过于现代、单调而僵化，外部激动人心，内部却缺乏与外部的交流。

① Gemeente Almere: 2004
② Weich, John: 2003, P. 57
③ Zhou, Commandeur: 2009, P. 305, 306
④ Weich, John: 2003, P. 58

09

对欧洲现代主义规划引导下的多代新城规划的整体回顾

Review of the New Town Planning Development under the Guidance of European Modernism Planning

对新城时代的划分，只是一个相对意义上的断代，存在着混合与过渡，但是它揭示了整体的发展线索，相应的城市建设背景、相应的城市建设理论如何相互作用，促发一座新城、一种新城的形态、一种新的价值观的产生。

在 70 年的发展中，欧洲城市政府、城市居民对一个具有"平衡性"的都市越来越感兴趣：不仅仅拥有更高的绿化率，也拥有更高的都市品质；不仅仅拥有价廉物美的住宅，也拥有令人舒适心怡的、积极性的、平衡发展的社会。新城——不仅提供住宅与工作岗位，还提供了一个家园。

那些由于不具有上述品质而难以受到居民认同的新城，只是一个"城市"的物理形态。规划师的理想和城市规划理念，未能与居住者取得共识，甚至变成一段难堪的历史。规划或者能为新城创造一个人工制造的"可识别性"，但没有城市市民的支持与紧密参与，甚至逐渐形成主导，新城不可能拥有多样而富于活力的城市文化、城市社会。更困难的情况是：新城不具有城市自我发展与自我疗治的能力；在市场低下或特殊政治背景的情况下，缺乏竞争力的新城或大型新区可能轻易地被其市民抛弃。这是城市管理者和城市规划者在欧洲新城建设早期忽略的重要问题。

新城规划一直以来受到同时代规划理论的重大影响，成为某种意义上的极端性检验案例，在这一过程中这一规划理论的正确与谬误昭然若揭。除此之外，作为一个重要的大型城市规划类型，新城建设的理论背景还有政治背景、城市建设指导原则和社会状况。因此在上述工作中，每个世代中都并列介绍了社会与城市化的发展背景，该时期的城市规划理论、当时期的新城理论与实践案例的类型。

这里试图暂时性地忽视这一系列外部影响，将新城规划简化为一个城市发展的特定模式——特殊的规划系统，来最终讨论这一系列核心问题：一个新城的特殊意义是什么？新城有哪些天然的优势与缺陷？人们如何去实现或克服它？

9.1 一座新城的特殊意义：为什么我们需要一座新城？
Special Meaning of a New Town: Why do We Need New Town?

从来没有人会询问那些"前新城"——爱丁堡、华盛顿，是否有良好的经济回报。但是面对现代新城，这个问题常常被提出。这个问题非常难以回答，因为目标和要求本身就是多样化的，而且难以量化。

对一座新城，新城居民对其的最本质需求即为提供与中心城市具有差异性的产品：相对低密度住宅，良好的生态绿化，具有极大便捷度的交通等。这是新城（区）的共性。但对于国家与都市政府，欧洲新城在整个发展历史中呈现了极其多样性的目标：

1. 都市人口的疏散

这是现代新城开发在历史上的初始性起因，也是欧洲新城发展至20世纪70年代的绝对性背景起因。英国政府认为："1946~1970年建立的22个（英国）新城是一个宏伟的计划案，在第二次世界大战后提供了大量的新住宅与新的工作。它被建立在这个世纪早期霍华德的田园城市理论基础上，试图建立更好的环境，让人们远离当时内城里的烟雾与拥挤状况。"[①]

大多数欧洲大都市，自工业革命即开始面临工业化发展造成的城市化发展压力，战争造成的破坏以及稍后的集体性生育高峰将这一压力进一步极端化，20世纪50~60年代达到巅峰，这是第一二代新城建设的主要起因。部分大都市，例如法国绝对经济核心城市巴黎，直至70年代，大城市疏散问题仍然非常紧迫，第三代新城——巴黎新城在规划中仍然肩负这一目标（图9.1）。巴黎新城建设之初的重要背景是巴黎空间结构的单中心模式，人口高度拥挤，二战结束20年后仍然处于增长状态。巴黎新城规划者如此描述其发展背景："在巴黎周边的大量区域，特别是市区，住宅仍然严重地供给不足，很难找到在经济上、社会状况上都可以接受的住宅。如果新城开发公司以及AFTRP每年不建设10000套新住房，我们应当前往何处居住呢？"[②]

新城作为纾解人口的手段，有下述明显优势：

– 新城的土地，由于其规模效应、国家法律、城市政策的支持等综合原因，加之项目管理成本的低下，与传统地产项目相比，明显更有价格优势[③,※1]。以政府的身份与地方居民进行交易，代表未来新城的管理方，购买大宗土地，在身份而言已经比私人开发商更具优势，同时也较易予以地方居民需求的长期性允诺[※2]。这决定了具有可能在较短时间内、有限的预算之内进行巨大尺度的地产项目，尤其是社会利益为背景的项目[④,※3]。

– 国家与城市的直接管理与控制之下，同时也受益于规模效益，社会住房、公共设施可以较好地结合进入新城的建设中。整体而言，新城可以保障提供超过平均品质的社会住房与公共设施（居住服务、公共设施、交通与基础设施），这一价值直至今日，在城乡高度统一的欧洲仍然有其现实性[※4]。新城世代的后期，特别关注在建设早期提供公共设施，即使它们在使用中尚未得到合理的使用规模。在一个公共利益为核心的决策机制中，这是较易实现的。

事实上，回顾四代新城，区域规划的总体目标"大都市疏散"并未在字面意义上实现，就单纯数量而言，新城更多地起到了一个在更大的区域中推动城市化，从而截留进入大都市人口的作用。英国新城（不计入大都市中大量第二代新城区，仅包括区域规划层面的独立新城）所容纳的225万人口，约占据整个英国同时期新增人口的25%，但新城人口较少直接来源于大都市——1951年以后英格兰

※1 科林斯在论述伦敦新城规划如何吸引了部分本应投入旧城改造的资金投入时指出：同样数额资金投入，在新城领域的回报——住宅、工作岗位、娱乐设施，明显较城市更新领域为更高。

※2 早期三个世代的新城土地来源基本来自于多所有产权背景下的私人农业耕地。大规模统一收购，将其转化为城市发展面积。这几乎只有通过政治支持才具有可能性，同时大大提高了新城规模效应，降低了城市建设的土地成本。

※3 Nawijn, K. E. 指出："英国国内几乎形成了一个共识，新城是未来的金矿。"

※4 以英国为例，2002年政府就英国城市居住水平发展目标，提出"每人都应有权力获得舒适优美的房屋。我们设定了一个目标，至2010年，为所有的阶层的家庭与租户提供良好的住宅，并且至2004年将品质低下的住宅下降1/3"。
Deputy Prime Minister and the first Secretary of State (UK): Goverment's Response to the Transport, Local Government and the Regions Committee Report: 'The New Towns: Their Problems and Future' (cm5685), London: The Stationery Office, 2002

① Deputy Prime Minister and the first Secretary of State (UK): 2002, paras 1 and 2.
② Roullier, Jean-Eudes: 1993, P. 328
③ Collins: 1975, P. 79
④ Nawijn, K. E.: 1979, P. 43

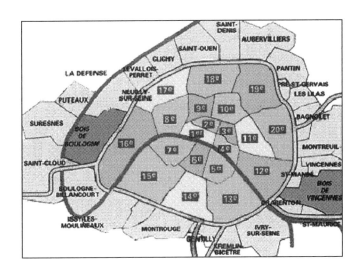

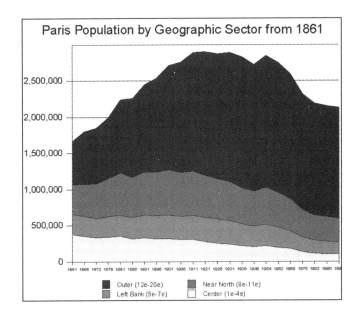

图 9.1 巴黎中心城区的人口自 19
世纪中叶年即开始膨胀，核心区域
不断下降的背景下，城市周边区域
迅速增长，直至 20 世纪 50 年代，
由于巴黎大区的发展，这一人口总
量陡然降低（人口向区域疏散），
于 80 年代逐渐进入稳定区域

新城居住人口中只有 7% 来自于伦敦[1]。对于巴黎新城，新城本身建设时期确实
对应了中心城区人口降低的时间段；遗憾的是对比巴黎区域人口总量，新城的
人口总量仍然是微不足道的，巴黎新城 1987 年的全部人口总和为 588400 人。
巴黎整体大区（RIF）的人口为 10291851 人（1990 年），仅占 5% 左右[2]。巴
黎 20 世纪 70 年代规划的多数新城事实上没有达到既定人口吸引目标——对比
新城在经济上的活力，新城对人口单纯总量层面的吸引并未达到规划机构的预

① Ward, Colin: a.a.O. P.12,
② Warnier, Bertrand: 2004, P. 22

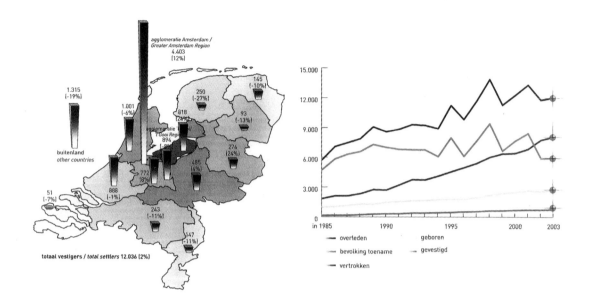

图 9.2 阿尔默勒年度新增人口增长数量与来源状况

其中阿姆斯特丹区域占据稳定总量。尽管在绝对值中其比例呈下降趋势（阿尔默勒区域影响力扩张的表现）；即使以 2003 年新增人口计，来自于阿姆斯特丹区域的总量仍然占据绝对优势。

想部分新城，最终被取消。

就本次研究所体现的机制而言，新城的社会价值来自于其吸引了母城与都市区内有特定需求的一部分人口：以家庭为单位，重视自然生态环境，重视良好的公共服务设施，经济支付能力相对中等，对价格有一定的敏感性。以阿尔默勒为例，它们呈现明显的中产阶层与工薪阶层的取向：仅有约 20% 为真正的高收入阶层。中产阶级（中高、中层、中低）约占 60%，低层阶级也占据 20%[①]。新城承担了为国家与区域锚固中坚性工作人口的明确职责，这是一个综合产业发展的良好支持。彼得·霍尔指出："新城已经成为福利国家管理的关键要素之一，其设计就是为了保障为高科技产业不断提供熟练生产力，由此这些高科技产业可以热情高涨地迁入新城。"[②]

阿尔默勒共占 80% 的高收入阶层与中产阶层是各个城市正在关注、着力吸引的目标。成功新城的重要标志之一也体现于此：有意识地设计更具吸引力的差别性产品，面对大都市，能够从中吸引在工作、消费、税收各领域中等层级以上的家庭以及企业的能力。德国总劳动力，目前有 50.8% 不居住在工作地点所在城市[③]。新城与大都市的合理距离，使这些人口事实上仍然位于经济圈与通勤圈的空间中。新城为大都市重要的人口结构提供了多样化的产品。阿尔默勒新城 2003 年主要人口来源中，36.5% 来自于母城阿姆斯特丹，7.4% 来自于都市周边区域金理；来自兰斯台德都市圈的其他区域达到了 31,2%。尽管新城本身人口总量有限，但其人口的结构确实显示出了对大都市的吸引力（图 9.2）。

---

① To the Point, P.14
② Hall, Peter:1988, P. 134
③ Statistisches Bundesamt: Zensus 2011, BevölkerungBundesrepublik Deutschland

2. 区域城市化与经济发展引擎

大量的新城，除了纯粹的第二代居住新城，普遍试图将经济力量向大都市以外的区域进行传递——包括新的工商业区域、新的就业岗位以及新的消费力量。

其模式早期为将制造型产业消极影响（交通、污染等）向郊区地带转移，部分也作为对人口综合就业的扶持，形成了大量的产业空间。后期，通过新城的生态环境与空间条件，对特定的待发展产业形成了积极性的吸引与培植：科技产业、教育研究机构甚至农业——例如农业经济仍然长期占据重要位置的荷兰对弗莱福兰省的开发意图。

后期的这一转化，成为新城模型目前的重要核心性价值。随着欧洲整体产业结构的调整，新城并不仅仅是母城的制造业基地，而且也往往是城市的高科技产业核心，结合新城对大学、研究机构、研发公司的吸引，形成了知识产业的高地。典型的案例如斯德哥尔摩的 Kista 科学城，奥地利的 Aspern 科学城。具备相似吸引力的产业还包括主题公园、会议与会展产业等等。慕尼黑的 Riem、巴黎 Marne La Valle 是良好的案例。

最终，上述产业的空间集中，中高层人居与公共设施的品质，共同成为商务办公基地的对外吸引力——包括对于国际背景的大型跨国公司，新城以相对廉价的租金，提供了良好的公共设施、交通设施，与高品质的商务办公花园产品[1][※1]。在最新一代新城中，部分新城区例如 Almere 因此形成了大都市的新兴中心。

总体而言，新城规划与某些功能类型有更加良好的匹配，它们的共同特征是有较大土地消耗性，对城市服务质量以及自然环境质量的追求的兼顾，交通等基础设施的敏感性，例如高科技、研发机构、高等教育、商务办公或者特别适合家庭的低层低密度居住区——这正是后工业时期，对城市颇具吸引力的产业类型[2][※2]。由于土地获取成本相对较低，物流与工业、大型娱乐设施，在同等条件下，也会优先选择有更好支持的新城（区）。

1990~2012 年间建设的德国城市新城（区）就业岗位与人口比约为 0.8。新城区共计创造了 36 万个工作岗位，约占德国就业岗位整体的 1%[3]。哥本哈根环境部对 Øerestad 发展背景的回顾中，认为新城建设的首要原因是：通过发展一个新的都市区来支持一个新的区域交通基础设施，对于国际企业以及寻找知识密集性工作位置的年轻家庭而言是非常具有吸引力的，能够将经济的衰退扭转为经济的增长——加速整体丹麦的经济体系从工业生产为基础向知识密集性产品与服务的转化[4]。

建立在生态环境、枢纽位置、基础设施与公共设施服务水平、高级别的产业结构、

※1 阿尔默勒所有产业岗位在就业比例中，只有 10.5% 位于工业领域（荷兰全境 13.6%）、21.65% 位于商务办公产业领域（荷兰全境 16.1%），其他产业，如零售服务（21.4%）、健康产业（13%）、公共政府服务等领域的就业岗位都基本与荷兰全境持平，差距较小。市境内前十家企业有四家为跨国国际公司。首位两家公司为 IBM 商务咨询服务，三菱特种叉车欧洲中心，是最大量级的工作岗位提供者。

※2 在蒂宾根南城的宣言"儿童需要城市"中，明确提出对儿童而言，一个都市性的环境和自然环境一样重要，并介绍了儿童如何在公共空间中，在并不相互负责人群之间的共同生活，感受所有的、尝试所有的。

① Gemeente Almere: 2005, P. 12, 18
② Feldtkeller, Andreas: 2001, P. 200
③ BBSR-Analysen KOMPAKT, 08/2012, P. 4
④ Danish Ministry of the Environment: P. 6

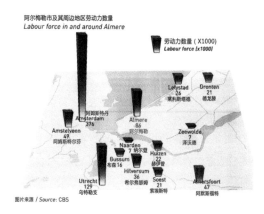

阿尔梅勒市及其周边地区劳动力数量
Labour force in and around Almere

图片来源 / Source: CBS

阿尔梅勒的工作和劳动人口数量 1990-2003
Number of jobs and labour force in Almere

图片来源 / Source: 弗莱福兰省 Provincie Flevoland

阿尔默勒自 1990 年以来，劳动力与全职就业岗位均呈现稳定性的增长。其百分比逐步达到并超过 50%。

图 9.3　阿尔默勒的劳动力总量（86000 人）在阿姆斯特丹周边区域范围内，仅仅低于环形城市圈中心城市乌得勒支（129000 人），明显超过所有常规发展的城镇

较高的居民总量、工作岗位总量和可支配的建设面积这一系列基础要素之上，新城普遍成为大都市区域内的经济的积极引擎。新城因此也日益成为区域的产业核心，这一趋势在最新的世代中越来越凸显[1],※。这也造成了另一个副产品——就经济而言，除了第二代新城之外，大多数新城达到了商业上的成功（图 9.3）。

※ 1979 年后期，虽然英国保守党对新城进行了方向性的变革，要求新城尽快清算财产，摆脱半官方机构的控制，几家新城开发公司都面临短期内的关闭，但是，"奇怪的是，新城的消亡并没有在撒切尔时代加速实现，恰恰相反，清盘日期被一再推后。原因在于：在 80 年代早期的大衰退之中，新城被证明是英国最有效率与投资价值的机构"。

3. 国家与区域空间、产业、社会政策贯彻的重要途径与示范性作品

由此，1+2 两个目标的融合之下，新城成为区域空间秩序组织与产业发展的重要手段。

一座新城与郊区无序扩张之间的差异，在欧洲国家各规划管理机构看来，并不仅仅是数量性的差别，其核心差异在于：区域发展诉求、以可持续城市发展为代表的各项城市规划原则是否在其中得到全面的贯彻。与完全私人的开发项目相比，国家与区域政策新城显然可以借助新城发展更全面而细致地得以贯彻。它代表了国家和城市的发展目标，在新城规划早期，在数量上贯彻规划与发展目标；在城市需求愈加复杂与综合的后期，它也代表了城市发展质量性领域的各种重要因素——大型交通基础设施、涉及城市长期收益的商务办公产业，长期回报预期的生态技术投入、社会管理新模式实验等内容，从而在内容上全面性地与区域规划，国家发展政策，长期性、整体性的公众利益吻合。

通过特定规划理念的明确指导，系统化的管理、控制，新城可以大幅度地促进下述目标：
——区域结构的调整：新城作为一项规划决策的结果，一定具有区域结构性的意义。作为国家、都市重大投资，新城常常在区域空间结构中占据优良的战略位置，同时必然对区域发展形成突出的引领作用。典型案例如巴黎东西方向经济发展不均衡，通过新城建设的比重调整；维也纳新城 Aspern 对其与斯洛伐克首都布拉迪斯发（Bratislava）联系轴线的支持也受这一发展原

① Ward, Colin:1992, P. 92

因的引导（图 9.4）。

——重要地区、问题地区的提升与更新：新城代表着系列的积极因素——高品质城市环境、年轻活跃的新人口阶层、产业与机构的短期迅速投资。它们对于任何一个区域均具有提升效能与治愈效能。
以现有用地职能置换模式发展的新区，采用功能、人口、产业的置换与更新，对更大区域（衰败的工业区，空置的中心区，社会层级开发分化的区域）形成综合性带动。蒂宾根南城所针对的区域是城市的衰败地带，社会阶层正在下滑，借助高品质的住区项目、新的公共设施，尤其是具有强烈主动性的新人群引入，对这一区域形成了明显的推动。

——国家借助新城对更大规模城市建设的实验性与指导性意义：特定的规划理念，可以借助新城这一系统化的组织得到一个较为综合而整体性的全程实验与展示。没有任何一种城市功能单元像新城那样，一方面从社会、产业、经济、生态等全方面地贯彻与检验，另一方面对于成功的规划理念具有最好的综合展示与样板作用，而对某些仅具有局部意义，甚至引发问题的革新与策略，则给予警示。

新城规划在金融、政策、土地各个领域得到的支持，借助上述内容得到了综合性的回报。这是新城规划在各个世代中虽然也曾经引入私人公司进行合作，但始终没有更进一步，使非国家资本背景私人公司作为新城发展各项决策的主要

图 9.4　新城区对不同城市的战略意义以及布局模式

德国柏林作为快速扩张都市，其大量新城（区）位置位于空间扩展主轴的重要节点位置，科隆与波恩发展带上目前已经进入一个空间成熟与提升的阶段，所有新城区均位于中心地带与都市区边缘地带。

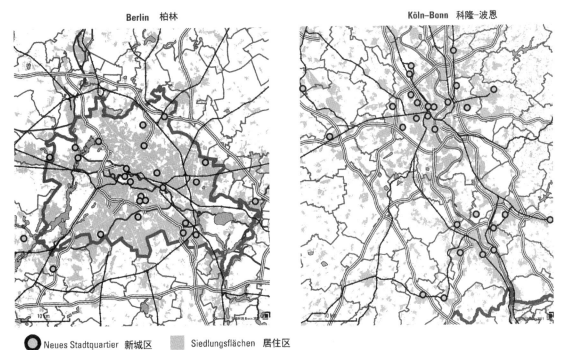

Berlin 柏林　　　　Köln–Bonn 科隆–波恩

● Neues Stadtquartier 新城区　　　■ Siedlungsflächen 居住区
Datenbasis: Laufende Raumbeobachtung des BBSR, Bestandserhebung neuer Stadtquartiere des BBSR 数据来源：联邦建设、城市和空间研究中心的新城区研究
Geometrische Grundlage: BKG, Gemeinden, 31.12.2009 图片来源：BKG, Gemeinden, 2009.12.31

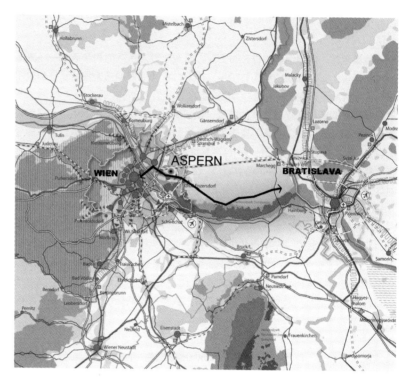

图 9.5　Aspern 位于维也纳与斯洛伐克首都布拉迪斯拉发之间的发展轴线上

欧盟的扩张造成维也纳从边缘位置向中心位置转换，维也纳由此提出了 "CENTROPE(欧洲中心)" 的口号，并开始将区域基础设施向周边国家延展，从而拓展其区域重要性。Aspern 项目由此成为维也纳东部与斯洛伐克首都布拉迪斯拉发联系发展的重要战略位置。

这一区域在历史上作为边境区域，并非维也纳的重点城市建设方向；在维也纳都市发展规划 2005（Step05）中，这里被界定为 12 个热点区域之一。其首要发展目标为：沿与布拉迪斯拉发之间的铁路线形成都市中心，沿维也纳 – 布拉迪斯拉发轴线，探索区域合作、经济发展的可能性，以及一个共赢格局。

※ 例如著名的田园城市莱奇沃斯，自 1903 年开始进行新城建设，通过私人基金会进行经济扶持，16 平方公里的城市规划面积在 1950 年仅仅达到 2 万人左右（2011 年达到了 33249 人，略高于霍华德的预期）。

负责人的原因所在[1].[※]。

以可持续发展的生态城市、市民共建城市等社会实验、科学城、大学城为主题的各种新城建设，正在成为欧洲各国城市规划领域的标杆性项目。尽管在 20 世纪 60 年代，第二代新城规划的大胆实验曾经在欧洲各个都市社会造成严重的创伤，但是城市规划领域哲学与技术的进一步革新的趋势仍然是清晰的，新城仍然是最好、最综合的先锋者但应谨慎地前行。

新城如同棋子，代表着都市甚至国家发展战略的布局，借助其产业吸引力和公共设施服务水平，被视为城市规划的重要媒介。在上述背景之下，新城被布局在城市最重要的战略位置，人口与就业总量可观，结构层级突出，承载着国家空间战略与规划理念的重要目标，同时在大都市区域中相当经常地同时承担了大量并非同等级的公共设施（成为区域的城市服务副中心或某一职能的中心），新城日益成为大都市区经济、社会、空间政策贯彻的重要手段。其总体而言愈来愈凸显的高质量新城环境与新城文化，也让这一趋势变得更加顺理成章（图 9.5）。

4. 具有替代性可能的第三种生活模式——蔓延性郊区与拥挤的大都市之间，农业自然环境与都市生活质量之间①,※1

新城始终试图拥有上述两种环境之下的共同品质，这不仅是城市规划者的理想，更是城市居住者的理想。这一理想模式拥有永恒的魅力，并成为新城这一文化品牌得以长期存在的核心背景。

事实上这正是欧洲城市传统的一部分，在大量欧洲城市中，由于其集约的人口布局，轨道交通支持的指状空间结构，往往在良好的可达范围内，具有公共设施与自然环境的良好匹配；但是在新城中，这一模式进一步落实到建筑单体上，以相对富裕的发展空间和公共政策属性，新城首先保障了良好的公共设施供给、相对性人口集中提供的公共设施使用效率；其次，新城除了第二世代之外，主体上均包含了大量中低密度的联排或小型独立住宅，这在住宅的现实价值上，对以家庭为主体单位的中产阶级形成了强大的吸引力。在郊区蔓延与都市生活之间相对中等的密度下，建筑单体获得了合理总量的高品质景观绿地——少量的独享空间，但在步行范围内必然有充足的公共绿地供应※2。

因此，新城在各个领域更有可能贯彻一个可持续发展的模式，在都市环境与保护的生态环境之间，就新城的合理的外部效应达到平衡。芬兰新城之父 Heikki von Hertzen 谈及，"新城"面对一个无序蔓延的都市区域，无疑是一个积极的选择②——一个着眼实践的成熟城市规划者的典型态度。欧洲议会强烈建议建设高密度、集约的城市。"绿色章程"(The Green Paper) 试图推动都市区更为理想的愿景，文化的多样性以及居住其中的激动感受③。新城比"郊区"显然可以更好地达到下述目标：可持续发展的城市建设原则"集约城市"，而不是适应市场需求的散漫单元；"公交引导的城市"，而不是私人汽车交通引导的城市；"生态平衡的城市"，作为标杆项目，新城有责任按照更高的标准进行建设。郊区蔓延或者难以（例如支持轨道交通密度标准无法达到）或者不具备这样的动力按照这些原则来建设。

在欧洲国家与政府着力控制的资源分配中，以可持续发展原则为基础，这是可以接受的倾斜。同时新城作为城市主体城市建设推广的品牌，在同时代的建筑与城市规划风潮中占据潮流先锋，起到了旗帜性的作用，为其塑造了极其主流的文化品牌地位、多样化的居住产品、革新性的建筑设计。大量新城，借助建筑设计竞赛，在实验与实践之间寻找中间道路。阿尔默勒本身堪称荷兰实验建筑的大本营。阿尔默勒—史塔特中心区旁侧的 Filmwijk 新住区，云集了荷兰新锐建筑师的实验性住宅作品④。科林斯认为："新城模式本身即具有教育功能，它阐释了都市生活的其他可能性。"⑤

※1 慕尼黑政府对展会城市 Riem 的推介是：Riem 将提供"绿色中的居住，但是同时拥有一个城市环境的所有优点"，正是这一思路的表述。

※2 德国最新一代新城区，以新城整体单元空间计算，平均居住密度为 22 户 / 公顷，居民人口为 35 人 / 公顷。这一数量目前仍然较低。研究者认为这一数据受到了分期发展的住宅建设影响，但是就用地开发强度而言，大多数均超过了 1，甚至达到了 2。

---

① Landeshauptstadt München: P. 5
② Hertzen; Spreiregen: 1971, P. 15
③ Ward, Colin: 1993, P. 118
④ 参见 6.2 案例 Almere
⑤ Collins: 1975, P. 80

今天，在快速城市化历程已经基本结束的欧洲，新城仍然作为一种重要的城市空间模型被广泛使用，甚至往往承担了各级城市甚至国家最具代表性的未来。其原因即来自于在人口疏散之外，区域城市化与经济发展引擎、都市与区域政策贯彻途径、具有替代性可能的第三种生活模式等系列性重要贡献。

就整体而言，在以"人口疏解"为主题的既往一个世纪之内，大都市变得越来越绿，在外向城市化的影响下，乡村的生活质量越来越提高[①,※1]。这个过程中，对比一般性的郊区化，新城无疑是一个更加集约，更加完整的人居模型[※2]。

一个"好"的新城是上述特性，秉承可持续发展的原则的结合体。通过新城的研究与实践，社会、技术与经济发展被扶植，并整体改善社会组织的居住水平、居住环境[②]。在 2002 年，恰值莱奇沃斯建设 100 周年之际，在"21 世纪的新田园城市？"为主题的国际论坛上，TCPA 明确提出：

"新城，就短时间内获得与建立新的人居聚落这一目标，曾经起到了关键性的作用。（英国）新城为超过两百万选择在此定居的民众提供了住宅、工作和设施，这无疑应被视为是政策的胜利。新城仍然有太多可以提供给周边的区域，特别是在可持续发展这一关注背景下。

英国政府近期宣布将要进行新的可持续性新城（区）发展计划———一个相当激进的计划来塑造平衡的可持续发展的社区，目标是解决长期以来可支付住宅缺乏的问题，解决住宅需求低下、大量遗弃空置的问题；鼓励形成更为可持续的用地使用。English Partnerships 与 Housing Corporation 将紧密合作，支持新的新城（区）发展计划。政府可持续性新城（区）发展计划将建立在从过往新城建设实践所总结出的重要经验之上。"[③]

9.2　一座新城典型的优点与缺点
Typical Strength and Weakness of a New Town

1. 优点

新城曾被视为投资的磁铁，被拥捧也曾被批判。英国初期将新城规划视为城市发展、社会福利主义政策的圭臬，后期则认为是国家强权的体现，甚至认为新城规划对伦敦内城改造的费用造成了挤压，20 世纪 70~80 年代英国意图全面脱手新城发展，后来被证明非常不现实[④,※3]。

回顾各个时代，新城最重要的特性仍然来自于高级别的都市政策与区域发展策略：面对住宅紧缺，它可以在短时间内提供数以万计的住宅，并配备以良好的

①　http://www.demographia.com/db-paris-history.htm
②　Saiki, Reeestone; van Rooijen: 2002, P. 13
③　The Stationery office: 2002, P. 15
④　Deputy Prime Minister and the first Secretary of State (UK): 2002, P. 8

※1 阿姆斯特丹"在 20 世纪初期，整个城市的密度惊人地达到 150 户 / 公顷"，在 1970 年前后，平均密度最终下降至 40 户 / 公顷。Physical Planning Department, City of Amsterdam: 2003, P. 71 巴黎市区（Ville de Paris）在面积调整为 105 平方公里后（1861 年）人口 169 万，密度为 161 人 / 公顷，这一密度持续上涨至 1931 年（275 人 / 公顷）开始下降，但直到 1982 年（208 人 / 公顷）才进入平缓期。

※2 巴黎等大都市外部无序的郊区化与缺乏品质的局部"大型居住区"事实上是第三代新城的重要反向背景。

※3 整个 20 世纪 80 年代与 90 年代早期新城开发机构与地方行政管理者，被要求以竞标的方式，剥离城市中心区的公有资产，交由私人企业运营。人们相信，购物中心的维护工作，应当由私人开发机构通过自身利益来进行维护工作。现在看来，那是一种不切实际的期许。

公共设施；面对无序的郊区扩张，它可以大规模有效调整空间结构、贯彻空间政策与规划原则；面对大都市发展乏力，它可以塑造更高更良好的城市竞争力平台。

前述章节对新城意义的分析，已经指出了新城的典型优点：更低的成本、更好的可实施性、更高的综合品质，同时还对后工业时期的重要产业类型有良好的支持。这充分解释了为什么新城在社会评价有一定分歧、涉及重大投资与政治决策的情况下，始终是欧洲国家政府的重要城市发展模式选择之一。

除了偶然的政治博弈，新城很少有机会与旧城形成针锋相对的竞争，而更多是互补的关系。这是由其本身的政策属性决定的。一直以来，新城重要的发展目标之一是容纳旧城难以容纳的负担——交通、租金、工作岗位相应的住宅与服务设施，新城具有更廉价的土地，相对宽松的环境容量，更不受限制的交通流量，更适合研究类、科技类企业的区位，更适合家庭的住宅。从而在中心城区之外，向外部市场形成一个更加完整的城市"产品谱系"。对此中心区既不具备上述要素又不必要。而郊区、大都市现有结构的边缘蔓延也同样难以同时达到上述目标——这正是新城的竞争力与独特性所在。

Cullingworth（1972年）概括英国新城规划的原因时即指出，"边缘性的进一步大尺度空间扩张已经无法满足这种要求：唯一的可能是跨越较长距离的都市疏散"。普通的私人企业与地方城镇政府都不具有能力解决这样的困难，"容纳解决这些问题所需的土地与建筑尺度。最后，本质的解决方式，就是通过一个新的特别机构建设新城"[①]。

对大都市而言，新城锚固了由于各种原因从城市中心城区向外迁离的重要企业与优质人群，同时吸引了难以被中心城区容纳的企业与人群。在大都市发展的各个时期，新城也许难以容纳总量巨大的居住人口，但确实阻止了城市化进一步对中心城区的压力，并形成了大都市多样化魅力的重要舞台之一。

综上所述，新城成为"都市性"（由于其人口规模与集约性的密度）与"自然性"（由于其区位与气质）之间的最理想模型。都市性同时衍生了优良的公共服务与基础设施，自然性与其人口规模衍生了可以接受的开发价格。这两者相结合，构成了吸引中产阶级与工薪阶层的所谓"家庭友好型环境"，并吸引了自然偏好型与耗地型产业——例如高科技产业、教育研究、商务花园、文化娱乐等。这两个利益相关群体恰好是城市与区域竞争力的重要因素，同时都市性与自然性之间的平衡，又切合了可持续发展的整体原则。这可以说构成了一个新城组成要素与衍生成果的最佳模型（图9.6）。

最后在一个具有强烈城市建设指导性目标引导之下，新城区同时倾向于树立一个新文化品牌，由国家与大都市为其背书。这更是一个城市蔓延或者郊区市镇难以想象的资源（图9.7）。

---

① Collins: 1975, P. 79

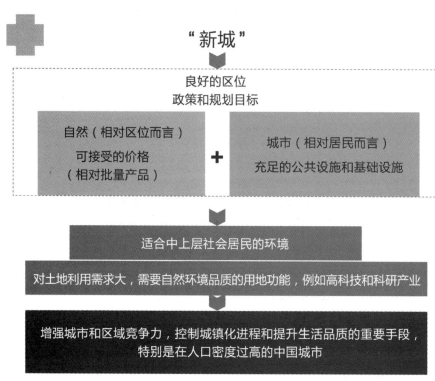

图 9.6　新城的力量

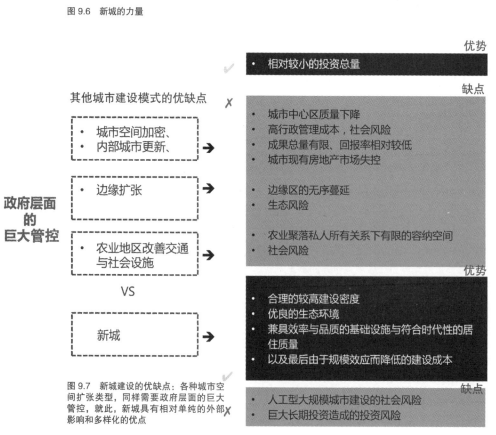

图 9.7　新城建设的优缺点：各种城市空间扩张类型，同样需要政府层面的巨大管控，就此，新城具有相对单纯的外部影响和多样化的优点

2. 缺点

新城最大的问题在于：从本质上，它必然是一个人工化的产物（少数技术精英掌握了大部分的信息设定），一个短期性的产物（作为"项目"设定的投资与回报周期，通常不超过 25~30 年），一个依托规划蓝图为框架塑造的城市（所有的设计构想都需要落实在图纸上，进行目标在群体间的传递），它以新城建立主体者的目标与理想为基础，强烈地受到各种突发性的政治制度与社会政策的影响。英国新城规划过程中政策变化对新城管理的震荡，东欧新城在体制巨变后，新城理念，甚至形态的巨大差异都清晰地表明了这一情况[①]。

在整体建设过程中，绝大多数未来的居民是难以参与这一过程的。在特定的国家区域政策与政治背景下，在其中最可能忽视的利益即为未来每个市民的利益（或被危险地被"代言"），例如在第二代新城规划中出现的典型情况。这一危险显然比其他城市建设模式更突出，特别容易在其中受损的是社会弱势群体，但这同时无疑会波及新城中所有的社会层级。

重大问题源于下述各点

——对于城市管理者与城市规划师，特别困难的一个问题因此成为：如何同时代表城市的公共利益需求（促进经济发展、安置弱势群体、关注生态利益等）、市场的需求（控制预算，取得合理回报，同时为每个未来进驻的企业的多样化的需求作好准备）、市民的需求（每个未来新城居住者的个性化需求，多世代的需求），并将这些需求在规划中予以整体性地贯彻，从时间上还需兼顾近期规划与末期规划，以及可持续发展意义上的多重阶段。这几乎是一项看起来不可能完成的任务。

很多矛盾是永远难以避免的。例如社会住宅问题，作为城市政策的一部分，新城中通过国家资助而建设的社会住宅，首先在心理上被视为一种被迫的"迁居"，弱势群体对社会住宅的区位并无各种选择的可能性。再如现代新城对汽车交通的重视，特别在最初建设阶段基本依赖汽车交通的状况，极易弱化公共交通稍后实施的效率，破坏组团与中心区之间的联系，不具备私人交通能力的弱势群体面临日常生活的困难。最后，以低层级城市服务业、工业区为典型就业目标的弱势群体，与新城的就业类型只有部分重合。可以说，社会住宅相关群体问题，并未得到全面的解决，只是大幅度得到了缓解和分化[※]。在一个城市中，某一社会阶层的长期性压抑与躁动，对整体社会结构而言，都不是积极性因素。新城最为致命的问题，永远是社会问题。

1992 年适值米尔顿凯恩斯 25 周年纪念，英国报刊刊载文章《天堂的误导》（Paradise Mislead），将米尔顿凯恩斯评价为"一代英国城市规划者的绝望一击，他们毫不欣赏传统英国城镇品位却拥有政治权利和公共资金，来建设他们喜欢

※ 第四代新城（区）慕尼黑的 Riem 已建设区域有 75% 总量不同程度的社会住宅比例。至 2012 年 12 月迁入的 13712 名居民中，有 60% 为外国人口或外裔背景。公共设施和人口未能同步提供。议员已提交申请，要求进一步建设中避免出现社会问题人口如此集中的情况，防止出现地区环境下滑，沦落为社会隔离空间。
Riem, Freiham, Hirschgarten & Co.: Stadt warnt vor Neubau-Ghettos, 05.03.2013, http://www.tz.de/

① 参见 115 页 Nowa Husta 的案例。

※1 在 Freiburg、蒂宾根等城市文化较为成熟、经济发展活跃的片区，在进行更加革新的社会实验，并将生态城区的系列原则有效结合进入。但这一模式所需要的大量管理经验与成本，制约了模式的广泛应用。

※2 阿尔默勒开发公司对当时的经济状况描述是："阿尔默勒建设大约花费了 180 亿荷兰盾……在这 25 年的发展时间中，意味着消耗荷兰年度国家预算 1%。根据粗略估算，其中一半的费用应当是公共支出。""现在对建筑和城市规划而言就很简单了：提供给我们高质量而且便宜的设计，这样建筑的费用就可以压至尽可能低，阿尔默勒新城相当部分以及外部的郊区一定都透露出了这样的信息。"

的城市环境……建筑师成为上帝，历史变成罪恶"。……"渴望将大量人群驱出城市中心，在一个并非真正的民主社会中与独裁政府分享权力。……大量居民强迫而无情地被驱逐到新城，发现他们位于一个单一阶层的新城中，设施奇缺，缺少公共空间的连续性，而这一点对社会住宅使用者非常重要。"[1]

蒂宾根南城项目与东港项目局部地区都尝试了更早地将居住者带到规划前期过程中。这一模式本身获得了成功，但是受制于新城规划规模、管理成本的现实问题，难以在更大规模得以贯彻[※1]。在新城规划中，这一问题几乎只能通过加强城市规划师对居住者需求的主观理解来解决，市民参与新城规划前期始终是困难的。

——一座新城意味着城市区域发展的一次"跳跃"。新城项目意味着巨大的资金投入，清晰的投资与回报周期预估，收购用地、基础设施、城市建设等系列工作在相当短的时间内完成。反之，在部分世代中，新城是否是一个在市场上具有竞争力的产品并不是最重要的——通过国家直接资助、社会住宅、住宅等候名单等方式，新城已经具有相对稳定而独立的市场群体份额[2,※2]。在这种压力之下，各个新城的城市规划经常受制于单面性的城市发展目标（数量的与经济性的），数量替代质量，物质价值替代非物质价值，重视的是极度压缩的项目周期，而不是整体性跨越世代的视野。

例如第二代新城的典型特点：以高绿化率来充抵景观设计理念的贫瘠，以高层建筑的技术创新高度来充抵住宅内部设计的贫瘠，概念性地计算公共设施需求，而忽视人性对多样性、丰富性的需求。

新城的问题因此主要集中在社会层面上。物质价值的标准很容易被超越，一旦城市居民度过物质紧缺的阶段，具有更好的选择，就非常容易成为随着价值更换而放弃的短时间替代品。如果新城对外仅仅剩余"廉价住宅"这一声誉，必然会成为社会弱势人群的聚集地点，进而招致社会问题集聚后对社区的消极影响，甚至新城社会的解体。

——作为规模性的产品，并由单一主体机构为核心建设的新城，多样化这一特性成为新城发展最困难的目标——无论是城市文化、城市景观还是城市社会，而城市尤其是大都市的最大魅力就是多样性。由于在较为短暂的时间里形成主体形态（尽管整体新城的建设周期约为 20~25 年，但新城单独组团或中心区都是在 5~7 年间形成的），这一时期的政策引导、市场需求、社会状况，这一时期建筑形态、城市设计理念对新城最直接的影响，都会造成新城常常强烈地呈现出单一方向、单一时代的特色。这样一方面损失了多样性所形成的丰富品质，人们的选择非常有限，一方面将新城的品质与这一时代联系在一起，在短时间内即呈现所谓"过时"的印象。更糟糕的是，不加检验地大规模使用所谓革新

① Ward: 1992, P. 12
② Nawijn, K. E.: 1979, P.31, 41

品质，但缺乏弹性与可调整改造空间的建筑类型、巨构建筑等具有争议的建筑形态，所谓创新性的建筑设计，不成熟的高层建筑技术，这些缺乏检验的"设计师理想"曾经对新城的品质造成较大伤害。

Cumbernauld 是苏格兰的五座新城之一，1956 年开始建设，其新城中心区的巨构建筑曾经获得建筑界的系列奖项，但在 20 年之后，被赋予了"痛疮奖"（carbuncle award），评为苏格兰最令人沮丧的建筑，评委们认为这一混凝土建筑中心"没有灵魂，无法进入，如同柏林墙未倒塌之前的东欧"。居民们讽刺其架空性的空间结构为"高跷上的兔笼（a rabbit warren on stilts）"[1]。

整体而言，这些要素——大量的人工干预与相当短的城市建设过程，较为单一的建筑与城市设计文化，都不是奠定一个成熟的城市景观、丰富的城市文化的积极因素。在大多数案例中，城市居住者、城市使用者只是被动地接受了以规划者理念为核心的城市形态，它们对城市的认知不是在一个城市成熟过程中逐渐形成的。下一个世代的新城居住者对上一代烙印背景中的城市文化不再认同，是一个很典型的情况。

哈罗新城曾有意识为新城第二代居民进行社会规划，他们在新城没有充足的就业岗位，无法形成经济上的锚固；同时对新城缺乏娱乐的城市生活缺乏认同；哈罗社会规划的目标即在于为新城的新生代人口提供就业、住宅、新商业服务。在经济危机中，哈罗新城开辟了伦敦与哈罗之间的快速交通联系，以便为居民寻找伦敦的工作岗位提供便利，这对哈罗的年轻一代特别具有现实意义。在经济上相对比较成功的第二代新城法兰克福西北新城，大约 53% 的第二代居住者都最终离开了新城，而整个城市的平均比例为大约 25%[2]。

新城——新的意象，充满了希望，最明确的优势来自于效率和经济性，它们有更高的性价比，拥有自然生态环境与都市品质；工作与居住可以在同一地点，具有超过常规水平的公共设施、交通设施，可以以较低代价、较短时间改善百万城市家庭的生活品质。这是简明可知的优点。

新城的缺点——人造大型"景观"综合体，阻碍了其成为一个"城市"，引向一个薄弱的城市建成环境，与更加糟糕的结果——一个薄弱的城市社会结构，从而大幅度提高了经济与政治风险。对外呈现出缺乏城市活力，对内缺乏识别性，甚至安全性。在对新城发展远景的讨论中，科林斯指出"问题始终是如何使新城建筑在社会层面中更加良好地被接受"[3]——传统城市建设环境的小尺度缓慢生长显然可以提供更加稳固的社群契合。

新城的优势意义如果仅在于经济与社会两个领域缺陷的弥补，这必然是一个短

① http://newsvote.bbc.co.uk/mpapps/pagetools/email/newsvote.bbc.co.uk/
http://news.bbc.co.uk/2/hi/uk_news/scotland/1667935.stm
② Irion, Ilse; Sieverts, Thomas: 1991, P. 126
③ Collins: 1975, P.75

期的平衡——新城并未显示出长期投资的价值，人们会设法寻找机会迁离此处，而不是投入精力与财富去改善家园，期待更高的回报。而在快速积极的经济发展中，居住者对优质住宅的需求提高，对所居住的社区的需求提升，新生代对生活趣味的变化，都会导致新城价值、吸引力的丧失，成为新城社会结构破裂的发展危机。

新城的重要竞争者之一——"都市蔓延"背景下的郊区住宅，主要是独立住宅为主，用地单元往往更加宽松，价格相对接近，自然环境具有更高可达性。和新城相比，其最大的差异在于都市的品质与公共设施、交通设施服务的品质。如果新城不具有充足的都市品质与设施质量，新城事实上不具有明显的竞争力。20 世纪 50 年代"二战"后 Hoyerswerda 作为能源区域 Cottbus 的部分重新予以规划建设，作为煤矿新城，人口由原有 7000 人增长至 7 万人左右。90 年代两德统一后，尽管融入了多个新社区，城市人口仍然迅速下降至 3.5 万，并在 1991 年爆发两德统一后第一次大规模的种族性冲突[1]。这一情况在前德国工业新城相当普遍，人口与资源按照市场经济自由分配原则流向更具竞争力的地区，留下缺乏吸引力的空置城市与衰落社群（图 9.8）。

失败的新城是现代主义运动最惨痛的战役，其核心原因在于：理论家们未能充分顾及新城的社会属性——相当长的阶段内，新城被视为仅仅是更大量住宅的集合，结果是空有躯壳的"新城"，在短期解决问题后被迅速地抛弃，仅仅遗存了新城的弱势阶层——他们没有任何其他的居住选择。而为了疗治遗留的社会问题，规划师、政治家甚至整体社会，付出了比在设计、建设之初的"奇思妙想"远为持久而昂贵的代价。

---

[1] http://archiv.mut-gegen-rechte-gewalt.de/debatte/interview/hoyerswerda-rassismus-ist-hier-alltag

图 9.8 Hoyerswerda 呈现出强烈的田园城市的结构特征

20 世纪 50 年代"二战"后作为能源区域 Cottbus 的部分重新予以规划建设，作为煤矿新城，人口从原有 7000 人增长至 7 万人。

10 第一代至第四代新城典型案例

Case of the First to Fourth Generation of Modern New Town

第一代新城：哈罗新城，英国
First Generation: Harlow New Town, England

第一代新城：米尔顿凯恩斯，英国
First Generation: Milton Keynes, England

第一代新城：Tapiola，芬兰
First Generation: Tapiola, Finland

第二代新城：Bijlmermeer，阿姆斯特丹
Second Generation: Bijlmermeer, Amsterdam

第二代新城：法兰克福西北新城
Second Generation: Nordweststadt, Frankfurt

第二代新城：昌迪加尔，印度
Second Generation: Chandigarh, India

第三代新城：塞尔奇 – 蓬多瓦兹，巴黎
Third Generation: Cergy-Pontoise, Paris

第三代新城：阿尔默勒，弗莱福兰省，荷兰
Third Generation: Almere, Flevoland, Holland

第四代新城：Kirchsteigfeld，德国波茨坦
Fource Generation: Kirchsteigfeld, Potsdam

第四代新城：东港地区，阿姆斯特丹
Fource Generation: Oostelijk Havengebied, Amsterdam

第四代新城：Ørestad，哥本哈根
Fource Generation: Ørestad, Copenhagen

铁路，快速路 /
伦敦·亨廷登

M1 高速公路
高速铁路
伦敦·伯明翰·
谢菲尔德

MILTON KENES
To Landon 80km

HEMEL
HEMPSTEAD
To Landon 35km

铁路，高速路 A1
伦敦 – Bristol-Cardiff

BRACKNELL To Landon 45km

铁路，高速路 M11
伦敦·剑桥

EVENAGE
Landon 45km

YN
EN CITY
ndon 33km

HARLOW
To Landon 32km

M25 环城
高速公路

铁路，快速路 A127, A13
伦敦中心区－东侧入海口

BRASILDON
To Landon 43km

伦敦都市区

哈罗新城，英国 Harlow New Town, England

A10
历史城镇轴线
前往伦敦
铁路、快速路
30 公里
45 分钟车行

30km

哈罗
Harlow

Essex 都

伦敦
London

伦敦都
市区

前往 Stansted
机场
铁路、高速公路
15 公里，20 分钟

火车站

工业区

工业区

城市中心

Harlow

M11 高速
前往伦敦
45 分钟车行

M25
伦敦外部交通环线

上位规划和组织决策 UPPER PLANNING AND ORGANIZATION

区域规划的规划目标

1944 年的"大伦敦规划"

- 出发点:"二战"中英国城市遭受了空袭毁坏。住宅紧缺和婴儿潮要求伦敦在战后十年中执行一种不同以往的城市发展战略。同时城市规划师也试图发展出一种新的城市生活方式和城市景观。
- 城市规划师帕特里克·阿伯克隆比(P. Abercrombie)制定了大伦敦规划,采用了环形扩散的空间模式。现有城市中心城区的压力应该被转移掉一部分。围绕现有城市将形成环形的城郊带,再往外为环形的绿带和环形的城市发展区。在发展区中将建设 9 座新城,这 9 座新城应该接纳伦敦转移出的过量人口,哈罗是这 9 座新城中的一座。

1946 年的新城决议(New Towns Act 1946)
在这次决议中这一区域层面的城市发展规划得到了深化。

区域空间结构

空间结构布局具有以下的出发点和考虑

- 战后伦敦住宅紧缺和婴儿潮带来的建设需要。
- 伦敦市区内工业区的转移:将有污染的工业区从市区转移到区域其他地方,改善伦敦市区的环境质量。
- 发展新的城市生活,提高生活质量,为整个大伦敦区的发展提供相应的空间规划和控制。

规划:建设 9 座新城,缓解伦敦市区压力,发展更好的人居环境,特别是为当时处于社会下层的居民(工人等)提供良好的生活条件。

实施:今天已经建设了 8 座新城,每座新城的人口在 3 万和 12 万之间。

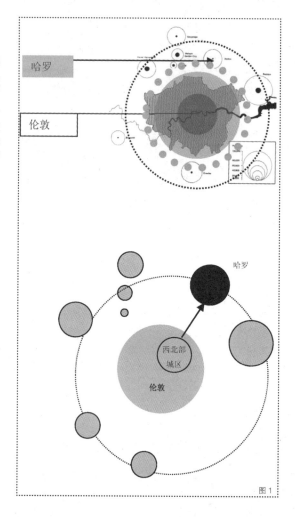

图 1

组织管理者

- 城乡规划部 (Ministry of Town and Country Planning)
- 新城规划委员会 (New Town Committee)
- 新城开发公司 (New Town Development Corporation)
- 当地政府 (Local Governments)

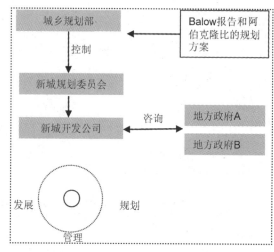

资金来源

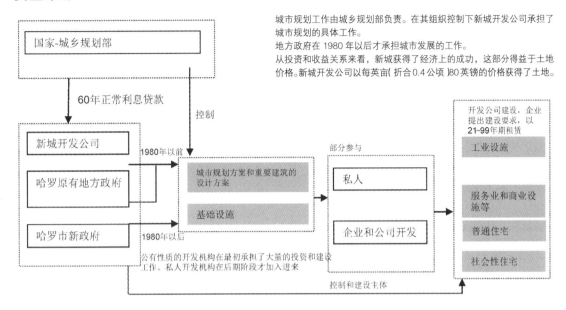

城市规划工作由城乡规划部负责。在其组织控制下新城开发公司承担了城市规划的具体工作。

地方政府在1980年以后才承担城市发展的工作。

从投资和收益关系来看，新城获得了经济上的成功，这部分得益于土地价格。新城开发公司以每英亩（折合0.4公顷）80英镑的价格获得了土地。

原有状况

规划区位于伦敦的西北方，处于风景宜人的起伏地貌中，主要产业为农业和林业，原有的哈罗村富有保留价值，规划区内拥有高质量的农田

图2

面积大小	原有3140公顷 扩张后为5145公顷
原有居民	4500人
原有产业	农业
原有聚落	村庄

工作组织

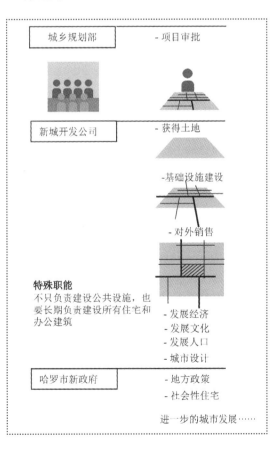

城乡规划部 — 项目审批

新城开发公司 — 获得土地

— 基础设施建设

— 对外销售

特殊职能
不只负责建设公共设施，也要长期负责建设所有住宅和办公建筑

— 发展经济
— 发展文化
— 发展人口
— 城市设计

哈罗市新政府 — 地方政策
— 社会性住宅

进一步的城市发展……

新城在区域中的定位

发展目标

为在大伦敦地区中建设一座类似英国规划师霍华德倡导的田园城市，一座人性化、经济和文化上独立的、低密度的新城。

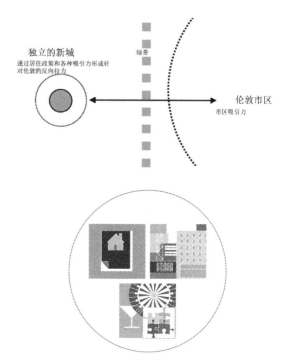

独立的新城
通过居住政策和各种吸引力形成针对伦敦的反向拉力

绿带

伦敦市区
市区吸引力

规划理念

在 1946 年新城决议中，哈罗被设想为一座"能够提供健康的生活和工作环境的城市；其规模能够满足相应公共生活的需要，但是不应过大；城市将被绿色的农业景观和绿带环绕"。

用地

- 新城不应只有居住用地，也应该拥有工业和商业用地，特别是容纳从伦敦东部接收的大量疏散的产业。
- 新城应该有良好的服务配套设施（商业、服务业、教育设施等）。
- 大伦敦地区的新城应该有较大的人口规模。但是密度应该较低，被绿色景观环绕。多层住宅的比例不应过高。

交通

- 新城应该通过多种交通工具和伦敦市区联系（铁路、轻轨、高速公路、公共汽车等）。
- 新城应和伦敦机场形成便捷的交通联系（通过高速公路接向伦敦机场）。
- 不同新城之间应通过环路联系起来。
- 为了抵制伦敦市区吸引力对城市发展带来的不利影响，新城初期发展阶段的交通联系相对较弱。相关批评为：没有考虑工作和居住地点分别在伦敦和新城的人，相应的交通联系不充分，这一定程度上阻滞了经济发展。

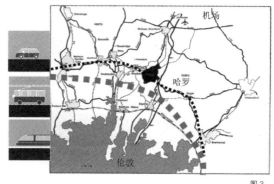

图 3

城市设计

- 目标：建设一座大伦敦区内独立的新城，通过其良好的生活质量来与伦敦市区的吸引力形成平衡。
- 哈罗的城市意象和个性应该非常鲜明，被优美的绿色景观环绕，城市中心城区应该富有吸引力，辐射型服务四周居住社区。
- 在英国城市规划师吉伯德制定的哈罗规划方案，试图将功能性要求和城市设计、建筑设计以及景观设计的美学要求结合起来。在他的方案中，美学成为一个重要方面。

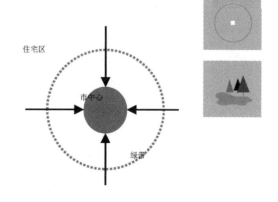

住宅区

市中心

绿带

社会构建 Social Structure

发展目标

作为伦敦的一座新城，经济发展目标如下：

- 应该成为一座独立的城市，而不是一座只有单一居住功能的新城。只有在当地工作的人才予以分配社会住宅，从而在新城中居住。

- 这意味着新城应当力图创造一座有着高生活质量和居住质量的城市，能够为居民提供相应的就业机会和配套服务，能够帮助疏散伦敦市无法承担的人口和工业。

在前 30 年，哈罗帮助疏散和接收了伦敦市的工业，同时发展了自身的工业园区。

从 20 世纪 70 年代开始，科研、技术研发和服务业及零售业、娱乐业也在新城内发展起来，提供了更多的就业机会，工业不再是唯一的就业可能性。

居民来源

- 最早的一批居民为在哈罗的企业内工作的雇员或者工人。在当地工作是获准取得哈罗居住资格的前提。

- 今天的城市居民大多来自伦敦市或者伦敦地区，或为早期迁入居民的第二代。

人口发展情况

人口吸引力

新城对居民的吸引力主要来自以下三个方面：
- 人们希望在城市中拥有自身的独栋住宅。
- 迁入者能够在新城中找到就业机会。
- 充满绿色的居住环境满足了居民的梦想。

1947 年原有人口 4500 人，初期增长缓慢，1951 年人口仅达到 5571 人，随即进入快速增长阶段，1954 年达到 17000 人，1957 年 37000 人，1961 年 53680 人，1974 年（开始建设约 25 年）达到顶峰 81000 人，但随即开始下降，1976 年 77000 人，1979 年 73000 人。这一数字逐步稳定至今。

今天新城依然保持着对居民的吸引力，赢得了人们的喜爱。哈罗的地价明显高于周边地区。

人口发展	
1957 年	35000 人
1967 年	65600 人
1977 年	73200 人
目前	约 80000 人

人口密度为 1554 人 / 平方公里 (2001 年伦敦内城密度约为 9054 人 / 平方公里)

就业机会

发展目标：每户至少一个就业岗位。

开发公司鼓励形成的产业包括轻机械产业、电子产业、印刷、玻璃、食品、家居制造产业。

1973 年，电子机械公司雇佣劳动力约占总劳动力的 36.2%。

1959 年办公建筑开始运营。

就业岗位	
1957 年	11200 个
1967 年	29350 个
目前	35400 个

最初规划要求居住者与就业者相互捆绑迁入新城。城市管理者很快就放弃了就业与居住的绑定关系。目前，哈罗大约 50% 的就业人员来自哈罗外部，这和最初城市规划的设想有所不同。

人口结构

年龄结构

最初新城被称为一座"婴儿车城市"（婴儿比例较高的城市）：主要由年轻的家庭和年龄在 30 到 35 岁之间的居民组成，老年人比例很低。15 岁以下的居民比例超过 60%。

为了促进形成稳定的年龄结构，哈罗制定了年限为 20 年的年龄结构规划（Altersschichtenplan）。这个规划着眼于为第二代居民提供工作岗位与居所，同时对人口外迁情况予以预测。

这一规划对城市的发展起到了积极的作用，帮助新城在第二代人口成熟后提供住宅与公共设施空间，逐步形成完整和经济的社会年龄结构。

1979 年（开始建设 30 年之后），老年人比例仍然较低，年龄结构逐步恢复到正常比例，新迁入人口的比例也进入正常状况。

社会结构

目前居民拥有多元文化背景，其中外国人比例约为 6.5%，略低于英国的平均水平。58% 的住宅为自有住宅，32% 的住宅为社会性住宅，剩余住宅所有者为住宅开发和运营机构。

俱乐部在居民的社会生活中发挥了重要的作用。居民们组成了富有活力的大量共同体组织，提供多种志愿的市民服务。艺术文化在城市发展中起着重要的作用。

公共配套服务设施

图 4

城区划分和公共配套服务设施

在有限的投资额度下，在最初的发展阶段，新城主要通过现存村庄（老哈罗村）和紧邻旧村的新建城市组团副中心满足年轻家庭的需要。

约 25 年后新城需要进行整体更新工作。大量的建设带来了资金压力，城市风貌开始有不合时宜的迹象。

1972 年整个新城第二次的扩张规划没有实施，但是城市中心的扩张得到了连续的落实。

时间进度

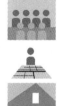

- 1947 年建立新城开发公司。
- 1948 年开始基础设施工作。
- 1949 年 批准城市总体规划（规划人口为 60000 人）
- 1949 年 建设 120 栋住宅，首先提供给开发公司职员与规划设计师，他们是第一批新城居民。由于战后物资短缺，至该时期，城市建设较为缓慢。
- 1950 年开始大规模建设整体新城。工业和城市建设保持同步进行。同时开始建设第一个城市邻里中心——斯卓（The Stow），1952 年开始运营。
- 1952 年规划设计了哈罗中心城区的方案。1954 年开始建设中心北区与高层建筑"天梯"。1955 年中心区第一个商店开门。1961 年，铁路开通。
- 1955 年设立了地方议会。1956 年第二块工业地产（Temple Fields）开始经营。
- 1963 年确定了进一步的扩张计划（规划目标：90000 人）。
- 1966 年开始为第二代居民建设住宅。
- 1970 年开始老哈罗村历史地段的城市更新工作。
- 1972 年第二次扩张计划（目标：11500 人）。
- 1975 年联入伦敦–剑桥高速公路。
- 1977 年结束最后一个组团建设。1980 年新城开发公司退出。新城市政府接管了相应的管理工作。
- 1980 年，中心区大规模改造，建成 Harvey Center 大型商业购物中心。

总体规划 Master Plan

规划编制

1947 年总体规划，1949 年被批准，规划人口总量 60000 人。

1961~1964 年总体规划，1966 年被批准，将规划人口总量提升至 90000 人。

- 制定初期规划方案
- 确定总体规划方案
- 基础设施规划

参与方

- 在初期发展阶段，新城开发公司作为城乡规划部的代表承担了主要的规划和实施工作。在新城开发公司的委托下，弗雷德里克·吉伯德作为城市首席建筑师领导了由城市规划师、建筑师、工程师及住宅管理、社会管理和行政管理人员组成的团队，进行了相关工作。

- 1980 年以后哈罗的议会成为主要的决策管理者。

生态社区

图 5

城市设计目标

田园城市
- 一座绿色、整洁和安全的田园城市。
- 城市应该有足够的人口规模，从而能够担负独立的城市功能，保证高质量的城市生活，但是不应该过量，避免相关弊病。
- 田园城市应该具备城市的生活质量，并且结合绿色景观。

新城规划者同时也提出，新城应该具备一个集约的城市结构，致力于形成城市化的气质（但事实上哈罗新城城市密度和建筑高度都较低，是典型的田园城市特征）。

遵循现代城市规划原则的城市
整体规划阶段中，现代主义城市规划的很多观点尚未完全成为主流。但城市的主要建筑师倾向于现代主义建筑理论，在市中心使用了大量的现代建筑。10 层的高层建筑"The Lawn（天梯）"是英国第一栋高层建筑。

作为艺术品的城市
哈罗新城试图将整座城市发展为一个"整体艺术"式的作品。通过城市规划、建筑设计和景观设计的合作，塑造出一个现代的整体城市景观。艺术活动提升了城市的活性、吸引力和文化生活质量，并且成为哈罗在区域内的城市文化特征之一。

生态城市
20 世纪 90 年代之后，哈罗新城开始塑造自己"生态城市"的对外形象，结合部分街区更新，哈罗新城有系统地改造新建了多处生态街区与建筑。

田园城市

居住　　　就业

居住　　　配套服务　　集约城市的城市化气质

遵循现代城市规划原则的城市高层建筑"The Lawn（天梯）"

艺术城市

图 6

用地规划

1980 以前

居住	24810 户住宅， 其中 1245 户住宅来自私有开 发企业
工业和服务业	70358 平方米办公面积， 27870 平方米服务业面积 479618 平方米工业生产面积
商业	65862 平方米零售业建筑面积
教育	幼儿园、中小学和大学建筑面积共 22876 平方米；哈罗大学（Harlow College）、 西北艾色克斯成人社区学院（West Essex Adult Community College）
休闲	拥有休闲功能和运动设施的开放空间

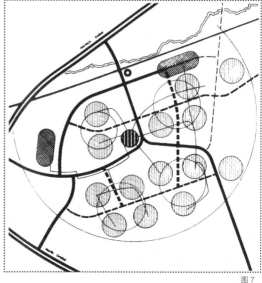

图 7

图 8

用地结构

- 四个均衡的城区，形成四个拥有自身配套服务设施的城市组团。
- 原有的哈罗村落位于新城的边缘。
- 工业区和产业区位于铁路线的两侧，并且直接和干道网络相连。
- 城市中心城区包含了中高密度的商业办公设施，周边分布有城市公共设施（行政管理、运动设施和大学）。
- 新城的中心与各组团嵌入宽阔的原野中，原野承担了最大的休闲功能。

居住区

- 城市中心城区有高层建筑的公寓住宅。其他居住区主要由多层住宅、城市别墅以及联排和独栋住宅组成。
- 原有的哈罗村被更新，其用地结构被保留。
- 学校位于居住组团之间的绿地上。
- 组团的副中心位于居住区各邻里和组团内部绿地之间，拥有约五十家商店或服务设施满足市民日常需要。

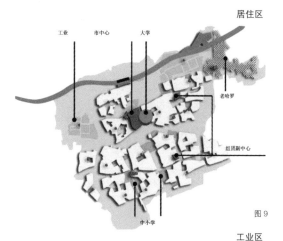

图 9

工业区和服务业

- 工业区位于居住区和铁路线之间的绿地上，区位优势极其优良，可扩张性良好。
- 工业区和产业区被划分为两个组团，和大型城区适当结合，以便具备抵达各个城区的良好可达性。
- 哈罗新城的工业后期在这一空间结构不变的基础上，进行了大面积的扩张，目前两个工业组团基本均形成了与居住工业等同的规模总量。
- 对于城市生活和就业拥有重要意义的服务性企业比邻城市中心和各个副中心，形成了自足的服务业岗位。

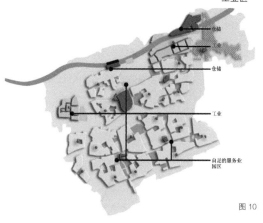

图 10

开放空间

- 整个新城及各个城区都被绿带环绕。
- 绿带上结合了多样的用地和功能，如农业、高尔夫球场、城市公园、水上运动、运动设施。其生态、经济和社会效益得到了合理的权衡。
- 城市中心三面被绿地环绕，西北侧有面积达 66 公顷的城市公园。城市的副中心和绿地、小溪及池塘有着紧密的结合。
- 绿带和城区有着紧密的联系，并且互相之间形成网络。

图 11

交通规划

内部交通

外部交通

公共交通和个人交通

- 铁路在城市北部联系了哈罗老城及新城。火车站和城市中心以及公共汽车站的分离导致换乘困难，降低了公共交通的效果。
- 快速路围绕城市形成了一个三角形的环路。主干道穿过绿带将各个城区和快速路相联系。多个环路环绕城市中心城区，并将城市副中心联系在一起。在每个城区中也有环路将各个组团联系在一起。
- 公共汽车站位于城市的中心城区。公交线路主要沿着绿地延伸，将各个组团和学校、大学联系在一起。最密集的线路集中于中心区与火车站之间，火车站与周边城市之间呈现出通勤交通的特征。

步行和自行车交通

- 哈罗新城拥有一个完整的自行车路线网络，自行车成为一种重要的交通工具。自行车路线沿绿带展开，并穿过城市，和汽车交通完全分离，其路线的设置使得人们可以在行车中感受到城市中重要的公共艺术作品。
- 沿着绿带和水体的漫步路线进一步补充了慢行交通系统，和城市中心的步行街和公共汽车站相连。
- 沿着磨坊河形成了富有吸引力的景观，沿着水路可以体验到艾色克斯一带的风景。这一路线也联系了哈罗老城和新城的周边区域。

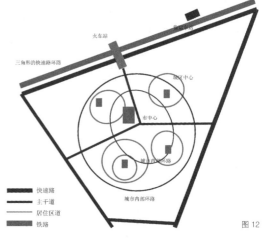

图 12

图 13

城市组团间的自行车道和溪流

图 14

图 16

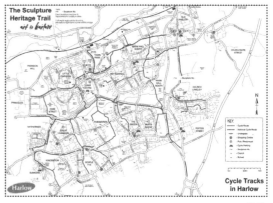

图 15

城市设计 Urban Design

规划任务

对城市中的重要区域——如城市中心城区和副中心进行城市设计。
对具体的项目加以详细设计。
对单个街区、建筑综合体以及重要的公共空间进行详细设计。

参与方

- 新城开发公司
- 地方政府

设计理念

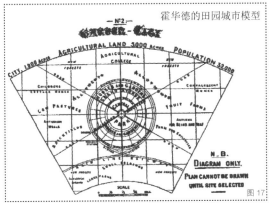

霍华德的田园城市模型

图 17

- 田园城市是城市设计和城市布局的基本原则和参照模型。
- 绿色景观应该作为城市的重要个性加以强化。
- 中心城区应该富有城市气息。
- 中心区遵照现代建筑风格来规划建筑的形式、体量以及高度，从而塑造出现代化的城市生活质量。国际式的现代城市规划理念如功能主义和人车分行等原则在设计中得到了体现。
- 在哈罗的新城发展后一阶段，将生态城区发展定义为新的文化趋向。除了生态建筑系列设计之外，在城市形态层面上更加集约、紧密，并继续强化地方化的建筑细节。

绿色景观是城市的重要特性之一

a   b

图 18

城市中心城区的城市化景观特征

图 19

Abode — Newhall 的新生态城区建设

图 20

a   b

图 21

中心

- 十字形的绿带将各个城区区隔开，在中心处坐落着城市中心城区。绿带作为城市的"绿肺"承担着休闲娱乐和运动功能。
- 中心城区是经济活动及服务业的聚集处，并且是社会、文化以及公共活动的中心。

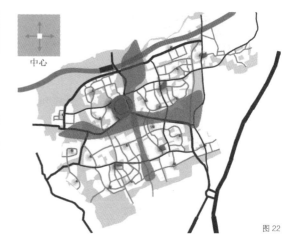

图 22

区域

- 哈罗原有的村落被更新和保留下来，位于新城的边缘。在"历史村落中心"这一定位下，后期进行的城市更新工作提升了这一区域的质量。
- 哈罗新城的中心城区是整个城市的商业、服务业、行政和文化中心。
- 围绕中心城区分布的居住区被绿色环绕，建筑布局相对开放，建筑密度中等或者较低。居住区之间的差别不明显。
- 其他功能中心如城市副中心和大学等没有形成具有独立显著个性特征的区域。

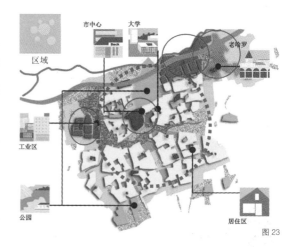

图 23

建筑布局、高度以及建筑体量

- 哈罗新城的城区平面采纳了有机形态。有机形式的道路走向和路网考虑了城市和自然景观的结合。自然开放空间与其紧密融合。
- 原有地形对城市设计有着较大影响。城市的中心位于一个坡地上，向地势较低的谷地延展，拥有良好的日照和视野。谷地作为地貌的重要部分被保留了下来。工业区相对隐蔽，位于山坡的后面。
- 绿带上嵌入城市的副中心、学校以及服务性企业。通过这种选址和布局保证其和各组团的联系，同时也保证交通安全。

图 24

标示物和艺术品

- 哈罗不只满足人们的日常需求，也具备文化功能，并且辐射整个区域。这也是这个城市对外文化品牌的特征。
- 1957 年，建立了 Harlow Music Association，1964 年，地方政府资助支持建设了 Harlow Arts Council，并于 1965 年开始组织年度的大型艺术活动。
- 1953 年成了的 Harlow Art Trust，收集了大量艺术作品，尤其是现代雕塑，成为新城文化的重要标志。
- 这些艺术品和哈罗新城的优美地景紧密结合，形成具有特色的公共空间艺术：在公共空间以及绿色景观中结合了公共雕塑，为日常生活带来了艺术气息。其中包括市政府有意识收集的罗丹、亨利·摩尔（Henry Moore）、海普沃思（Barbara Hepworth）、Elisabeth Frink 等名家的作品。

图 25

城市天际线

- 和传统欧洲城市的金字塔形城市天际线有所不同，哈罗作为一个田园新城，其城市天际线具有鲜明的差异性。高密度的城市中心城区和周边中低密度的城区之间形成强烈的高度对比。
- 城市有效地保留了高差超过 100 米的整体地形，位于高地的中心区和高层建筑，其城市地标效果更为突出。规划师认为，这一建筑形态象征着现代的城市设计与富有吸引力的新生活。绿带作为城市天际线的前景与背景勾画出了这座现代城市的绿色特征。
- 在城市入口处以绿色景观为主。高层建筑则标识出了城市的中心和副中心所在。

哈罗的城市天际线   图 26

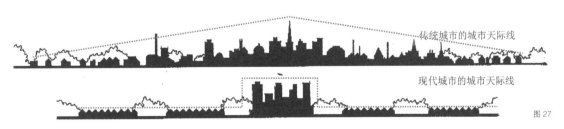

传统城市的城市天际线

现代城市的城市天际线

图 27

城市入口

图 28

城市中心城区 City Center

中心城区

中心城区

功能

中心区组团的规划目标：

- 建设一个行人优先的城市中心城区。哈罗新城中心城区是所有新城中第一个纯粹的步行街区。
- 设想是中心城区的布局尽量紧凑集约，从而降低投资风险。一旦实际需求超过了规划，可以采取加大密度和高度的方法满足新需要。
- 一个遵循功能分离原则的城市中心城区：中心组团外部分布有"田园式"的功能，如城市公园、学院、运动设施以及医疗中心等，其和居住区之间被快速路隔离。火车站作为干扰性的因素规划在北侧，和中心城区分开。
- 中心组团与人口的联系松散。紧邻的居住区总量很少。

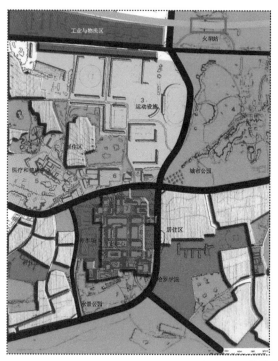

图 29

城市设计

边界

- 城市中心城区和绿色景观有着紧密的联系，但是和居住区的联系较差。其所处的绿色坡地的地势以及开阔的视野是城市中心城区的重要景观特征。
- 中心城区布局紧凑，密度较高，富有城市化的景观特征。
- 四周城市组团的界面均较为开放。绿带穿越城市之间穿越。中心城区的密度效应被周边的绿色缓冲区域削弱。

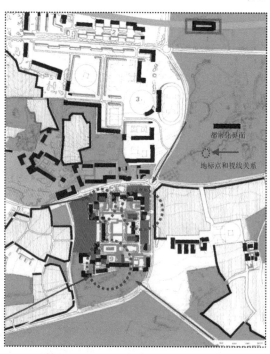

图 30

中心城区城市设计

- 这一城市中心区显示出城市功能分离的初步趋向。居住用地比例很低，少量和商业功能混合。这造成了一定的活力问题，而且在后期较难提升。
- 对比新城的人口总量而言，文化和社会设施的比例较高。其中包含博物馆、剧院、图书馆、青年中心、信息中心、市民中心、医院以及与之相邻的大学。
- 很可能为了强化新城的独立性、中心区的独立性，火车站远离中心城区，这在新城之后的各代中非常少见。在火车站和市中心之间是运动设施、大学、城市公园等强度较低、人口密度较低的功能区域。
- 商业用地位于中心城区中央，随着人口增长，其总量本身与相应的服务交通均难以满足人口需求，在西南部环路旁绿地中新规划建设了商业用地。
- 商业区的南部行政和文化设施向绿地空间开放，形成优美的景观视野。

交通

外部交通

内部交通

交通规划和实际中的交通需求

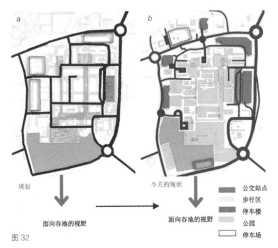

图 32

- 城市中心城区中步行区的比例比当初的规划有所升高，汽车交通最后只出现在中心城区的四周。
- 停车场被多层的停车楼所代替，以满足增加的停车位要求。
- 在临近环路的绿地上建设了更多的停车场地，对中心城区的城市景观形成了一定的干扰。

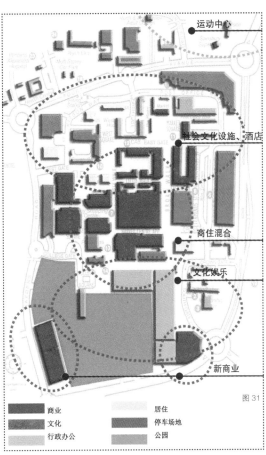

运动中心

社会文化设施、酒店

商住混合

文化娱乐

新商业

图 31

	商业		居住
文化		停车场地
行政办公		公园

位于城市中心城区和公园之间的停车场地

图 33

城市空间序列

- 整体空间形态以传统城镇中心空间效果为蓝本，南北向平行的商业街及其沿线的广场构成了基本的空间骨架。
  - 集市广场位于中心城区的北部，分布有邮局、酒馆、餐厅办公建筑。这个广场拥有明显的商业气息。
  - 南部的市民广场上坐落着市民中心、疗养设施、老牧师公馆、教堂，拥有风景如画的视野。

- 以下为规划师设定的重要的城市空间设计原则：
  - 沿着商业街的建筑为商住混合建筑。底层为商业功能，其上为跃层住宅。底层有着连续的橱窗。
  - 临广场建筑的功能为商业或者行政功能，是中心城区功能和设计上的重点。
  - 通过室外走廊或者顶棚来区隔底层其上楼层，从而在恶劣天气下也能为行人提供活动空间，并且形成建筑立面的分区。

- 带有屋顶的室外走廊，或者雨篷、悬挑的建筑立面、拱廊以及各式广场营造出了富有活力的空间序列和空间氛围。这也是塑造城市副中心公共空间活力的重要设计手法。

- 今天，只有北部集市广场和步行街还基本保持原有的形态，其他区域均经过不同程度的改造，适应新的商业环境需求与文化形象的塑造。
  后期由于商业设施的缺乏，行政中心被改造为包括Shoppingmall在内的综合体，形成了室内的购物空间。

建设初期即形成的集市广场

建设初期即形成的步行街

后期经过多次改造的公共空间

集市广场
购物拱廊
剧场前广场
教堂前广场
市民广场
步行区
中央公园

图 34

图 35

居住区 Residential Area

居住区的设计目标

- 哈罗新城的定位是田园新城，<u>塑造出一个优美且人性化的居住环境</u>是最重要的建设目标。

- 城市设计采纳了"混合式住宅开发"的理念，试图混合各种建筑类型，满足各个阶层的住宅需求。
  - 哈罗拥有超过一百种住宅类型。但是其中只有10%是公寓式住宅，这意味着哈罗新城还是一个典型的郊区，建筑密度较低，缺少典型的城市特征。
  - 联排住宅是主要的住宅类型，符合紧凑的布局方式、较高的密度以及较低的建筑高度这些要求。这是大量乡村建筑的典型类型。原则上，较独立住宅，能相对减少城市建设用地对农业用地和自然景观的侵占，避免城市布局过度松散。
  - 居住用地平均尺度在2~5公顷，具有较为合理的路网密度。整体而言，居住用地的密度为中等偏低，地块普遍密度在35~45户/公顷。

- 哈罗的住宅需求仍然超过供给——乡村型的住宅显然具有良好的市场适应性，通过有意识地控制社会性住宅的分布实现了社会阶层的空间混合。

- 另一重要原则是将社区作为新城的基本功能、空间和社会单元来加以设计。这一元素是城市平面的基本细胞，并塑造出了城市的基本体量及高度关系。社区满足了居民的基本需求，高度安全性地提供购物设施、幼儿园、学校等配套服务设施。社区形成了一个内向自足的居住单元，并且是城市发展的基本细胞。田园绿地在住宅的各个平面串联。

- 每个城市组团，围绕组团中心，包含四至五个大型邻里。围绕邻里中心（学校、公共体育绿地，公共汽车站），包括七到八个住区单元。每个住区单元有着相对统一的建筑风格。居住区呈现出一种内向的等级化群簇结构（住区单元—邻里—组团—城市）。

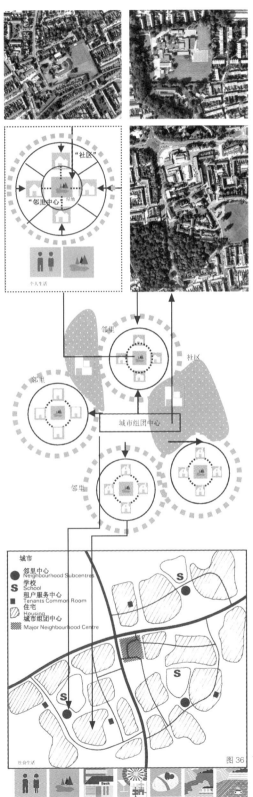

图36

253

社区

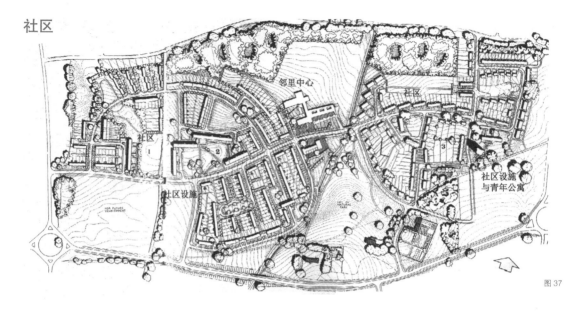

图 37

结构规划

- 建筑布局沿着居住区道路临街展开，整个组团嵌入绿色景观体系。
- 在社区组团之间的绿地上坐落着邻里中心，布局相对开放，包含学校等配套服务设施。
- 社区内的建筑围绕社区设施布局，向中心商业公共开放空间打开，其中包含着有机形态的绿地景观。围合式街坊的内部有着大尺度的绿地空间。
- 今天，其中相当部分组团间绿地被变成了建设用地，以便增加用地强度与人口密度。

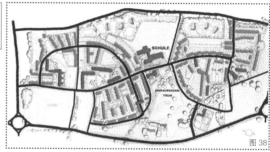

图 38

道路和绿色景观

- 居住社区整体嵌入绿地中。社区沿道路有明确的空间限定意识，但是在功能上以居住建筑的前后院为主，没有商业或其他凝聚性的功能。
- 社区内部公共空间规模较小，尺度合理，以幼儿园、学校附属空间为主。
- 结合地形的道路走向及两侧建筑形成的空间界面塑造出了有机的空间形态，空间序列相对丰富。

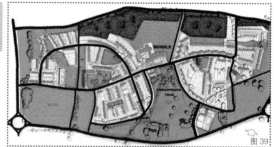

图 39

图 40

建筑和景观设计 Architelture and Land scape

建筑设计

- 原有保护建筑、公园及自然景观得到了保留。部分历史建筑按照需要被用作公共建筑和旅馆，从而使得这里的历史能够被人们体验。
- 不同的住宅组团有着不同的建筑风格。其中包含了坡屋顶的村落式建筑、联排住宅、院落式住宅、多层住宅和高层公寓。不同住宅组团间的材料和彩色有所差异，但是大多数建筑都采用红色或者其他暖色调的砖来做建筑材料。屋顶、墙面建筑材料的强烈地方化，结合斜屋顶，有效延续了当地的建筑传统。
- 通过环绕着住宅组团的绿地，不同建筑风格间的冲突被弱化，从而形成了一个绿色的整体性城市意象。
- 中心城区市民广场的四周建筑以及副中心处的建筑采用了浅灰色的花岗石做材料，突出其特殊性。
- 在城市发展的过程中，生态建筑的相关元素变得越来越重要。

图 43

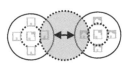

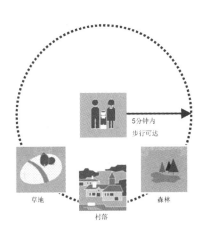

图 41

景观设计

- 出于功能（休闲娱乐）、社会（交往）及美学上的考虑，生态景观背景应该和市民建立良好联系，每个市民能够在步行距离内到达绿带。
- 不同的景观按照其特征被赋予不同的功能。休闲和运动区域也结合了自然景观被加以规划和设计。

  – 为步行者和自行车驾驶者设置了带形公园。
  – 在安静的景观区域中设置了儿童游戏场地和学校的运动设施。
  – 谷地处的森林被保留下来，成为居民的郊游场所。
  – 在一片特殊的谷地上设置了各类娱乐休闲设施，并且可以从城区轻易到达。
  – 沿河流有一条漫步道。随着城市的发展，建了多个水上运动中心。
  – 在城市边缘处有一片森林——潘登森林（Pamdon Wood），这一区域在总体规划中被定义为自然保护区，提升了新城景观的多样性。

图 42

米尔顿凯恩斯，英国 Milton Keynes, England

前往伯明翰

Colledge
高等与专
科教育机构

Golf course

Golf course

副中心区

大牛石

BIRMINGHAM
距离伯明翰 100 公里

CAMBRIDGE
剑桥

米尔顿凯恩斯
Milton Keynes

Bucking hamshire
白金汉郡都市区

OXFORO
牛津

80 公里

LONDON
伦敦都市区

M1 高速公路
前往伦敦中心区
1h10min 车行

Gullivers Land
格里佛游记主题乐园

Colledge 高等
与专科教育机构

Colledge 高等
与专科教育机构

Colledge 高等
与专科教育机构

前往剑桥

Golf course

体育馆

A5 快速路, 高速铁路,
前往伦敦中心区（剑桥中转）
1小时15分钟高速铁路

Colledge 高等
与专科教育机构

Golf course

上位规划和组织决策
Upper Planning and Organization

区域规划的规划目标

规划背景

- "二战"后第一批新城初步得到成功，与此同时 20 世纪 60 年代婴儿潮阶段达到高峰，伦敦周围区域继续人口快速发展。
- 1962 年，白金汉郡议会首次把伦敦和英国东南部作为一个整体来考虑，设想在该郡北部建设一个新城解决南部的人口居住和就业问题。
- 1964 年，《东南部研究》中确定在布里却利镇（Bletchley）附近建设一个 25 万人口的新城。
- 1967 年，《东南部战略》中提出，于伦敦西北走廊发展地带建设新城米尔顿凯恩斯，开始规划建设。
- 1970 年，《东南部战略规划》中确定米尔顿凯恩斯同北安普顿（Northampton）作为东南部五大发展点中较大的两个点。
- 土地规划控制权从地方管理机构手中，全面转移给开发机构 Milton Keynes Development Corporation (MKDC)。
- 1974 年新城政府建立，至今未成为独立市（City）。
- 米尔顿凯恩斯仍然在继续发展中，新一轮规划将指导该区直到 2031 年的城市建设工作。未来米尔顿凯恩斯倾向发展方向为东南和西南。
- 1992 年开发公司 MKDC 解散，相关资产转交给新城委员会 CNT (Commission for New Towns)，并最终转交给 English Partnerships。
- 2004 年，提出新扩张计划，以混合型与高强度开发至 2026 年达到米尔顿凯恩斯的人口翻倍。

区位背景

- 新城东南距伦敦 80 公里，西北距伯明翰 100 公里。规划者试图将其位于与伦敦、伯明翰、莱斯特、剑桥、牛津之间的等距离位置，意图在于：
  - 借助空间长距离使新城远离都市的吸引力，沿袭英国第一批新城的发展思路，形成自立型新城。
  - 同时未来创造一个区域性经济中心。

六大规划目标

充满机会和选择自由　　　　　一个吸引人的城市
一个交通极为方便的城市　　　一个便于公众参与的规划
平衡和多样化　　　　　　　　有效地充分利用物质设施

主要指标

英国同时期最大的一个规划新城：目标人口 25 万，规划区域 88.4 平方公里。

人口发展

1967 年　　　40000 人
1981 年　　　120000 人
2011 年　　　229941 人 98584 个家庭
人口密度达到 2678 人 / 平方公里
至今米尔顿凯恩斯仍然有明显的人口年轻化趋势，生育率 2.12（英国均值 1.94），22.6% 的 16 岁以下人口与 12.1% 的 65 岁以上人口，对比全国平均水平（19%，17.3%）都显示出了对年轻家庭持续性的吸引力。

就业人口

2011 年　　　142381 人约 1.5 个 / 户家庭

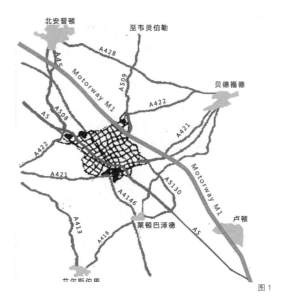

图 1

主要规划措施

作为英国第二批新城建设，规划设计机构进一步强调现代主义的革新性，并强烈批判第一批新城缺乏活力、车行交通不便利、中心区过于传统。在此基础上他们在强调沿袭田园城市理念的同时，最大的调整除了现代建筑的广泛应用，在规划层面主要包括将第一批新城的有机路网 + 环形路网，调整为方格形密集均质路网结构，公共设施与交通联系性密切：

- 采用方格网道路系统，主要道路为双车线复式车道，间距 1 公里，形成诸多 1 平方公里的居住区。
- 居住区活动中心设置在交叉口周围。

其他特征与第一代田园城市理念是非常相似的，少量的差异在于：

- 总体结构更加紧密：绿地总量被消减为从北到南的带状公园，贯穿各个组团。
- 以匀质道路为骨架，组团结构更加松散。方格网内部的街区（grid squares）成为更为重要的结构要素。

从实施结果来看，路网结构的革新仅仅针对总体路网，以及中心片区与周边组团的街区路网。从各项设计特点而言，这一新城仍然是典型的第一代田园新城。

- 米尔顿凯恩斯被认为是英国东南部区域最成功的经济体之一。2005 年人均生产总值比全国平均水平高 47%。80% 左右的工作人口在行政区范围内就业。
- 米尔顿凯恩斯虽然位于伦敦周边的远郊地带，但受益于周边大都市背景、剑桥等大量高科技研究中心背景，以及本身的高品质人居环境、休闲品质，高科技相关要素集聚效果明显，达到了以区域经济为载体的发展价值最大化。具体特征体现在：
  - 专业、科学与技术领域在整体企业机构份额中占比最大（16.7%）。
  - 英国最突出的创业地区之一，大量的微小型企业（81.5%）雇员少于 10 人，作为高科技活力要素的孵化器。
  - 0.6% 的大型企业，包括了大众、奔驰、铃木等国际与国内机构在英国地区的总部，这代表新城已经提供了与伦敦都市区接近的第三产业服务环境。
  - 教育、健康、公共管理领域的就业比反而低于区域与英国平均水平。

总体规划 Master Plan

空间结构

- Y 形中心绿带将新城划分为三个片区：中心区、东部片区、西部片区。
  一个市中心、三个副中心。
- 城市空间结构远比第一批新城集约，尤其是生态基地被大量压缩。中心两条南北向主要绿带最宽处约 500 米，两翼组团间次级绿化廊道已不足 100 米。开放用地占总用地的 20%。

图 2

土地使用

- 商业娱乐办公等用地强调多层级的商业服务，分散式布局，在多处主中心区之外，在"网格体系"内大量微型服务功能。分散的大量工商园区尤其补充了这一功能。

- 沿高速公路的公共服务轴线，充分利用了沿线的交通优势与防护绿化。今天这里也融合了大量的商务园区，空间模式上也以汽车交通为主导。大型服务中心并未与轨道交通结合设计。

- 大量独立工商园区沿道路主轴，嵌入居住组团中，与现代主义功能分离的理论有很大差异。最小规模约 10 ~ 15 公顷，大型园区 1 ~ 2 平方公里。居住区用地和就业区用地相互配套，分散布局，以便人短距离进入工作区，利于城市交通组织。

- 其他组团主体功能为居住，联排与独栋的低密度住宅为主体。就空间结构而言，组团内部松散，外部隔离空间较薄弱，结构并不清晰。

市中心及副中心
公共服务设施用地
生产用地
居住用地
公共绿地
水域

图 3

道路交通

- 土地使用按照汽车交通使用最大便利性而设计。按照道路分级的原则，采用格网模式，主路间隔约 1 公里。
  – 1 公里的路网间隔保证居民在步行距离范围内到达公交车站。
  – 主路是（中间有分隔带的）复式车行道，其他为单车道，采用环形交叉路口。
  – 人行道采用下穿形式。

- 新城同时依托轨道交通形成居民辅助通勤交通背景与商务园区的发展动力。铁路南北穿越城区，新城内的 4 个交通站点间距为 4 ~ 5 公里，形成了西侧功能区轨道 + 自行车的换乘可能。实施后，轨道交通站点周边建设与服务强度均较为有限，应当与应用人群不足有一定关联。

- 独立的自行车道系统，实际实施而言，其休闲功能大于通勤功能。

至北安普顿 Northampton

至北安普顿 Northampton

至达文特里 Daventry

至卢顿 Luton

城市快速路
城市干道
铁路线
火车站点

至莱顿巴泽德
Leighton Buzzard

接 M1 公路

图 4

城市设计 Urban Design

中心区

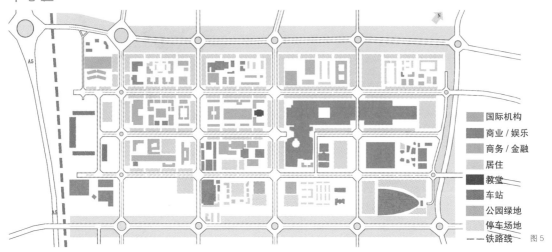

国际机构
商业 / 娱乐
商务 / 金融
居住
教堂
车站
公园绿地
停车场地
—— 铁路线   图 5

图 6
室内购物中心成为主要的公共空间品质所在

米尔顿凯恩斯的中心区设计，在同时代是具有革新性意义的，被认为是对传统城镇空间模式的颠覆，主要内容包括：

- 中心区功能总量上不是绝对性核心，而是作为大量网格体系内自有商业中心之外补充性的集中商业购物中心。
- 规划者设想了一个极其开放的、适应性的"工业式"服务街区。中心区采用横平竖直的格网布局，形成强烈的无等级与层次的公共空间体系。
- 建设密度低，道路宽阔，对外界面主要是停车空间，轨道交通远离商业中心。中心区设计完全以汽车尺度进行校准。
- 商业购物中心内部的购物空间，一个人工舒适世界代替了室外生活。

实际实施效果

- 租金低廉，交通便利，因此很多商业商务经营者对在该区经营感到满意。
- 空间过于开阔，缺乏趣味设计，缺少文化元素，造成很多市民对该区中心区文化与社交的品质不满。在中心区的逐步更新中，以巨型街区为单元，正在进行内向化环境品质的改造。

有机与方正的居住形态

- 米尔顿凯恩斯新城的方格网道路系统成为居住街区的重要框架。普遍性使用联排住宅，2001 年仅 11.9% 的住宅为公寓，至 2011 年提升至 16.2%（英国整体比例 22.1%）。同期租住率自 9.2% 提升至 18.2%。
- 居住类型包括有机形态和围合街坊式布置两种形式，有机形态的组团式比例为主体。中心组团使用了街坊式的布局与网格形微交通。
- 联排居住区总体建筑密度较低。围合街坊式依靠狭窄面宽，保证了 50 户 / 的居住密度。

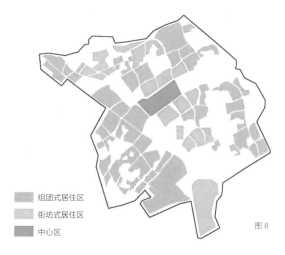

组团式居住区　　　　街坊式居住区　　　　图 9

红色与绿色：都市活力与自然活力

- 中心区、公共设施中心、轨道站点都不重视室外空间的高活力、高品质。轨道交通和步行交通并未成为活力核心点。
- 沿空间总量有限的中心绿地则出现了大量高尔夫球场、主题公园、俱乐部、购物区等休闲活动载体。生态意义基本与休闲意义得到了同等重视。

设计初始对未来新城活力狂欢性的设想

中心区东侧娱乐休闲区

大型住区 Willen 中心区

图 10　　　　　　　　同等尺度的多级别中心尺度、模式与分工

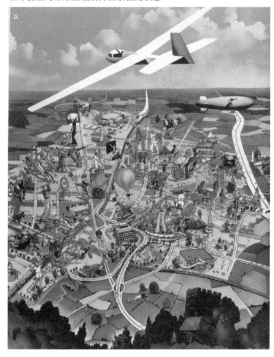

图 11

组团式居住区
街坊式居住区
中心区

图 8

Tapiola, 芬兰 Tapiola, Finland

101 快速路

Golf course

TAPIOLA

应用科学
学院

Center
中心区

51 / 1号高速公路，规划地铁
前往赫尔辛基中心区
距离中心区 7.5 公里，机场 20 公里
15 分钟联系

艾斯堡
Espoo
Esbo

Tapiola 新城

Espoo 市区

7.5 公里
赫尔辛基都市

号高速公路

Aalto University
阿尔托大学

Keilaniemi
规划商务中心

规划 Laensimetro 地铁线

51 高速公路

Helsinki
赫尔辛基中心区

区域规划和总体规划 Region and Master Plan

区域规划的规划目标

Greater Tapiola 与赫尔辛基之间将通过 4 个新增轨道交通站点加强联系
图 1

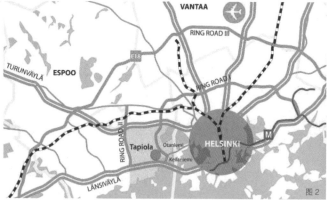

Greater Tapiola 与赫尔辛基中心区
图 2

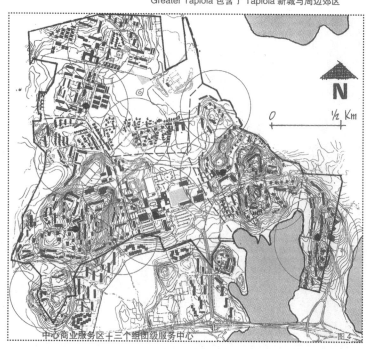

Greater Tapiola 包含了 Tapiola 新城与周边郊区
图 3

总体规划

芬兰家庭福利协会（社会公益组织）在负责人 Heikki von Herzen 鼓动下，在没有政府资助的背景下介入了一个以私人企业独立主导的新城规划与建设的大胆实验。

距离赫尔辛基 7.5 公里的 660 公顷林地
规划建设 3750 个住宅单元
80% 的社会住宅
人口 11250 人

1951 年购买了规划土地（56.3 万美元，利率约为 7.5%）。
建立了 Asuntosääetiö 住宅基金会（The Housing Foundation）。
1952 年开始制定规划；
1953 年第一个居民迁入；
1956 年第一个邻里建成；
1955 年和 1958 年分别开始建设第二个西侧组团和第三个北侧组团。

1954 年 Asuntosääetiö 以竞赛的方式确立了城市中心区的设计团队（Aarne Ervi）与方案。1958 年正式动工
1968 年，城市中心区逐步建成

中心商业服务区十三个组团级服务中心
图 4

规划实施与校正 Implementation and Correction

规划实施结果

2012 年约 9325 人
人口结构与赫尔辛基基本相同
少量安居收入水平的人口
社会阶层相互融合状况良好

区域内被局部加密，增加道路，改造中心区
周边片区逐步形成重要商务、产业区
共设施区域、商务中心等

区域周边
教育、产业、研发、商务等

空间加密

商业中心 公共服务设施

2. 中心区改造

区域周边
规划新营地

3. 新增道路

1956 年东部组团 Tapiola 预设的典型建设密度（后期被大幅度加密）

图 5

图 6

中心区组团

图 7

规划形态&住区规划 Character&Community

以高速道路为界限，西侧 Tapiola 原有低密度田园城市的松散肌理
东侧包括 TKK 大学与研究机构在内的自由增长组团 Otaniemi 高科技片区的更高密度的都市型肌理

Tapiola 原有田园气质的住宅：Chain house (Ketjutalo)
in Tapiola, by Aulis Blomstedt, 20 世纪 50 年代中期建成

Otaniemi 高科技片区沿海的新商务中心 Keilaniemi 规划

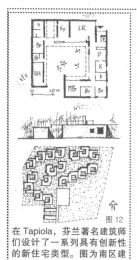

在 Tapiola，芬兰著名建筑师们设计了一系列具有创新性的新住宅类型。图为南区建筑师 Pentti Ahola 设计的院落式住宅

规划重要原则是平层建筑与高层建筑的混合，不同价值住宅以相似形态在同一街区中混合，小尺度数量各种阶层的混合。整体区域形成了较高的强度，使大尺度的公共绿地、公共供暖系统成为可能

北部邻里地区空间结构

组团与住区
Community

城市中心区 City Center

图13

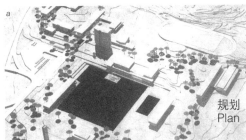

a

规划
Plan

中心区规划满足 30000 人的购物需求
围绕公共水体的滨水行政中心、办公塔楼、商业中心

b

实施
Construction

更新
Renewal

中心区 2007 年改造计划，各种色块代表新增的商业、服务、居住功能；
整体地下空间改造中，除了容纳新增轨道站点，还将包括 3000 个停车
位与公交枢纽

c

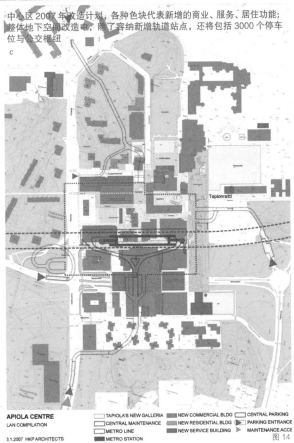

APIOLA CENTRE
LAN COMPILATION

3.1.2007 HKP ARCHITECTS

	TAPIOLA'S NEW GALLERIA		NEW COMMERCIAL BLDG		CENTRAL PARKING
	CENTRAL MAINTENANCE		NEW RESIDENTIAL BLDG		PARKING ENTRANCE
	METRO LINE		NEW SERVICE BUILDING		MAINTENANCE ACCE
	METRO STATION				

图14

阿姆斯特丹中心城区

A10 高速公路
阿姆斯特丹市外环
通往机场与高铁、商务副中心

A2 高速公路
联系阿姆斯特丹中心城区
7.5 公里

阿姆斯特丹
AMSTERDAM
OUD-ZUID

6 公里

BIJLMERMEER
ZUIDOOST

阿姆斯特尔芬
Amstelveen

Amsterdam-
Zuidoost 行政区

温水镇新区

A10 高速公路
阿姆斯特丹市外环

音乐与娱乐厅

Bullewijk
商务中心区

医院

联接与轨道交通
到阿姆斯特丹中心城区
5公里 10分钟

BIJLMERMEER

区域规划和总体规划 Region and Masterplan

区域规划背景

1962 年 荷兰规划师 Siegefried Nassuth 对其进行了整体规划
1963 年 土地整理完毕
1964 年 公布完成的规划
1966 年 颁布建设许可，由阿姆斯特丹市长亲自奠基
1968 年 第一户居民迁入 Bijlmermeer
1971 年 荷兰女王前来观摩新住区
1975 年 苏里南独立，少数族裔开始入住 Bijlmermeer
1985 年 空置率达到了 25%
1992 年 以色列航空波音 747 失事，炸毁其中一栋建筑
1992 年 阿姆斯特丹城市议会决定，对 Bijlmermeer 进行大幅度的更新改造

规划：
10% 为低层建筑，90% 为高层建筑
80% 的区域为公共开放空间
11 层高的 31 栋住宅建筑，长 300 ~ 500 米

拆除前：
12500 栋住宅最后容纳了约 10 万人口（8 人 / 户，包括大量非法移民），来自于 125 个国家。

改造措施核心：
6545 栋住宅被拆除。改造并控制性出租住宅 4490 栋，出售公寓 1500 栋。

改造后住宅比例：
更新后的高层住宅 5990 栋（44.9%），新建公寓 4485 栋（33.6%），新低层住宅 2850 栋（21.3%）

图 2
轨道交通廊道分离组织的交通体系

1965 年阿姆斯特丹南区（Amsterdam–Zuid）与东南区结构规划

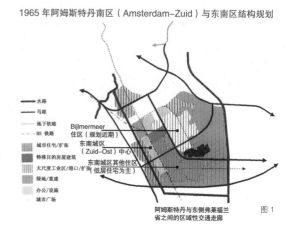

— 水路
— 马路
---- 地下铁路
-·- NS 铁路
城市住宅 / 扩张
特殊目的房屋建筑
大尺度工业区 / 港口 / 扩张
绿地 / 重建
办公 / 设施
城市广场

Bijlmermeer 住区（规划近期）
东南城区（Zuid–Ost）中心
东南城区其他住区（低层住宅为主）

阿姆斯特丹与东侧弗莱福兰省之间的区域性交通走廊
图 1

1966 年到 1975 年作为阿姆斯特丹东南新区中最大的城市新城（区）被规划并建设

总体规划

基本原则：

– 蜂巢状六角形的回廊联系成平面网络体系
– 街区外部为快速交通环线，汽车交通在步行与自行车交通的上部加以组织，构成分离组织的交通体系
– 社区中心以 400 米半径成为服务主体；商业街区与轨道交通站点周边均未进行特殊设计
– 建筑之间大量的开放空间仅为步行者服务
– 巨型街坊中心是空旷的中心公园与公共设施

社区中心
超级街坊单元 96 公顷
约 800 × 800 米
居住人口规划约 13000 人
混合商业街区
Bijlmermeer
立体车行与停车设施
公共绿地与公共设施
Gaasperdam
图 4

规划实践 Planning Practice

理念IDEA

通廊式公寓建筑

长而宽的通廊将住宅、交通设施联系起来，成为居民间第一层级的公共交往空间，这是 20 世纪 60～70 年代的革新性建筑理念之一。Bijlmer 单体建筑的走廊长至 500 米，理想图景中甚至设计了小火车作为各建筑之间的联系，设想是居民将为此承担费用。

图6

通廊的理想社交图景

MVDRV 为荷兰申请 2028 年奥运会对于大型公寓的改造设想

成果PRAXIS

1992 年以色列航空波音 747 失事，炸毁了其中一栋建筑，在清点死亡与伤员时，发现巨大总量的未登记人口，荷兰政府开始决心启动更新项目。

1992 年 以 来 系 列
更新项目

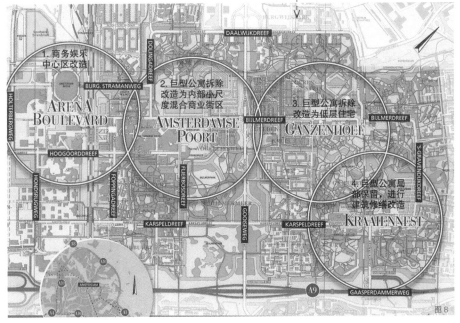

图8

中心区改造Arena Boulevard

图9

内部商业街区改造 Arena Boulevard

- 在街道两侧全面改造形成网状的商业街区。
- 不同系统与尺度的街区呈现相当多元化的设计，但特性较为单一。
- 受益于人口的密度，商业街区呈现高活力生活特征，但购物消费阶层较为接近，在与区域商业中心的竞争中，失去了高层级的消费娱乐活动。

图10

住区改造措施 Community Units Renew

总图对比原有机理

楼内廊道

楼间通廊

公共环境

商业街区中呈现的社群特征

图12

图11

拆除了6545栋住宅；改造并控制性出租住宅4490栋，出售公寓1500栋。

改造后住宅比例：
更新后的高层住宅5990栋（44.9%）；新建公寓4485栋（33.6%）；新低层住宅2850栋（21.3%）。

总图对比改造后机理

高层公寓的综合改造，包括建筑户型、物理性能、立面、室内环境、交通设施等综合要素。

拆除高层公寓后，低层住宅、联排住宅、产权住宅等住宅类型融入。

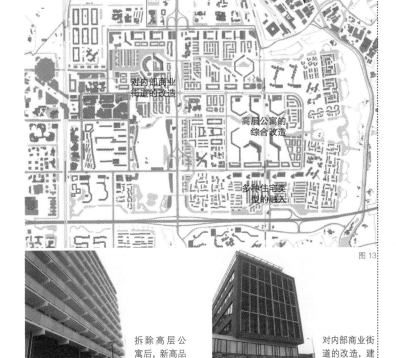

对内部商业街道的改造

高层公寓的综合改造

多种住宅类型的融入

图13

拆除高层公寓后，新高品质高层住宅的建设。

对内部商业街道的改造，建设新商业、居住复合环境。

中心区

NORD-WEST STADT

L3004 高速
轻轨 U1U9 两条线路
前往法兰克福中心区
15 分钟轻轨

法兰克福都市区

法兰克福历史城池边界

区域规划和总体规划 Region+Master Plan

区域规划背景

- 都市边缘的大型新城区,以绿带与都市分离
- 中心区位于新城边缘,与区域共享;新城区同时与区域共享周边的教育与医疗设施
- 市政府委托住宅合作机构 Nassauische Heimstaette、Neue Heimat Sued-West AG 共同建设。

1959 年	市政府给予新城建设许可令,并开始自 500 个土地所有者手中收买土地
1959 年	建筑师 Walter Schwagenscheidt 赢得竞赛,与第三名 Tassilo Sittmann 共同进行规划设计
1962 年	开始建设,至 1964 年已经建设了 2800 套住宅
160 公顷	其中 24 公顷绿地,38.2 公顷交通,20.9 公顷教育设施,4.5 公顷基础设施(采暖、垃圾焚烧),8.3 公顷商业商务,72.87 公顷住宅建设用地。
0.85	开发强度(不包括地下车库)
8080	套住宅(规划),建成 7578 套(1990 年)
25000 个居民(规划),实际人口 22573(1990 年)	

总体规划

交通 Traffic

树状车行交通

以中心区为起点,贯穿绿地的步行交通

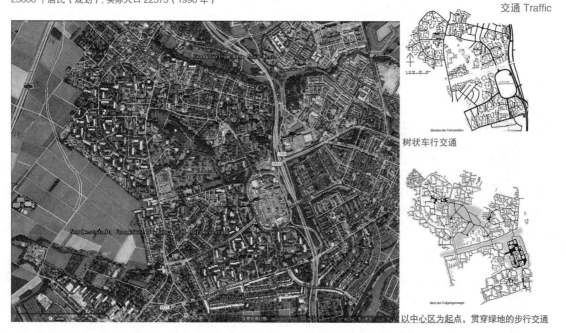

住区规划 Community

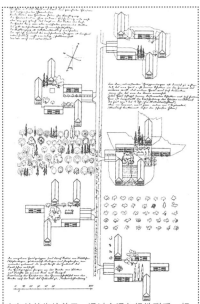

理念 IDEA

多样性建筑的
围合街坊平面
Neighbourhood

80 种住宅类型
300 套产权住宅
10% 低层独立住宅
100 套住宅 / 公顷（净用地）
330 个居民 / 公顷（净用地）

Wettbewerb.
Individuelle
Einfamilienhaus-
gruppen.
Planung:
W. Schwagenscheidt,
T. Sittmann.

Varianten von Wohn-
gruppen – Raum-
gruppen aus Mehr-
familienhäusern

高层
HIgh Rise

内向性的街坊单元，通过交通与绿地联系，相
当大量的低层住宅与高层建筑混合建设，形成
社会阶层的自然融合。

街坊单元塑造的住区
Community

街坊内外近于无差别
的公共空间

成果 PRAXIS

缺乏利用的
公共空间

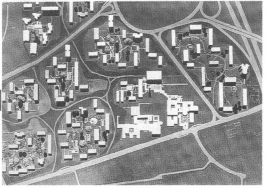

中心区 Center

欢迎来到德国最大的中心区购物城

- 大型综合中心巨构街区 = 交通枢纽 + 办公塔楼 + 商业服务 + 医疗文化等服务功能，基本囊括中心区的所有需求。
- 以快速交通、防护绿地与新城居住功能完全分离。
- 最初中心区以室外开放步行区为主；在 20 世纪 80 年代之后的改造中，逐渐转化为室内大型购物中心。
- 私人机构 Gewerbautraeger GmbH 投资承建了中心区。

1961 年　　中心区设计竞赛，Apel/Beckert/Becker 中标
1964 年　　市政府批准承建机构的建设申请
1967 年　　开始建设
1968 年　　年投入使用
1980 年代　20 世纪 80 年代进行第一次改造
2004 年　　第二次改造，建成时尚购物街 "Modeboulevard"
9.5 公顷
500000 人可以使用的商业、文化中心，辐射 700 公顷
2 条轨道交通线路（同一走廊）
3500 个停车位（法兰克福最廉价的停车收费）
150 家商业、服务、医疗、媒体等城区居民服务设施

中心区以快速交通、防护绿地与新城居住功能完全分离

中心街区剖面

地下空间分为四层，功能上还包括中央供暖、垃圾焚烧、电力设施等功能：
步行街区
大型公交站场
停车区（2300，后增加至 3500）
轨道交通

中心街区外部以快速交通为主的功能型界面

20 世纪 80 年代后改造为室内大型购物中心

社会状况 Communy Stand

法兰克福公共住宅区建设时间

建设开始

Baubeginn
- vor 1950
- 1950 bis 1969
- 1970 und später

- 西北新城 1961 年开始，1972 结束；其建设时间在法兰克福市为中期偏晚，属于较新的大型住区，70 年代后仅有多个小型住区建设。
- 法兰克福多户住宅单元占比平均数值为 48%，公共住宅中为 49%，西北新城仅为 40%，有较高比例的独栋小型住宅(57.7%)。
- 整体城市 15~64 岁间居民的比例为 69.7%，公共住宅中相应比例为 64.8%，西北新城仅占 59%。即使在公共住宅中也是少数案例。64 岁以上为 24%，远高于公共住宅平均水平 20%。
- 西北新城居民外国人 4073 名，其中欧盟其他国家人口为 863 人，占比 25%，与城市平均水平（ 25.2% ）持平，优于社会住宅平均水平（ 27.2% ）。
- 12832 调研人数，其中居住时限在 5 年以内的 3922(30.6%)，5~15 年 3461（27%），15 年以上 5449（42.5%）；法兰克福公共住宅平均值为 35%、29.6%、35.3%。西北新城居住时限在 15 年以上的比例显著较高，而新居民较低。

Anke Woerner&Waltraud Schroepfer: Frankfurt Siedlung 2008, Frankfurter Statistische Berichte2/3 2009, Buegeramt, Statistik und Wahlen

独栋低密度住区比例

15~64 岁间居民比例

外国籍比例

居民中居住时间超过 15 年以上的比例

大学

次级城市中心

新商务园区

昌迪加尔
Changdigarh

200 公里

新德里

政府区

喜马拉雅山脉

务中心

水库

Phase1
Phase2
工业区

机场

军事区

Chandigarh

区域规划和总体规划 Region+Masterplan

区域规划背景

- 大型国家重要城邦的首府城市，联邦直辖区域
- 在原有 59 个村庄基础上，基本从无到有的大型新城建设

1947 年 英属印度解体，东部旁遮普决定建立昌迪加尔作为新首
府城市，同时借此容纳西部旁遮普产生的大量难民。

1948 年 在喜马拉雅山脚下，两条大河之间，旁遮普邦政府确立
了 114.59 平方公里用地，作为新首府用地。

1951 年 柯布西耶和合伙人皮埃尔·让纳雷 (Pierre Jeanneret)，
受印度政府的直接委托，修改了英国建筑师 Maxwell
Fry、Jane Drew 业已形成的规划模式，共同进行了深化
工作。

1952 年 新城奠基。

1968 年 建设第二阶段——31 ~ 47 街坊。

1981 年 达到了 45 万人口。

114 平方公里	整体用地。其中 7000 公顷涵盖 1 ~ 56 街坊与部分 61 ~ 63 街坊，两阶段居住于公共设施为主的城市建设用地总量。以及 575 公顷工业用地，556 公顷管理设施用地，515 公顷军事用地，128 公顷铁路交通用地，390 公顷科技与居住混合的卫星城 Manimajra，1100 公顷森林公园用地，1136 公顷农业区域。
206465 个	家庭（2001 年）
4.4 人	平均每个家庭（2001 年）
50 万	居民（规划），实际人口 900645（2001 年），年增长率平均 40.33%（1991 ~ 2001 年）
7900 人	/ 平方公里
89.8%	都市化水平
340422 个	工作岗位，占人口比重 37.8%

Maxwell Fry、Jane Drew 的原有规划结构

图1

柯布西耶提出的新规划结构

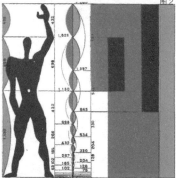

图2

柯布西耶将整个新城形态比喻成人体，包括清晰界定的头部（首府建筑系列，1 区）、心脏部分（城市商务与消费中心，17 区）、肺部（休闲谷地，无数的开放空间与绿化）、智慧（文化与教育设施）、循环体系（V7 交通）、内脏（工业区）。
城市理念由此形成：生活、工作、对身体心灵与精神的护理及交通四个部分。

图3

道路体系

柯布西耶的"7V 原则"：

V1 为主干道；

V2（东西向）为城市主干道，联系大学、博物馆＋体育场、旅馆餐厅等来访者接待中心、商业中心；

V3 起到分区的作用，尤其服务于公共交通；V2、V3 将吸纳主要的机动交通；

V4 是横向的商业街；

V5 自 V4 导出，将缓行车辆引入各个分区内部；V6 是循环网络的毛细末端，通达住宅的门前；

V7 是绿化带中的游憩道路。

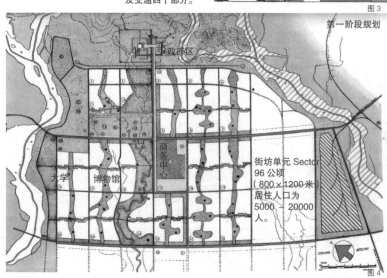

第一阶段规划

街坊单元 Sector 96 公顷（800×1200 米）居住人口为 5000 ~ 20000 人。

图4

总体规划 Master Plan

总图

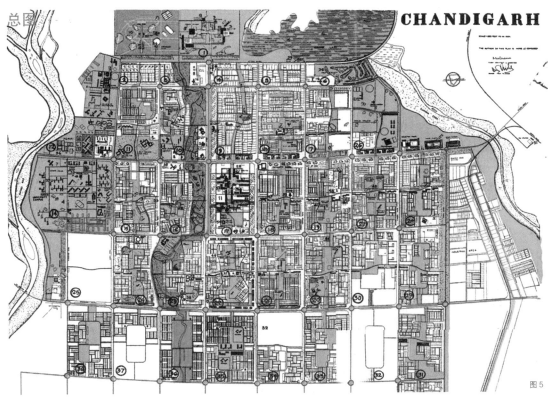

图5

分期规划

图6

中心区规划 Centre

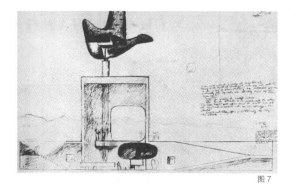

图 7

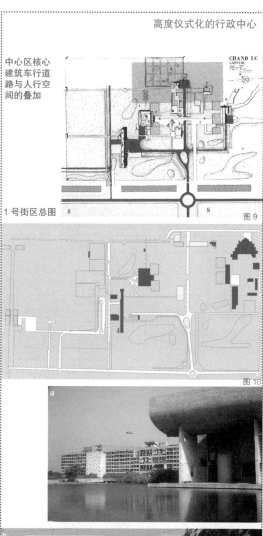

高度仪式化的行政中心

中心区核心
建筑车行道
路与人行空
间的叠加

1 号街区总图

图 9

图 10

b

a

图 8

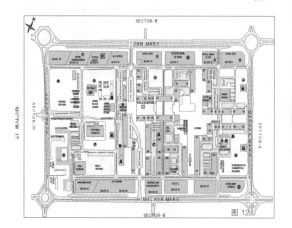

图 12

图 11

低层高密度集约化的商务片区

17 号街区总图 商务中心区

住区规划 Community

标准街区

- 外部道路作为快速路全线封闭，街坊空间结构是内向的
- 内部包括了横贯的 V4 道路（东西向，并提供公共汽车交通）
  V5 道路（南北向）、绿地与中心服务设施
- 原则上只有四个入口允许交通进入
- 街区被分割形成的四个象限，原则上以步行空间为主

约 750 人组成的 140 米见方的村庄，内部步行

街区被分割形成的四个象限，每个约 2000~4000 人具有独立的活动场地

110m² 的 B 型住宅（开间 2.26m + 2.95m）

图 13

图 15

原有村庄与贫民区：

- 45 号街区中原有村落 Burail，具有原传统村庄的结构，被称为"柯布西耶的噩梦"——卫生状况恶劣，犯罪充斥

- 在规划中被直接隔离开，默认社会阶层的空间隔离。
- 这样被保留的村庄共有 12 处。此外还有 18 个村庄未被纳入城市建设体系中，约涉及 23346 户

低密度中高品质的周边居住街区

原有村庄 Burail

图 16

图 14

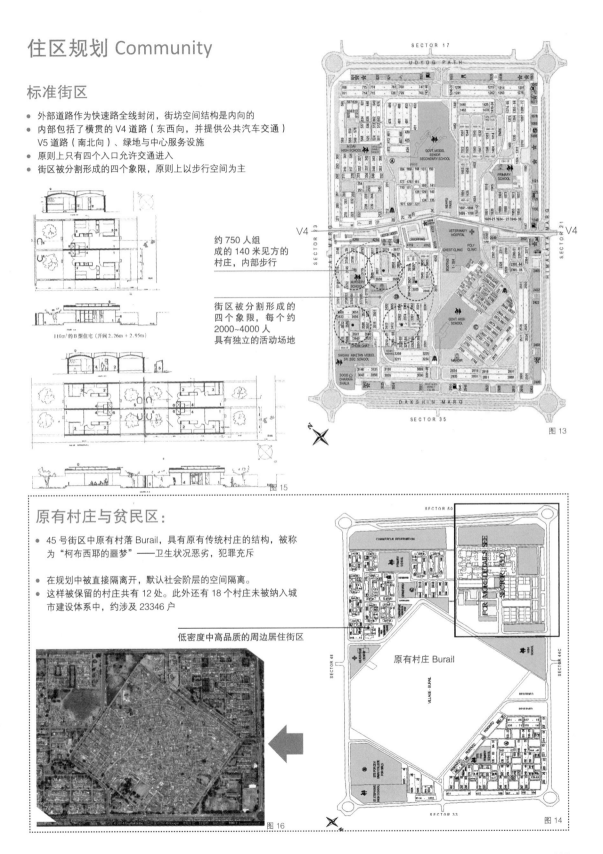

塞尔奇—蓬多瓦兹，巴黎 Cergy-Pontoise, Paris

A15 高速
前往巴黎中心区
30min 车行

RER 高速轻轨
前往巴黎中心区
20min 轻轨

CERGY-PONTOISE

N184 巴黎外
部高速环

AXE MAJEUR
宏大轴线 新城延伸部分

A10
历史城镇轴线
前往伦敦
铁路、快速路
30 公里
45 分钟车行

塞尔奇—蓬多瓦兹
Cergy Pontoisse

25 公里

巴黎中心
城区

Île-de-France
巴黎都市区

N184 巴黎外部高速环
至机场 35 公里

巴黎都市区

Île fleurie
印象派阶段著名的风景
区，优美的岛屿

La Defense
拉德芳斯商务区

Arc De Triomphe
凯旋门

Place De La Concorde
协和广场

AXE MAJEUR
宏大轴线

上位规划和组织决策
Upper Planning and Organization

区域规划规划目标

1964 大巴黎区区域规划 (Regionalplanung für den Grossraum Paris1964) 的规划目标为：

- 将巴黎大区的人口控制在 750 万人到 800 万人之间。
- 将城市中的工业转移到区域中。
- 将超过限制的人口转移到区域中，特别是通过一系列的新城接受主城溢出的人口，同时优化区域的空间结构。

1967/1968 年新城结构规划（Le Schéma des Structures de 1967/1968）：

最终确立了塞尔奇—蓬多瓦兹行政区范围内总人口未来应当达到 40 万，136000 个就业岗位。

其中新城本身规划区内规划 28.3 万人口；现有片区 Conflans-Sainte-Honorine 达到 4.7 万，以及 1 万名就业岗位；新城行政区范围内新增 7 万人。

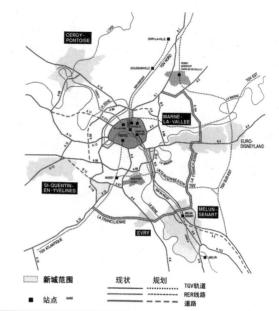

新城范围　　　　现状　　　规划
■ 站点 GARE　　　　　　　　　　　　　TGV轨道
　　　　　　　　　　　　　　　　　　　RER线路
　　　　　　　　　　　　　　　　　　　道路

新的区域空间结构

- 为了解决巴黎市人口过量、工业污染以及郊区发展无序的问题，决定在大巴黎区内发展新城，制定一个长期的空间框架对大巴黎区的城市发展形成控制。

- 规划了 8 座新城，各容纳 50 万到 100 万人口，计划接纳巴黎市或者大巴黎区人口增长量的 2/3。

- 目前建设了 5 座新城，人口共 46 万，接纳了巴黎该规划期内 1/3 的人口增长量。

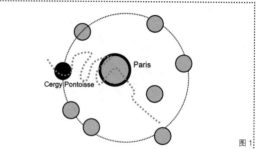

图1

新城规划建设的参与者

国家启动了新城规划的编制，下述主要参与方在巴黎新城计划的框架下，负责塞尔齐—蓬多瓦兹的发展工作：

- IAURP，大巴黎区规划设计研究院。
- VN，由城市规划、经济学、生态学及工程专家组成的委员会。
- SAN，新城联盟（地方议会）。规划区涉及相关 15 个乡镇政府的辖区，其在整体开发决策中拥有参与决策权。在新城计划落实后，1984 年，四家乡镇政府决定离开新城联盟议会。在 2000 年之后，由于经济发展的顺利，另外两家当初没有参加的乡镇政府也决定参加联盟。今天共计有 13 个乡镇政府参与其中。
- EPA（公共设施开发机构）为公有性质的地产开发公司。

特点：

- 在巴黎新城中，地方城镇具有巨大的权力，可以自行决定参加或退出新城发展。新城政府可以说是以地方城镇为单元组建，同时又紧密而高效的城市联盟。

- 区域都市政府借助学术、规划实践层面的力量，在新城发展内容上给予深度影响，但就出资而言，仅仅负责区级级的公共设施与基础设施。新城通过土地开发，形成了主体的建设费用来源。

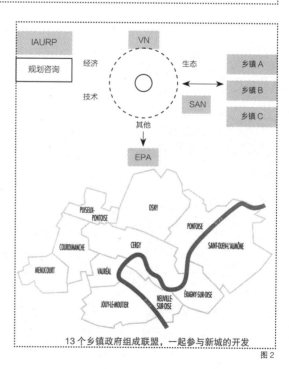

13 个乡镇政府组成联盟，一起参与新城的开发

图2

资金来源与运作方式

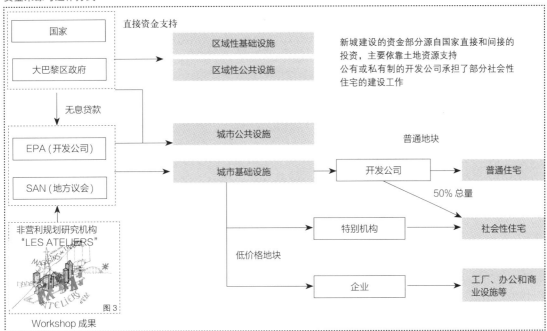

国家

大巴黎区政府

直接资金支持

区域性基础设施

区域性公共设施

新城建设的资金部分源自国家直接和间接的
投资，主要依靠土地资源支持
公有或私有制的开发公司承担了部分社会性
住宅的建设工作

无息贷款

EPA（开发公司）

SAN（地方议会）

城市公共设施

城市基础设施

普通地块

开发公司

普通住宅

50% 总量

非营利规划研究机构
"LES ATELIERS"

图 3

Workshop 成果

低价格地块

特别机构

社会性住宅

企业

工厂、办公和商
业设施等

原有现状

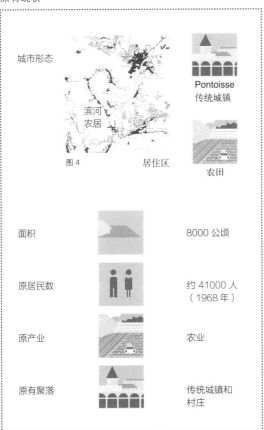

城市形态

Pontoisse
传统城镇

滨河
农居

图 4　　　　居住区

农田

面积　　　　　　　　8000 公顷

原居民数　　　　　约 41000 人
　　　　　　　　　（1968 年）

原产业　　　　　　农业

原有聚落　　　　　传统城镇和
　　　　　　　　　村庄

参与方

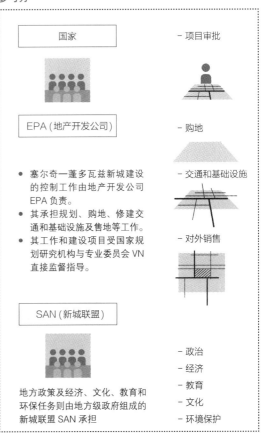

国家

－ 项目审批

EPA（地产开发公司）

－ 购地

● 塞尔奇—蓬多瓦兹新城建设
　的控制工作由地产开发公司
　EPA 负责。
● 其承担规划、购地、修建交
　通和基础设施及售地等工作。
● 其工作和建设项目受国家规
　划研究机构与专业委员会 VN
　直接监督指导。

－ 交通和基础设施

－ 对外销售

SAN（新城联盟）

－ 政治
－ 经济
地方政策及经济、文化、教育和
环保任务则由地方级政府组成的
新城联盟 SAN 承担

－ 教育
－ 文化
－ 环境保护

新城在整个区域中的定位和职能

非卫星城

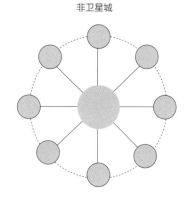

塞尔奇—蓬多瓦兹新城

非自治城市

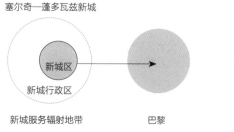

新城区

新城行政区

新城服务辐射地带　　　巴黎

定位

塞尔奇—蓬多瓦兹不只是一座拥有居住、休闲、文化和大学教育等功能的新城，也应该成为区域中重要的经济和行政中心。

经济中心

行政中心

文化休闲城市

大学城

区域功能定位
- 各种形式的居住区
- 大巴黎区西北部的工业和商务中心
- 大巴黎区的教育研究中心之一
- 大巴黎区的休闲娱乐中心之一

区域交通
- 新城规划专注于与巴黎的联系，通过高速公路、区域性铁路线、高速轻轨（RER）和水路——事实上形成了多重性的复合交通廊道。
- 和巴黎戴高乐机场形成良好的联系。
- 和其他新城如伊夫林省的圣昆廷新城（St. Quentin en Yvelines）形成良好的交通联系。

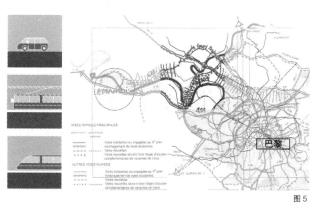

图5

区域层面的城市风貌景观目标
- 延长巴黎城市历史中最重要的城市风貌轴线（凡尔赛宫－香榭丽舍大街，到拉德芳斯），指向塞尔奇—蓬多瓦兹新城
- 轴线在中间的特色景观点轻微转折，法国印象派阶段著名的风景区，优美的岛屿 Île fleurie，成为这一轴线中的转折性重要节点。
- 将新城现状的地形景观——周边的山体，结合起来成为新城本身的舞台。

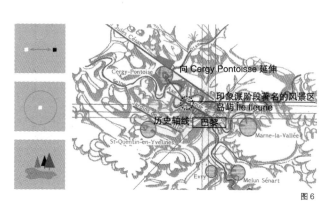

图6

社会构建 Social Structure

发展目标

- 每个新城都有自身的经济产业门类。塞尔奇一蓬多瓦兹应该成为巴黎市电子产业中心。
- 塞尔奇 – 蓬多瓦兹应形成相对于巴黎市富有城市环境吸引力的大型新城。
- 塞尔奇 – 蓬多瓦兹应该具备媲美巴黎市的经济动力和城市活性。

对企业的吸引力

对于企业而言，塞尔奇一蓬多瓦兹的优势在于便捷的交通、丰富的人力资源与廉价的办公、工业用地成本。除此之外，相关的管理费用仅为巴黎通常费用的 20% 以下。

塞尔奇新城办公建筑价格：　　3000 法郎 / 平方米
巴黎区域内　　　　　　　　　6000 法郎 / 平方米
塞尔奇新城工业建筑价格：　　160 法郎 / 平方米
巴黎区域内　　　　　　　　　300 法郎 / 平方米

实践成果：
- 今天塞尔奇一蓬多瓦兹是巴黎大区中最富影响力的工业和商务中心之一。
- 2003 左右年提供了 85000 个就业岗位。和其人口相比，达到了预想的经济自立性。
- 公有经济的就业岗位占 25%，私营经济提供的就业岗位占 75%。
- 2003 年 3700 家企业，其中工业企业占 11%，建设业企业占 8%，服务业企业占 47%，大宗贸易行业的企业占 33%。
- 创业型企业、小微企业总量很大，73.3% 的企业小于 10 人，加上 20.8% 的企业小于 50 人，总量达到 94%。

防止地产投机行为以及社会空间的分异

为了控制新城的发展还采纳了以下措施: 新城所有居住区 (开发单元) 限制在 600 户以内，其中要包含一定数量的社会性住宅以及学校。各个组团应该有独立的城市设计和建筑设计上的特征，推动了建筑设计上的多样性。

地方政府拥有 14 年以内对地块和建筑的优先购买权，以此阻止投机行为，减轻开发商负担，此外也对公私合作进行了有力推动，从而结合各种力量一同规划和建设。

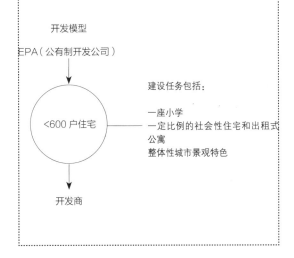

开发模型

EPA (公有制开发公司)

<600 户住宅

建设任务包括:

一座小学
一定比例的社会性住宅和出租式公寓
整体性城市景观特色

开发商

就业岗位和学习位置

规划目标是每户家庭都能获得一个就业岗位。就业岗位的发展轨迹如下：

1968 年　15000 个
1975 年　30000 个
1999 年　80935 个，同时期人
　　　　　口总量的 44%。与住
　　　　　宅比为 1.24
2003 年　85000 个
35000 家企业

塞尔奇 – 蓬多瓦兹新城的居民目前占据了 50% 的就业岗位。

此外新城目前还有两万名大学生。

对居民的吸引力

居民来源
- 塞尔奇 – 蓬多瓦兹新城的居民主要源自巴黎市。
- 其包括 20 世纪 50 年代婴儿潮出生的居民，在大巴黎区工作和新城工作的居民，此外还有在新城出生的新生代居民等。

新城的吸引力来自以下因素：
价格适宜的住宅，税收优惠政策，附近经济产业提供的就业岗位，良好的环境质量 (健康、安静) 以及优美的风景。

人口发展情况
1968 年　　41000 人
1975 年　　71000 人
1982 年　　103000 人
1994 年　　178000 人
1997 年　　183740 人 65000 套住宅

约 2292 人 / 平方公里 (巴黎市为 3541 人 / 平方公里)

社会结构

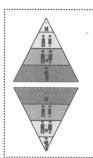

1. 年龄结构
计划达成的年龄结构

1999 年（建成 30 年后）实际达成的年龄结构，主要为 30–35 岁之间的夫妇，老人比例很小。
小于或者等于 30 岁的人口所占比例为 52%。

2. 社会阶层结构
初期目标为：
- 社会性住宅约占 40%，其他住宅占 60%。
- 自有住宅为 30%，出租式住宅为 70%。

2003 年实施情况为：
- 53% 为私有住宅，47% 为社会性住宅。

公共设施

原有主中心，现为双中心之一

原有副中心，在建设过程中被调整为主中心

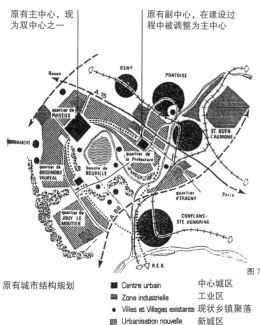

图 7

原有城市结构规划

- ■ Centre urbain　中心城区
- ▦ Zone industrielle　工业区
- ● Villes et Villages existants　现状乡镇聚落
- ▨ Urbanisation nouvelle　新城区

城区结构和公共设施
- 和当初规划有所不同的是：为了在初期就提供高质量的配套服务和城市生活，在新城建设的前五年就建设了一个城市中心城区。中心城区内包含了行政中心以及大学和大量商业设施。

- 建设开始第二年，即连通了巴黎与新城之间的快速轻轨

- 第二个中心城区建设于 15 年之后，主要承担文化功能，从建设量上看要小于第一个中心。

- 通过铁路的支持，经济产业在最初阶段就进驻了新城。

2003 年为止，塞尔奇—蓬多瓦兹已经成为一个重要的区域公共服务核心，在 20 分钟车程内，为 110 万人口提供商业、医疗等公共服务。

1964 年　确定了总体规划。

1968 年　开始建设第一个中心城区及其辖区（行政中心和新城文化标志）。

1969 年　组建地产开发公司 EPA，延长轻轨线路（RER）。

1971 年　正式组建新城地方议会（Syndicat communautaire d'aménagement SCA），1984 年被 SAN 代替。

1972 年　大规模进行住宅建设，城市开始快速增长。

1982 年　建设了 Cergy-St-Christrophe——新城的第二个中心城区。

1985 年　在拥有良好视野的风景区开始建设低密度别墅区。

1989 年　建立了大学
开始了蓬多瓦兹传统城镇的更新工作。

目前　规划了 2500 公顷的新城市拓展区。

总体规划 Master Plan

总体规划编制

1961 年到 1964 年间进行了总体规划编制工作，内容包括：
1）规划方案
2）结构规划
3）基础设施规划

总体人口规模被确定为 20 万
- 待选的结构方案普遍非常重视方案的弹性。
- 基本均采取了多组团分期建设的模式。
- 同时紧密依存与中心区联系的快速交通廊道。

最终选择的方案"环形辐射式布局"兼顾了单侧交通廊道的服务性，与中心大型水面对建设环境的提升意义。

规划待选方案

- 以快速交通轨道为核心两侧的带状组团布局，该方案同时更加近邻中心城区。

- 沿快速交通廊道的带状布局

- 环形辐射式布局（贯彻方案）

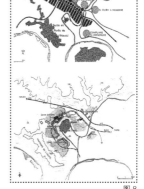

图 8

城市设计目标

避免下述问题

单调的城市景观

赤字

社会分异

居住　就业岗位

居住　配套服务

目标　新城试图解决上一代新城一系列的城市问题，例如：

- 工作和居住地点之间的分离
- 社会阶层分异
- 缺少独立的经济活力
- 居住和配套设施的分离
- 单调的城市景观

新城因此规划了：

- 多种多样的住宅类型和居住密度
- 所规划的各个产业提供充分的就业岗位
- 拥有丰富的休闲娱乐设施
- 提供从小学到大学的各种教育设施
- 拥有一个均衡且高效的交通系统

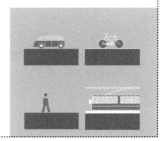

城市规划 Urban Panning

用地规划

居住

共 63500 户住宅（2004 年）
55% 集合公寓，45% 为其他住宅类型

工业和商务

共 660000 平方米
3500 家企业

商业

Beck

共 255000 平方米，3 个购物中心和 150 个商店，25 家酒店以及会展设施

教育

总计 47000 名学生。其中 20000 名大学生在大学和经管学院及其他教育机构学习

休闲娱乐

人均绿地 113 平方米，90 公顷的水体（水上运动），游艇港口，高尔夫球场及其他运动设施

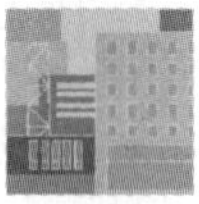

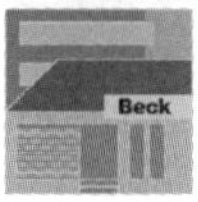

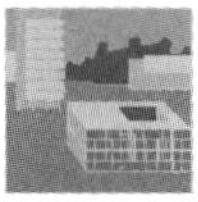

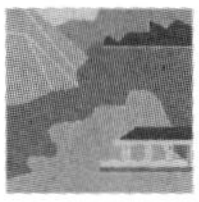

城区结构

- 主体结构在空间上环绕湖体，有效利用城市建设区域与湖体之间的高差，形成环形剧场式的格局，将现状与规划新组团联系在了一起。
- 产业区沿着主要交通干道呈线形分布。
- 两个有着不同功能重点的中心城区直接和区域交通廊道相连。

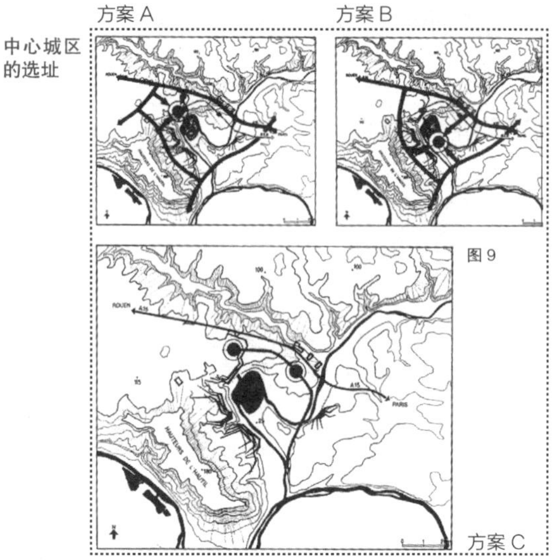

方案 A
方案 B
中心城区的选址
ROUEN
PARIS
方案 C

图 9

火车站
现状居住区
工业
城市居住区
中心
中心
规划有轨电车
低密度居住区
现状居住区

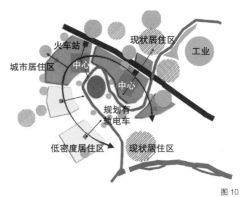

图 10

塞尔吉 – 圣克里斯多夫 (Cery St. Christophe)
定位：贸易中心和高等教育中心
城市化的住宅和较高的密度，城区面向湖景和休闲公园
巨钟雕塑和“阿克瑟麦哲 (Axe Majeur)”景观轴线构成了城市的地标
塞尔吉 – 乐卢 (Cery Le Haut)
定位：容纳两万人的大型居住区
50 公顷的主题公园，50 公顷的商务园区
古典主义风格的中心区，建筑高度为 4–5 层
库迪门斯 (Courdimance)
定位：原有乡村
良好的景观视野
历史主题公园内，著名的大型雕塑群
沃雷亚尔 (Vaureal)
定位：低密度住区
4200 座别墅及拥有 300 户住宅的街区
节能型建筑，拥有 100 座太阳能建筑，临近森林。
诺里穆提 (Jouy–le–Moutier)
定位：别墅区
主要为独栋别墅
蓬多瓦兹 (Pontoise)
定位：原有小型历史城镇
和新城形成形态与文化上的对比
几乎没有受到规划的影响，没有和 RER 高速轻轨线路相连
特征：美丽的中世纪城市景观
AERODROME DE PONTOISE-CORMEILLES
Gisors Dieppe
Méru Beauvais
Motorway
Roads
planned roads
SNCF, RER A
SNCF
Local centres
New quarters, in the planning stage
Business parks, in the planning stage
Green belts and forests
Major facilities, in the planning stage
Old urban area
Commune limits
City limits
Creil
L'Isle Adam, N 1
Aéroport Roissy-Ch. De Gaulle
Amiens A 16
Gisors
Magny-en-Vexin Rouen
OSNY
PUISEUX-PONTOISE
PONTOISE
LE VERT GALANT
LES BETHUNES
CERGY LE HAUT
CERGY St CHRISTOPHE
CERGY
ST OUEN-L'AUMONE
COURDIMANCHE
CERGY PREFECTURE
VAUREAL
MENUCOURT
LES BELLEVUES
ERAGNY-SUR-OISE
JOUY-LE-MOUTIER
NEUVILLE-SUR-OISE
NEUVILLE UNIVERSITE
Paris Gare du Nord
Paris
Meulan Mantes
Paris St-Lazare
St-Germain Versailles, Paris
Orgeval, A13 A14
Paris St-Lazare, Paris RER A
波费克图 (Prefecture)
8000 户住宅，三万居民，其集市广场的面积达 14000 平方米。
定位：行政中心，服务中心
第一个拥有强大经济动力的中心城区。缺少自身特色

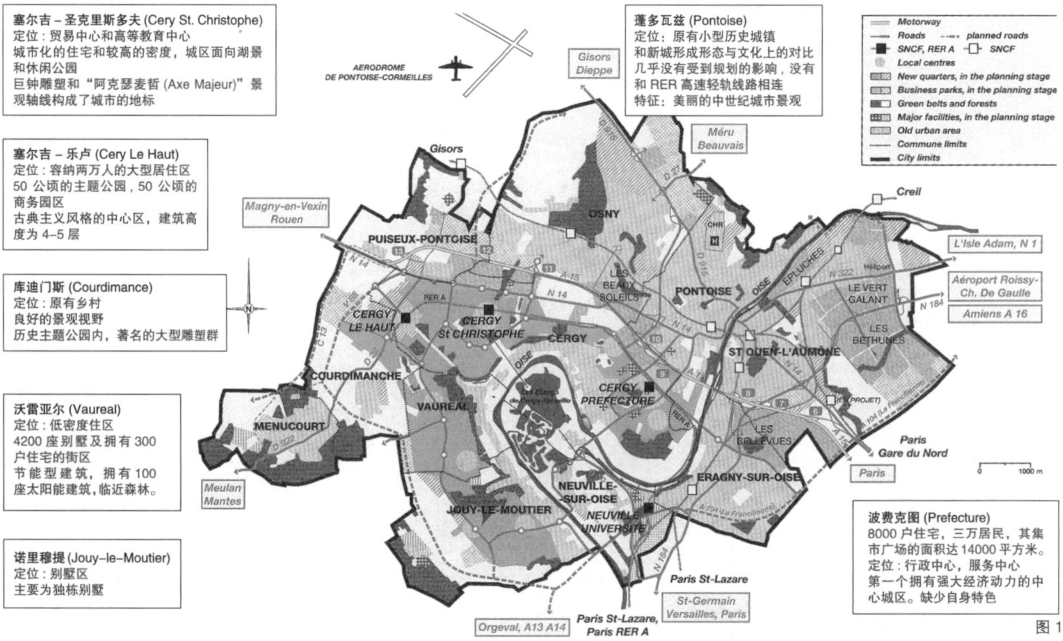

图 11

居住区分布结构

- 原有的现状居住区（村庄和聚落）保留下来。新城市组团利用主要交通廊道和沿河流村镇之间的空间。
- 高密度城市组团和轻轨路线 RER 或地铁相连。低密度的城市组团则通过公交系统联系。规划中有轨电车将在未来进一步联系各个组团，但至今尚未实现。
- 多组团格局——每个城区组团都有自身的组团中心，包括学校、市民中心和商业中心、幼儿园等设施。

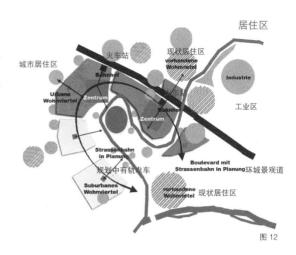

图 12

产业区

- 产业区的分布较为分散，一方面重点沿交通廊道布局，另一方面环状位于城市各个组团外部，保证从居住地点到工作地点间、工作地点与区域之间的直接联系。
- 两个城市中心中心均围绕轨道交通站点，与中心城区紧密结合，建设了高新科技产业园区。高科技产业园区直接和市中心相接，产业、商务、研究功能混合，由此中心也获得了多样化的特征。
- 近期，在靠近巴黎的边缘区带 Eragny – sur – Olse，近邻高密度组团位置，新建了独立新科技研究园区，并具有高速轻轨站点，给予高水平服务。

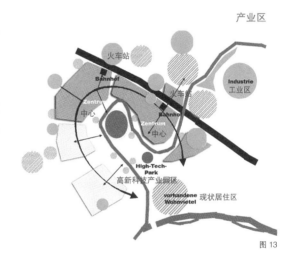

图 13

开放空间

- 在城市周围划定了自然保护区以及城市的绿色边界。
- 城区组团之间有联系周边绿地和城中心绿地的绿带。
- 新城中心为带有休闲娱乐功能的绿心，这一绿心来自于原有河流水面的扩张所形成的大型湖体。
- 河流沿线除了湖体之外，仍然保持了大量农耕聚落，原规划区内的农业用地得到了保留。

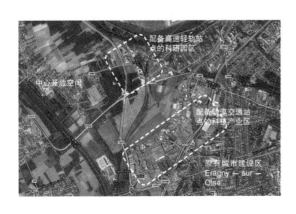

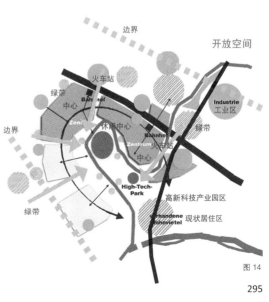

图 14

交通规划

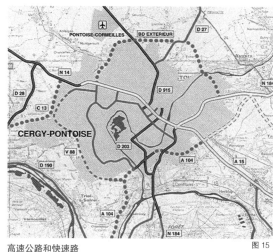

高速公路和快速路   图 15

铁路   图 16

交通系统

- 新城北侧与东侧有两条明确的区域性廊道，北侧为新城专向与区域中心联系轴线，东侧为 Canal Seine Nord 的区域横向联系（围绕巴黎的各个组团），分别通过两条 RER 快速轨道交通与一条高速公路联系。

- 城市各个组团、大型工业，在外部通过高速公路、与高速公路相接形成环线 A，过境交通转移到外部。

- 环城林荫道 B 承担组团之间快速路的功能，把城市中心和各个城区中心联系在一起。沿着快速路规划有轨电车，但由于南侧两个组团主要为低密度郊区居住组团，有轨电车环线一直由公共汽车替代。

- 紧靠巴黎城市蔓延边界的多个城市组团与城市中心 Cergy Perfecture 之间加强了轨道交通与高速公路的联系，形成小型环线结构 C——将新城公共设施与周边城市原有乡村、郊区地带，大都市人口密集区进一步紧密结合的目标。这一地区同时也是新的独立高新技术园区。

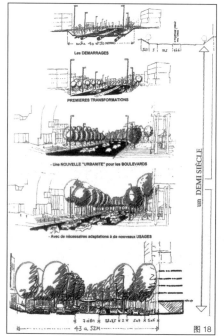

环城林荫道   图 17

环城林荫道

- 基本构思：道路断面具有较高的灵活性，逐步形成汽车交通–公共交通–游憩混合交通三个阶段。道路总宽度为 43 ～ 52 米。

- 随着时间的推移，这条快速路将最终变成一条环城的林荫大道。道路中央将形成真正活跃的公共空间，并且规划有轨电车。通过规划中的第二条环城路 A 转移一部分交通荷载。

- 在改建的最后阶段，街道景观和街景被逐渐改造和美化。环城路将从一个汽车交通为主的道路转变为一个行人优先的混行道路。

图 18

城市设计 Urban Design

规划编制

城市设计

- 针对重要的区域如城市中心区和中心轴线制定了城市设计总平面方案。
- 针对其他区域制定了城市设计导则。
- 针对个别项目特别制定了详细规划。

城市设计导则

- 城市设计导则主要是针对居住区的总平面方案而制定。
- 城市设计导则是城市规划中的控制工具，通过这些导则对城区的建筑风貌特征及住宅区形态特征加以控制。
- 在对城市设计的进一步深化方案中，这些导则为强制性工作原则。

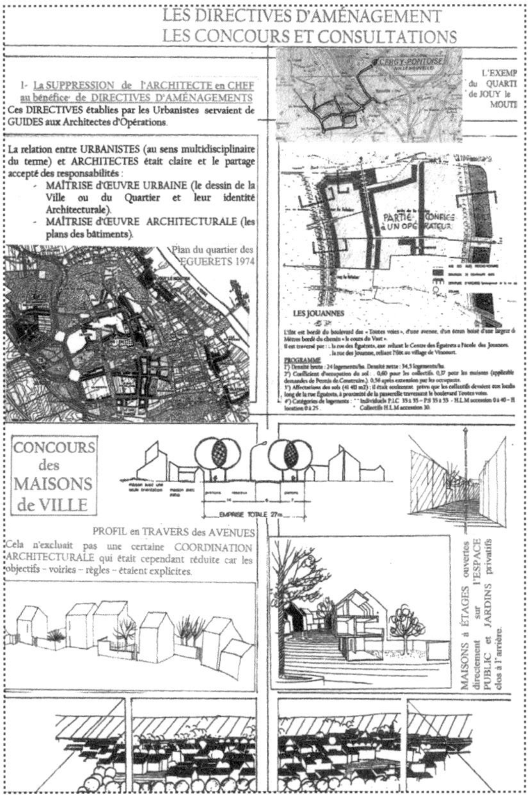

参与方

- EPA，公有制地产开发公司
- 同 EPA 合作的专业工作组，包含城市规划师、建筑师、工程师以及来自乡镇政府的项目负责人。
- 地方议会
- 投资人和开发商
- 社会住宅开发方

图 19

城市设计导则示例

方案构思

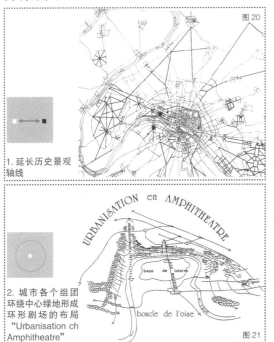

1. 延长历史景观轴线

2. 城市各个组团环绕中心绿地形成环形剧场的布局 "Urbanisation ch Amphitheatre"

图 20
图 21

- 历史景观轴线：巴黎市中心协和广场—凯旋门—拉德芳斯，进一步延伸到与新城中心区核心轴线紧密联系。

- 对现有河流 Olse 进行拓宽，新建设湖中岛；各个城市组团环绕中心湖体、绿地和运动设施形成欧洲典型历史空间模型"环形剧场（Arena）"式的布局。

- 自巴黎边界绿地，穿越城市与周边山体景观联系的绿带网络，将周围的森林景观同城市中心绿地、开放性运动设施联系在一起。

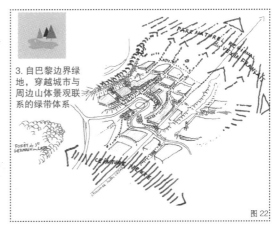

3. 自巴黎边界绿地，穿越城市与周边山体景观联系的绿带体系

图 22

区域

- 新城的地理中心与文化中心，是河流沿线的开放空间和休闲运动设施。
- 环绕着这个中心，各个新城组团以及组团中心，向绿地中心开放并与之联系，同时在居住密度、建筑类型和功能上有所不同。
- 圣克里斯多夫（St.Christophe）城区的中心区包括大学校园和与中心绿地紧密联合的文化中心；主要中心区Prefecture 以行政中心为特征；两个中心区组团分别具有独立的文化形态识别性。
- 中心绿地周边容纳了大量现状村落，呈现出乡村景观；此外还有蓬多瓦兹传统城镇的历史风貌，均在新城建设中均得到了保护与更新。

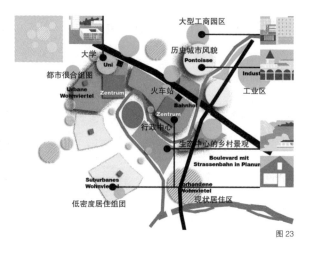

图 23

路径

- 从各个城市组团的组团中心延伸出多条向心轴线，一直通向 Olse 湖。中心湖体、岛屿进一步向巴黎方向开放，形成视觉联系。
- 城市中心区、组团中心以及中心绿地间的步行联系，把商业步行街、城市广场、公园、娱乐运动设施以及游艇港口联系在一起，与车行交通基本没有交叉。
- 组团之间的绿带，向内通向中心绿地，向外对四周森林展开，200~600 米不等，形成充足的生态廊道。

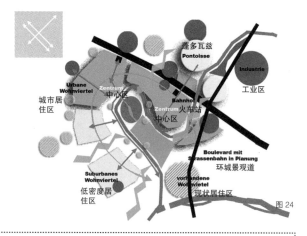

图 24

天际线

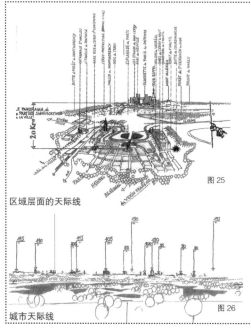

图 25

区域层面的天际线

- 新城天际线控制，意图和巴黎拉德芳斯高层建筑为特征的天际线，形成景观的对比。基于新城较低的建筑高度和大量的绿地，这个想法得到了落实。
- 沿轴线的系列公共艺术作品——由艺术家 Danikaravan 统一设计 Axe Majeur，成为新城极具标志性的地标。
- 各个组团的地标（公共艺术品、钟塔、历史教堂）和中心区部分提升性高层建筑（总量极少，如高层办公建筑），一同塑造出环形天际线，面向大型绿地，并向巴黎内城开放。

图 26

城市天际线

图 27

湖滨文化中心空间形态

轴线

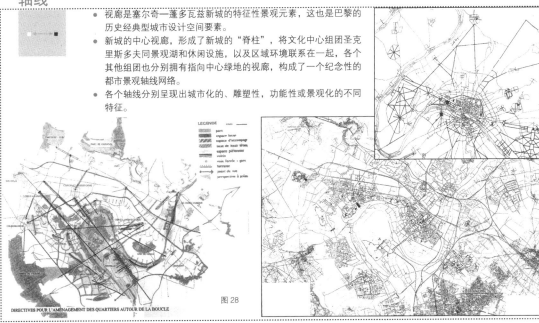

- 视廊是塞尔奇—蓬多瓦兹新城的特征性景观元素，这也是巴黎的历史经典型城市设计空间要素。
- 新城的中心视廊，形成了新城的"脊柱"，将文化中心组团圣克里斯多夫同景观湖和休闲设施，以及区域环境联系在一起，各个其他组团也分别拥有指向中心绿地的视廊，构成了一个纪念性的都市景观轴线网络。
- 各个轴线分别呈现出城市化的、雕塑性，功能性或景观化的不同特征。

图28

图30

a

图31

中心视廊（Ⅰ）

- 在中心视廊上分布有各种元素，包括教堂等公共建筑、商业街、观景雕塑广场、坡地、步行桥和湖中小岛。
- 沿视廊可以看到巴黎市远景、包含了河流和景观湖的中心绿地公园以及各式公共艺术品以及特殊建筑。

历史轴线（Ⅱ）

- 蓬多瓦兹传统城镇与城市行政中心之间，有一条规划的公共空间轴线和中心轴线相交，并通过步行路径、文化与休憩建筑与中心生态绿地空间紧密联系。

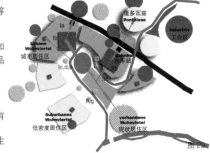

图29

b

e

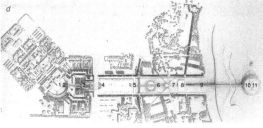

d

c

中心区 Cery Prefecture

中心城区规划

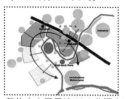

整体中心区用地 62.6 公顷（1978 年规划）。其中建设面积 41.7 公顷，公园 8.1 公顷，道路 12.8 公顷。

1968 年规划，1984 年的建设状况

	已经形成	根据规划将建立的	总规划
办公建筑（平方米）	91425	12700	104125
公寓建筑（平方米）	48000	30000	78000
商业建筑（平方米）	59400	9000	68400
配套建筑（平方米）	59500	1000	60500
总建筑量（平方米）	258325	52700	311025
车位（个）	5326	1620	6946
工作岗位（个）	4438		

市中心

用地

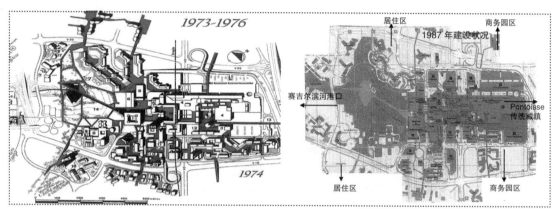

图 32

用地

- 在商业区局部存在功能混合，其他则为单一的商业用地。
- 交通、停车、轨道综合体等基础设施与把居住功能区和中心商务区划分开来，同时也造成了二者之间的割裂。
- 行政、酒店、住宅和公共行政设施被分别作为独立的功能单元分区进行布局，这对吸引消费、强化活力产生了消极影响。缺乏典型的娱乐街区。
- 通过混合不同的公寓类型和城市别墅，形成居住阶层的混合。

区域

- 商业区采取了集中式的布局形式，以较高密度商业街为载体，功能单一，缺少多样性。
- 与之相对，中心另一侧，行政、运动设施和会议中心与公共路径与生活脱离，环绕公共绿地布局。

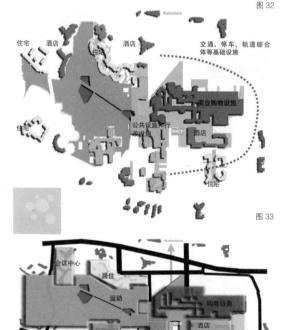

图 33

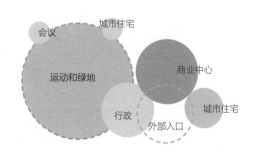

图 34

交通

外部交通

内部交通

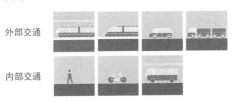

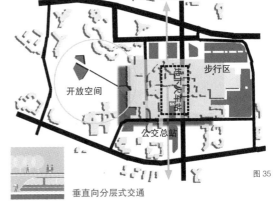

图 35

垂直向分层式交通

- 中心区拥有良好的外部交通联系（高速公路、快速路、轻轨、公交车、自行车路线和步行路线）；对商业来说，汽车交通占据主要地位；规划有大量的停车位。
- 中心区采取了上下分层的方式处理交通：底层为轨道交通、道路和停车位，上层为步行区和自行车区。
- 缺点为缺少公共生活的强度，停车层与低生活密度区存在安全隐患。
- 开发强度较低，投入和收益之间的关系缺少经济性。

空间序列

- 街道、广场、步行商业街、拱廊和内部玻璃连廊一同构成了一个经过设计的空间序列，提供了多样的功能、活动类型、活动氛围。但建筑外部形态受到大规模集中开发的影响，缺乏商业活动需要的活力气质。
- 城市入口处是轻轨（RER）的进出口。与之相邻的是大面积的停车场，难以辨识方向。
- 都市空间序列向西侧在绿地位置全面开放，固然形成了公共空间特质的对比，同时也是商业娱乐活动的断裂。

图 36

火车站出口的公交枢纽

图 37

火车站步行出口

步行街的空间序列

地标

- 各个视觉轴线的尽端与转折点，均布置了地标建筑。
- 在受限的建筑高度下，建筑形式、地形处理、环境特征的深入设计，营造出了丰富的视觉焦点。

图 38

社区组织 Community

居住社区

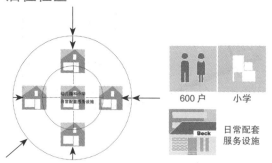

600 户　小学

日常配套
服务设施

- 一个居住社区由大约 600 户住宅组成，内部拥有一个由幼儿园、小学和服务中心组成的住区中心。
- 都市住区开始向大型传统城市开放街区转化——外部联系汽车交通，内部供行人和自行车行驶者使用。儿童、母亲和老人可以直接到达组团中心，塑造出了住区内部安静和便捷的特征。
- 这同时是一个开发单元，开发商和私人承建者按照上述原则建设，每个社区都应该有其自身的设计和特征。居住社区同时是城市形态设计的单元，通过建筑设计竞赛，形成居住社区的形态特征。
- 每个社区都有相关规定保证社会阶层的混合，如限定自有住宅、出租式公寓和社会性住宅的比例。通常情况下，每个开发单元约有 50% 不同层级的社会住宅。

城区组团

3,000 户　俱乐部　学校

区域性商
务设施　医院　邮局　图书馆　行政服务　幼儿园

公园　文化和社
会设施

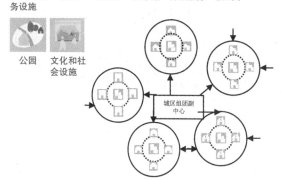

城区组团副
中心

- 一个城区组团由 4 到 5 个居住社区组成，包含大概 2400 到 3000 户。
- 城区组团包含一个城区组团副中心，含有城市生活所有必要的配套设施，自身特征明确，并且富有活性的氛围。
- 600 户为单元富有特色的方案设计，彼此之间，与副中心之间具有形态的明显差异性；这一方面新城具有所谓"点彩派"的风格效果。公园和休闲设施相对具有在其间形成缓冲的作用。

图 39

图 40

St. Christophe 与 Le Haut 城区之间，都市街坊型街区与 Townhouse 建筑类型的混合形态

图 41

Cergy Prefecture 城区尽端围绕小型港口 传统形态的组团副中心

居住区 Residential Area

第二城市中心(St Christophe)都市化居住组团

- 城市化、紧凑的城区。
- 城区基于网格式的路网布局,网格大小不一,根据都市化程度的降低而扩大。通过斜 45° 的对角线路形成了富有张力的变化,以及向湖面开放的公共空间脊柱。
- 各个街区间分布有公园绿地、商业功能,并以次级轴线联系。
- 中心位置包括两条交通廊道——轻轨公共交通廊道、高速公路。高速廊道北侧是商务工业园区。居住功能、中心功能以及附近的商务园区为居民提供了就近工作的可能性。
- 中心位置以封闭性的街区建筑为主——在高密度城区中,例如 Cergy Le Haut,已经成为普遍使用的街区类型,向外侧街区逐步放开,尤其是绿地边缘区域。

图 42

图 43

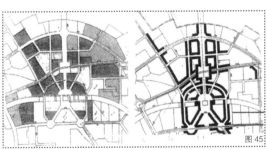

图 45

沃雷亚尔区(Vaureal)的郊区化居住组团

- 涵盖各式住宅类型的低密度居住性组团,除了公寓外,包含大量城市别墅以及联排住宅。
- 城市空间格局基于有机形态的交通路网。
- 沿街道有 4~25 米的绿地后退,各个巨大街区中心规划有公园设施。
- 车行交通主宰整体空间设计,公共设施相对均匀地布局于各个交通节点位置。
- 相对其低密度的建筑类型,其沿街道的外部空间边界比较清晰。

图 44

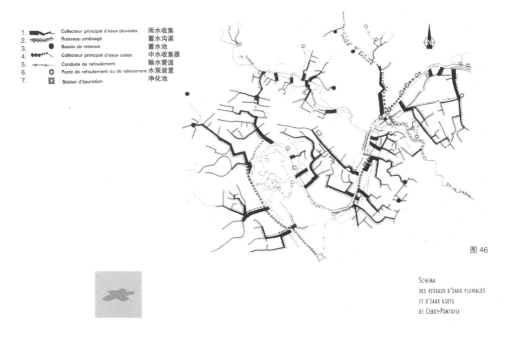

1.	Collecteur principal d'eaux pluviales	雨水收集
2.	Ruisseau aménagé	蓄水沟渠
3.	Bassin de retenue	蓄水池
4.	Collecteur principal d'eaux usées	中水收集器
5.	Conduite de refoulement	输水管道
6.	Poste de refoulement ou de relèvement	水泵装置
7.	Station d'épuration	净化池

图 46

SCHEMA
DES RESEAUX D'EAUX PLUVIALES
ET D'EAUX USEES
DE CERGY-PONTOISE

图 47

建筑和景观设计
Architecture and Landscape

景观

水体

- 绿地景观和休闲中心位于新城的地理中心。
- 沿湖分布有各个城区组团内部雨水收集体系，与 Olse 河流和生态核心具有优良的树状联系结构。
- 水系和城区结合紧密，给新城带来了良好的景观和生态质量。

地形

- 地块和路网的划分考虑了原有地形的特殊性，充分结合了规划区内的等高线、河道和坡地的形态。
- 在原有河道的基础上，Olse 河道内弧一侧进行了大尺度的拓宽，形成了新的景观湖。新休闲中心为各种滨水活动以及水上运动提供可能。

河流沿线、新城市组团之间，仍然保留了大型农业绿地与聚落

建筑设计

- 以 600 户为单元的整体性的色彩和材料设计，构成了每一独立功能区域内部和谐的城市立面景观。
- 无论是高层还是低层，建筑形态明显更具备社会性、地方性、亲和性。公共空间的尺度大幅度降低，具有明显的层级关系。建筑底层多样性的设计标识出了建筑的功能，并且营造出了活泼的氛围。
- 在不同功能区域之间的过渡区域，设计缺少控制，从而削弱了整体的景观形态和谐性。

过度区域

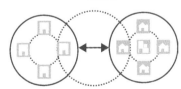

共同的设计风格

图 48

阿姆斯特丹
都市区

前往弗莱福兰
首府城市 莱利斯塔德
27 公里

围海造田形成的
弗莱福兰省

新城中心

铁路交通
前往阿姆斯特丹中心区
21 分钟铁路

阿尔默勒
ALMERE

A6 高速
前往阿姆斯特丹中心区
28 公里 35 分钟车行
至机场
42 公里, 36 分钟铁路

Utrecht
乌得勒支都市区

上位规划和组织决策 Upper Planning and Organization

区域规划目标

发展战略：保护"绿色心脏"（Grünes Herz）。

规划背景

- "二战"后，阿姆斯特丹、海牙、鹿特丹及乌得勒支等城市共同组成了兰斯塔德城市群，城市群的中心是区域性的"绿色心脏"。城市群以辐射状的形态不断拓展，而一些小城市和聚落带也向内深入进绿心。
- 1966 年，荷兰西部确立了兰斯塔德——一种非中心式的区域空间结构，作为城市规划和大地景观的共同范型。在此之下，确定了一系列的空间发展目标。
  - 通过对浅海进行围海造田获得新的土地。到 20 世纪末，将通过新土地安置 50 万居民。
  - 这些土地将接收阿姆斯特丹和其他兰斯塔德城市群的过量人口。其不只承担居住功能，也将具备休闲娱乐功能。
  - 在兰斯塔德城市群之外建设新的发展极，阻止和控制城市群内的郊区化蔓延。
- 1972 年，在此基础上，制定了增长中心战略（Wachstums-Zentren-Strategie），战略内容包括建设一系列的新城，成为经济发展的新增长极。新城阿尔默勒被确定为其中之一。

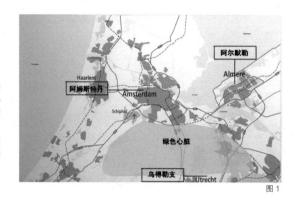

图 1

新区域空间结构——兰斯台德城市群：
由四个大城市阿姆斯特丹、乌得勒支、鹿特丹和海牙组成主体都市，彼此之间有紧密的环形交通廊道与系列小型城镇支持功能的区域化联动。
根据规划，阿尔默勒新城虽然不是阿姆斯特丹的直属新城，但是在区域规划的总体指引下，作为大都市圈层的外围新兴城市，应该有意识缓解阿姆斯特丹和乌得勒支以及绿色心脏的压力，接受都市环过量人口的溢出。

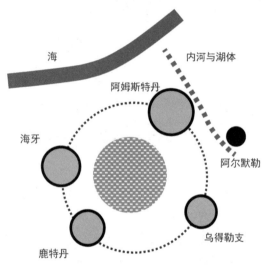

新城的组织管理者

- 代表国家政府的交通和公共政策部 (das nationale Ministerium für Verkehr und öffentliche Arbeit)
- 国家性的发展机构：艾塞湖围海造田发展局 (Ijsselmeer Polder Development Authority)

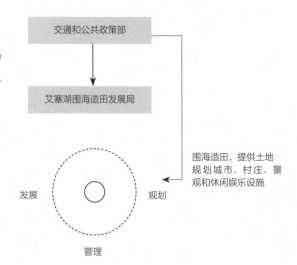

资金来源

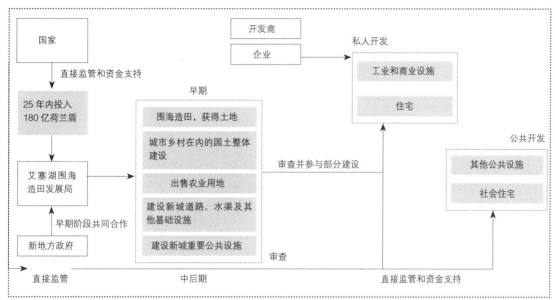

规划现状

阿尔默勒新城的土地通过对原有水域进行围海造田获得。
规划用地内不存在村庄，也不存在居民和开发机构之间的冲突。

大小		通过围海造田获得 44000 公顷的土地 14000 公顷用于新城区用地
原居民		几乎没有

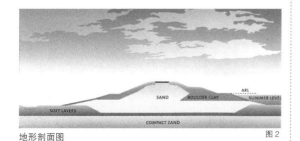

地形剖面图　　　　　　　　　　　　图2

规划和实施的责任划分

国家	
	– 土地围海造田规划

– 获得土地

艾塞湖围海造田发展局

– 发展经济
– 发展文化
– 社会发展
– 城市建设

– 对农民出售土地

– 基础设施建设

特殊任务

● 获得土地及基础设施修建

村庄规划和建设

– 出售地块

● 不只对公共设施的建设负责，也负责早期大量住宅和办公建筑

阿尔默勒地方政府

– 地方政策
– 社会住宅
进一步的城市发展……

规划内容

城市发展目标

- 阿尔默勒就行政隶属而言，是弗莱福兰省的新建城市之一，但是在区域经济地理层面上，与阿姆斯特丹都市发展需求紧密相关。通过区域绿带，阿尔默勒和阿姆斯特丹在空间上分开，但阿尔默勒建立之初，即计划在成熟阶段，与阿姆斯特丹市跨海联动发展。
- 阿尔默勒新城就职能上应成为一个独立自治的城市，拥有必要的城市功能，如居住、经济和教育等。
- 经济上拥有独立性，但最重要的是提供中低密度联排花园别墅在都市圈中作为居住模式的竞争力。

28 公里

弗莱福兰省

省首府城市
莱利斯塔德

阿尔默勒

阿姆斯特丹

定位

目标定位

- 荷兰新兴经济增长极之一
- 兰斯塔德都市圈的边缘城市
- 阿姆斯特丹功能上的卫星城

共 44000 公顷
- 47.5% 水域
- 17.6% 农业
- 11.2% 森林
- 9.5% 城市建设用地（4180 公顷）
- 12.5% 其他用地

区域性的功能定位

- 让迁入者获得家园的感觉并享有高质量的城市生活，从而为阿姆斯特丹中产阶层提供多样化的居住产品，为都市区产业发展锚定重要劳动力。
- 发展成为国家性和区域性的经济空间
- 承担区域性的娱乐休闲功能

区域交通

- 通过公路、铁路及水路交通同阿姆斯特丹及乌得勒支之间建立快捷的交通联系
- 同弗莱福兰省其他城市的带状交通联系

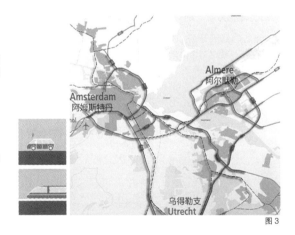

图3

区域性功能景观目标

- 在通过围海造田获得的土地上建设一座绿色的新城
- 在一定周期内，新城四周保留大量农业景观，但就整体发展而言，在城市扩张的过程中，它们成为缓释空间。
- 通过湖、海、绿地、水渠及大小公园设施和内湖塑造出具有强烈滨水特色的城市景观

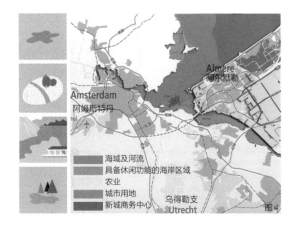

海域及河流
具备休闲功能的海岸区域
农业
城市用地
新城商务中心

乌得勒支
Utrecht

图4

社会构建 Social Structure

发展目标

阿尔默勒作为阿姆斯特丹区域及兰斯台德城市群的新城,
应满足以下目标:

- 形成一个独立自治的城市,而不是单一功能的卫星城;为兰斯塔德城市群提供高质量的居住和休闲功能,成为阿姆斯特丹附近的一个休闲娱乐地
- 兰斯台德城市群之外的新城市发展极 (1980 年起的规划目标);
- 成为整个荷兰的新经济发展极 (1990 起的规划目标)。

上述目标基本已经得到实现。阿尔默勒是欧洲发展最快的新城之一。

居民来源

计划居民来源

- 迁入 Zuidelijk 农耕区域——新弗莱福兰省农业殖民、工企业殖民的相关新居民。
- 来自兰斯塔德城市群,特别是来自乌得勒支阿姆斯特丹大都市的居民外溢,期待在新城获得更大的自有住宅及绿地,追求更好的环境质量(如空气质量)。
- 对大都市都市化发展过程中人口增长的截流作用—— 更广泛的都市区域内,意图在兰斯塔德城市群寻找工作岗位,同时倾向于在更加廉价与生态的区域居住的家庭。

实际居民来源

- 来自阿姆斯特丹及周边地带的居民。2003 年占 43.9%(阿姆斯特丹 36.5%,金理 7.4%)。
- 来自兰斯塔德城市群,寻求别墅等低密度居住模式或绿色居住环境的居民。2003 年占 31.2%。
- 来自荷兰其他地区或国外移民背景,在此区域内工作的居民。来自荷兰其他地区的占 14%,来自国外移民的占 10.9%。

居民发展情况

新城对新居民的吸引力在于:

- 丰富多样的居住产品和具有综合服务设施的大型住区,并拥有高品质的私人、公共绿色景观。
- 可以便捷地到达阿姆斯特丹及兰斯塔德城市群的其他城市,从而获取大都市就业岗位、公共设施、文化娱乐设施的服务便利。
- 新城和周边区域本身所提供大量就业机会。

居民数量发展
计划新城人口为 125000 人到 255000 人,
每年约建设 3000 套住宅。

1978 年	4000 人
2000 年	150000 人
2010 年	214400 人

原计划已经基本达到,2005 年人口增长率仍然保持在 5%。
Almere Stad 等成熟组团已经超出原有规划人口。
未来阿尔默勒新城人口规划最高约达到 40 万人,人口密度届时为 900 人 / 平方公里。
背景:兰斯塔德城市群,密度为 1785 人 / 平方公里;城市建设区内密度为 2000 人 / 平方公里。

就业岗位的发展状况

- 对于企业而言,新城对于新居民的吸引力意味着可以吸引到家庭导向的优质中产阶级雇员,
- 此外,新城还提供了巨大而相对廉价的土地空间,对外同样便捷的区域交通物流网络。这些对于制造业企业、研究机构同样具有吸引力。

就业岗位发展
2001 就业岗位为 30000 人
2005 就业岗位为 49700 人
其中 65% 的就业岗位是阿尔默勒之外居民。

到 2010 为止,预计每年增加 5000 个就业机会。

就业结构(2003/2004/2010)

1.2%	农业
10.5%	工业
6.5%	建筑
21.4%	批发零售与酒店服务
4.6%	交通、仓储、通信
3.9%	金融
21.9%	商务
5.6%	公共政府服务
7.7%	教育
13%	卫生健康
3.8%	杂项

人口结构

年龄结构

社会人口的发展目标是各个年龄层的混合，形成良好的年龄结构。为此，初期开发公司鼓励新居民将父辈和亲属也一同迁入阿尔默勒。

2004 年
0~24 岁 62575 人　36.6%
24~59 岁　　91628 人　53.6%
60~100 岁　16522 人　9.7%

社会阶层

- 收入结构而言，低与中低收入人群占人口 40%，其他阶层占 60%。是一个较为均匀而偏向中产以上阶层的人口构成。
- 新城多样化的居住产品，同时成为吸引大量外部人口的"蓄水池"，他们在大都市就业，但在阿尔默勒—兰斯台德区域中次级城镇居住。新城中海外移民比例较高，也印证了这一特征。

收入结构

家庭收入	实际	规划
低	21%	16.0%
中低	18.5%	19.0%
中	24.5%	21.0%
中高	16.3%	19.0%
高	14.2%	15.0%
最高	5.6%	10.0%

- 低收入和中低收入人群占整个人口的 40%。
- 2004 年，外国籍人口占全部居民的 13.5 %，来自 150 个不同的国家。超过 33.6% 的居民的出生地为海外。这两者的差别，代表海外移民中成功人口被新城吸纳的成效。

发展时序

图 5

新城发展进度

- 1968 年完成了围海造田区域的土地地面抬高工作。

- 1971 年编制了阿尔默勒总体规划。

- 1975 年建设了阿尔默勒的第一个城区：阿尔默勒 – 哈芬。

- 1976 年 11 月第一户家庭迁入阿尔默勒。

- 1978 年居民数达到了 4000 人，开设了 4 份报纸。

- 开始建设中心城区：阿尔默勒 – 斯塔德（Almere Stad）。

- 1980 年第一户居民迁入了中心城区，在弗莱福兰省首府城市莱利斯塔德、阿尔默勒和阿姆斯特丹之间开通了第一条铁路。

- 1983 年开始建设第三个城市组团："阿尔默勒 – 博尔滕"。

- 1984 成立了阿尔默勒市政府。

- 1984 年第一户居民迁入了阿尔默勒 – 博尔滕城区，并且成立了城区政府。

- 1987 开通了到阿姆斯特丹的列车。

- 1999 开始建设第四个组团：阿尔默勒 – 普尔特（Almere Poort）城区。

- 2001 对城市中心城区开始更新。

城区结构和公共设施

- 新城阿尔默勒首先从最临近阿姆斯特丹的低密度组团阿尔默勒—哈芬开始建设。同时建设了其组团中心的公共服务设施。
- 之后建设了城市的中心城区阿尔默勒—哈芬，其住宅区为中等密度。
- 整体而言，多中心的城市组团结构大幅度提升了开发的弹性，减小了居民的日常交通距离，提升了服务设施的可达性。

城市规划 Urban Planning

规划编制

1971 年城市总体规划（ Master Plan ）
- 设计了有着不同中心分布结构的多个方案供决策。
- 总体规划制定了一般性发展计划，包含了重要的功能、用地理念，以及空间和时间性发展原则。
- 为第一个城市组团阿尔默勒—哈芬，制定了详细的总体规划。

1977 年阿尔默勒新城的结构性规划（ Structure Plan ）
对各个城市组团的空间用地、交通联系、公共设施提供层级，给予相对明确的界定。

新城发展的参与方

- 交通和公共政策部
  提供资金资助，出售地块，保证公共住宅开发。
- 艾塞湖围海造田发展局（ Der Rijksdienst voor de Ijsselmerpolder, RIJP ）：
  整个新城建设阶段中的开发者。
- 地方政府及其相关行政机构
  在新城设立后的后期发展阶段起作用。

城市设计目标

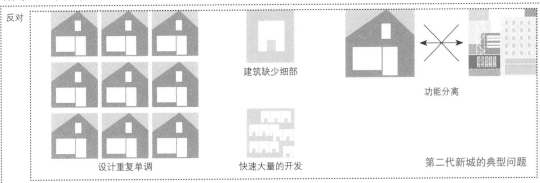

反对

建筑缺少细部

功能分离

设计重复单调　　快速大量的开发　　第二代新城的典型问题

早期的设计目标
- 建设一个适合生活和工作的城市；
- 一个完整独立的城市，通过局部范围的开发，逐步发展；
- 不应只是建设一座郊城，而是要建设一座充满乡村特色，但是又具有现代小型城市格局的城市（ 生活街模式 ），但其不应有强烈的城市特征。

1990 年之后的设计目标
- 生态节能城市 (集中供暖设备等)；
- 推动富有创新精神的城市设计和建筑设计；
- 塑造城市特征。

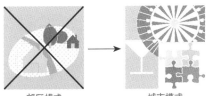

郊区模式　　　　　　城市模式

1990 年之前　　　　　　　　　　　　　　　1990 年之后

　　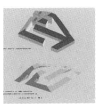

适合生活和工作的城市　充满乡村特色的　　逐步分段开发　　　　生态城市　　前卫的城市设计
　　　　　　　　　　　现代小型城市

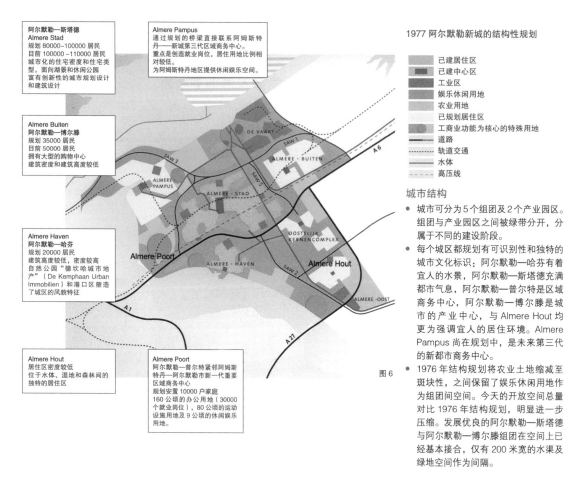

阿尔默勒—斯塔德
Almere Stad
规划 80000~100000 居民
目前 100000~110000 居民
城市化的住宅密度和住宅类型，面向湖景和休闲公园富有创新性的城市规划设计和建筑设计

Almere Pampus
通过规划的桥梁直接联系阿姆斯特丹——新城第三代区域商务中心。
重点是创造就业岗位，居住用地比例相对较低。
为阿姆斯特丹地区提供休闲娱乐空间。

Almere Buiten
阿尔默勒—博尔滕
规划 35000 居民
目前 50000 居民
拥有大型的购物中心
建筑密度和建筑高度较低

Almere Haven
阿尔默勒—哈芬
规划 20000 居民
建筑高度较低，密度较高
自然公园"德坎哈城市地产"（De Kemphaan Urban Immobilien）和港口区塑造了城区的风貌特征

Almere Hout
居住区密度较低
位于水体、湿地和森林间的独特的居住区

Almere Poort
阿尔默勒—普尔特紧邻阿姆斯特丹—阿尔默勒市新一代重要区域商务中心
规划安置 10000 户家庭
160 公顷的办公用地（30000 个就业岗位），80 公顷的运动设施用地及 9 公顷的休闲娱乐用地。

图6

1977 阿尔默勒新城的结构性规划

- 已建居住区
- 已建中心区
- 工业区
- 娱乐休闲用地
- 农业用地
- 已规划居住区
- 工商业功能为核心的特殊用地
- 道路
- 轨道交通
- 水体
- 高压线

城市结构

- 城市可分为 5 个组团及 2 个产业园区。组团与产业园区之间被绿带分开，分属于不同的建设阶段。
- 每个城区都规划有可识别性和独特的城市文化标识：阿尔默勒—哈芬有着宜人的水景，阿尔默勒—斯塔德充满都市气息，阿尔默勒—普尔特是区域商务中心，阿尔默勒—博尔滕是城市的产业中心，与 Almere Hout 均更为强调宜人的居住环境。Almere Pampus 尚在规划中，是未来第三代的新都市商务中心。
- 1976 年结构规划将农业土地缩减至斑块性，之间保留了娱乐休闲用地作为组团间空间。今天的开放空间总量对比 1976 年结构规划，明显进一步压缩。发展优良的阿尔默勒—斯塔德与阿尔默勒—博尔滕组团在空间上已经基本接合，仅有 200 米宽的水渠及绿地空间作为间隔。

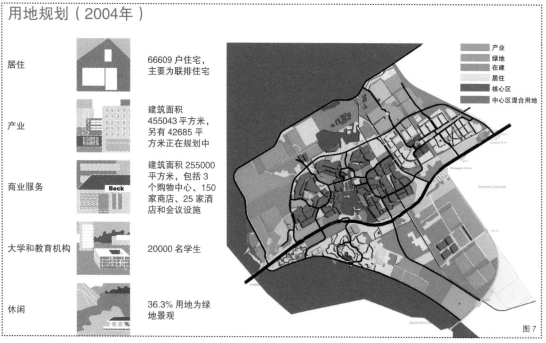

用地规划（2004年）

居住		66609 户住宅，主要为联排住宅
产业		建筑面积 455043 平方米，另有 42685 平方米正在规划中
商业服务		建筑面积 255000 平方米，包括 3 个购物中心、150 家商店、25 家酒店和会议设施
大学和教育机构		20000 名学生
休闲		36.3% 用地为绿地景观

- 产业
- 绿地
- 在建
- 居住
- 核心区
- 中心区混合用地

图7

产业区

- 产业区分为三种类型：一种为大型独立产业组团，一种为小规模的工业区，还有一种为与城区相结合的产业园区，在居住区附近分布一些小型工业和轻工业。产业区主要沿着高速公路和快速路分布。铁路对于工业区（货运交通）和办公园区来说都是重要的交通联系方式。

- 每个城市组团都拥有产业、商务区；其建设配合城区建设的不同阶段分步进行，在第一个组团阿尔默勒—哈芬建设初期（1976年），即同时兴建。并尽量将干扰减小到最少，如避免污染或和居住区保持适当的距离。

- 新城北部为唯一的工业组团，德法特工业区（Industriepark De Vaart），与中心城区同时兴建。和当初规划不同的是，由于缺少相应的需求，当初规划的一半工业用地又被用作了农业用地。今天这一工业区逐步扩张接近了预计规模，也融入了大量商务、服务、研究设施。

- 商务园区的发展经历了三个阶段，其辐射范围从城市向区域逐步扩张：首先为初期阿尔默勒—普尔特城区嵌入产业园区，作为核心区服务产业区，其次为1999年新城最大的办公园区兴建，位于阿尔默勒—普尔特，与高速公路和轨道交通相邻，与阿姆斯特丹大都市紧密相邻。其和阿姆斯特丹直接相联系，构成了中心轴线。第三阶段为2008年将建设的 Almere Pampus。这一园区将成为阿尔默勒形成与阿姆斯特丹经济中心高度接合的新桥梁。

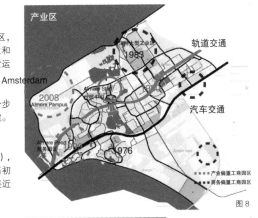

图 8

居住区

- 环绕新城中心分布着各个城区组团（密度约为30人/公顷）。每个城区组团都含有不同的建筑类型和建筑密度。密度由沿区域主体交通廊道向两侧降低。密度较低的城区组团则拥有接入快速路的公交路线。

- 阿尔默勒—哈芬和 Almere Pampus 城区环绕中心城区，虽然带有郊区城市特点，但是其密度相对较高。比如阿尔默勒—哈芬城区的中心整体密度为70人/公顷，建筑层数最高达到5层。

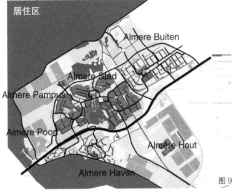

图 9

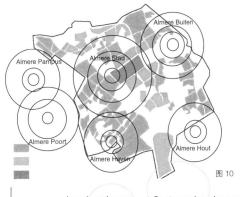

图 10

开放空间

- 阿尔默勒被规划为一座滨水城市。水体是城市景观中的重要组成部分。共有10个滨水休闲区域，部分位于内湖和市中心的中心湖畔。人工运河体系中的多条水渠也对城市景观起到了重要的塑造作用。

- 城市组团之间分布有两座大型的自然公园和系列运动公园。中心城区各组团环绕中心湖而立。基于丰富的设施和景观，以及良好的可达性，阿尔默勒新城拥有高质量的休闲娱乐空间。

- 每个城区组团都有一个或者多个运动中心。在阿尔默勒—普尔特——大型商务园区组团内，规划有一座大型的运动综合体，这显然兼顾了阿姆斯特丹都市区服务的需求。基于大量的运动设施，新城内全年都有各种赛事活动。

- 城市发展压力下，各个城区组团最终至少保证200~300米宽的绿带及水渠将分隔开。

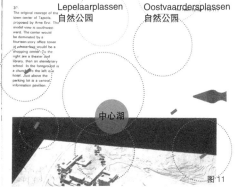

图 11

外部交通

内部交通

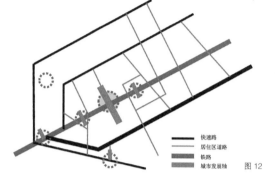

快速路
居住区道路
铁路
城市发展轴

图 12

公共交通和个人交通

- 解决跨城通勤者的交通需求是最重要的问题之一。新城并未选择带状城市，但是带状交通廊道——铁路、高速公路以及快速路有效地将各个城区组团对外联系起来。内部道路将各个城区组团联系在一起，尤其是各个城区中心。

- 在各个城区组团内，借助有机的形态，与住区的包围关系，个人机动交通速度受到了限定。但除了阿尔默勒—哈芬，小尺度住宅街区更接近于规整的都市路网。

- 一个密集的公交路线网将各个城区、中心城区以及轻轨站联系在一起，提供了替代个人机动交通的可能性。

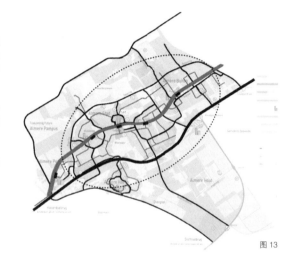

图 13

步行和自行车交通

- 步行和自行车交通在阿尔默勒居民的日常生活中承担重要的作用，在绿色景观和滨水空间处规划有单独的景观漫步路线。每个居住区都可以通过步行路径到达市中心。阿尔默勒新城也拥有独立于汽车交通的自行车路线。

- 商业步行街和各个城区的购物区同轻轨路线相交。在城区组团内部，个人机动交通、公共交通及自行车交通是分离的。

- 沿海滨规划有步行路线和自行车路线，将 10 个滨海岸线联系在一起。

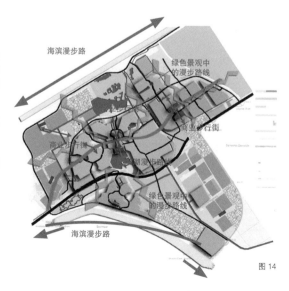

海滨漫步路

绿色景观中的漫步路线

商业步行街

湖漫步路线

商业步行街

绿色景观中的漫步路线

海滨漫步路

图 14

城市设计 Urban Design

规划编制

阶段 I（阿尔默勒—史塔特的城市设计）
中心城区组团（Almere Stad）并非在城市规划的第一阶段建设，在其他组团的城市建设决议形成后，于 1979 年正式开始建设。

阶段 II（阿尔默勒—史塔特的城市更新）
2000 年对城市中心城区制定了更新规划，计划到 2007 年实施。

参与方

阶段 I 建设阶段
- 艾塞湖围海造田发展局。作为开发方，负责城市规划编制以及基础设施的修建。按照"住宅建设推动计划"规定的份额发放小额住宅建设贷款。
- 大型的私营服务业、商业以及工业企业。
- 私人住宅开发者。

阶段 II 更新阶段
- 开发商 Hart C.V. (MAB 和 Blauwhoed / Eurowoningen) 1999 年进行了可行性研究。
- 2000 年开发机构 Hart C.V. 与阿尔默勒市政府共同投资了 11 亿欧元，对城市中心城区进行更新工作。
- 直接建设投资 7.5 亿欧元，涉及 67600 平方米的商业商务建筑、9000 平方米的休闲建筑、890 个住宅单元、3300 个停车位。
- 在阶段 2 的城市更新工作中，对建筑和城市景观着重进行了控制，制定了新的城市设计导则和城市公共空间体系。

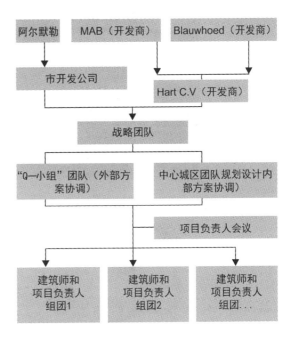

城市设计导则

- 库哈斯的设计方案要求形成一个新的城市空间体系——一个富有创新性、吸引力和活性的建筑方案。
- 在建筑师和规划师库哈斯的城市设计方案基础上，市政府邀请了世界上知名的建筑师，对中心城区的各个建筑和街区组团进行了设计。
- Q– 小组的组建目的是在整体规划方案和建筑师之间起到协调控制的作用。这个小组督查每个街区组团的建筑设计，在库哈斯的规划方案基础上，在各个建筑师之间进行协调。
- Q– 小组替代了一般性城市设计导则的作用，对城市景观进行综合控制。由 5 位著名的建筑师和规划师组成，承担了城市规划局的部分职能，对建筑质量进行控制。
- 各个建筑师在 Q– 小组的组织下，定期参加工作会议，获得相应咨询意见。Q– 小组不担负决策工作，最终决策由城市规划局和投资人作出。

更新阶段相关机构组成

图 15

方案构思

1. 自然特色

图16

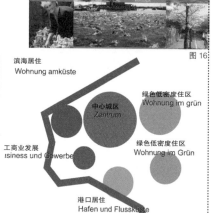

滨海居住
Wohnung amküste

绿色低密度住区
Wohnung im grün

中心城区
Zentrum

2. 多中心的
城市结构及
其个性特色

工商业发展
Isiness und Gewerbe

绿色低密度住区
Wohnung im Grün

港口居住
Hafen und Flussküste

图20

3. 更新阶段的新理
念：上部的活力世界
+ 下部的交通世界
（停车与公共交通）

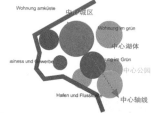

4. 更新阶段
的城市新理
念：滨湖的
现代革新型
都市

图17

总体城市设计

- 强烈的自然导向性结构：各个城区组团围绕着两个景观中心分
  布：城市中心城区的中心湖体——"蓝"及东南方的中心公园——
  "绿"。
- 城市中心位于中心轴线上，把"绿色"和"城市"结合在了一起。
  更新后的城市滨水地区更加紧密地扭结了这一关系。

Wohnung amküste 中心城区
Wohnung im grün
中心湖体
中心城区
Isiness und Gewerbe
中心公园
Hafen und Flussküste 中心轴线

图18

天际线

- 最初20年，阿尔默勒被视为阿姆斯特丹的一座
  "郊城"。多数城区天际线的前景充满了绿色，
  城市中景界面呈现出郊区聚落的特征。
- 之后在对中心城区的更新工作中，高层建筑、多
  层公寓开始加强城市生活密度，同时作为城市的
  地标和象征性的城市景观。
- 居住城区中，通过结合不同的住宅类型，塑造出
  了充满生机和变化的小尺度特色天际线。

图19

中心城区 Center

城市意象定位：城市化和富有
活力的氛围

图 21

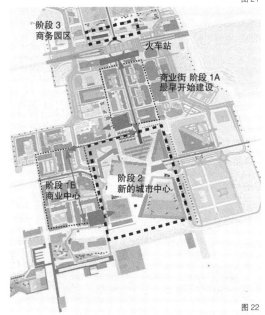

图 22

发展历史

- 在 1981 年和 1983 年之间，建设了火车站和集市广场前的商业
  购物区（阶段 1 ）。
- 在阶段 1B，继续向南拓展了中心区的建设。
- 这些中心设施在早期很好地满足了居民的需要，但随着居民数
  量的增加，到了 1990 年原有的设施已经难以满足需求，基于满
  足标准需求的功能主义化城市设计也已经不合时宜。中心区被
  部分拆除并更新，以 OMA 的革新性理念重新规划了南部滨水区
  域。（阶段 2 ）
- 在火车站的北部也形成了新的商务中心以及高层建筑（阶段 3 ）。
  阿尔默勒的天际线开始出现了高层建筑，同样的情况也发生在
  南部滨湖区域。整个城市的空间形态发生了巨大的变化。

用地规划

目标

用地

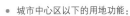

- 城市中心区以下的用地功能：
  - 2400 套住宅(阶段 2 中规划了约 1000 套)，大多数为高级公寓。
  - 85000 平方米的零售商业面积（二期新建设 50000 平方米）。
  - 210000 平方米的商务面积及提供 6500 个就业岗位。其中包
    含靠近火车站的新商务中心（170000 平方米建筑面积，二期
    新增了 1400 平方米的地下停车库面积）。
  - 50400 平方米的文化设施：图书馆、剧院、艺术中心、电影
    院以及音乐厅。*
- 居住用地与中心区商业用地在第二阶段加强了混合。大型的商
  务设施、行政办公始终位于外围位置。

*上述增加总量不仅限于由 OMA 在滨水地区地块的建设内容。

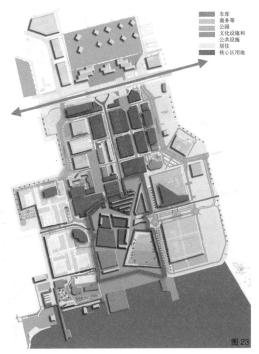

图 23

交通

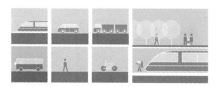

外部交通

内部交通

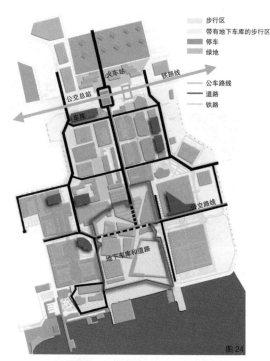

步行区
带有地下车库的步行区
停车
绿地

公车路线
道路
铁路

图 24

- 火车站和公交总站位于中心区的北部。
- 中心区第二阶段更新中，在地下车库规划了完整的地下公交路线、停车与良好的转乘关系。
- 中心区多处分布有停车楼，共提供了 6500 个车位（阶段 2 规划了 4300 个）

- 中心区可以通过多种交通方式便捷到达。对外公共交通以铁路为主体，对内各组团通过公交来解决。
- 对于中心区而言，私人汽车仍然是最重要的交通工具，为此设置了大量的停车位，并且在第二阶段规划了地下车库、北部停车楼，新增约 100% 的车位位置。
- 连续的步行网络通达整个中心区。通过垂直向的人车分行以及围绕中心区的环路，中心区步行交通和各种公共活动得到了保证。

图 25

空间序列

- 在阶段 1 中采纳的相对小尺度的街道空间和广场塑造出了带有传统感受的商业街区。
- 在阶段 2 中，OMA 革新性设计中各式不规则的建筑体量和布局方式塑造出了近乎前所未有的非常规空间序列，并一直延伸到新的滨水空间，街道和广场之间的区分并不明显。中心区由此获得了丰富有趣的公共空间序列。

火车站站前广场　　集市广场　　购物拱廊

滨水广场　　阶段 2 的新广场　　图 26

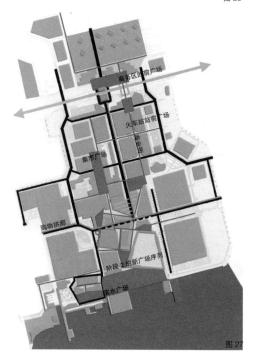

高务区的前广场

火车站站前广场
商业街

集市广场

购物拱廊

阶段 2 的新广场序列

滨水广场

图 27

城市组团·居住模式 Cluster · Residertial Model

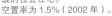

8% 为没有国家贷款的自有
住宅，其他为不同类型、层
级的社会住宅。
空置率为 1.5%（2002 年）。

阿尔默勒—哈芬　低密度居住组团

- 作为阿尔默勒市第一个城市组团，1974 年开始建设，现有
  22000 名居民（2002 年），作为低密度组团，人口密度为
  30~45 人 / 公顷。

- 城区包含 7 个大型住区组团，一个产业园区以及一个滨水的城
  区中心，仍然保持了自立型的城市功能组织。

- 城区中心为高密度的围合式街坊，中心之外为低密度的联排或
  其他住宅类型。城市的空间格局基于有机形态，但仍然是都市
  化的街道布局，营造出了丰富的城市空间体验。

- 中心区的文化特征参照了临艾瑟尔湖（ Ijsselmeer ）的传统城市，
  如恩克赫伊森（ Euklinzen ）或者荷恩（ Hoorn ）。与城区相邻
  的霍伊湖(Gooimeer)以及相关的水上运动，尤其是帆船与港口，
  构成了城市景观中的重要元素。

- 新城组团的城市设计原则开始回溯传统，利用人工运河
  （ GRACHT ）塑造了滨水的公共与居住生活以及水上城市的气质。
  配合使用砖这一传统建筑材料，给这座城市塑造出了传统和人
  性化的氛围。

图 28

图 29

低密度住宅

图 30

中心区

图 31

港口区

图 32

阿尔默勒—斯塔德 都市性居住组团
Almere Stad

- 阿尔默勒—斯塔德城区开始建设于 1978 年，规划居民数为 10 万人，2002 年有居民 4.5 万人。
- 北部的商务区、两侧的居住区，沿交通廊道沿线的绿地区，向轨道交通中心站点汇集，强化低密度城市肌理下的服务效率，并向商业中心区引导人流。这也是一条隐含的城市游览轴线，最终延伸至滨湖地带。
- 城市中心区两侧的居住区采纳了围合式街坊的布局方式。其他建筑则主要采用了临街布局的联排住宅或独栋的城市别墅。但就住宅产品而言，更契合中低阶层水平——30% 的住宅为两室户或者三室户，25% 的为四室户或者五室户，仅 15% 的住宅为五室以上。
- 北部的商务区保证了新城的独立性和经济发展的动力。阿尔默勒各个城区均满足了这一要求。

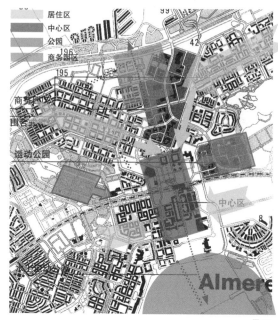

居住区
中心区
公园
商务园区

图 33

低密度住宅

图 34

商务区

图 35

中心区

图 36

居住区

目标定位：安静、绿色、多样化的生活方式

- 在城市中心城区及城区中心以外的住宅类型大量为独栋或联排住宅，一般有着集约的住宅平面和前后花园。尽管如此，建筑密度仍然相对较高，组团密度而言，普遍在 30~50 户／公顷。
- 住区结构有明显的都市开放性，平面划分接近都市街区。各个居住区按位置不同其设计特征各不相同。滨水住区以及都市住区各有特色，带来了多样的城市景观。
- 每一组团中，有意识融合了多样化的建筑类型，一定总量的 Townhouse、多层公寓帮助提高了社会阶层混合度；住区之间绿地中还包括高层建筑。

阿尔默勒—博尔滕组团某一居住街区单元

实验性住宅区

- 阿尔默勒利用国际建筑展览来推动建筑形态和住宅类型设计。Filmwijk 实验区中，邀请了欧洲各地的建筑师，在一个居住区内发展设计富有特色的建筑设计，提供具有高设计含量和技术可行性的设计方案。
- 整体而言，阿尔默勒的住宅建筑，在一个相对紧凑和集约的规划原则基础上，实现了非常多样和富有吸引力的建筑设计。这已经成为阿尔默勒文化的一个品牌。设计者意图创造新的生活模式，在理性、创新和梦想之间达成平衡。

图 37

联排住宅以及其他各式住宅类型

图 38

图 39

图 40

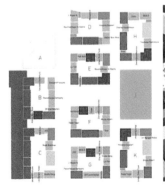

图 41

图 42

Filmwijk 的实验住宅区

建筑和景观设计 Architelture and Landscape
建筑设计

整合建筑方案

哈芬区和博尔滕区（ A–Haven und Buiten ）中部分老化的建筑和城市空间

受到传统手法影响的建筑设计

- 早期建设的公共空间和建筑在 25 年后开始部分老化，需要进入更新阶段。

- 各片区建筑设计及其色彩和材料强调了个体的特征，但是没有在城市的层面上加以协调。尽管如此，多数建筑设计延续传统的建筑语言，营造了温暖的氛围。
  在史塔特城区的集市广场上，已经体现出了传统城市设计中 Parcel Design 的原则，使用个性原则进行独立性的设计，传统原则与现代设计的紧密结合。

- 阿尔默勒—史塔特城区阶段 2 的建设中，建筑类型和建筑的色彩材料都有很强的个性。部分通过 Q 一小组——协调性的工作平台，部分通过大面积的绿地与开放空间，这些富有创新精神的建筑设计被试图整合为一个整体。这一试图并不完全成功，但是其多样性令人印象深刻。

集市广场立面设计中个性化的 Parcel Design 原则　图 43

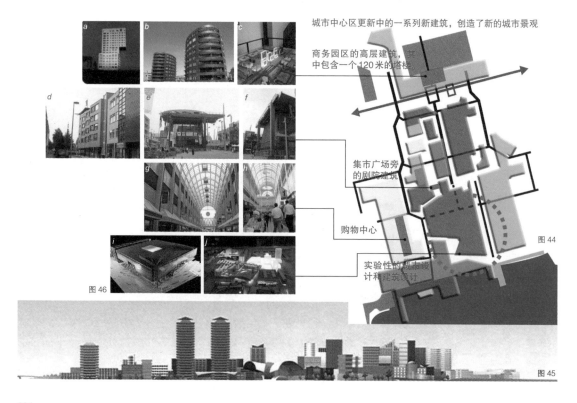

城市中心区更新中的一系列新建筑，创造了新的城市景观

商务园区的高层建筑，其中包含一个 120 米的塔楼

集市广场旁的剧院建筑

购物中心

实验性的城市设计和建筑设计

图 44

图 46

图 45

地标建筑

- 强烈的标志性是阿尔默勒的重要文化标识，城市空间和自然景观空间拥有多样的建筑和艺术品，起到地标、文化象征、引导路人以及塑造城市可识别性的作用。一些特殊的构筑物如桥梁也被用作景观地标来加以设计。
- 不仅仅基于传统要素——体量和高度成为城市的地标建筑，还通过实验性的建筑语言——特殊比例关系、形式、材料和色彩也成为城市中的标识性建筑。
- 整体而言，城市更新阶段中，"新"城借助创新型文化设计介入，成为阿尔默勒城市持续型的文化特征。

各个城区中创新性的文化设计：住宅建筑和公共建筑、雕塑

c   d   e   f   g   图 47

景观设计

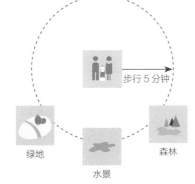

步行 5 分钟

绿地   水景   森林

- 水景是城市和中心区中关键性的生态景观要素，为城市生活——都市层面与自然层面提供了富有吸引力的特征，这也延续了阿尔默勒这片土地的历史痕迹。
- 不同城区组团间被绿地分开，最少为200~300米的绿地与运河；大型绿地中结合了大量运动和休闲设施，为各式国际运动赛事提供了活动空间。除此之外，新城还拥有巨大的中心景观湖及中心公园。
- 农田在城市的发展中被逐渐侵蚀，但生态要素的保留仍然非常重要，水景、森林、湿地等和城市有着紧密的结合。
- 在各个城区之间以及组团和建筑之间，绿色要素在生态品质、生活品质、城市意象的深入融合塑造，是新城的另一持久的核心特征。

开放空间中的各式景观

中心城区的景观元素

b   c   d

图 48

Kirchsteigfeld, 德国波茨坦　Kirchsteigfeld, Potsdam

柏林中心
城区
Berlin

Potsdam
波茨坦都市区
POTSDAM

3.5公里

Kirchsteigfeld

村镇中心　村落　集合住宅

Potsdam
波茨坦都市区

L40 高速
前往波茨坦中心区
轨道交通与高速
3.5公里，10 分钟车行

集合住宅区

老林镇 Drewitz

新城中心

KIRCHSTEIGFELD

Berlin
柏林都市区

E51 高速
前往柏林中心区
25 公里，20 分钟车行

上位规划和组织决策
Upper Planning and Organization

规划编制

可行性研究

在州府波茨坦市政府和投资者 Grothe&Gralfs 的委托下进行了可行性研究，对以下方面进行了分析评估：

- 市场分析和区位分析
- 居住和服务业用地的需求分析
- 考虑了周边环境的风貌研究（德雷维茨村中心、集合住宅区、附近的高速公路）
- 规划区的交通联系及德雷维茨村的交通负荷分析
- 私人和公共财政的投资分析

城市建设合约 (Städtebaulicher Vertrag)

在可行性分析的基础上，波茨坦市和投资人签署了城市建设合同 (Städtebaulicher Vertrag)。

- 波茨坦市政府负责制定规划方案和法定规划，通过公共行政手段按照住宅法提供 2000 套住宅的建设资金，另外还承担 450 套社会住宅及学校和幼儿园等社会基础设施的建设。与公共轨道交通的接驳也是市政府的任务。
- 投资人负责新城建设的财政投资，包括所有技术性基础设施及其他配套服务设施，并负责按约定时间建设完成 2800 套住宅。开发机构并负责建成后的物业管理。

框架规划 (Rahmenplanung)

- 1991 年柏林的自由规划师团体 (Freie Planungsgruppe Berlin) 和斯图加特的意厦规划设计事务所 (Stadtbauatelier Stuttgart) 在 1991 年 4 月至 1991 年 10 月间在波茨坦市的委托下，合作制定了 Kirchsteigfeld 新区的框架规划，以此作为进一步规划的基础参照。
- 在这个规划中确定了未来新城用地的类型、强度、选址布局及必要的公共设施规划。这一规划虽然不是法定规划，但是成为进一步控规工作的基础。

哪些利益相关群体?

- 以城市发展和住宅及交通建设部为代表的勃兰登堡州政府。
- 以城建副市长（以及下属城市规划局）为代表的波茨坦市议会。柏林前城市规划委员会成员 Roehbein，调往波茨坦市，作为城市规划局局长 (Stadtbaudirektor)，全程负责上述项目。

- 柏林大型开发机构 Grothe&Gralfs
现更名为 Groth Gruppe，自 1982 年以来，作为一家市场型地产机构，参与了柏林地区大量房地产发展。工作内容从土地开发、规划、融资、监造至销售，并与合作机构共同进行物业管理与基金管理。

- Freie Planungsgruppe Berlin 及 Stadtbauatelier Stuttgart 制定了可行性研究及框架规划。
  - Stadtbauatelier Stuttgart 长期性进行波茨坦市的总体规划、历史片区保护规划与片区规划的咨询工作。
  - Freie Planungsgruppe Berlin 代表中央政府意图借助这一项目成为东西德居住水平标准性确立的尝试。

波茨坦中心区与四个新规划住区   图1

新区域结构

- 两德统一后波茨坦市多处城市综合品质提升型项目之一。
- 新区的建设，将为波茨坦市以快速和实用的方式提供大量急需的住宅。
- 对比东德时代，提供一种更舒适，更生态和人性化的住宅标准与城市建设范型，并对整个东西德融合形成示范意义。

规划前现状

大小		58 公顷 建筑面积为 248000 平方米
原有居民		无
原有经济产业		农业
原有城市格局		主要由农田和村落组成，四周分布有集合住宅

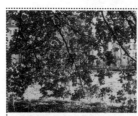 

建成区和绿色景观之间的过渡

教士小径 (Priesterweg)   牧羊者支渠 (HIKTENG RABEN)

图2

一座什么样的新城?

发展策略背景:
母城波茨坦市拥有富有吸引力的内城,为了提高其综合居住服务品质,将在其城市范围周边发展多座小型"新城区",在周边区域形成城市居住吸引力提升的空间,以及一个新的商务活跃点。

定位: "居住,工作和生活在波茨坦市"
– 在一座真正的都市中,但仍然拥有绿地。

"不会是一座卧城,也不是一个集合住宅区,而是一个能给居民及下一代带来家园感的地方。"
– 城市建筑师 罗伯·克里尔, 1993 年

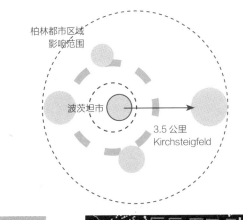

柏林都市区域影响范围

波茨坦市

3.5 公里 Kirchsteigfeld

区域功能定位
Kirchsteigfeld 新区将发展为具有自立性的城区:

- 住宅质量较为均质,集合住宅(大板住宅, Plattenwohnsiedlung)与传统乡村为主体的 Drewitz,借助本项目形成优质生活和服务功能的新地点可能。
- 结合居住人口背景,为城市提供小型新产业空间。

完成程度:
随着前东德地区整体经济形势的下滑,以及在柏林都市圈影响力中,Kirchsteigfeld 所处的反向位置,最后一项目标(产业发展)没有达成。其他目标基本得到实现。

集合住宅

德雷维茨村 (Dorf Drewitz)

农田

图3

区域交通
- 规划区交通条件极其优良,通过高速公路、过境道路以及轨道交通和整个区域及市中心相联系。公共汽车或者轻轨车辆的班次频率为 5~10 分钟,在 25 分钟内可以到达波茨坦的市中心。
- 高速公路从东部穿过,是用地的重要车行入口,也给规划区带来一定的干扰。

省道

图4

区域性的城市设计目标
- 发展建设一个超过平均地产水平,富有吸引力和具有高居住质量的城区,提升波茨坦市东部和区域的质量。
- 就像波茨坦历史上兴建"荷兰街区"和"俄罗斯街区"形成城市多样化文化特色一样,建设一个富有波茨坦市新文化特征的新城区。
- 历史文化信息"教士小径"(Priesterweg)、"牧羊者支渠"(Hirtengraben)的再利用。
- 成为一个示范性的建设项目,将当代的城市功能(例如公园、现代住宅、工业化建设)与高质量的城市空间结合起来。

教士小径 Priesterweg

牧羊者支渠 Hirtengraben

图5

谁来领导整体目标？

投资人、政府以及由城市规划师、建筑师和景观设计师组成的设计队伍一同合作，对规划编制以及设计过程进行控制。

Grothe & Gralfs 作为投资方，首先承担了购置土地到基础设施建设、绿地建设以及监管社会基础设施建设的工作。

投资方不只要建设大量住宅，在建成后也会持有这些住宅，所以不只关注短期利益，也关心其长期的租金收益以及城区的功能和质量。

投资方还承担城区节庆、开办报纸、组织阳台景观竞赛、促进配套设施发展这些任务。

谁来提供新城的资金？

22亿马克，其中8.9亿马克通过基金筹集，2.9亿马克属于私人资本。

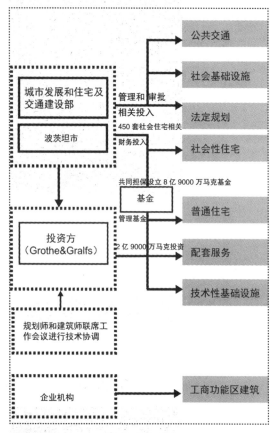

配套服务设施

为 2500 户住宅，新区规划了 2 个学校与运动场（1200 个儿童），7 个幼儿园（826 个儿童），一个青年中心（128 个青年）。

在规划中，很快就发现了上述标准超过了实际需求。多处幼儿园最终被取消，但青年中心在投资方的坚持下，持续在使用中。

图6

社会构建 Social Structure

新居民从哪里来

- 大多数的居民来自波茨坦市，其中超过一半的居民曾居住在集合式住宅内——代表了对波茨坦市民住宅提高需求的良好满足。最终，自有住宅（18%）的销售非常成功。
- 同时绝大部分住宅（82%）仍然属于社会住宅领域——不同程度被资助的租户。通过对社会住宅和普通住宅之间比例关系的控制，成功实现了社会阶层的混合。
- 部分受到工商业岗位缺乏的问题，部分原因来自于柏林同期也在新建的大量住宅，新居民中很少比例来自于柏林与更大都市圈。

规划安置 7000 居民。
目前（2010）为约 7500 名居民。
住宅密度为 43 户 / 公顷
实际密度为 130 居民 / 公顷，人均用地 77 平方米

就业机会

规划了 5000 个工作位置，
规划住宅和工作以及配套服务相互之间距离很近，联系良好。总建筑面积为 248000 平方米。

到 1999 年为止仅实现了 200~300 个，主要为服务业就业岗位。产业区未建成。

公共服务设施

快捷轨道交通直至新区快落成的时候才获得，高速公路出入口更晚，部分影响了区域背景内产业的进驻，但对本地来源的居民影响较小。

基于项目的尺度，在各个建设阶段新区基本及时获得了相应的配套服务。但是其北部同时建设的大型购物中心，对新城区内部有限的商业设施确实造成了有力的竞争。

1990 年底	波茨坦市议会和州城市发展和住宅及交通建设部一同批准项目内容，并启动规划程序
1991.03~1992.06	购置土地，签署交易
1991.10	规划准备阶段，制定经济可行性研究（Machbarkeitsstudie）和区域发展可持续性分析（Verträglichkeitsstudie）
1991.12	通过 Workshop 选择方案与规划机构，制定了城市设计层面的任务书
1992.01	350 名德雷维茨村的居民参加了前期的公共参与
1992.12	公布控制性详细规划
1993.04	签署基础设施合同，公布相关地方条例，审批基础设施方案
1993.05	控制性详细规划生效
1993.05	开始建设基础设施
1993~1998	建设阶段
1994.12	居民开始迁入
1997.11	教堂剪彩，中心区公共设施投入使用
1998.05	接入轻轨
1999 年初	第一批联排住宅建设完成

城市规划 Urban Planning

规划编制

城市规划工作会议
城市设计的框架性概念来自由城市规划师、投资人、市议会、州城市发展和住宅及交通建设部组成的工作会议 Workshop，工作会议具有研讨会的特征，最后形成融合各方意见的框架性概念。

城市设计方案和控制性详细规划
在 Workshop 的基础上，由 Rob Krier&Partner 规划设计事务所和来自旧金山的 Moore、Ruble、Yudell 建筑设计事务所制定和深化了城市设计方案。最后 Rob Krier&Partner 的总平面图方案被选中，并且以此为基础编制了控制性详细规划。

参与方

- 以城市建设督导 R. Roehrbein 为代表的波茨坦市政府
- 投资方：Grothe&Gralfs
- FPB Freie Planungsgruppe Berlin，Müller, Knippschild & Wehberg 以及 Stadtbauatelier Stuttgart 参加了前期的城市规划工作会议
- 六家德国与国际知名的建筑和规划事务所参加了城市设计方案的制定
- Rob Krier&Partner 规划设计事务所制定了城市设计方案
  - 罗伯·克里尔：德国建筑师，新都市主义与新古典主义建筑重要代表人物。强调传统城市空间的重构与传统空间要素的深入应用，在柏林国际建筑展中建设了两处重要项目。
  - 1991 年受邀参加 Kirchsteigfeld 项目方案 Workshop。1993 年因为 Kirchsteigfeld 项目的胜出，与柏林 Christoph Kohl 联合建立设计机构 Rob Krier&Partner。

城市设计方案成果

图 7

设计概念
- 我们的理念首先来自于一个"城市"的愿景图像。
- 新城区延续了西侧村庄以及北侧集合住宅的肌理。高速公路的消极影响与西南方向开阔的耕地分别以封闭的墙界面与开放的点界面予以融合（Kirchsteigfeld, Rob Krier）。
- 新城城市空间全面延续了欧洲传统城镇的格局：清晰的中轴，聚集型的广场，有机的道路网络，封闭的街坊界面。在罗伯·克里尔和开发机构的共同坚持下，中心区设置了教堂——在城市文化形态上，同样意图再造强烈的传统历史文化意象。

城市设计方案

图 8

传统城市的城市元素: 住宅、围合式街坊、广场、街区、中心区、城市

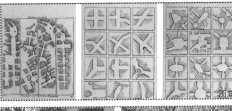

图 9

基于自然保护机构的要求，规划区发展出了高水平的景观生态体系

图 10

总图

图 11

用地规划

居住
纯居住（8%）与允许混合的居住用地（25%）
共 19.81 公顷，约 2500 套住宅
2030 套获得公共财政支持的出租式公寓 +62
套自有联排和双拼住宅 +400 套自有公寓

产业
产业用地为 14.89 公顷（24%），规划建筑
面积共 200000 平方米，5000 个就业岗位
居住服务型建筑面积约 15500 平方米

公共设施
社会基础设施用地 9.27 公顷（17%）+
2000 平方米教堂
包括 2 座学校，7 座幼儿园，1 座青少年活
动中心以及 1 座教堂
交通用地 11.16 公顷（19%）

休闲
公共绿地 3.37 公顷（6%）

- 在高速路一侧，规划区的东部规划有工商业区，往西为无污染
工商业区以及普通住宅区和纯住宅区。

- 部分公共设施没有分布于中心地段，而是位于规划区的西北
角边缘区域，从而服务一些规划区周边的区域——德雷维茨
（Drewitz）村和集合住宅区域。

- 纯粹核心功能被缩到极小——更重要的是其文化标志意义，通
过大量的商住混合用地，居民的配套服务设施得到了良好的保
证。新区的中心虽然规模较小，但是有着良好的效率。

- 居住片区开发强度 1.0，混合片区在 0.6~1.2 之间。3 个核心片
区（2%）开发强度为 2.4。

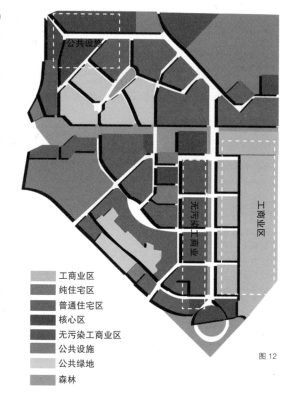

工商业区
纯住宅区
普通住宅区
核心区
无污染工商业区
公共设施
公共绿地
森林

图 12

交通规划

外部交通

内部交通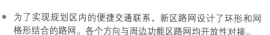

- 为了实现规划区内的便捷交通联系，新区路网设计了环形和网
格形结合的路网。各个方向与周边功能区路网均开放性对接。
- 虽然这一组团仅有 10000 人，但仍然通过轻轨规划和波茨坦
市内城形成了快捷的公共交通联系。轨道交通站点周边 500 米
范围内，已经完全覆盖了片区，构成了轨道 + 步行的公交模式。
- 按照波茨坦市和投资方之间的城市建设合约，共规划 2500 个停
车位（1 个 / 户），60% 的停车位建设于地块内，40% 的停车
位建设在公共空间内。地块停车位的安排在建筑设计和景观设
计中得到了详细考虑，兼顾便捷性的同时，对景观和居住功能
的干扰减小到最低。
- 规划区内没有单纯的步行区。混合交通的方式——传统城镇的
典型交通媒介，使得规划区内的街道空间在安静和活性间达成
了一种平衡。在路网中规划了步行交通网络，在半公共的街坊
内院中也考虑了步行交通路线的设置。

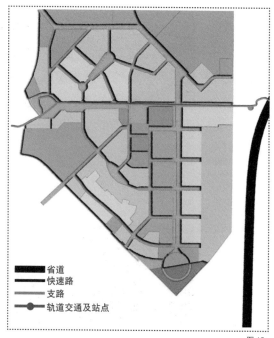

省道
快速路
支路
轨道交通及站点

图 13

城市设计 Urban Design

规划编制

城市设计导则以及建筑指导意见

- 城市设计导则对城市景观的细节进行了详细的城市设计专项规划，如广场专项设计、色彩规划方案、视线与焦点关系规划等。和法定控制性规划互相结合，帮助新区发展出一个和谐整体的城市景观。

- 为了保证城市设计和城市风貌的实施控制，除了一般性的控规，还对每个地块进行了进一步的详细规定。在城市设计方案的基础上，通过土地测绘工程师制定了一个数据页（Datenblatt），提出了功能（如朝向）、法规（如安全标准、间距条例）、技术（如防火）、交通和造型方面的详细要求，以法定的形式对每个小地块加以约束。

- 针对每一个街坊，还制定了地块规划（Parzellenplan）。各个建筑的平面图及立面、剖面图被整合，在整体上对建筑的风格加以协调控制。对每个建筑方案在街坊层面上加以审查和审批，而不是对单个建筑方案进行审批。这保证了建筑间的协调以及街区的质量。

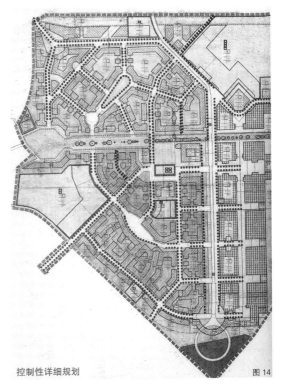

控制性详细规划   图 14

规划编制和规划实施的参与者

- 波茨坦市，以城市规划局总负责人（Stadtbaudirektion），与其他领域专业人员及投资方，对新区的实施建设进行了全程的指导。

- 投资方：Grothe&Gralfs 对设计内容进行了市场层面的配合工作，同时作为未来物业管理者，代表"业主方"对相关工作进行了监督。

- Rob Krier&Partner 进行了城市设计方面的规划与协调工作，并和接收到设计委托的各个建筑师一起共同进行建筑设计。

- 在数据手册的基础上，多个建筑师和景观设计师共同对每一个街坊进行联合设计工作。

  – 通过定期的规划会议对出现的问题和解决措施进行高效的讨论。

  – 在这个程序中值得一提的是测绘师的作用，其将各个建筑方案在数据页（Datenblatt）的基础上并置在一起，加以协调，最终形成经济和技术上可行的整体方案。

图 15

城市空间

- Kirchsteigfeld 新区的城市空间结构主要以沿 Hirtengraben 的历史绿轴以及环形的林荫道（东侧主要为轨道交通线路）为基本骨架，东部二者交接的地方为城区中心。
- 围合式街坊的布局方式＋有机的形式，形成了几乎没有完全一样的街坊与连续稳定界面内变化多样的空间序列。其间分布有大小和形式各异的广场，在不同的位置可以欣赏到城市不同的面貌。
- 在各个位置分布着的各式广场是富有吸引力的磁石，城市空间结构中的重要元素，每一个形态都不同，按照历史城市传统，由建筑界定而成，给人们带来有趣的空间节点。

图 16

环形林荫道

公共空间结构

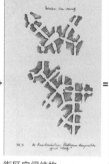

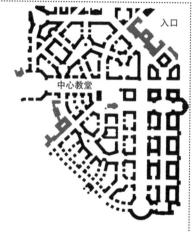

入口

中心教堂

城市空间结构：
中心广场和主要轴线

街区空间结构：
支路和街区广场

整体城市空间结构

- 整体建筑高度为 3~4 层。沿着中心绿轴的两侧建筑高度为 5 层，教堂成为最高的天际线中心——再次强化了前工业社会文化特征。
- 临近高速公路的办公产业区的建筑高度为 8 层，包含一个 16 层的高层建筑，形成高点，并且强调了片区的入口。

图 17

视线与焦点关系

- 城市空间结构中也包含了视线与焦点关系的专项规划，建筑设计需要遵从。

  - 视线对景布置了重要的建筑与设计细节，如教堂、U 型广场上探出的特殊穹顶、凹形的立面退后。
  - 重要轴线同时作为视线通廊，灭点上布置有特殊的建筑或景观元素。这样通过透视的径深效应和变化的透视关系能够给人们带来丰富有趣的视觉体验。
  - 广场是各种视线的集聚中心。

- 视线关系规划还对一些特殊位置的建筑和建筑细节进行了规定，要求其呈现出对称的视觉关系或强烈的色彩特点。

Die Sichtachsen　　The pattern of visual axes　　Les axes de visibilté

图 18

边界

- 新区和周围的环境有着良好的交接关系。
- Kirchsteigfeld 的城市格局考虑了同西侧的德雷维茨村和北侧的集合住宅区的联系。北侧的城市格局也配合了集合住宅区的路网旋转了 45°，主轴西侧在历史上即与村庄自然衔接；交通与公共空间体系全面联系了新区的中心和德雷维茨村。
- 东侧高层建筑、商务产业功能均形成了与高速公路之间的噪声防护区域。
- 西侧的德雷维茨村主要为 1~2 层的独栋住宅或者多层住宅，布局相对开放。在村子的东侧和北侧建筑高度为 2~3 层。新区和德雷维茨村之间的建筑形式形成了一种平缓自然的过渡。新区的其他边界由绿地所界定。

图 19

色彩规划

- 整座城市拥有深入而整体的色彩规划，在建筑形态全面应用。
  - 城市被分为 6 个不同的区域，每个区域设计有一个色系，带来统一又多样化的城市色彩。
  - 公共街道和广场空间，主要设计了一些暖色系的色彩。
  - 对于街坊入口则根据环境设计了蓝色或者红色。
  - 产业区主要设计为灰色的色调。
  - 街坊的内部主要为一些浅色调，以营造安静而且明亮的氛围。
- 色彩规划一方面考虑了功能性的要求，另一方面则考虑了美学上的需要，给整个城市带来了一个非常和谐又富有活性的景观氛围。

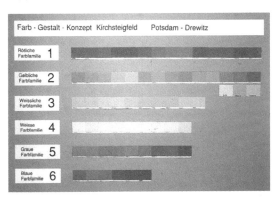

6 种标准色系

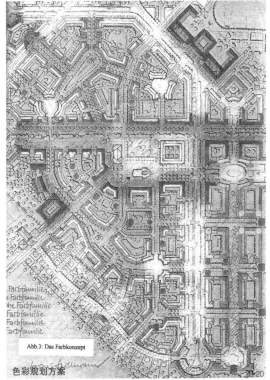

色彩规划方案

图 20

图 21

中心区 Center

目标是塑造一个城市化且富有活力的中心区。

用地
约 7550 平方米，仅占整体用地 1%。

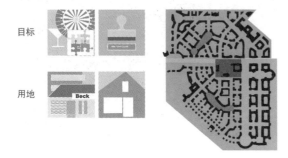

目标

用地

- 城市中心区位于功能片区交点（商务区、南北两侧住区），与城市设计形态的交点位置（环形轴线）。
- 中心空间规模非常小，重视混合性使用原则。包括教堂在内的公共建筑均与商业功能混合使用；办公建筑中又融合了学校、俱乐部、公寓设施。
- 中心区在视觉上形成类似村落的集市广场的感觉。和传统的城市核心区不同的是，罗伯·克里尔在中心广场周边规划了树列，部分功能是为了遮蔽内部的大型停车场——现代城市中心区必须面对的需求。

图 23

总平面图

	办公
	公园绿地
	文化和公共设施
	住宅
	复合性核心区功能

用地方案

	建筑
	树列
	内院
	人行道
	广场

公共空间和图底关系

图 22

北部居住区 Residential Area

北部居住区

街坊

容积率 0.6~1.2（中心处为 1）

总人口规划约 5000 人 1500 套住宅，包含部分不同级别协议式的公共资助住宅

- 中心绿轴南北两侧被划为两个主要居住区。从空间形态而言，居住区作为开放式城市街坊，和所谓"内向"的现代住区有明显差异，更像城镇中自然生长的结构。
- 设计层面上最具社会性、中心性显然是 U 型中心广场（南部广场为锚形）。但广场界面中没有混合性功能，削弱了其活力。
- 计划最少容纳 3000 个居民，最多可承担 5000 居民。通过混合独栋住宅、自由住宅、出租式公寓，形成了多样的社会结构。
- 停车位通过位于建筑底部的半地下式车库解决。

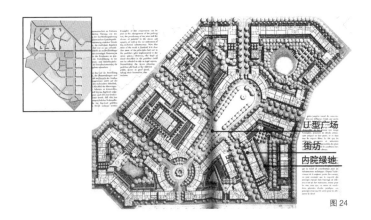

图 24

建筑色彩设计

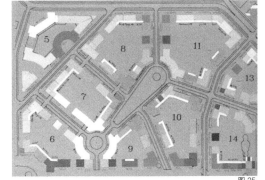

图 25

街道街景

街坊内半地下停车库

图 26

建筑和景观设计 Architelture and Landscape

建筑设计

- 基于美学和城市景观上的考虑，每个街坊在高度、深度、形态及界面上都有所不同。
- 建筑设计来自 34 个不同的建筑师或者建筑团队。大多数街坊内包含了联排住宅或者独栋住宅。一个街区中，最小的建筑设计单元约为两个单元，并遵循下述原则：
  - 同一个建筑师设计的作品尽量分散开。
  - 对于同一个街道空间，尽量不重复出现同一个建筑师的作品。
  - 一个建筑师同一街坊中最多可以设计三座建筑。
  这些策略使得新区向内、向外呈现出丰富和多样的街道空间景观。
- 为了落实所规划的街道和广场空间序列，使公共空间能够精确地呈现出原初的设计，在控制性详细规划中对重要建筑的建筑边界通过强制性的建筑红线加以控制，而没有采用一般的退让性红线。但是这种强制性红线并不是普遍性使用——规划控制需要保证重要设计构思的落实，同时也需要给建筑设计留出一些发挥空间。

Arbeitsmodell, 1. Bauabschnitt

b

Das gute Einvernehmen untereinander ist dann auch in der Phase der Realisierung des ersten Bauabschnittes mit 740 WE wiederzuerkennen.

Die gemeinsamen Treffen, jetzt in der Phase der Ausformulierung der Architektur und in enger Zusammenarbeit mit den Landschaftsarchitekten, sind von gleicher Faszination der Beteiligten geprägt, wie in der Workshop-Phase. Dies findet seinen Niederschlag beispielsweise in der ästhetischen Organisation der Fassadengestaltung, der Dachanpassung und dem insgesamt rücksichtsvollen Umgang mit den jeweiligen Nachbararchitekten, in dem das gemeinsam festgelegte Strukturkonzept nie gestört wurde.

Oben: Ansicht "Rondell"
Krier + Partner
Unten: Grundriß Normalgeschoß
Krier + Partner

Oben: Potsdam-Drewitz, "Kirchsteigfeld", Aufteilung nach Architekten im 1. Bauabschnitt
Mitte: Ansicht Haus 7.1, Krier + Partner
Unten: Grundriß Normalgeschoß, Moore, Ruble, Yudell

图 27

街坊设计

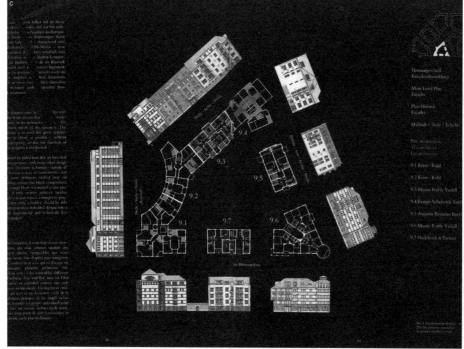

Normalgeschoß
Fassadenabwicklung

Main Level Plan
Façades

Plan Normal
Façades

Maßstab / Scale / Echelle

Die Architekten
The architects
Les architectes

9.1 Krier / Kohl
9.2 Krier / Kohl
9.3 Moore Ruble Yudell
9.4 Krüger Schuberth Vand
9.5 Augusto Romano Burelli
9.6 Moore Ruble Yudell
9.7 Nedelcock + Partner

街坊内多建筑师共同设计

建筑师们

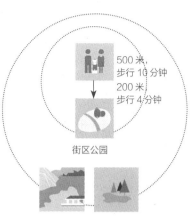

500 米，
步行 10 分钟
200 米，
步行 4 分钟

街区公园

休闲公园　　自然

景观设计

- 新区建设初始，就确立了生态式景观的目标。
- 新区四周被绿地包围。北部为受保护的自然景观"普雷斯德路"——一条有一百年历史的橡树林荫道，东部为帕佛瑟海德森林的一部分，南部为松树林。在设计初期就要求对这些文化景观加以考虑，作为重要的结构性元素被结合入了城市轴线。
- 规划区内绿化率仅为 6%，但是得益于布局与规模，在 200 米内，居民都可以到达绿地或者公园设施。希尔腾河两侧水渠是最主要的集中绿色区域，在新设计内被改造为滨水公共空间和游戏空间，成为核心景观元素。
- 片区内整体执行雨水收集体系，成为街道与街坊内绿地设计中的重要内容。在这一时代，是具有革新意义的——尤其是作为私人投资背景下，社会住宅占巨大总量的这一项目。
- 景观设计没有追求量（绿地率），而更强调其质量——生态、美学、生活的质量：通过一个全方位式的景观设计，使绿地不只是居民日常休闲生活中的一部分，在文化上、美学上也能和建筑及街道空间一样成为新城的品牌特征。这一目标基本得到了实现。

内院开放空间

承担生态功能的希尔腾河

图 28

工业物流发展区

阿姆斯特丹北岸更新区

火车站

图书馆

Nemo 科学中心

博物馆

阿姆斯特丹
都市区

地铁交通
前往阿姆斯
2公里
10 分钟地铁

EASTERN DOCKLANDS

2公里

阿姆斯特丹都市区

EASTERN DOCKLANDS

中心区

区域规划和总体规划 Region and Master Plan

区域规划背景

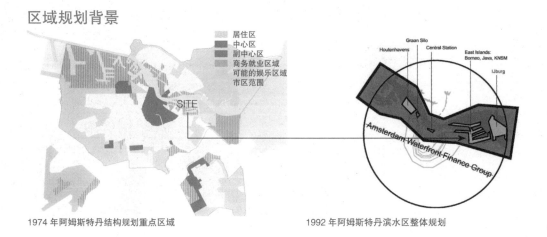

居住区
中心区
副中心区
商务就业区域
可能的娱乐区域
市区范围

SITE

Graan Silo
Central Station
East Islands:
Borneo, Java, KNSM
Houtenhavens
IJburg

Amsterdam Waterfront Finance Group

1974 年阿姆斯特丹结构规划重点区域　　　　　　1992 年阿姆斯特丹滨水区整体规划

邮轮港口　酒店

音乐厅

办公居住混合街区

图书馆

购物服务中心

Nemo
科学中心

博物馆

工业文创
改造街区

消防站

阿姆斯特丹滨水区最大的都市发展项目

- 1876~1927 年城市东部地区的前主港口
- 50 年代由于"二战"后集装箱运输方式而衰败
- 1978 年区议会决定对衰败的港口地区形成新开发方案
- 1985 年提出发展目标"在工作的地点生活"——个混合型居住功能开发方案
- 1989 年荷兰国家政府确立了该项目居住总量（第一阶段 8000+ 第二阶段 2000 个居住单元）的经济支持
- 1990 年确定规划设计方案
- 1992 年 Amsterdam Waterfron Finance Group 委托对阿姆斯特丹滨水区进行整体规划，计划整体建设。但由于投资方 ING-Bank 撤资，未能实施
- 1995~1998 年建设 Java 岛
- 2000 年东港地区共计容纳了 17000 人

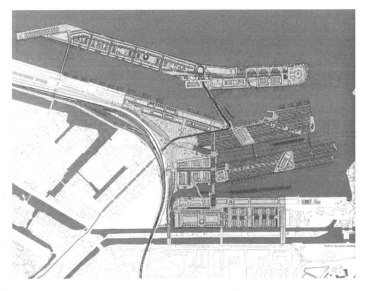

总体规划

Java 岛
1357　套住宅
45%　社会住宅
5000　平方米办公面积

Borneo/Sporenbur 岛
2500　套低层住宅
30%　社会住宅

KNSM 岛
2500　套低层住宅
50%　社会住宅

工业企业物流区

资助与管理

- 荷兰国家资助是本项目的重要经济来源。
- 因此本地区政府（Zeeburg）并未指导整体项目，而是由阿姆斯特丹都市区政府进行该项目的整体管理。
- 市政府指定了 15 名专业人员专项进行管理，协调业主、开发机构、住区组织、项目运营商、市民组织之间的关系。
- 50% 的建成住宅将为高资助比例的社会住宅，首先建成；其他 50% 的住宅总量资助比例较低，或仅为普通商业住宅。
- 与荷兰其他滨水规划不同，为了能尽快进入控规阶段，整体区域并未进行具有法规意义的总体规划，而是借助 Prof.Dijkstra 为主的委员机构，对城市设计层面给予咨询工作来提供规划控制。

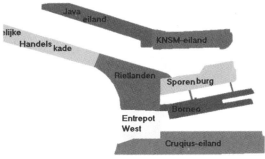

规划理念 Concept

在工作的地点，生活

IDEA
理念

图 1

理念 1:
岛状结构为开发单元

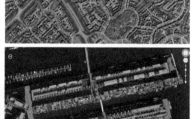

理念 3: 荷兰滨水都市活动的延续

理念 2:

规划形成核心城市型的高开发强度; 混合居住、
工作与休闲活动，尤其是滨水活动的利用

总图
KNSM 岛

Java 岛

Borneo/Sporenburg 岛

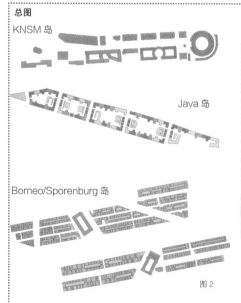

图 2

图 3

KNSM:
多样化建筑界定开放与变化的公共空间
Java:
简单的空间单元与水系的紧密结合，形成具有强烈传统品质的新居住模式
Borneo/Sporenburg:
传统建筑单元的现代性拼接

交通与公共空间 Traffic and Openspace

STREET
街道

- 高密集低尺度的道路体系
- 行人优先的混合型交通
- 绿化与静态交通的融入

高度复合型的街道空间，共同塑造有活力的城市公共活动。

Rietlanden（中心区域）规划为商业中心与开放公园

WATER
运河沿线公共空间

- 水体生态功能
- 水体交通功能
- 水体社会功能
- 水体文化功能
- 水体与建筑、城市空间的融合

图6

东港地区城市形态强度接近甚至超过了阿姆斯特丹历史传统城区，高层建筑进一步加强了这一特性，同时成为社会住宅的重要载体

公共文化设施集中区

邮轮港口

火车站

图7

图8

城市形态：Borneo/Sporenburg（岛历史与现代并峙的新格局）

人工设定的视觉轴线的介入

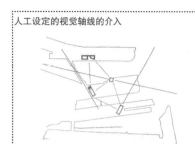

大型社会住宅融合复合性职能、公共空间，形成社会凝聚点，部分轴线被转化为公共绿地

介入要素粗暴性地打断稳定空间，但介入要素本身具有社会凝聚力，形成了缓冲与活力

图9

历史稳定空间模型

Volendam 荷兰，1952 年 Zuiderzee 的传统村庄

"整体计划灵感来自于前 Zuiderzee 的村庄，那里小而舒适的住宅依伴着水面，以这一模型为基础，以每公顷 100 单元的密度高密度，在 Borneo，Sporenburg 岛上共提供 2500 套低层住宅" —west 8 自述

较 Java 岛对阿姆斯特丹 Grachten 模式的精致模仿与美化，WEST8 远未满足于历史景观的现代阐释，这一空间模式更清晰地表达了时间流逝、潜在的社会矛盾、新价值观的介入，这些要素呈现强烈的并峙，这让穿行者难以忽视，在此驻足并思考。

两座岛屿上丰富的建筑类型

1250 套住宅，涵盖近 50 种空间类型，相当部分空间类型借助居民自我参与设计建造，进一步形成了多样性与个人性；社会住宅，集合住宅，高、中、低层建筑，自建住宅进一步赋予统一规划产品以丰富的美学与社会属性。

这是对新城集合化生产的重要突破。

图 10

地块单元作为生活与建筑基础模型 Patioblock as Unit

KNSM 岛屿街区型集合住宅，通过小型单元划分和立面设计，试图塑造多样化社会背景下的城市载体

Java 岛屿中一侧滨水的三层联排街坊，已经非常接近 Patioblock 模式

阿姆斯特丹历史河道沿线的 Patioblock

图 11

Borneo 岛部分地区划分地块后，出让了 60 处标准地块，由业主自行设计与建筑，再演了历史上城市中心街坊的开发模式。
就模式而言，这些建筑完全使用了 Gracten 滨水利用模式与开发模式。

Claus & Kaan　　Höhne & Rapp　　Arne van Herk　　Cees Christiaanse　　Liesbeth van der Pol

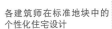

图 12

各建筑师在标准地块中的个性化住宅设计

Hans Tupker　　Marlies Röhmer　　Herman Zeinstra　　Van Berkel & Bos　　Willem Jan Neutelings

Ørestad, 哥本哈根　Ørestad, Copenhagen

Copenhagen
中心区

中央
火车站

哥本哈根大学，IT
大学的多所学院与
研究机构

Amager Fælled
保留生态绿地，不
进行开发

Bella Center
贝拉会展中心，会
议中心，高端酒店，
附属公寓等职能

Oerestad
St
火车站

Ørestad City
新城服务核心，综
合功能区。具有国
际商务，地区文化，
购物中心，办公

600 米

主干道，铁路、地铁
前往哥本哈根中心区
距离中心区 2 公里，机场 4.5 公里
15 分钟联系

Copenhagen
哥本哈根国际机场

E20 环城高速

哥本哈根
København

2 公里

Ørestad

哥本哈根
都市区

E20 跨海大桥

跨海铁路

Malmoe
马尔默

上位规划和组织决策 Upper Planning and Organization

区域规划的规划目标

区位背景

Ørestad 位于哥本哈根国际机场以西 4.5 公里，哥本哈根中心城区以南 2 公里。面积 3.1 平方公里 。

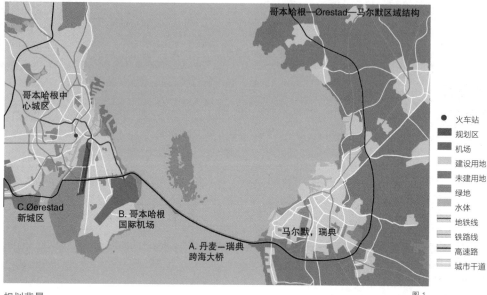

哥本哈根—Ørestad—马尔默区域结构

- 火车站
- 规划区
- 机场
- 建设用地
- 未建用地
- 绿地
- 水体
- 地铁线
- 铁路线
- 高速路
- 城市干道

图 1

规划背景

- 1991 丹麦政府年决定加强哥本哈根作为国家和国际经济中心的角色，希望它能更多吸引新型知识密集型产业，并以此带动整个国家的经济发展。在此背景下，设定了三项发展政策：A. 丹麦 – 瑞典跨海大桥；B. 哥本哈根国际机场；C.Ørestad 新城区。这三项空间要素将丹麦市中心城区与瑞典大陆、国际市场紧密联系起来。

- 2002，Ferring、Valby 等公司从瑞典马尔默、德国克里等地迁入 Ørestad 新城区。挪威养老基金 KLP 入驻 Ørestad 新城区，大量国际咨询公司也将分支机构放在这一区域。

时间进度

- 1991 年，通过建设 Ørestad 和地铁的决议
- 1992 年，通过关于 Ørestad 的立法
- 1993 年，成立 Ørestad 开发公司
- 1994 年，发起总体规划的国际竞赛，地铁建设开始
- 1995 年，ARKKI 被选定作为最终的设计机构
- 1997 年，建筑基地拍卖开始
- 2001 年，Ørestad 的第一座新建筑—Amager 医院的精神科开放
- 2002 年，地铁开通
- 2004 年，第一批 100 户居民入住 Oerestad 北区的 KAREN BLIXEN PARKEN
- 2005 年，Ørestad city 的 VM 住宅和 PARKHUSENE 的居民入住。完成对 Ørestad Syd 的规划
- 2006 年，Ørestad Syd 的第一处基址售出，住户达到 1739 人。丹麦国家广播公司的 2500 个工作人员进入 DR BYEN
- 2007 年，住户达到 3377 人。Ørestad Gymnasium（高中）开放
- 2008 年，第一家街道层次的食品杂货店—DøgnNetto 超市开始营业，此后更多家开始出现。

主要指标

规划人口：

3.1 平方公里

居住人口	20000 人
学生	20000 人
工作职位	80000 人
计划人口密度 64 人／公顷	

人口与工作岗位发展情况：

2004 年	100 个
2006 年	1739 个
2008 年	5410 个
2012 年	7445 个

2012 年工作岗位已经达到 12000 个。

重要区域级公共设施包括：

- 丹麦国家广播公司 DR，哥本哈根音乐厅
- 哥本哈根大学，IT University
- 丹麦最大的购物中心 Field's
- 斯堪的纳维亚最大的展览与会议中心 Bella Center，目前还在策划其扩展项目——斯堪的纳维亚地区最大的酒店。

总体规划 Master Plan

土地使用

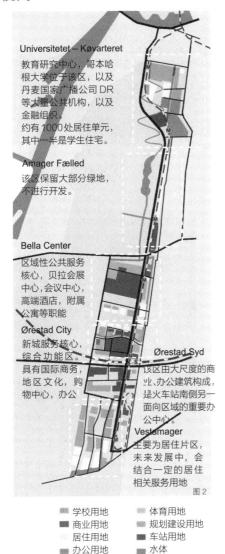

图2

空间结构—道路交通

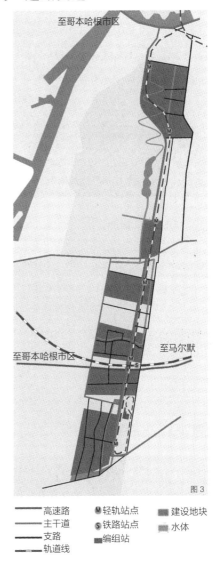

图3

图例（土地使用）：
- 学校用地
- 商业用地
- 居住用地
- 办公用地
- 体育用地
- 规划建设用地
- 车站用地
- 水体

图例（空间结构—道路交通）：
- 高速路
- 主干道
- 支路
- 轨道线
- 轻轨站点
- 铁路站点
- 编组站
- 建设地块
- 水体

商务指向型新城：

- 310 公顷用地中，1/3 为公园、绿地，2/3 为建设用地。
- 规划总体建设面积为 310 万建筑平方米，就其建设用地而言，开发强度超过 1。建设面积总量中，60% 为商业商务，20% 为居住，20% 为零售、文化、教育、运动、服务、休闲设施。
- Ørestad 最大的职能是商务发展，因此在各个片区中，商业商务用地成为绝对性总量。居住功能在各个组团中与其少量混合（部分组团甚至没有居住用地），以形成城市街区的活力品质。
- 高速公路与轨道交通廊道基本上成为城市功能的界定空间。

基础设施推动型的城市发展

- 哥本哈根火车站位于新城北侧，7 分钟可达。东侧在 10 分钟内，可以到达国际机场，这是一个极其典型的国际贸易型企业倾向性区位。
- 整个新区以轨道交通加快速交通廊道为主体依托线索，形成了线型结构的新城发展，沿线串联六个城区组团，每个单元具有极其优良的交通条件。
- 地铁南北贯穿新城，在六个组团分别设站。以轨道交通站点 500 米范围内，整个单元基本步行覆盖。
- 高速公路东西贯穿新城，通过立交与南北重要城市干道相联系，城市干道负责联系新城与城市中心区。
- Ørestad 中心组团位置是东西向高速公路与铁路（通往马尔默）的交叉点，赋予中心区更突出的交通优势。

351

城市设计 Urban Design

高度都市与自然品质的叠加

ARKKI 方案在竞赛中胜出的主要原因之一在于其将整体用地划分为四个主要的用地单元，单元内部强度与高度都予以提升，以形成自然环境与高都市密度之间的交替。

中心区组团 综合服务组团
Ørestad City

融合了城市设计内容的部分
法定规划成果

中心区部分建成效果

图 4

水系整体规划

公共交通与步行交通尺度下的城市空间

新城区高度重视以交通，尤其是公共交通为核心的基础设施品质，以此推动新区满足国际商务企业通勤交通与区域交通的双向需求。轨道交通站点成为每个组团的紧密核心，以此为中心的步行半径既是组团空间尺度，也是城市设计的尺度，在此范围内，汽车交通被有效控制，例如协调办公停车位与居住停车位分时段使用。

可持续性综合品质为目标的城市发展

水是总体规划中的重要元素——结构性要素与识别性要素。贯穿南北的水渠构成了新城中的游憩轴线，同时也是生态环境中的雨水收集与预处理空间，同时达到有效的暴雨管理目标。

水体设计

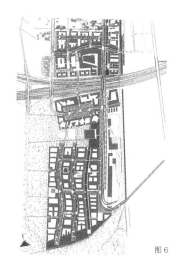

图6

ARKKI 对于 Vestamager 片区的设计中标
方案：兼具有机的城市设计形态与合理的
人行层面空间感受的"谨慎"创新。

革新性与舒适性兼具的城市空间

1994 年城市规划竞赛即提出：目标即为在建筑形式方面提供完全的艺术自由，以便使
Ørestad 的新街区能够在建设全时间内，无论在建筑还是艺术层级上，都可以展示国家级
的艺术水平。

尽管如此，作为一个面向市场、有明确地方文化导向的背景下，革新同时伴随的是对个体
生活品质——私人或公共的尊重与进一步强化。

图7

创新型住宅设计 Residential Area

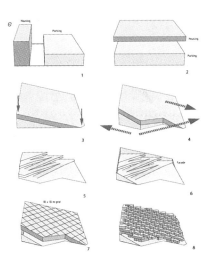

图8

BIG 将住宅与停车空间重新组织后，构成的 Mountain Dwellings（山居群）。住宅
需要阳光，停车需要街道。10 层建筑综合体中，所有的住宅单元均拥有阳光与阳台：
都市密度下的郊区品质。

通过精细的建筑设计，地下停车库同时可以自然采光通风。

2009 年获得世界最佳住宅奖（the world's best residential building）。

结语
Conclusion

新城发展触及城市规划一个根本性的目标：整体性地理解城市与社会，在这一基础上，具有科学性与创意性地去制造、协调、最佳化人居建成环境。新城在这个方面是个极端的案例。它的原则再次印证了如下表述："城市规划应在可提供的资源范围之内，进行系统性的资源、需求和可能性的研究，并作为城市增长发展政策调整的基础，这是一个政府就人居方面本质性的责任。"①
新城因此一直是一种重要的全球城市建设现象，包括在城市化与人口增长全面进入停滞期的国家。德国联邦政府在 2012 年的新城区城市建设报告中作出如下结语：一个人性化的、对城市环境有益的、生态环境可容纳的新城区将继续是城市发展的重要任务；这些大型城市项目显示出了它们对都市内城发展的现实性意义，也显现出它们以居住功能为载体，对城市中心城区、产业与空间塑造的巨大潜力……未来，新城区在城市发展政治领域仍然将拥有重心位置。②

新兴国家同样在利用新城作为城市化工具。即使在对新城规划模式最怀疑的时期，在欧美之外，这一模式的普遍性意义并未被怀疑。"当 Relph 提出'新城规划是一个过时的理论时（1987: 157），他只是指北部地区（北半球的发达国家）。新城规划作为一项国家政策在南部地区幸存了（南半球的发展中国家），例如埃及、巴西与尼日利亚，仍然具有显著的影响 (Stewart, 1996)。"③

20 世纪 90 年代亚洲新城规划初步启动，亚洲城市国家（新加坡）尤其如此，它们在 70~80 年代面临的城市建设背景与欧洲 20 世纪 50 年代的状况非常相似。更加突出的人口与经济压力，以及极其有限的土地储备迫使城市国家政府采用了欧洲第二代新城的形态模式与组织模式——社会住宅为核心的新城建设，高层建筑与高人口密度匹配的城市形态。就空间形态而言，韩国等中高人口密度国家也不同程度地选择了这一模式。

和欧洲第二代新城相比，它们从用地背景出发，谨慎地组织了小型、经济性的广场和绿地。这一模型在某些区域造成了与欧洲相似的社会问题※。但是受到亚洲居住环境整体紧缺的影响，或许还有文化背景的影响——亚洲城市与乡村住宅的历史城市环境，事实上并不是普遍性地具有宽敞舒适的品质。整体而言，社会问题在亚洲国家高密度新城中并不明显。

※ 例如香港的天水围，受到了交通区位的影响，社会问题人口的集中等问题，频繁发生家庭惨剧，形成香港社会问题最为突出的新城。

自 1990 年开始，中国现代新城快速发展。在短促地学习亚洲城市国家的高层高强度规划后，中国新城规划最终选择了相当多样化的空间模型，作出了极其接近欧洲第三代、第四代新城的一些尝试，例如上海安亭汽车城、苏州工业园等。

随着 20 世纪初开始逐渐席卷全球的国际化运动，关于世界的知识绝无仅有地通过电子通信媒体而传播。吉登斯说：全球化并未导致价值的相对化——这是一个没有他者的世界。

① CHARTA VON MACHU PICCHU: 1977, P. 2
② BBR-Online-Pubikation. Nr.01/2007
③ Jane Hobson: 1999, P.1

这一方面来自于知识：我们的知识体系在这个全球化的过程中，逐渐形成了大量的共识：国际性的共识与地方性的共识。知识体系的传递过程中，形成了经验的流动，形成了共识体系的可能性。这也是本次研究的基础性意义。另一方面，是我们的真实生活，地方性行动。世界一端的事件，会在世界另一端产生一个偏离甚至对立的结果。我们的生活受到发生在世界另一边的影响，另一方面我们的地方性行动也有全球性结果[①]。在中国快速城市化的今天，我们的城乡发展，我们在新城领域逐渐正在积累的丰富经验，是世界城市化发展、区域经济研究、新城的重要印证。这是本次研究计划完成的第二部分"中国新城规划理念与实践"意图进行的工作。

与此同时，我们在反思现代性：在不断更新的社会中，一个理想化的共识模型是否存在——这正是新城最终的发展目标。哈贝马斯将对绝对理性模型的反思，寄希望于沟通理性的建立之上，并强调两个关键点：与他人沟通时，我们提出有效性宣称的方式中包含参与公开对话的基本意图，该意图必定指向达成共识。这正是欧洲新城发展的道路，从蓝图型的绝对理性模型，到千方百计地设计渠道、构建沟通理性，其中的重要因素在于对一个城市的核心品质的认知共识，与建设这一核心品质过程中的广泛沟通、公开对话。这也许同样是中国新城发展的未来道路。

---

① Nigel Dodd：2002, P. 243

参考文献
References

I. Theorie理论：

I-I. New Town Planung新城规划

Barry Cullingworth ,Vincent Nadin: 英国城乡规划, 东南大学出版社，2011

Becker, Jessen, Sander [Wüstenrot Stiftung Ludwigsburg]: Ohne Leitbild? – Städtebau in Deutschland und Europa, Stuttgart: Krämer, 1999

Bundesamt für Bauwesen and Raumordnung: Neue Stadtquartiere Bestand und städtbauliche Qualitäten (BBR–Online–Publikation. Nr.01/2007), 2007

Bundesamt für Bauwesen and Raumordnung: Neue Stadtquartiere，Bestand und städtebauliche Bedeutung（BBSR–Analysen KOMPAKT 08/2012），2012

Bundesamt für Bauwesen und Raumordnung: Nutzungsmischung im Städtebau: 2000

BBSR Fachbeträge: www.bbsr.bund.de

Christopher Alexander, Sara Ishikawa, Murray Silverstein and Max Jacobson: A Pattern Language: Towns, Buildings, Construction, Oxford University Press, 1977

Deputy Prime Minister and the first Secretary of State (UK): Goverment' s Response to the Transport, Local Government and the Regions Committee Report: 'The New Towns: Their Problems and Future" (cm5685), London: The Stationery Office, 2002

European New Towns Platform: European News Towns Platform Newsletter (N). Issue No.4 November–December 2002.

Fisher, Robert: Urban Utopias in the Twentieth Century: Ebenzer Howard, Frank Lloyd Wright and Le Corbusier, New York: Basic Books, 1977.

Frederic Osborn& Arnold Whittick: The New Towns: The Answer to Megapolis, London, 1969,

Galantay, Ervin Y.: New Towns. Antiquity to the Present, George Braziller, Inc. New York 1975

Gemeente Amsterdam, Stadsdeel Zuidoost: 2001; Gemeente Amsterdam, Stadsdeel Zuidoost: 1994; Vernieuwing Bijlmermeer, Arena Boulevard: 2002

Golany, Gideon: New Towns Planning and Development: a World–wide Bibliography, Washington, D.C., Hong Kong, and London: Urban Land Institute, 1973

Golany, Gideon: New–Town Planning: Principles and Practice, New York: Wiley, 1976

Gordon Cullen: The Concise Townscape, Architectural Press, 1971

Pierre, Merlin: The New Town Movement in Europe. In: Annals of the American Academy of Political and Social Science, Vol. 451, Changing Cities: A Challenge to Planning (Sep., 1980), S. 76–85

Hardy, Dennis: From New Towns to Green Politics: Campaigning for Town and Country Planning, 1946–1990: From New Towns to Green Politics, Routledge Chapman & Hall, 1991

Hallwood Park, Hugh Pearman: The naked and the demolished: the scandalous tale of James Stirling' s lost Utopia, Architect, 01 Dec

2010

House of Commons & Communities and Local Government Committee(UK): New towns: Follows-up, London: The Stationery office Limited, 2008.

House of commons: The New Towns: Their Problems and Future (R).London: The Stationery Office Limited, 27th July 2002.

Howard, Ebenezer.: Garden Cities of Tomorrow, London: Faber, 1946

Huang, Shengli; Ning, Yuemin: Constructions and Implications of Foreign new towns. In: Modern Urban Research, H. 4, 2003. 黄胜利，宁越敏：国外新城建设及启示，现代城市研究，2003, 4

Hugh Pearman: The naked and the demolished: the scandalous tale of James Stirling's lost Utopia, Architect, 01 Dec 2010

Institut für Öffentliche Bauten/Städtebauliches Institut: Neue Stadtteile in Europa-Planung und Realisierung, Stuttgart: Magistrat der Stadt Wien,1999

Irion,Ilse; Sieverts, Thomas: Neue Städte, Stuttgart: Deutsche verlags-Anstalt, 1991

Jacobs, Jane: The Death and Life of Great American Cities, Random House, 1961

Busquets; Correa：Cities -X Lines, Approaches to City and Open Territory Design, 2006, Harvard University Graduate School of Design

Levin, P.H.: Government and the Planning Process. An Analysis and Appraisal of Government Decision-making Processes with Special Reference to the Launching of New Towns and Town Development Schemes, London: George Allen & Unwin Ltd, 1976

Le Corbusier: Kinder der Strahlenden Stadt, Stuttgart: Hatje, 1957

Lock, David: The new towns--their problems and future. (Off the Fence). In: Town and Country Planning, April 1, 2002

Michelle, Provoost: »New Towns« an den Fronten des Kalten Krieges Moderne Stadtplanung als Instrument im Kampf um die Dritte Welt. In: Archplus, H.183, 2007

Osborn, Frederic; Whittick,Arnold: The New Towns: The Answer to Megalopolis, New York: Cambridge, Mass., M.I.T. Press, 1963

Osborn, Fredric: Green-Belt Cities: The British Contribution, London: Faber and Faber, 1946.

Roullier, Jean-Eudes: Research and Innovation Representative: 25 years of French New Towns, Paris: Gie Villes Nouvelles de France, 1993

Rogers, Archibald C: Systems Design: An Overview. In: James Bailey, eds, New Towns in American: the Design and Development Process (M). New York: American Institute of Architects, 1970

R.Phillips David; G.O.Yeh Anthony: New Towns in East and South-east Asia, Planning and Development Hongkong, London: Oxford University Press, 1987

Riem, Freiham, Hirschgarten & Co.: Stadt warnt vor Neubau-Ghettos, 05.03.2013, http://www.tz.de/

Rybczynski, Witold: Behind the Façade, ARCHITECT, November, 2013

Saiki, Takahito; Freestone, Robert; Van Rooijen, Maurits: New Garden City of the 21s Century? Kobe: Kobe Design University, 2002

Stamp, Gavin: Building the towns of the future, BBC News, 15 May 2007

TCPA: The New Towns. Their Problems and Future, Memorandum Inquiry by the Urban Affairs Sub-Committee of the Transport, Local Government & the Region as Committee, House of Commons.

TCPA: 1899-1999 Tomorrow & Tomorrow - the TCPA's first hundred years, and the next....., Carlton House Terrace 1999 http://www.tcpa.org.uk/

TCPA (Town and Country Planning Association) http://www.tcpa.org.uk/

Tsenkova, Sasha: Places and People, Planning New Communities, Faculty of Environmental Design, University of Calgary, 2006

U. S. Department of Housing and Urban Development: Planning New Towns. National Reports of the U.S. and the U.S.S.R. 1981

VON HORST BIEBER: Die fünf Plagen der Städte, http://www.zeit.de（04.May.1973）

Ward, Colin: New Town, Home Town- The lessons of experience, Calouste Gulbenkian Foundation, London 1993

Zhang, Jie; Zhao, Ming: Theories and Practices on the New Towns' planning: Deduction of Garden City Theory-Reserch on the planning and design of new town centre area. Beijing: China Architecture & Building Press, 2005. 张捷，赵民：新城规划的理论与实践——

田园城市思想的世纪演绎，中国建筑工业出版社，北京，2005

I-II. Stadtplanungsthorie城市规划理论

BBSR Fachbeträge: Rückblick–Stadtentwicklung und Städtebau im Wandel. Q: http://www.bbsr.bund.de

BBSR Fachbeträge: Brigitte Adam, Kathrin Driessen, Angelika Münter: Wie Städte dem Umland Paroli bieten können, RuR 5/2008 Q: http://www.bbsr.bund.de

CHARTA VON MACHU PICCHU – Schlussdokument der Internationalen Tagung von Lima und Cuzco, Peru, 12. Dezember 1977

Collins.R, Collins.C: The Birth of Modern City Planning. New York: Phaidon Press, 1965.

Congrès international d'architecture moderne (CIAM): La Charte d'Athènes, 1943.

Deutscher Bundestag: Stadtebaulicher Bericht der Bundesregierung 2004: Nachhaltige Stadtentwicklung – ein Gemeinschaftswerk, 2004, Drucksache 1 5/4610

Eggert, Silke: Stadt– und Regionalplanung in Frankreich und Deutschland, München: Grin Verlag, 2002

Eliel, Saarinen: The City, its Growth its Decay its Future, New York: Reinhold Publishing Corporation, 1943

Gehl, Jan: Leben zwischen Häusern, Konzepte für den öffentlichen Raum, Jovis Verlag, 2011

Hall, Peter: Cities of Tomorrow, Cambridge: Basil Blackwell, 1989

Hall, Peter: The future of cities, London: University College of London, 1999

Jessen,Johann; Meyer, Ute; Schneider, Jochem; Wolf, Thomas: Stadtmachen.eu, Urbanität und Planungskultur in Europe, Wüstenrot Stiftung (Hg.), Stuttgart: Karl Krämer Verlag, 2008

Jessen, Jocher: Städte umbauen. Stuttgart, Universität Stuttgart, Diss., 2007

Lee, Seog–Jeong: Das Stadtbild als Aufgabe. Wege zu einer ganzheitlichen Stadtbildplanung. Stuttgart, Stuttgart Univ., Diss., 1995

Lynch, Kevin: The Form of Cities. In: Scientific America, Vol. 190, H. 4, 1954,

Lynch, Kevin: The Image of Cities, MIT Press (MA), 1960

Lynch, Kevin: Good City Form, The MIT Press, 1981

Mitscherlich, Alexander: Die Unwirtlichkeit unserer Städte, Anstiftung zum Unfrieden, Suhrkamp Verlag,1965

Micheau, Michael, Zhang Jie, Zou Huan: 40 ans d'Urbanisme en France, Social Sciences Academic Press (China) 2007

芒福德：城市发展史–起源、演变与前景，北京：中国建筑工业出版社，2005

Olsen, Donald J: Town Planning in London. The eighteenth & Nineteenth Centuries, London, Yale University Press, 1982.

Reinborn, Dietmar: Städtebau im 19. und 20. Jahrhundert, Kohlhammer, 1996

Sitte, Camillo: Der Städtebau nach seinen künstlerischen Grundsätze, Wien, Birkhäuser Architektur, 1909

Tagliaventi, Gabriele: The city of the Chancellor, or the polycentric model of the city within the city for Europe in the 21st century, 03.11.2011 www.avoe.org

Tang, Zilai: Influences of Conceptions on Postwar Urban Planning in The West. In: Urban Planning Forum, H. 6, 1998. 唐子来：理念对于西方战后城市规划的影响，城市规划汇刊，1998，S. 6

Trieb, M: Stadtgestaltung Theorie und Praxis, in Bauweltfundamente Bd. 43, Düsseldorf: Bertelsmann Fachverlag, 1974

Wildavsky, Aaron: If Planning is Everything, Maybe it's Nothing, Policy Sciences 4, Amsterdam, Elsevier Scientific Publishing Company, 1973, S. 127–153.

I-III. Sonstige Theorie其他相关文献

Charles, Correa: Housing and Urbanisation, London: Thames & Hudson, 2000

Bendix, Reinhard; Max, Weber: an intellectual portrait, California: University of California Press, 1977, S.100

Jencks, Charles: The Language of Post–Modern Architecture, New York: Rizzoli, 1984

Statistisches Bundesamt: Zensus 2011, BevölkerungBundesrepublik Deutschland

II. Beispiele实例:

Alison, Stenning: Living in the Spaces of (Post-)Socialism: The Case of Nowa Huta, School of Geography, Earth and Environmental Sciences, University of Birmingham, 2002

Berler , Alexander: New Towns in Israel, Transaction Publ, 1979

Bontje , Jolles: Amsterdam. The Major Projects, Amsterdam: Drukkerij Mart. Spruijt bv, 2000

DB Projektbau: Stuttgart 21 Zuführung Feuerbach und Bad Cannstatt mit S-Bahn-Anbindung, Stuttgart: DB ProjektBau GmbH, Projektzentrum Stuttgart 1, 2003

Hugh, Pearman: The naked and the demolished: the scandalous tale of James Stirling's lost Utopia. In: Architect, USA, December 2010

Katarzyna, Zechenter: "Evolving Narratives in Post-War Polish Literature: The Case of Nowa Huta (1950-2005)", The Slavonic and East European Review, Vol. 85, No. 4 (Oct., 2007), P. 683. An extract archived from the original on March 25, 2013. Retrieved March 25, 2013.

Le Corbusier: Kinder der Strahlenden Stadt, Stuttgart: Hatje, 1957

Mona, Helmy: Urban Branding Strategies And The Emerging Arab Cityscape - The Image of the Gulf City, Stuttgart: Fakultät für Architektur und Stadtplanung der Universität Stuttgart, 2008

Nimmo, Ian: The New Town, Edinburgh, John Donald Publishers Ltd, 1991.

Tobin, Jane: Ten years, Ten Cities. The Work of Terry Farrell & Partners 1991-2001, New York: Laurence King Publishing, 2002

European Community Initiative: www.nweurope.org

www.newtowns.net

www.valeurope-san.fr/info/UK/Phases_of_development/0201

• Almere, Niederlände

Becker, Jung, Schmal: Neue Urbanität: Europäischer Städtebau im 21. Jahrhundert, Salzburg: Pustet, 2008

Berndt, Petra Heidrun: Lernen von Almere. In: Bauwelt, H. 28 / 29, 1992, S. 1613

Feireiss, Kristin: Dutchtown Almere. Office for Metropolitan Architecture, [exhibition Aedes East Forum, 4. September bis 8. Oktober 2000] , Aedes, Berlin, 2000

Gemeente Almere: City Centre A to Z, 2005

Gemeente Almere: Economie in Almere, 2005

Gemeente Almere: For me, Almere is···., 2005

Gemeente Almere: Welcome in Almere, 2004

Gemeente Almere: Setting up your Business in Almere, 2004

Gemeente Almere: Ontwikkeling Centrum Almere Buiten,

Gemeente Almere: Balanced Growth. The Netherlands fifth largest city of tomorrow, 2001

Gemeente Almere: Werkstad - Almere Poort. wonen, werken, winnen, 2001

Hans Wolfgang Hoffmann : Vom Irgendwo ins Überall. In: Berliner Zeitung 04.12.1999

Huisman, Kasimir: Almere. the Birth of Transit City, In: Exhibitions International, 2001

Jessen Johann usw.: Stadtmachen.eu, Urbanität und Planungskultur in Europe, Wüstenrot Stiftung (Hg.), Stuttgart: Karl Krämer Verlag

Kay, Jane Holtz: In Holland, the pressures of American-style urban sprawl, The Christian Science Monitor from the October 03, 2002

Klaus Englert: Transformation einer Retortenstadt. In: Neue Zürcher Zeitung, 02.04.2004

Nationale Woningraad: Grensverleggend bouwen, 1992

Nationale Woningraad: Bouwen en wonen in de jaren negentig, 1990

Nawijn, K. E.: Almere new town: the dutch polder experience; city for people by people，Ijsselmeer Polders Development Authority, 1979

Powell, Kenneth: City Transformed: Urban Architecture At The Beginning Of The 21st Century, The Neues Publishing Company, 2000

Provincie Flevoland: De rode draad door Flevoland, 1999

Provincie Flevoland: Fakten und Zahlen des Zuiderzeeprojektes, 1998

Sebastian, Rizal : Multi–architect design Collaboration on Integrated Urban Complex Development in the Netherlands. In: J. of Design Research, Vol. 3, H. 1, 2003

Soeters, Hertzberger, Weeda: Lernen von Almere– Impressionen vom holländischen Siedlungsbau. In: Bauwelt, H. 29/29,1992

Weich, John: Almere: Last Exit to Utopia. In: Blueprint –London– Peter Murray, H. 206, 2003, S. 52–59

Isselmeerpold in Wort und Bild: Ungeahnter Raum, Staatlichen Dienststelle IJsselmeerpolder in Lelystad

Planung und Formgebung

www.planum.net/4bie/projects.htm

www.almere.nl/

Dr H. Zondag, Urban Planner, Section Spatial Planning, Directorate of Urban Development 直接提供的相关资料

• Bijlmermeer, Amsterdam

Gemeente Amsterdam, Stadsdeel Zuidoost: Southeast–Quite a city District, 2001

Gemeente Amsterdam, Stadsdeel Zuidoost: From Bindelmere to Southeast City District, 1994

Gemeente Amsterdam, Stadsdeel Zuidoost: City Centre A to Z, 1994

Gemeente Amsterdam: Zuidas Projekten, 2005

Gemeente Amsterdam, Dienst Ruimtelijke Ordening: City on the Water– Amsterdam on The IJ

Helleman, Gerben&Wassenburg, Frank: The renewal of what was tomorrow's idealistic city. Amsterdam's Bijlmermeer high–rise, 2003

Leeming, Shakur: Emerging Problems of Urban Regeneration in the Multiply Deprived Area of Bijlmermeer (Amsterdam) : in Shakur, T. (ed.), Cities in transition: transforming the global built environment, Liverpool: Open House Press, 2005.

Leeming, Karen; Shakur, Tasleem: Welcoming Difference or Wily Dispersal? Emerging Problems of Urban Regeneration in the Multiply Deprived Area of Bijlmermeer (Amsterdam). In: GBER, Vol. 3 H. 3, 2003, S. 61－72.

Leeming, Karen; Shakur, Tasleem: Emerging Problems of Urban Regeneration in Mutiply Deprived Area of Bilmermeer (Amsterdam). In: International City Planning, Vol. 22, H. 4, 2007, S. 37–42 阿姆斯特丹一个多重匮乏地区在城市复兴过程中涌现出来的问题，国际城市规划 2007 年第 4 期

Physical Planning Departement, City of Amsterdam: The Development of Amsterdam Southeast, 2002

Physical Planning Departement, City of Amsterdam: Planning Amsterdam – Scenarios for urban Development 1928–2003, Rotterdam: NAi Publishers, 2003

Projectbureau Vernieuwing Bijlmermeer: The Bijlmermeer Renovation – Facts & figures, Amsterdam: Bijlmermeer Renovation Planning Office, 2008

F. Wassenberg: Large Housing Estates: Ideas, Rise, Fall and Recovery: The Bijlmermeer and beyond (Sustainable Urban Areas), IOS Press, 2013.

Juergen, Vandewalle: The Story of Bijlmermeer–a historicist Experiment, http://issuu.com/

• Cergy, Frankreich

Auclair; Vanoni: France. National Spatial Developments, http://repositories.cdlib.org/escholarship

Barthélémy, Michelangeli and Trannoy: Using Housing Price Index to Measure Urban Renovation Policy in Paris, Università Commerciale Luigi Bocconi, Econpubblica, Paris: Centre for Research on the Public Sector, 2004

CARLO, Laurence de: Reducing Violence in Cergy or Implementing Mediation Processes in Neighborhoods near Paris, 2002

Charre, Alain: Citylab : Review of Urban Design and Planning – Paris extra-muros Cergy-Pontoise · Toyko · Shanghai · Doï Tung, Beigien, 2005

Communauté D'Agglomération: Cergy-Pontoise 2020

Etablissement Public D'amenagement De La Ville Nouvelle De Cergy-Pontoise & Institut Francais D'architecture. Paris : Cergy-Pontoise. Vingt ans d'aménagement de la ville. 1969–1989, Editions Moniteur Images, Paris, 1989

Establissement Public D'Aménagement de Cergy-Pontoise: Cergy-Pontoise,1999

Establissement Public D'Aménagement de Cergy-Pontoise & Danikaravan: Axe Majeur. Cergy-Pontoise. In: Beaux Arts Special, Issue 35 F

Etablissement Public D'Amenagement Cergy Pontoise: Beaux Arts Magazine– Axe Majeur Cergy-Pontoise, Paris, 1994

Etablissement Public D'Amenagement Cergy Pontoise: Cergy-Pontoise : A Town in its Time, Paris, 1994

Etablissement Public D'Amenagement Cergy Pontoise: Cergy-Pontoise, Paris, 1999

Etablissement Public D'Amenagement Cergy Pontoise: Contrats d'objectifs [Housing operation, objective contract] Opération Habitat, Cergy, France: Service of Public Housing, 1998

Tagliaventi, Gabriele：The city of the Chancellor, or the polycentric model of the city within the city for Europe in the 21st century. http://www.avoe.org/

Laligant, Sophie: Suburban Forest Or Forest-Ringed City, La perception de la forêt, Paris 25, 26, and 27 November 2002

Pletsch, Alfred：Paris im Wandel, Verlag Moritz Diesterweg, Frankfurt 1989

Province of Flevoland: Getting to the bottom of Flevoland, Evers Litho en Druk 2002

Restany. Pierre, Dani Karavan. L'Axe Majeur Cergy-Pontoise

HdA Dokumente zur Architektur 2: Experiment Stadt , Graz 1994

Tank, Hannes: Paris auf dem Weg ins Jahr 2000, http://sowiport.gesis.org/

Tourisme-Seine- Et- Marne; Connte Regonal dn Tourisme: Informations- Reservations: Villes Nouvelles en Ile- de-France, 1999

Warnier, Bertrand: Cergy-Pontoise. Du Projekt à la Réalité. Atlas Commenté , Hayen: Pierre Mardaga éditeur, 2004
www.cergypontoise.fr

与 Cergy Pontoise 总规划师 Betrand Warnier 的个人访谈，2005

1960-1973 City planner at the I.A.U.R.P. (Town Planning Institute of the Paris Area) and at the Public Development Corporation of the New Township of Cergy-Pontoise/ France.

1973-1996 Head of Town Planning Studies at the Public Corporation of the New Township of Cergy-Pontoise/ France and Head of the Prospective Department.

• Chandigarh, India

Prakash, Vikramaditya: Chandigarh's Le Corbusier: The Struggle for Modernity in Postcolonial India (Studies in Modernity and National Identity), University of Washington Press 2002

Scheidegger, Ernst: CHANDIGARH 1956, Le Corbusier and the Promotion of Architectural Modernity, Scheidegger and Spiess 2010

Hall, Peter: Cities of Tomorrow, Cambridge: Basil Blackwell, 1989 P. 237-239

勒·柯布西耶 / W·博奥席耶：勒·柯布西耶全集，第 5 卷 1946 ~ 1952 年，中国建筑工业出版社，2005.

勒·柯布西耶 / W·博奥席耶：勒·柯布西耶全集，第 6 卷 1952-1957 年，中国建筑工业出版社，2005.

Shipra Narang Suri: Making Indian Cities Liveable: the Challenges of India's Urban Transformation, ISOCARP I REVIEW 07
http://quadralectics.wordpress.com

https://agingmodernism.wordpress.com/2010/02/04/le-corbusiers-chandigarh/

http://grahamfoundation.org/grantees/5050-casablanca-chandigarh-a-report-on-modernization

https://superradnow.wordpress.com/2012/05/30/the-treasures-of-chandigarh/

Indian District Database (http://www.vanneman.umd.edu/districts/index.html)

Official website of the Chandigarh Administration (http://chandigarh.gov.in/)

• Freiburg Rieselfeld, Germany

Humpert, Klaus: Stadterweiterung: Freiburg Rieselfeld. Modell f ü r eine wachsende Stadt, Avedition, 1997

Feldtkelle, Andreas: Städtebau- Vielfalt und Integration, Neue Konzepte f ü r den Umgang mit Stadtbrachen, Deutsche Verlags-Anstalt DVA, 2001

Projektgruppe Rieselfeld Dezernat I: "Der neue Stadtteil Freiburg-Rieselfeld, ein gutes Beispiel nachhaltiger Stadtteilentwicklung" www.rieselfeld.freiburg.de

• Frankfurter Nordweststadt, Germany

Gleiniger, Andrea: Die Frankfurter Nordweststadt : Geschichte einer Großsiedlung, New York: Campus-Verl., 1995

Holl, C: Frankfurt-Nordweststadt, 1961-72...In die Jahre gekommen. In: Deutsche Bauzeitung, H: 6/01, S. 97-100

Irion,Ilse; Sieverts, Thomas: Neue Städte, Stuttgart: Deutsche verlags-Anstalt, 1991，p102-129

Frankfurter Buergeramt: Frankfurter Statistische Berichte 2/3'2009, ISSN 0177-7351

http://www.aufbau-ffm.de/

http://www.aufbau-ffm.de/

http://www.nwz-frankfurt.de

http://www.geopfad-frankfurt.de/docs/station_04.html

• Harlow, England

Costain, Sir Richard: Challenge of the New Towns (With Particular Reference to Problems and Opportunities Met in the Development of Harlow, England). In: British Affairs, H. 2, Sep. 1958, S.103-106

Cullen, Gordon: New Harlow. Plans for Proposed New Town. In: Architectural Review, Vol. 88, H. 3. 1948, S. 56

Fisher, John L.：Harlow New Town a Short History of the Area Which It Will Embrace，California: Harlow Development Corporation, 2009

Furlong, Monica.: Harlow New Town. In: Spectator, No. 6901, 1960

Gibberd, Frederick：Harlow，The Story of a New Town, Publications for Companies, Cutting Hill House, Benington Stevenage 1980

Gibberd, Frederick：Harlow New Town: a plan prepared for the Harlow Development Corporation，Ort: Harlow Development Corporation, 1952

Gibberd, Frederick: Housing- At Harlow New Town. In: Architects Journal, Vol.136, 1962, S. 375-379

Hamnett, Victor: Progress in the New Towns. Harlow. In: Journal of the Royal Institution of Chartered Surveyors, Vol. 33, 1954, S. 477-483

Harlow Council : Performance. Matters Best Value Performance Plan 2004/05

Harlow Council : Harlow's action plan for the year 2020

Harvey, B. Hyde: The Application of the New Towns Co ncept. 2-Harlow New Town, Great Britain. In: International Union of Local Authorities Quarterly, Vol.10, 1958, S. 428-431

Jones, Ken.: A New-Town Centre. In: Town and Country Planning. Vol. 33, 1965, S.101-103

Joseph, Sir Keith: "Harlow and Stevenage Asked to Study Expansion". In: Surveyor, Vol.121, 1962, S. 354-355

Harlow District Council: Harlow: A Comparison with Essex: 2001 Census, 2003

www.roysharlow.co.uk/

www.harlow.gov.uk/

www.harlowtown.net/

www.proviser.com/regional/local_authorities/harlow/

www.newtowns.net/newtowns/Members/Harlow

www.luphen.org.uk/public/2005/2005river_stort.htm

● Hamburg Hafenstadt, Germany

Kraft–Wiese, Brigitte: Stadt am Hafen, Hafenstadt : Projekte für d. Elbufer; [Katalog zur Ausstellung], Hamburg: Christians, 1986

Am Sandtorpark GmbH & Co KG: A pleasure doing business, www.coffeeplaza.de

Behörde für Stadtentwicklung und Umwelt der Freien und Hansestadt Hamburg: Hamburg macht Pläne – Planen Sie mit! 2011

Behörde für Stadtentwicklung und Umwelt der Freien und Hansestadt Hamburg: Sturmflut–Hinweise für die Bevölkerung in der HafenCity und der Speicherstadt, 2014

Gesellschaft für Hafen–und Standortentwicklung mbH: Staedtbauliche Wettbewerb(1,2),1999

Gesellschaft für Hafen–und Standortentwicklung mbH: Masterplankonzeption(1,2),1999

Gesellschaft für Hafen–und Standortentwicklung mbH: Die spuren der Geschichte (1,2),2001

Gesellschaft für Hafen–und Standortentwicklung mbH: Stadtbau, Freiraum und Architektur,2002

Gesellschaft für Hafen–und Standortentwicklung mbH: Die aktuellen Projekte,2002

http://www.hafencity.com.

● Hannover Kronsberg, Deutschland

Karin, Rumming: Modell Kronsberg – Ecological Optimisation at Kronsberg

Krause, Alexander; Sayani, Arif: Planning New Communities, Case Studies– Kronsberg, Germany. In: Places And People: Planning New Communities, Faculty of Environmental Design University of Calgary, 2006, S. 31–34,

Landeshauptstadt Hannvoer und Kuka (Kronsberg–Umwelt–Kommunikations–Agentur) GmbH: Realisierung einer nachhaltigen Planung, 2000.

Landeshauptstadt Hannvoer Umweltdezernat /Baudezernat :Handbuch Hannover Kronsberg, Planung und Realisierung,2004

Landeshauptstadt Hannvoer Umweltdezernat /Baudezernat : Modell Kronsberg, Nachhaltiges Bauen für die Zukunft Sustainable Building for the Future,2004 ISBN 3–00–006942–9, 2000

● Hook, England

London Country Council: The Planning of a New Town. Data and design based on a study for a New Town of 100,000 at Hook, London: Hampshire, Alec Tiranti, 1961

● Kirchsteigfeld, Deutschland

Bundesamt für Bauwesen und Raumordnung: Nutzungsmischung im Städtebau, 2000

Free Planungsgruppe Berlin GMBH: Zwischenbericht zur Rahmenplanung Kirchstegfeld Potsdam– Drewitz, 1997

Stollenwerk, Anne: Das Kirchsteigfeld in Potsdam– Entstehung eines europäischen Stadtteils, Rheinische Friedrich–Wilheilms–Universität, Bonn 2004

Krier, Rob& Kohl, Christoph: Potsdam Kirchsteigfeld– Eine Stadt entsteht, Bensheim 1997

Krier, Rob: Town Spaces– Contemporary Interpretations in Traditional Urbanism, Bilkhläuser. Basel, Berlin, Boston 2007

Im Berliner Umland: neue Wohnsiedlungen Groß Glienicke, Kirchsteigfeld, Gartenstadt Falkenhöh. Wohnungspolitik Ost. In: Bauwelt 41/1995.

Neal , Peter & HRH The Prince of Wales: Urban Villages and the Making of Communities, Taylor & Francis, 2003

Unternehmensgruppe Groth+Graalfs: Kirchsteigfeld. Projekt. Potsdam, Brandenburg, 1993

www.grothgruppe.com

www.krierkohl.com

http://www.archkk.com/portfolio/kirchsteigfeld-potsdam/

https://www.potsdam.de/content/am-stern-drewitz-kichsteigfeld

www.potsdam-abc.de

与波茨坦市前规划局长 Roehbein 的个人访谈以及其提供的大量规划文献

• Kop Van Zuid, Netherland

Kop van Zuid Communications Team: Flyer "City of Tomorow.", Schiedam, 2002

Kop van Zuid Communications Team: Flyer "Kop Van Zuid Rotterdam, History", Schiedam, 2002

Informatiecentrum Kop van Zuid: Flyer "Straatnamen Kop Van Zuidrotterdam ", Rotterdam, 2000

Kop van Zuid Rotterdam Information Centre: Flyer "Walking over the Kop van Zuid", 2000

http://www.kopvanzuid.rotterdam.nl, zugegriffen 2003

• Milton Keynes, England

Hobson, Jane: New Towns, the modernist planning project and social justice – the cases of Milton Keynes. In: Working Paper, H. 108, 1999, UK, EGYPT

Toy, Maggie: New Towns, Architectural Design, Academy Editions, London, 1994

Mark, Clapson: A Social History of Milton Keynes, Psychology Press, 2004

Causer, Peggy & Park Neil：Portrait of the South East，Office for National Statistics，2010/11

Hetherington, Peter：Milton Keynes to double in size over next 20 years，5 January 2004 http://www.theguardian.com/uk/2004/jan/06/regeneration.immigrationpolicy

Walker, Derek: The Architecture and Planning of Milton Keynes, Architectural Press, 1982

姜涛：由米尔顿·凯恩斯新城规划看当代城市规划新特征,《规划师》2002 年第 04 期

New Towns, AD Architectural Design, 1994

Milton Keynes Council：Local Economic Assessment Refresh 2013

Milton Keynes Council: Milton Keynes-Local Economic Assessment, March 2013

Milton Keynes Council: The Milton Keynes (Urban Area and Planning Functions) Order 2004,No. 932,2004

Milton Keynes Partnerschip: The new Plan for Milton Keynes- options for growth, 2005

http://www.bdonline.co.uk/the-vision-for-milton-keynes/3092395.article

http://www.milton-keynes.gov.uk/

https://www.dmoz.org/Regional/Europe/United_Kingdom/England/Buckinghamshire/Milton_Keynes/

http://www.investmiltonkeynes.com/

https://www.thegazette.co.uk/London/issue/44233/page/827

http://www.visionofbritain.org.uk/unit/10100215

• München Messestadt Riem, Germany

Barth, Manuela: Messestadt Riem – Wo München abhebt: Diskursanalyse von Vorstellungsbildern eines neuen Stadtteils, Herbert Utz Verlag, München, 2008

Hafner, Sabine & Miosga, Manfred：Grossprojekte in München im Spannungs-feld zwischen wettbewerbsorientierter Stadt entwicklungsstrategie, sozialer Integrationund ökologischen Belangen, P 171 · 4/2007

Landeshauptstadt Munchen: Messestadt Riem – Wohnen, 2007

Landeshauptstadt München: Messestadt Riem; Städtebaulicher Konzeptplan; 2007

Landeshauptstadt München: Bauherrenpreis für Wohn-Gewerbebauten, 2007.

Landeshauptstadt Munchen: Messestadt Riem – Leitlinien zur Gestaltung, 2007

Landeshauptstadt Munchen: Modell Messestadt Riem, 2007

Landeshauptstadt München: Messestadt Riem, Ökologische Bausteine Teil III, Leben in Riem? Aber natürlich!, München 2001

Landeshauptstadt Munchen, Kommunalrefarat, Vermessungsamt: Messestadt-Riem, Oktober 2004

Landeshauptstadt München: Städtebaulicher Pfad, 2005.

Landeshauptstadt München: Modell Messestadt Riem, 2007

http://www.messestadt-riem.com 2003

http://www.muenchen.de/Rathaus/plan/projekte/messe_riem

• Tapiola, Finland

Hertzen; Spreiregen: Building a New Town. Finland's New Garden City, Tapiola: The MIT Press, 1971

City of Espoo：Tapiola Projects Review 2007，2007

Irion,Ilse; Sieverts, Thomas: Neue Städte, Stuttgart: Deutsche verlags-Anstalt, 1991，p128-152

http://www.mfa.fi/(Museum Of Finnish Architecture)

http://www.espoonkaupunginmuseo.fi/materiaalit/muut_aineistot/tapiola50

https://at1patios.wordpress.com/

https://cristinaolucha.files.wordpress.com/

http://urbanfinland.com/

• Tübingen Süd (Französisch viertel), Deutschland

Feldtkeller, Andreas: Städtebau: Vielfalt und Integration. Neue Konzepte für den Umgang mit Stadtbrachen, Deutsche Verlags-Anstalt DVA, Stuttgart/München, 2001

Niedersachsenbüro:Neues Wohnen im Alter: www.neues-wohnen-nds.de/downloads/ Tuebingen.pdf.

Neue Wege in der Stadtentwicklung

Tuebingen Stadt :Neue Wohnformen als Antwort auf städtebauliche Herausforderungen

http://www.wissenschaft-online.de/sixcms/detail.php?id=1031649&_druckversion=1

http://www.werkstatt-stadt.de/en/projects/74/

• Wasserstadt, Deutschland

Wasserstadt GmbH：Vorner Wellen, hintern Weltstadt Leben in der Rummelsburger Bucht

Wasserstadt GmbH：Drei Architekten, beispielhafte Entwürfe – Vielfalt für Baugruppen

Wasserstadt GmbH：Gestaltplan（Wasserstadt Berlin – Oberhavel），2001

Wasserstadt GmbH：Fortg. Rahmenplaln（Wasserstadt Berlin – Oberhavel），18.04.2002

Wasserstadt GmbH：Baublockplan（Berlin-Rummelsburger Bucht），29.04.2003

Wasserstadt GmbH：Realisierungsplan（Berlin-Rummelsburger Bucht），06/2004

www.wasserstadt.de 200305，

http://www.baugruppe-berlin.de/ angeriffen 200305

• Ørestad, Copenhagen

Majoor, Stan: Contested Governance Innovation: the case of Ørestad, Copenhagen

Hansen, Jane: Transport impacts of the copenhagen metro, Trafikdage på Aalborg Universitet 2006

Københavns Kommune Teknik–og Miljøforvaltningen：Ørestad City Center, 2013

Københavns Kommune Planorientering：Lokalplan nr. 277, 1997

Københavns Kommune Teknik–og Miljøforvaltningen: Lokalplan nr. 448 med tillæg nr. 1, 2013

Danish Ministry of the Environment: Ørestad － the blue and green economic driver in Copenhagen,

By&Havn: Copenhagen growing– the story of ørestad

By&Havn: Ørestad, expanding copenhagen city

By&Havn: Status memo

http://www.ckarlson.com/blog/2011/9/29/rotch–case–study–dr–concert–hall.html

http://www.byoghavn.dk/english.aspx

http://www.orestad.dk/

http://www.arcspace.com/image–library/

http://www.arcspace.com/features/daniel–libeskind/

图片来源
Image Source

图 1.2　Galantay, Ervin Y.: 1975, P. 3

图 1.3　Bill Brandt 1939–43, Dewi Lewis Publishing

图 1.4　www.rieti.go.jp (Daedok); product.e–cluster.net (Banwol)

图 1.5　http://www.tsukubainfo.jp/download/download.html#target03，http://www.sipa.gov.tw/pic/pubdata/news/201102221620100. JPG

图 1.6　http://fordabroad.com/?p=732

图 1.7　http://www.aboutbrasilia.com

图 1.9　a: Light, Chris: 2008; b, c: Creative Commons Attribution Share Alike 2.0: 2008; d: www.tu–harburg.de/b/kuehn/lecorb.html; e: 1961, www.deutsche wochenschau.de

图 1.10　阿姆斯特丹结构规划的调整内容（阶段 B/C），1981 年 11 月

图 2.3　map1–europe.com/map1608268_0_0.htm

图 3.1　http://www.worldfloorplans.com/floorplans/Burj–Khalifa–Master–Plan.shtml; http://designhome.pics/hotels–burj–khalifa/22/burj–khalifa–night/; http://www.oma.eu;http://www.portzamparc.com/en/projects/de–citadel/

图 4.2　New York Regional Survey, Vol 71929, http://pedshed.net/?p=3

图 4.3　http://pedshed.net/?p=31

图 4.5　Ward, Colin: a.a.O. P. 47

图 4.6　http://www.harlow.gov.uk/

图 4.7　http://www.espoo.fi/fi–FI/Asuminen_ja_ymparisto/Kaupunginosat/Tapiola/Historiakuvia_Tapiolasta/Heikki_von_Hertzen_ja_Aarne_Ervi(40093)

图 4.8　UK Census of Population 2001.

图 5.2　Le Corbusier: 1957, P. 14, 15

图 5.5　http://galleryhip.com/ville–radieuse.html

图 5.6　http://www.fondationlecorbusier.fr/; http://albertojimenezmoreno.files.wordpress.com

图 5.8　荷兰大规划，P. 18, 20, 22

图 5.9　http://www.local–life.com/krakow/articles/krakow–nowa–huta; Park Tysiąclecia in Nowa Huta at Fotodokumentacja NH 2011

图 5.11　Irion, Sieverts: 1991, P. 102

图 5.13　Irion, Sieverts: P. 89; http://de.wikipedia.org/wiki/Emmertsgrund#mediaviewer/File:Emmertsgrundpassage_2013.jpg; http://www.die-stadtredaktion.de/2013/09/stadt/stadtteile/emmertsgrund–stadtteile/film–ueber–heidelbergs–stadtteil–emmertsgrund/attachment/pd_13_09_03_emmertsgrund_film_by_swr/; http://www.die–stadtredaktion.de/2012/03/ressorts2/xtras/event/wie–geht–es–weiter–mit–den–ideen–fur–den–emmertsgrund/

图 5.14　http://www.exhulme.co.uk/

图 5.17　http://www.skyscrapercity.com/showthread.php?t=859444; http://wg.soup.io/post/236743433/Southgate–estate–in–Runcorn–by–James–Stirling; http://www.exhulme.co.uk/ w

图 5.19　www.indymedia.org/es/2005/11/827283.shtml; www.msnbc.msn.com/id/12812186/

图 5.20　http://www.spacesyntax.com/zh-hans/project/%E4%BC%A6%E6%95%A6%E9%AA%9A%E4%B9%B1/

图 5.21　http://manchesterhistory.net/manchester/gone/crescents.html

图 6.4　http://www.architectural-review.com/archive/1951-august-south-bank-translated-by-gordon-cullen/8616030.article#

图 6.8　Gemeente 阿尔默勒 : 2005

图 7.2　阿姆斯特丹 nooord.tmp, P. 57

图 7.5　阿姆斯特丹 Noord.tmp, P. 55

图 7.14　2009, www.stadtentwicklung.berlin.de/bauen/entwicklungsgebiete/de/wasserstadt.shtml; 2003, www.wasserstadt.de

图 7.18　http://www.kopvanzuid.rotterdam.nl

图 7.22　Landeshauptstadt Hannover & KukaGmbH: 2000, P. 4; Karin Rumming: 2004, www.Hannover-Stadt.de

图 7.24　Statistischer Informationsdienst Landdeshauptstadt: Bevoelkerungsentwicklung der Landeshauptstadt Potsdam von 1991-2005, 2007, P. 13

图 7.25　Joan Busquets, Felipe Correa：Cities: X Lines-, Approaches to City and Open Territory Design, 2006, Harvard University Graduate School of Design, P. 152

图 7.26　http://www.west8.nl/projects/all/borneo_sporenburg/

图 7.27　https://edithnebel.wordpress.com/tag/scharnhauser-park/

图 7.29　Blue+green, P. 1

图 8.1　http://www.demographia.com/db-paris-history.htm

图 8.4　Aspern Airfield Masterplan, P. 2

图 8.5　BBSR 2012, P. 8

Harlow, England

图 1: Gibberd, Frederick: Harlow, 1980, P. 6; 注：图片编辑

图 2: Gibberd, Frederick: Harlow, 1980, P. 12

图 3: Gibberd, Frederick: Harlow, 1980, P. 10; 注：图片编辑

图 4: Gibberd, Frederick: Harlow, 1980, P. 37

图 5: a: ODPM Publications: Update: Delivering Sustainable Communities magazine, 2003;

图 b: www.odpm.gov.uk/housing, P. 12

图 6: a: Gibberd, Frederick: Harlow, 1980, P. 297; b:

http://www.harlow.gov.uk/about_the_council/council_services/community_and_customer_service/c
ommunity_leisure_cultural/leisure_sport_arts_culture_an/arts/community_arts_groups/dance_grou
ps.aspx

图 7: Gibberd, Frederick: Harlow, 1980, P. 37

图 8: Gibberd, Frederick: Harlow, 1980, P. 54, 55; 注：图片编辑

图 9–11: Gibberd, Frederick: Harlow, 1980, P. 54, 55; 注：图片编辑

图 12: 自行绘制

图 13: Gibberd, Frederick: Harlow, 1980, S.54, 55; 注：图片编辑

图 14: a: http://blog.jacobemerick.com/tag/waterfalls/; b: http://www.waterscape.com/in-yourarea/
essex/harlow;

图 15: Harlow City, Essex Country Council: Heritage Trail & the Sculpture- Cycle Tracks in Harlow,
www.harlowbug.info.

图 17:Gibberd, Frederick: Harlow, 1980, P. 2

图 18: a. http://www.bbc.co.uk/essex/content/image_galleries/harlow_gallery.shtml?11

b.http://www.flickr.com/photos/24018267@N00/6837088582/sizes/l/in/photostream/···

图 19: Gibberd, Frederick: Harlow, 1980, P. 297

图 22–24 : Gibberd, Frederick: Harlow, 1980, P. 54, 55; 注：图片编辑

图 25: a: Harlow City, Essex Country Council: Heritage Trail & the Sculpture- Cycle Tracks in Harlow, www.
harlowbug.info; b, c: http://www.visitharlow.com/places-to-visit--things-to-do/harlowsculpture-
collection/the-collection; d: http://www.henry-moore.org/works-in156
public/world/uk/harlow/water-gardens/harlow-family-group-1954-55-lh-364..

图 26: Gibberd, Frederick: Harlow, 1980, P. 38

图 27: Gibberd, Frederick: Harlow, 1980, P. 43.

图 28: a: http://www.markridgwell.co.uk/Albums/2001/2001-05-
10_Harlow_Town_Park/Harlow_Town_Park_-_Snow/; b: Gibberd, Frederick: Harlow, 1980, S.

图 29–30: Gibberd, Frederick: Harlow, 1980, P. 52; 注：图片编辑

图 31: Gibberd, Frederick: Harlow, 1980, P. 138; 注：图片编辑 .

图 32: a: Gibberd, Frederick: Harlow, 1980, P. 138; 注：图片编辑；b: Gibberd,

Frederick: Harlow, 1980, P. 324; 注：图片编辑

图 33:a:http://www.pilotcities.eu/index.php?option=com_content&view=article&id=53&Itemid=36;

b: 自行绘制

图 34: Gibberd, Frederick: Harlow, 1980, P. 138; 注：图片编辑

图 35: a: http://andrew–johnson.org/2011/03/02/regeneration–of–harlow–market/; b: Harlow Council:

Harlow 2020, 2001, P. 8; c: 自行绘制；d: http://www.harlowtown.com/Harlow.htm;

e: 自行绘制；f: http://www.harlowtown.com/Harlow.htm; g: Harlow Council: Harlow 2020,P. 10

图 36: Gibberd, Frederick: Harlow, 1980, P. 33

图 37: Gibberd, Frederick: Harlow, 1980, P. 99.

图 38–39: Gibberd, Frederick: Harlow, 1980,P. 99; 注：图片编辑

图 40: Google Earth，Image@2005 DigitalGlobe

图 41: a, b, d: http://www.pioneerwest.net/nomad/harlow2.html; c, e: Harlow Council: Harlow 2020,Harlow Council Communication

Service, 2001

图 42: a: http://www.harlowtown.com/Harlow.htm; b: http://www.harlowwildlife.org.uk/tpug/index.htm;

c: http://www.luphen.org.uk/public/2005/2005river_stort.htm; d: John Allen:Water Gardens in

Harlow Town Park – geograph.org.uk – 403439.jpg;

e:http://www.harlowstar.co.uk/News/Harlow–Council–seeks–residents–views–on–Town–Parkproposals–20102011.htm.

Cergy, Frankreich

图 1: Tourisme Seine–et–Marne: Villes Nouvelles, P. 1.

图 2: Etablissement Public D'Amenagement Cergy Pontoise: Cergy-Pontoise– Une Ville Bien Dans Son Temps, 1994, P. 21

图 3: Warnier, Bertrand: Cergy–Pontoise. Du Projekt à la Réalité, 2004, P. 132

图 4: Warnier, Bertrand: Cergy–Pontoise. Du Projekt à la Réalité, 2004, P. 51

图 5: Warnier, Bertrand: Cergy–Pontoise. Du Projekt à la Réalité, 2004, P. 60.

图 6: Warnier, Bertrand: Cergy–Pontoise. Du Projekt à la Réalité, 2004, P. 27; 注：图片编辑

图 7: Warnier, Bertrand: Cergy–Pontoise. Du Projekt à la Réalité, 2004, P. 45

图 8: Warnier, Bertrand: Cergy–Pontoise. Du Projekt à la Réalité, 2004, P. 39

图 9: Institut Francais D'architecture. Paris : Cergy–Pontoise. Vingt ans d'aménagement de la ville.1969–1989, 1989, P. 38

图 10: 自行绘制

图 11: Establissement Public D'Aménagement de Cergy–Pontoise: Cergy–Pontoise, 1999, P. 15

图 12–14: 自行绘制

图 15: Establissement Public D'Aménagement de Cergy–Pontoise: Cergy–Pontoise, 1999, P. 13 16: Establissement Public

D'Aménagement de Cergy-Pontoise: Cergy–Pontoise,1999, P. 12 17: 自行绘制

图 18: Warnier, Bertrand: Cergy–Pontoise. Du Projekt à la Réalité, 2004, P. 53

图 19: Warnier, Bertrand: Cergy–Pontoise. Du Projekt à la Réalité, 2004, P. 120

图 20: Warnier, Bertrand: Cergy–Pontoise. Du Projekt à la Réalité, 2004, P. 31

图 21: Warnier, Bertrand: Cergy–Pontoise. Du Projekt à la Réalité, 2004, P. 139

图 22: Warnier, Bertrand: Cergy–Pontoise. Du Projekt à la Réalité, 2004, P. 89

图 23–24: 自行绘制

图 25: Warnier, Bertrand: Cergy–Pontoise. Du Projekt à la Réalité, 2004

图 26: Warnier, Bertrand: Cergy–Pontoise. Du Projekt à la Réalité, 2004, P. 106

图 27: www.actucergy.fr6

图 28: Warnier, Bertrand: Cergy–Pontoise. Du Projekt à la Réalité, 2004, P. 94

图 29: Institut Francais D'architecture. Paris: Cergy–Pontoise. Vingt ans d'aménagement de la ville.1969–1989, 1989, P. 133

30: a: Institut Francais D'architecture. Paris: Cergy-Pontoise. Vingt ans d'aménagement de la ville. 1969–1989, 1989, P. 133;

b: Etablissement Public D'Amenagement Cergy Pontoise: Cergy- Pontoise- Une Ville Bien Dans Son Temps, 1994, P. 22; c: Establissement Public

D'Aménagement de Cergy-Pontoise & Danikaravan: Axe Majeur. Cergy-Pontoise, P. 19;

d: Establissement Public D'Aménagement de Cergy-Pontoise & Danikaravan: Axe Majeur.

Cergy-Pontoise.

图 31: a: Warnier, Bertrand: Cergy-Pontoise. Du Projekt à la Réalité, 2004, P. 80; b: 自行绘制; c: Establissement Public D'Aménagement de Cergy-Pontoise & Danikaravan: Axe

Majeur. Cergy-Pontoise, P. 18; d: Etablissement Public D'amenagement De La Ville Nouvelle

De Cergy-Pontoise & Institut Francais D'architecture: Cergy-Pontoise. Vingt ans

d'aménagement de la ville. 1969-1989, 1989, P. 133; e: Establissement Public D'

Amenagement de Cergy Pontoise: Beaux Arts Magazine- Axe Majeur Cergy-Pontoise, 1994,

P.18

图 32: Warnier, Bertrand: Cergy-Pontoise. Du Projekt à la Réalité, 2004, P. 76

图 33-34: Warnier, Bertrand: Cergy-Pontoise. Du Projekt à la Réalité, 2004, P. 76; 注：图片编辑

图 35: Warnier, Bertrand: Cergy-Pontoise. Du Projekt à la Réalité, 2004, P. 76; 注：图片编辑

图 36: a: Establissement Public D'Aménagement de Cergy-Pontoise: Cergy-Pontoise, 1999, P. 11; b: Etablissement Public D' Amenagement de Cergy Pontoise: Beaux Arts Magazine- Axe Majeur Cergy-Pontoise, 1994, P. 38; c: Establissement Public D'Aménagement de Cergy-Pontoise & Danikaravan: Axe Majeur.Cergy-Pontoise, P. 38; d: Etablissement Public D'amenagement De La Ville Nouvelle De Cergy-Pontoise & Institut Francais D'architecture: Cergy-Pontoise. Vingt ans d'aménagement de la ville. 1969-1989, 1989 P. 121

图 37: Warnier, Bertrand: Cergy-Pontoise. Du Projekt à la Réalité, 2004, P. 图 76; 注：图片编辑

图 38: 自行绘制

图 39-40: Institut Francais D'architecture. Paris : Cergy-Pontoise. Vingt ans d'aménagement de la ville.1969-1989, 1989, P. 126

图 42: Etablissement Public D' Amenagement Cergy Pontoise: Plan de Cergy Pontoise 1/10000, 1987.

图 43: a: Establissement Public D'Aménagement de Cergy-Pontoise & Danikaravan: Axe Majeur. Cergy-Pontoise, P. 19; b: http://www.cergypontoise.fr/jcms/fv_6401/les-aides-au-logement; c: http://www.cergypontoise.fr/jcms/c_7342/logements-etudiants

图 44: Etablissement Public D' Amenagement Cergy Pontoise: Plan de Cergy Pontoise 1/10000, 1987.

图 46: Institut Francais D'architecture. Paris: Cergy-Pontoise. Vingt ans d'aménagement de la ville.1969-1989, 1989, P. 47

图 47: a,b,c: Warnier, Bertrand: Cergy-Pontoise. Du Projekt à la Réalité, 2004, P. 15;

图 48: a, b, d: 自行绘制; c, e, f, g, h: Establissement Public D'Aménagement de Cergy-Pontoise: Cergy-Pontoise, 1999, P. 10

Almere, Niederlande

图 1: Gemeente Almere: Werkstad – Almere Poort. wonen, werken, winnen, 2001, P. 1

图 2: Province of Flevoland: Getting to the bottom of Flevoland, 2002, P. 70

图 3-4: Gemeente Almere: Werkstad – Almere Poort. wonen, werken, winnen, 2001, P. 1; 注：图片编辑

图 5: Province of Flevoland: Getting to the bottom of Flevoland, 2002, P. 75

图 6: Province of Flevoland: Getting to the bottom of Flevoland, 2002, P. 75

图 7: Gemeente Almere: Setting up your Business in Almere, 2004; 注：图片编辑

图 8-11: Gemeente Almere: Setting up your Business in Almere, 2004; 注：图片编辑

图 12-14: Gemeente Almere: Setting up your Business in Almere, 2004; 注：图片编辑

图 15: Gemeente Almere; Eurowoningen; MAB: Q Team, 2003

图 16: Gemeente Almere: For me, Almere is⋯., 2005

图 17:http://www.nhit-shis.org/theatre-and-arts-centre-de-kunstlinie-in-almere-by-sanaa-architect/02-almere-theatre-exterior-architecture-facade/

图 18: 自行绘制

图 19: a: http://www.geertfotografeert.nl/2007/almere/pano/weerwater.htm; b, c, d: 自行绘制；

e: hvbemmel: Selected for Google Earth – ID: 21963820

f: http://www.nieuwbouwwijzer.nl/Almere/2796/Waterhoven-Almere/

图 21: a, c: http://www.mab.com/en/projects/Pages/default.aspx; b: http://www.santibri.nl/retail.html

图 22-23: Gemeente Almere: City Centre A to Z, 2005; 注：图片编辑

图 24: Gemeente Almere: City Centre A to Z, 2005; 注：图片编辑

图 25-26: 自行绘制

图 27: Gemeente Almere: City Centre A to Z, 2005; 注：图片编辑

图 28: Landkarte von "Flevoland Zuidelijk gedeelte uitgegeven agrarische bedrijven 1996" Scale 1:50.000

图 29: http://www.amorgos.nl/zeilvakantie/praktijktocht-theoretische-kustnavigatie

图 30-32: 自行绘制

图 33: Landkarte von "Flevoland Zuidelijk gedeelte uitgegeven agrarische bedrijven 1996", Scale 1:50.000

图 34: a: Province of Flevoland: Getting to the bottom of Flevoland, 2002, P. 图 78; b, c: 自行绘制

图 35: a: http://fy.wikipedia.org/wiki/Ofbyld:Almere_Haven_sintrum_42.JPG;

b: http://www.nlwandel.nl/Album/NS-Pampushout%20(Almere)/slides/28%20Almere-Haven,%20centrum.html; c: 自行绘制

图 36: 自行绘制

图 37: http://www.youropi.com/nl/almere-11415

图 38: Gemeente Almere: Bouw/Woonexpo Almere 2001

图 39: a: http://nieuwbouw.com/projecten/nederland/Flevoland/Almere/project_16685/droom-3.asp?NAV=02; b: http://www.travelandleisure.com/articles/the-city-of-thefuture

图 40: Berndt, Petra Heidrun: Lernen von Almere, 1992, P. 1613

图 41: http://www.e-architect.co.uk/holland/almere_olympiakwartier.htm

图 43: 自行绘制

图 44: Gemeente Almere: City Centre A to Z, 2005; 注：图片编辑.

图 45: Province of Flevoland: Getting to the bottom of Flevoland, 2002, P. 79

图 46: a, b, i: Gemeente Almere: City Centre A to Z, 2005; c, d, e, f, g, h, j: 自行绘制

图 47: a, c, f: 自行绘制；b. d. Gemeente Almere: Welcome in Almere, 2004;

g: http://paulbaines.co.uk/2009/10/sex-drugs-guns-and-sculpture/;

h: http://www.panoramio.com/photo/16678398;

i: http://flickrhivemind.net/Tags/jansnoeck/Interestingm

图 48: a: Gemeente Almere: For me, Almere is···., 2005;

b: http://www.vlotburg.nl/en/news/index.php?id=706;

c: http://courses.umass.edu/latour/2010/almere/index.html; d: 自行绘制

Kirchsteigfeld, Deutschland

图 1-2: R. Krier, Ch. Kohl: Potsdam Kirchsteigfeld – Eine Stadt entsteht, 1997

图 3-5: R. Krier, Ch. Kohl: Potsdam Kirchsteigfeld – Eine Stadt entsteht, 1997; 注：图片编辑.

图 6: Unternehmensgruppe Groth+Graalfs: Kirchsteigfeld-Projekt Potsdam, Brandenburg, 1993, P. 12; 注：图片编辑

图 7: Unternehmensgruppe Groth+Graalfs: Kirchsteigfeld-Projekt Potsdam, Brandenburg, 1993, P. 13.

图 8: R. Krier: TownSpaces– Contemporary Interpretations in Traditional Urbanism, 2007, P. 84

图 9: R. Krier: TownSpaces– Contemporary Interpretations in Traditional Urbanism, 2007, P. 87 10: a, b: R. Krier, Ch. Kohl: Potsdam Kirchsteigfeld – Eine Stadt entsteht, 1997, P. 118

图 11: Unternehmensgruppe Groth+Graalfs: Kirchsteigfeld–Projekt Potsdam, Brandenburg, 1993, P. 9

图 12–13: Unternehmensgruppe Groth+Graalfs: Kirchsteigfeld–Projekt Potsdam, Brandenburg, 1993, S.12; 注：图片编辑

图 14–15: R. Krier, Ch. Kohl: Potsdam Kirchsteigfeld – Eine Stadt entsteht, 1997, P. 76, 86

图 16: Unternehmensgruppe Groth+Graalfs: Kirchsteigfeld–Projekt Potsdam, Brandenburg, 1993, P. 12; 注：图片编辑

图 17–18: R. Krier, Ch. Kohl: Potsdam Kirchsteigfeld – Eine Stadt entsteht, 1997, P. 66. 70

图 19–20: Unternehmensgruppe Groth+Graalfs: Kirchsteigfeld–Projekt Potsdam, Brandenburg, 1993, P. 12; 注：图片编辑

图 21: a, b: http://www.potsdam–abc.de/verzeichnis/objekt.php?mandat=16055;

c: http://www.archkk.com/portfolio/kirchsteigfeld–potsdam/

图 24: a, b: R. Krier, Ch. Kohl: Potsdam Kirchsteigfeld – Eine Stadt entsteht, 1997, P. 123, 124

图 25: R. Krier, Ch. Kohl: Potsdam Kirchsteigfeld – Eine Stadt entsteht, 1997, P. 131

图 26: R. Krier, Ch. Kohl: Potsdam Kirchsteigfeld– Eine Stadt entsteht, 1997; 注：图片编辑

图 22: a, b, c: R. Krier, Ch. Kohl: Potsdam Kirchsteigfeld – Eine Stadt entsteht, 1997, P. 110;

注：图片编辑

图 23: Anne Stollenwerk: Das Kirchsteigfeld in Potsdam – Entstehung eines europäischen Stadtteils,2004, P. 19

图 24: R. Krier, Ch. Kohl: Potsdam Kirchsteigfeld – Eine Stadt entsteht, 1997, P. 106, 107;

注：图片编辑

图 25: R. Krier, Ch. Kohl: Potsdam Kirchsteigfeld – Eine Stadt entsteht, 1997, P. 125

图 26: a: R. Krier, Ch. Kohl: Potsdam Kirchsteigfeld – Eine Stadt entsteht, 1997, P. 109; b: R. Krier,Ch. Kohl: Potsdam Kirchsteigfeld – Eine Stadt entsteht, 1997, P. 115; c:

http://housing.dongjak.go.kr/example.do?method=getView&nno=14&fcnt=1&pageNum=1&gscd=GS0021&fgscd=null&grp=5&openMenu=1&subMenu=5&src=&src_temp=&sp_w=&org.apache.struts.taglib.html.TOKEN=0eecd5b5196b310bdb9440d7d2a200fa...

图 27: a, b: Unternehmensgruppe Groth+Graalfs: Kirchsteigfeld–Projekt Potsdam, Brandenburg, 1993, P. 15; c: R. Krier, Ch. Kohl: Potsdam Kirchsteigfeld – Eine Stadt entsteht, 1997. P. 98, 99; d: R. Krier, Ch. Kohl: Potsdam Kirchsteigfeld – Eine Stadt entsteht, 1997, P. 199..

图 28: a: R. Krier, Ch. Kohl: Potsdam Kirchsteigfeld – Eine Stadt entsteht, 1997, P. 115; b: Eigene Abbildung; c, d, e: R. Krier, Ch. Kohl: Potsdam Kirchsteigfeld – Eine Stadt entsteht, 1997, P. 119

BIJLMERMEER，阿姆斯特丹 荷兰

图 1: Physical Planning Departement, City of Amsterdam: 2003, P. 22

图 3 http://www.towerrenewal.com/?p=34

图 4 http://jwchoi–udes0004.blogspot.com

图 5 a,b http://www.tailstrike.com/041092.htm

图 6 http://bijlmerdividedcities.blogspot.com/2013_04_01_archive.html

图 7 http://www.australiandesignreview.com/features/1446–give–us–vision

图 8 Projectbureau Vernieuwing Bijlmermeer: 2008, P. 4

图 9 a,b,c,d,e: Projectbureau Vernieuwing Bijlmermeer: 2008c

图 10 自行拍摄

图 11 Projectbureau Vernieuwing Bijlmermeer: 2008, P. 1

图 12 a,b,c,d,e,f,g,h http://www.towerrenewal.com/?p=34

图 13 Projectbureau Vernieuwing Bijlmermeer: 2008, P. 2

阿姆斯特丹，Eastern Docklands

图 1 a,http://west8.nl, b: http://west8.nl，c: http://www.west8.nl，d: http://west8.nl, e,

图 2 Joan Busquets, Felipe Correa：Cities: X Lines–, Approaches to City and Open Territory Design, 2006, Harvard University

Graduate School of Design, P. 152

图 3 http://amsterdamming.com/2011/03/18/eastern-docklands-of-amsterdam/

图 4 a,b：google 地图或卫星图截图

图 5 a b c: 自行拍摄

图 6 http://www.housingprototypes.org/images/image-diagramma_7m.jpg

图 7 自行拍摄

图 8 a b c d: 自行拍摄

图 9 a: http://snapshots1952.weebly.com/holland1.html ,

图 10 a:http://snapshots1952.weebly.com/holland1.html b,c,d,e,f,g: 自行拍摄

h: http://west8.nl

图 11 a,b,c,d: http://elzendaalarchitectuur.wikia.com, e: http://www.zukunft-mobilitaet.net,

图 12 http://west8.nl

法兰克福，NORD-WEST STADT

图 1 a: Irion,Ilse; Sieverts, Thomas: Neue Städte, Stuttgart: Deutsche verlags-Anstalt, 1991, P.107,

b: Irion,Ilse; Sieverts, Thomas: Neue Städte, Stuttgart: Deutsche verlags-Anstalt, 1991, P.114 , c: Irion,Ilse; Sieverts, Thomas: Neue Städte, Stuttgart: Deutsche verlags-Anstalt, 1991, P.107

图 2 a.b: Irion, Sieverts: 1991, P. 120

图 3 a: Irion, Sieverts: 1991, P. 107, b: Irion, Sieverts: 1991, P. 114

图 4 a: Irion, Sieverts: 1991, P. 113 , b: http://www.esffm.org/, c

图 5: Irion, Sieverts: 1991, P. 102

图 6 a: http://de.wikipedia.org/wiki/Hertie_Waren-_und_Kaufhaus#mediaviewer/File:NWZ_Hertie.JPG

Dr. Ronald Kunze

Einkaufsebene mit Plastik von Hans Steinbrenner 10. September 1969,

b: https://ssl.panoramio.com/photo/100750098

c: http://de.wikipedia.org/wiki/Nordwestzentrum#mediaviewer/File:Nwz-ffm001.jpg

图 7. Irion,Ilse; Sieverts, Thomas: Neue Städte, Stuttgart: Deutsche verlags-Anstalt, 1991, P. 111

伦敦，Milton Keynes

图 1-5 自行绘制

图 6 http://www.bdonline.co.uk/the-vision-for-milton-keynes/3092395.article

图 7 http://finance.cankaoxiaoxi.com/2013/0313/177078.shtml

图 8 自行绘制

图 9 google 地图或卫星图截图

图 10 google 地图或卫星图截图

图 11 11-a：New Towns, AD Architectural Design, 1994, P. 2

 b,c,d,e:google 地图或卫星图截图

哥本哈根，Ørestad

图 1 By&Havn: Ørestad, expanding copenhagen city, P. 3

图 2 By&Havn: Ørestad, expanding copenhagen city, P. 17

图 3 By&Havn: Ørestad, expanding copenhagen city, P. 17

图 4 a,b,c: http://www.ckarlson.com/blog/2011/9/29/rotch-case-study-dr-concert-hall.html

d,e: ØRESTAD CITY CENTER,Lokalplan nr. 325, P. 1, 47, 48

图 5 a: By&Havn: COPENHAGEN GROWING- THE STORY OF ØRESTAD, P. 9

b,c,d: Ørestad - the blue and green economic driver in Copenhagen, P. 6

http://www.byggeplads.dk/nyhed/2011/11/arkitekturpris/verdens-bedste-boliger

图 6 p94

图 7 http://www.dac.dk/en/dac-life/copenhagen-x-gallery/cases/oerestad-south/

图 8 a,b,c,d,e: http://www.archdaily.com/1581/in-progress-mountain-dwellings-big/

赫尔辛基，Tapiola

图 1 City of Espoo：TAPIOLA PROJECTS REVIEW 2007，2007，p11

图 2 http://www.skyscrapercity.com/showthread.php?t=1555743&page=14

图 3   google 地图或卫星图截图

图 4 Hertzen; Spreiregen: Building a New Town. Finland's New Garden City, Tapiola: The MIT Press, 1971，p163

图 5 自行绘制

图 6 http://tapiola.ning.com/photo/tapiola-ilmakuva

图 7 http://urbanfinland.com/2012/02/26/the-t3-plan-a-facelift-for-finlands-epicenter-of-modernist-city-planning/

图 8 google 地图或卫星图截图

图 9 http://www.ecaade.org/prev-conf/archive/ecaade2001/site/E2001venue.html

图 10 http://urbanfinland.com/2012/02/26/the-t3-plan-a-facelift-for-finlands-epicenter-of-modernist-city-planning/

图 11 a,b, Hertzen; Spreiregen: Building a New Town. Finland's New Garden City, Tapiola: The MIT Press, 1971, Fig.76.77

c: http://www.mfa.fi/eteltapiola

图 12 Hertzen; Spreiregen: Building a New Town. Finland's New Garden City, Tapiola: The MIT Press, 1971, P. 156,135

图 13 http://taloforum.fi/viewtopic.php?t=1134

图 14 a,b: Hertzen; Spreiregen: Building a New Town. Finland's New Garden City, Tapiola: The MIT Press, 1971, P. 111

c: City of Espoo：TAPIOLA PROJECTS REVIEW 2007，P. 6

d: http://tapiola.ning.com/

e: http://www.skyscrapercity.com/showthread.php?p=104295032

昌迪加尔，CHANDIGARH，India

图 1,2: http://quadralectics.wordpress.com/4-representation/4-1-form/4-1-4-cities-in-the-mind/4-1-4-1-the-ideal-city/

图 3 http://www.neermanfernand.com/corbu.html

图 4 http://www.vanneman.umd.edu/districts/index.html

图 5 http://landlab.wordpress.com/2011/04/08/qt8-chandigarh-la-martella/

图 6 google 地图或卫星图截图

图 7 勒·柯布西耶 / W·博奥席耶：勒·柯布西耶全集，第 6 卷 1952-1957 年，中国建筑工业出版社 2005p.92

图 8 a: https://ssl.panoramio.com/photo/42908684 KSBanga

 b: https://ssl.panoramio.com/photo/38853033 akashdeep241

图 9 http://3.bp.blogspot.com/

图 10 http://chandigarh.gov.in/knowchd_redfinechd.htm

图 11 a,b: http://www.walkthroughindia.com/

图 12 http://chandigarh.gov.in/knowchd_redfinechd.htm

图 13 http://chandigarh.gov.in/knowchd_redfinechd.htm

图 14 http://chandigarh.gov.in/knowchd_redfinechd.htm